钛系列丛书

主编 莫畏

钛材塑性加工技术

张 翥 谢水生 赵云豪 等编著

北京
冶金工业出版社
2010

内容简介

本书是《钛系列丛书》中的一本。本书主要介绍钛材塑性加工技术，即介绍钛材的轧制、挤压、拉拔、旋压、精整和矫直工艺。在介绍这些工艺的原理和设备后，又重点介绍轧制钛板带箔材、轧制钛管棒型线材、挤压钛管棒型材、拉拔钛管棒线材、旋压钛材及钛材精整和矫直等技术。

本书可作为钛业职工的培训用书，也可供从事钛业的科技人员和管理人员使用，还可供大专院校相关专业师生参考。

图书在版编目(CIP)数据

钛材塑性加工技术/张翥等编著. —北京:冶金工业出版社,2010.5
(钛系列丛书)
ISBN 978-7-5024-5214-8

Ⅰ. ①钛…　Ⅱ. ①张…　Ⅲ. ①钛—金属材料—金属压力加工—塑性变性　Ⅳ. ①TG146.2

中国版本图书馆 CIP 数据核字(2010)第 053088 号

出 版 人　曹胜利
地　　址　北京北河沿大街嵩祝院北巷 39 号，邮编 100009
电　　话　(010)64027926　电子信箱　postmaster@cnmip.com.cn
责任编辑　尚海霞　美术编辑　李　新　版式设计　孙跃红
责任校对　王贺兰　责任印制　牛晓波
ISBN 978-7-5024-5214-8
北京百善印刷厂印刷；冶金工业出版社发行；各地新华书店经销
2010 年 5 月第 1 版，2010 年 5 月第 1 次印刷
850mm×1168mm　1/32；12.5 印张；331 千字；381 页
39.00 元

冶金工业出版社发行部　电话：(010)64044283　传真：(010)64027893
冶金书店　地址：北京东四西大街 46 号(100711)　电话：(010)65289081

《钛系列丛书》编委会名单

《钛系列丛书》前言

钛是一种新金属，钛及钛合金也是一种性能优异的新材料，它被誉为现代金属。

钛及钛合金具有密度小、比强度高、耐蚀性能好、耐热性能优良、无磁等一系列特性，获得了广泛的应用。钛的工业化仅有六十余年历史，但已获得了迅速发展。2008年，全世界钛材年产量已达近13万t。

随着国民经济持续、高速发展，我国对钛的需求量迅速增长。2006年我国海绵钛和钛材的年产量均超过万吨，已进入世界产钛大国的行列，且已形成持续发展的态势。2008年我国海绵钛和钛材年产量分别达到4.96万t和2.77万t，名列世界前茅，成为产钛大国。这是件喜忧参半的事，喜的是我国钛工业已经崛起；忧的是钛业的产能已过剩，会影响产品经济效益。它表明钛业市场风险很大，投资应该谨慎。

与美、日、俄等世界产钛强国相比，我国钛业的技术水平仍有差距。我国要成为世界产钛强国还有相当长的路要走。其中，一件重要的基础性的工作是必须提高我国钛业的科研和生产技术水平。

为此，根据钛业技术的发展要求，我们编撰了《钛系列丛书》。这套丛书共9册，是许多专家智慧的结晶，也是为了总结钛业技术发展情况和提高我国钛业国际竞争力，我们做出的力所能及的贡献。

在编写过程中力求理论与实践相结合，做到既有理论论述，也有工艺实践；以工艺实践为重点，保持适当的理论深度和广度，同时在论述中力求做到避虚务实。

该丛书在编写过程中得到了许多同行专家的大力支持，特别是北京有色金属研究总院及其领导给予了大力支持和赞助，在此一并表示谢意。

该丛书涉及的技术领域很宽，而我们的写作水平有限，丛书中难免有不足之处，恳请读者批评指正。

编者　莫畏

2009 年 7 月

前　言

中国的钛工业主要是依靠自己的科学技术力量建立起来的。早在1954年，有色金属试验所（北京有色金属研究总院的前身）就开始了从热河大庙钛铁精矿中提取海绵钛的研究；1955年用镁热还原法（或称克劳尔法）制取海绵钛；1958年进行制取10 kg海绵钛的扩大试验；1959年6月，抚顺铝厂年产60 t海绵钛车间投产。1956年就开始了钛及其合金的研究，1958年8月熔铸出国内第一支1 kg（ϕ65 mm×L mm）钛锭，同年10月开展钛塑性加工技术研究，在工厂挤压出国内第一支钛管。1958年10月熔铸的ϕ80 mm×250 mm钛合金铸锭，经开坯锻造后，在工厂首次轧制成1 mm×（200～400）mm×L mm的钛合金板材。1970年，冶金部正式颁布了中国第一部《钛及钛合金牌号和化学成分》标准YB 761—70、《钛及钛合金板材》标准YB 762—70、《钛带》标准YB 763—70。与此同时，我国还制定了第一个海绵钛标准和多个钛分析、检测方法标准。钛合金行业标准的颁布实施标志着中国钛工业的工业化。50多年来，中国钛工业大体经历了创业期（1954～1978年）、成长期（1979～2000年）、崛起期（2001～至今）3个发展阶段，获得了迅速发展，满足了国内军用和民用的需求。

在钛及其合金的研究和生产中，钛的塑性加工技术占有重要地位。由于钛及其合金具有密度小、比强度高、耐蚀性能好、耐热性能优良、无磁等一系列特性，在航空、航天、船舶、石油化工等领域得到了广泛应用，而各领域所需板带箔材、棒丝型材和管材等产品，都是通过各自的塑性加工技术提供的，除了钛锻造外，轧制钛板带箔材、轧制钛管棒（线）和型材、挤压钛管棒型材、拉拔钛管棒丝材、旋压钛材及钛材精整和矫直等都是塑性加工不可缺少的重要组成部分。

本书是钛的系列丛书之一。其主要特点是内容比较系统、全面和新颖，涵盖了塑性加工理论及钛材各个加工领域，并具有较强的实用性。在编写过程中，特别注重介绍各个加工领域国内外的最新成果和进展，着重研究加工工艺与性能之间的匹配关系和变化规律，揭示材料结构演变行为和变形机制。本书为钛合金各领域的塑性加工发展提供了极为有用的资料和数据。

本书主要内容包括概论、轧制钛板带箔材、轧制钛管棒型线材、挤压钛管棒型材、拉拔钛管棒线材、旋压钛材及钛材精整和矫直等，根据各自的特点和应用的不同，分别对其内容进行有序安排，实现以阐述钛合金基本塑性加工理论和基础知识为主，同时也注意介绍新发展的技术，使之既突出重点，又顾及一般。有关数据及其变化规律尽量采用图表方式表达。书中的合金材料牌号均采用国际和国内标准。

本书由北京有色金属研究总院教授和专家编写。全书共分 7 章，第 1 章由罗远辉、莫畏编写；第 2 章由张翥、谢水生编写 ；第 3 章由张翥、谢水生、莫畏编写；第 4 章由张翥编写；第 5 章由莫畏、谢水生编写；第 6 章由赵云豪编写；第 7 章由莫畏编写。

本书在撰写过程中，参阅了一些文献资料，在此对提供参考资料的各位专家、学者表示衷心的感谢。

由于编者水平所限，本书中难免会有不足之处，敬请广大读者批评指正。

编者　张翯

2010年2月于北京

目　录

1 概论

1.1 国内外钛塑性加工的现状和动向

1.1.1 钛塑性加工工业现状

世界钛工业始于1948年,美国1950年开始钛材工业化生产。经过60多年对钛加工技术和设备的不断研究和开发,世界钛工业得到迅速发展。

2006年世界钛材的产量为97.3 kt,2007年为121.6 kt,2008年为129.7 kt。美国、中国、俄罗斯和日本是钛材主要生产国,其次为欧洲(不含俄罗斯)。2007年和2008年世界主要钛材生产国钛材产量见表1–1。世界钛材加工的主要公司见表1–2。

表1–1 2007年和2008年世界主要钛材生产国钛材产量

国家或地区	2007年		2008年	
	产量/t	比例/%	产量/t	比例/%
美 国	39000	32.1	43000	33.1
俄罗斯	27000	22.2	27000	20.8
日 本	18000	14.8	18000	13.9
欧 洲	14000	11.5	14000	10.8
中 国	23600	19.4	27700	21.4
总 计	121600	100	129700	100

近年来,我国钛材生产发展迅猛。2006年我国钛材产量为14 kt,2007年为23.6 kt,2008年为27.7 kt,位居世界第二。近年来我国钛材产量见表1–3。

表 1-2　世界钛材加工的主要公司

国　别	主要公司
美　国	Timet、RTI、ATI
俄罗斯	上萨尔达冶金生产联合公司(VSMPO)
日　本	神户制钢、住友金属工业公司、新日铁、大同特殊钢
中　国	宝鸡钛业、宝钢股份、西北有色院

表 1-3　近年我国钛材产量　　(t)

年份	板材	管材	棒材	丝材	锻件	铸件	其他	合计
2001 年	2759	680	830	10	180	240	20	4720
2005 年	5041	1721	756	48	262	884	1412	10135
2007 年	10552	3587	6035	200	707	1038	1521	23640
2008 年	14707	5448	4685	74	1037	540	1246	27737

钛及钛合金具有质量轻、比强度大、耐腐蚀等许多特性,是优质的耐蚀耐热材料、新型的功能材料和重要的生物工程材料。钛及其合金不仅在航空和航天工业中有十分重要的应用,而且已经在能源、化工、石油、轻工、发电、冶金、船舶、海洋工程等许多工业部门和日常生活中广泛应用。

目前,变形钛材品种除了纯钛外,还有近百种牌号的钛合金。使用较广泛的钛合金是 Ti-6Al-4V 和 Ti-5Al-2.5Sn 等。

近年来,钛加工工业发展的趋势主要体现在以下 4 个方面:一是钛和钛合金的应用领域不断扩大,品种不断增多,高新技术产品不断涌现;二是市场需求持续增长,产业规模不断扩大;三是技术不断进步,传统技术改造升级,高新技术迅速转化为生产力,生产效率提高,生产成本降低;四是企业经营联合化、集团化、大型化,钛钢联营生产,使企业抗风险能力大为增强。

在钛加工工业过去半个多世纪的历史发展进程中,在市场竞争日益加剧的情况下,钛加工企业不断并购和重组,形成了世界钛加工工业今天的格局。企业集团化、集约化经营有利于降低成本,有利于增强抗风险能力,有利于提高市场竞争力,有利于加强技术研发和产业开发能力，有利于促进企业规模化发展。

1.1.2　钛塑性加工工艺方法

目前，钛材加工的传统方法主要有塑性加工、铸造和粉末冶金三种方法。钛塑性加工的工艺方法是将海绵钛熔铸成锭，再加工成钛材。

塑性加工方法包括锻造、轧制、挤压、拉拔、冲压、旋压等，通过这些塑性加工方法可将钛锭加工成各种形状和尺寸的板、带、条、箔、管、棒、型、线、锻件和冲压件等制品。

钛和钛合金塑性加工具有变形抗力大、常温塑性差、屈服极限和强度极限比值高、回弹大、对缺口敏感、变形过程易与模具黏结、加热时又易吸附有害气体等特点。钛塑性加工较钢、铜困难。钛和钛合金的加工工艺必须考虑它们的这些特点。

钛和钛合金采用塑性加工，加工尺寸不受限制，又能够大批量生产。塑性加工是钛材加工中占主导地位的方法，大多数钛材产品是采用这种方法生产的。

1.1.3　钛塑性加工工艺发展的动向

1.1.3.1　大型化和连续化

钛塑性加工生产技术实现大型化和连续化，生产过程实现机械化和自动化，各工序作业采用计算机控制，以提高劳动生产率。国外大型钛合金整体锻件的锻造采用45 kt或75 kt水压机压制。

1.1.3.2　节能降耗

钛塑性加工工业是一个高能耗的产业，热轧、退火和热处理等作业都需要较高的能耗。降低钛加工生产中的能耗，有利于降低成本和节约能源。解决钛工业生产能耗过高问题的途径主要是依靠科技进步，改进工艺技术，发展高效节能工艺，发展自动化控制技术，开发钛加工节能技术。

1.1.3.3　废残料的综合回收利用

从钛及其合金锭到制成品零部件，其成品率仅10%～20%，因此,残钛及其合金的回收利用就成了降低成本、扩大应用的关键。废钛和残钛的来源很广,钛铸锭产生的废钛(切头、切边和扒皮屑)约占 5%;加工成材产生的残钛(边角余料和屑)约占40% ~60%;由钛材加工成钛制品产生的残钛(料头、边角屑)约占50% ~75%;废旧钛制品也是一个来源。

由于废残钛量很大,综合利用大有可为。因此,有的国家建立了专门的废旧金属回收公司,专营废残钛的综合利用,采用专用设备和技术,大规模、高自动化地从事废残钛的回收处理。

在废残钛的回收利用中,特别要加强对废残钛的管理,不要让不同氧化程度的废残钛混合。这样便于根据不同类别的废残钛按下列 4 种情况分别进行处理:

(1) 未被污染的残钛,包括加工后的边角余料和钛屑,量大质好,应尽量作为熔炼钛锭的添加料,掺入海绵钛挤压成钛块使用,可降低加工成本;

(2) 块状的废海绵钛和废钛头、钛的边角料,按其纯度和成分的不同,可分别作为钢铁工业中的合金添加剂,或作制取钛粉的原料;

(3) 钛粉和等外钛粉,宜作为烟火工业中的爆燃剂,也可作为制取铝加工工业中的添加剂和粉末冶金钛制品的原料;

(4) 混料或杂质多的钛屑及废钛块可加工成高钛铁,如 70 钛铁(含钛 70%)。随着钢铁产业添加剂对高钛铁合金需求量的增加,以废钛为主要生产原料的高钛铁合金,备受市场欢迎。目前以废钛为原料生产的高钛铁全世界年产量已达万吨以上。

随着钛加工材市场的不断扩大,钛金属废残料的需求日益增加,钛废残料的价格及未来前景也日益受到重视。我国废残钛的综合利用越来越受到重视,目前废残钛已成为畅销品。

1.2 钛塑性加工新材料和新工艺

1.2.1 钛塑性加工新材料

金属钛和钛合金是新型工程材料。许多国家都逐渐认识到钛的重要性，相继对其进行了大量的研究和开发，对各种新型钛合金的研究十分活跃。

钛和钛合金作为特种功能材料应用于许多领域。如 Ti-0.2%Pd 和 Ti-0.8%Ni-0.3%Mo 合金等为耐蚀材料；NbTi 合金为超导材料；Fe-Ti 类合金（以及 Mn-Ti 类合金）是一种具有实用价值的贮氢材料；Ni-Ti 基合金是一种具有实用价值的形状记忆合金。

1.2.1.1 耐蚀钛合金

纯钛是一种耐蚀金属，已经在化工行业广泛应用，但纯钛不能满足所有条件下的耐蚀性要求。研制耐蚀钛合金的目的及研发方向是：针对特定应用环境（酸、碱、盐等），进一步提高耐蚀性和使用寿命，降低成本，并考虑其综合性能（如强度等）。如已有的耐蚀钛合金有 TA8、TA8-1、TA9、TA9-1、TA10、TA25 等。

1.2.1.2 高温钛合金

航空航天等领域的某些器件对轻质、高温钛合金有应用需求。对高温钛合金的要求是：在尽量高的温度下、在一定时间段内要求钛合金能保持一定高的强度，残余变形不能超过一定限度，具有耐环境稳定性（热稳定及耐疲劳性）和好的抗环境腐蚀性及抗氧化性等。加工过程中要注意合金长时间服役条件下的蠕变与热稳定性的矛盾，合理利用合金的可加工性。国外近几年在该领域没有发展新型高温钛合金，主要是在传统高温钛合金（如 IMI834 和 Ti-1100 等）的基础上进行深化研究。650～800℃用合金研究集中在 Ti_3Al 和 TiAl 基合金。

1.2.1.3 低温钛合金

低温钛合金可分为 α 型钛合金和 α+β 型钛合金两种。较为成熟的低温钛合金为 Ti-5Al-2.5Sn ELI 和 Ti-6Al-4V ELI 合金。该类钛合金的研发要求是：性能上要求在液氢、液氧、液氦、液氮等超低温环境下保持良好的强度、塑性及韧性匹配；制备上要求有良好的可成形性。

1.2.1.4 高强度钛合金

A 高强度β型钛合金

航空、航天、航海、石油钻井等行业需要使用轻质、耐蚀、高强度的钛合金。通过特殊的制备工艺（合金化、加工与热处理），可以使钛合金的强度达到1100MPa以上的水平，与高强度钢的强度水平相当。通过增加钛合金中β型稳定化合金元素的含量，可以增加钛合金的固溶强化效果，通过固溶时效处理的弥散析出强化，进一步提高钛合金的强度水平。因此，高强度钛合金中通常含有较多的β型稳定元素，以近β型或亚稳定β型钛合金为主。研制该类钛合金应注意熔炼均匀性以及热处理参数的选择等问题。

B 近β型高强高韧钛合金

世界上典型的近β型高强高韧钛合金有以下几种：美国研发的Ti-1023合金、中国研发的TB10合金、俄罗斯研发的BT22合金等。以上合金均是20世纪研发的钛合金，室温抗拉强度σ_b可达1000 MPa以上，平面应变断裂韧性K_{IC}可达65 MPa·$m^{1/2}$以上。该类钛合金的发展方向是：研制$\sigma_b>1150$ MPa、$K_{IC}>60$ MPa·$m^{1/2}$的新型高强高韧钛合金。

C α+β型高强钛合金

美国研发的Ti-6-22-22S合金是α+β型高强钛合金，为满足飞机损伤容限的设计要求，Ti-6-22-22S合金已发展成高强高损伤容限型钛合金，可满足航空大型锻件的使用要求。α+β型高强钛合金的发展方向是高强高损伤容限钛合金。

1.2.1.5 钛铝金属间化合物基合金

钛铝金属间化合物基合金密度低、耐热性好，有高的比强度、高的刚度及高的抗高温蠕变性能和抗氧化性能。它成为超高声速飞行器和下一代先进航空发动机的首选材料。1956年，美国Mcandrew曾经报道，钛铝金属间化合物基合金在950℃时具有良好的抗蠕变和抗氧化能力。目前，钛铝金属间化合物基合金已经走过了最初的试验发展阶段，正朝着产业化的方向发展。

1.2.1.6 专用钛合金

专用钛合金有新型形状记忆合金、新型贮氢合金、恒弹性钛合金、低膨胀钛合金、高电阻钛合金、消气剂用钛合金、抗弹钛合金、透声钛合金、低屈强比易冷成形的钛合金和高应变速率的超塑成形钛合金等。

1.2.1.7 低成本钛合金

降低钛材成本,有利于扩大钛材应用领域。目前发展较快的低成本钛合金包括不含或少含贵重金属的钛合金、能充分利用残废料的钛合金、易切削加工的钛合金和钛钢复合板等。钛合金低成本化更有利于满足民用市场需求。

1.2.2 钛塑性加工新工艺

1.2.2.1 轧制

轧制工艺是一种生产钛及钛合金板棒管材和型材等的常用工艺。轧制工艺生产的钛合金材表面质量较高,内部质量稳定,尤其是可以生产薄壁、变截面型材。近年来发展了多种新型轧机,如钛及钛合金环材轧制设备,根据轧制中环形件位置分为立式轧环机和卧式轧环机;根据轧制方式又可分为径向轧环机和径向—轴向轧环机。

1.2.2.2 挤压

按金属流动及变形特征分类,挤压分正向挤压、反向挤压和特殊挤压。挤压最基本的方法是正向挤压和反向挤压;特殊挤压包括静液挤压、连续挤压、侧向挤压、联合挤压、复合挤压、包套挤压、脱皮挤压、水封挤压、舌模挤压、粉末挤压、半熔融挤压、液态挤压等。

按挤压温度分类,挤压分热挤压、温挤压和冷挤压。温挤压发展比较晚,目前应用范围较小。

挤压法适合于批量小、品种与规格繁多的有色金属管棒型材和线坯的生产。对于端面复杂或薄壁的管材和型材、直径与壁厚之比趋近于2的超厚壁管材,以及脆性的材料,挤压法是可行的压力加工方法。

1.2.2.3 拉拔

随着钛材的应用扩大,近年来出现了不少新的钛材拉拔方法,例如辊模拉伸、超声振动拉伸、无模拉伸、镀层—包套集束拉伸工艺等。辊模拉伸是将坯料从旋转的两个辊间隙中拉出来,其优点是可增加道次压缩量,减少拉伸过程的动力消耗,延长工具的使用寿命;无模拉伸工艺是采用感应线圈或激光使钛材局部加热软化,并施加张力使钛材变细,其优点是不需要拉模和润滑剂、变形率大、效率高;应用镀层—包套集束拉伸工艺可生产5 ~30 μm 规格的钛合金超细丝,该方法首先将钛丝表面镀一层低碳钢,再将镀好的钛丝集束装入低碳钢管内,然后进行集束拉伸加工并进行中间退火,加工到最终尺寸后用硫酸酸洗,将低碳钢包套和镀层除去。

1.2.3 钛塑性加工技术展望

从国内外应用现状和钛加工科技的发展来看,钛和钛合金的塑性加工技术今后将朝着以下几个方向发展:

(1) 高性能化,即发展使用温度更高、比强度更高、比模量更高、耐蚀性及耐磨性更好的合金。

(2) 多功能化,即发展各种特殊功能和用途的钛合金,如高阻尼、低膨胀、恒电阻、高电阻、抗电解钝化和贮氢、形状记忆、超导、低模量生物医用等钛合金,以使钛和钛合金的应用进一步扩大。

(3) 深化传统合金的研究,通过设备和工艺改进,改善现有合金的实用性能,扩大传统合金的使用范围。

(4) 采用先进的加工技术,加工设备大型化、连续化,发展连续加工技术、直接轧制技术、冷成形技术和近净成形技术,以提高钛合金的生产效率、成品率和产品的性能。

(5) 采用先进的计算机技术模拟工件变形加工过程,预报金属微观组织的演变,乃至预报最终产品的力学性能(屈服强度、抗拉强度、伸长率和硬度等);设计或改进模具、工装;分析处理试验结果,减少试验量,提高工作效率,降低研制成本。

(6) 低成本化,发展不含或少含贵金属元素,添加铁、氧、氮等廉价元素的合金,开发易加工成形、易切削加工、合金元素和母合金廉价的钛合金。开发最大限度使用残废料的钛合金,提高残废钛回收利用率。这对降低民用钛合金成本特别重要。

低成本化的目的是以较低廉的价格增加钛合金在整个金属材料市场中的竞争力。人们普遍认为钛具有其他材料不可比拟的优越性能,但钛的价格时常令消费者(特别是汽车制造商)望而却步,优质低廉的钛合金的出现必将有助于扩大钛和钛合金的应用。

1.3 钛复合材料

复合材料是由两种或两种以上化学性质不同的单体材料组合而成的材料,或者说是由基体材料和增强材料经复合处理而制得的新材料。与单体材料相比,复合材料的性能有许多独特之处,它的主要优点是力学性能、物理性能或化学性能可满足特定的功能需要或降低成本,这是单体材料所不能实现的。

目前钛复合材料已有许多品种,如钛钢复合板、钛包铜棒、钛铜和钛钢过渡接头等,钛复合材料不仅能满足用户的使用要求,而且价格比纯钛或钛合金低,深受市场欢迎。如钛钢复合板,既具有钢的强度,又具有钛的耐腐蚀性能,广泛应用于冶金和化工设备的制造。

1.3.1 钛复合材料的成形方式

美国20世纪60年代开始以爆炸法生产钛钢复合材,80年代研究成功以夹层法轧制钛钢复合材。

爆炸成形是利用炸药爆炸产生的高压脉冲载荷直接作用在覆板上,使覆板在数微秒时间内被加速到每秒几百米的速度,覆板从引爆端开始依次与基板倾斜碰撞,两板碰撞产生的压力大大超过了金属的动态屈服极限,在碰撞区的材料产生高速剧烈的塑性形变,同时伴随着剧烈的热效应,两金属板的碰撞表面层此时有类似于流体一样的行为,形成两股运动方向相反的金属射流。位于碰撞点前的自由射流向未焊接的空间高速喷出,它冲刷掉两金属待结合的表面膜,露出干净的活性表面,在高压下形成冶金结合。

爆炸法的优点是对材料的组合有广泛的适应性,如熔点、线膨胀系数或硬度差别很大的材料都可以采用爆炸成形制成复合材料。如线膨胀系数差别很大的钛和不锈钢可采用爆炸成形制成复合板。采用爆炸成形可制成两层或多层复合材料。其缺点是生产安全性要求高,不能连续生产,仅适用于某些特定材料。

1.3.2 钛钢复合板

钛钢复合板基材是普通碳钢、结构钢或压力容器钢,覆材是钛或钛合金,既具有高的强度,又具有钛优良的耐蚀性,利用了各单体材料的特性,应用范围很广。钛钢复合板经冷热加工可以制成各种工业制品,如热交换器的管板、封头,反应釜、反应器的筒体和容器等。钛钢复合板特别适合使用于要求有耐腐蚀性的设备,它已广泛应用于制造各种冶金、化工和海洋工业设备。

钛钢复合板现在已有多种生产方法,如直接轧制法、浇铸轧制法、爆炸轧制法和爆炸法等。使用这些方法已能生产出多种厚度和宽度规格的复合板材。

1.3.3 钛铜复合棒

钛铜复合棒俗称钛包铜棒。电解槽的金属阳极由钛铜复合棒支撑,它的作用有3点:一是支撑阳极;二是导电;三是耐蚀。为了满足这些要求,利用钛的耐蚀性和铜的导电性,把二者结合到一起。复合棒材中心是铜,外包一层钛,截面有方形和宫灯形两种,完全满足了使用要求。钛铜复合锭坯在挤压过程中受到强大的压力,两种金属界面形成冶金结合,波形界面是两种金属结合的最佳形式,从而提高了钛铜复合棒的结合牢靠度,其电阻率小,导电性能好。国外开发了一种钛铜复合管,内铜外钛,其优点在于节省铜料、耐蚀性能好。

1.3.4 钛铜等过渡接头

爆炸焊接过渡接头具有较高的结合强度和低的接触界面电阻,在工业部门中应用可以强化生产,提高效率和节约能源。目前研发了钛铜、钛不锈钢、钛钢、铝不锈钢、铝钛不锈钢、铝铜和铜钢等过渡接头。无论是板状还是管状的金属过渡接头,均可由适当尺寸的平板件获得,但一般过渡接头应用在有应力、有冷热冲击和大电流的部位,它需要具有较高的结合强度和优良的导电性能。采用改进的平板爆炸复合工艺可制得具有结合强度高、界面电阻低的各种双金属及三层金属材料的过渡接头。

1.4 金属塑性加工概述

1.4.1 金属塑性加工的概况

金属塑性加工,又称金属压力加工,它是利用固态金属的塑性借助于工具对不同金属坯料施加外力,迫使其发生变形,以获得预期的形状和性能的加工材的过程。塑性加工生产出各种钢材和有色金属材,它为国民经济的建设起到促进和保证作用。事实上,金属材料中90%以上是经塑性加工制成各种板、带、箔、型、管、棒、线等制品的。

金属塑性加工技术在冶金史上出现很早,但长期处于手工阶段。欧洲产业革命后,金属塑性加工才转向大工业生产。因此,现代冶金加工业的发展已有240余年的历史了,其中20世纪是发展最快的。到了今天,我国冶金加工业成为名副其实的国民经济支柱产业。飞速发展的冶金业规模宏大,单说钢材,2008年世界总产量已达13.29亿t,而中国总产量已达5.4亿t,占世界总量的约40%,同时塑性加工技术达到十分成熟的阶段。

金属塑性加工按金属加工时温度区分可分为热加工、冷加工、半液态加工和温加工;按金属变形时变形方式、变形工具和受力方式区分,基本的类别有锻造、轧制、挤压、拉拔、冲压、冷弯、旋压和高能率等;由基本的类别相组合的类别还有锻轧(锻造—轧制)、推轧(轧制—挤压)、拔轧(拉拔—轧制)、辊弯(轧制—弯曲)、异步轧制(轧制—剪切)、管材冷轧冷拔(常温下轧制—拉拔)等,见表1-4。其中,高能率加工指爆炸成形和电磁冲压成形。

金属塑性加工已成为国民经济支柱产业。我国已成为加工制造业大国,国家对其发展给予了极大的重视。它的主要发展趋势有:

(1) 充分发挥资源效用,提高资源利用率。加强研发,不仅应生产出人们需要的各种材料和制品,还应生产出各种新材料,发展金属与金属、金属与高分子的复合材料,以及镀层涂层材料。

(2) 节约能源,降低能耗,特别要降低热加工中的能耗。要实现冶炼、连铸与加工工序一体化,尽量采用薄板坯连铸、连铸连轧、坯料热送热装等技术;要研究工序间的优化匹配,减少中间退火环节。

(3) 适应大批量生产和优化加工条件。要实现生产连续化、专业化,采用计算机系统控制生产;要研发新的高性能、高效率的加工设备。

(4) 促进相关技术共同发展。研究摩擦润滑和材料表面处理技术。

1.4.2 金属塑性加工的理论基础

金属塑性加工在长期自身发展中形成一个独立的基础理论体系,成为自然科学中的一个学科。同时,它又不断吸收其他学科涉及金属塑性变形行为和机理的研究成果,深化、发展和丰富了金属塑性加工理论基础。该理论包括塑性加工金属学、塑性加工力学和塑性加工摩擦学3个方面。三者互为依存,共同解释塑性加工变形中的各种现象,又各有研究侧重方面。

1.4.2.1 塑性加工金属学

塑性加工金属学是研究金属晶体结构的运动机制。它是通过

表 1-4 基本塑性变形方式

基本受力方式	压力					
分类与名称	锻造			轧制		
	自由锻造		模锻	纵轧	横轧	斜轧
	镦粗	延伸				
图例	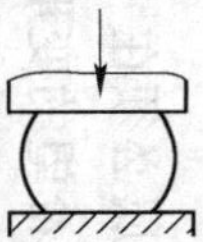			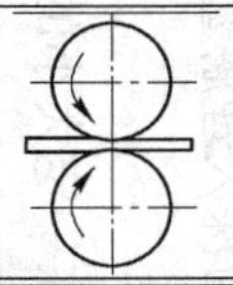	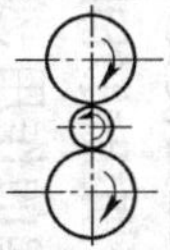	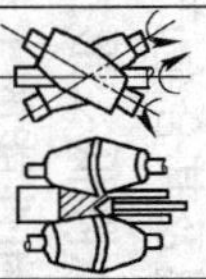

基本塑性变形方式

基本受力方式	压力		拉力			弯矩	剪力
分类与名称	挤压		拉拔	冲压(拉延)	拉伸成形	弯曲	剪切
	正挤压	反挤压					
图例	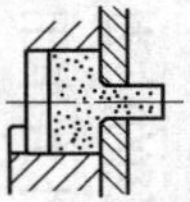	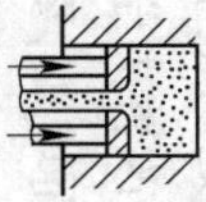	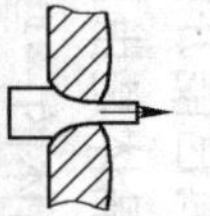	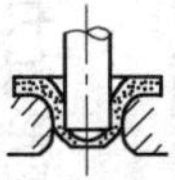		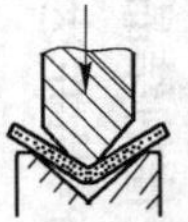	

组合塑性变形方式

组合方式	锻造—轧制	轧制—挤压	拉拔—轧制	轧制—弯曲	轧制—剪切
名称	锻轧	推轧	拔轧	辊弯	异步轧制
图例	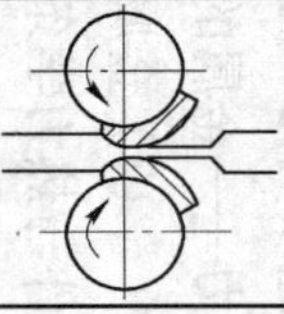	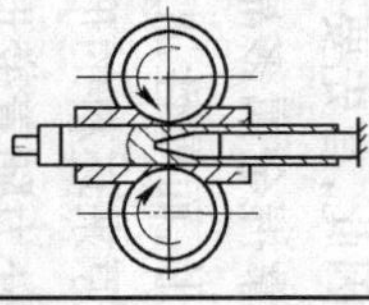	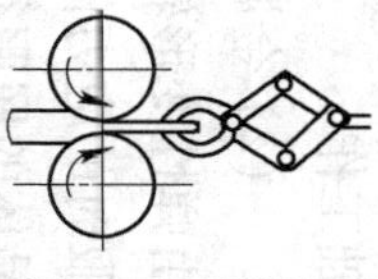	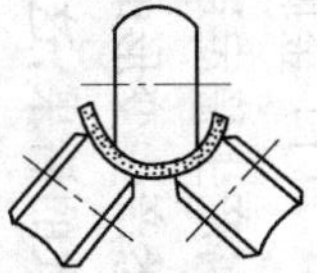	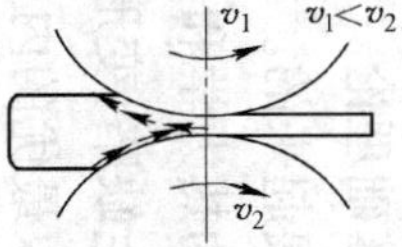

控制和改善热力学和力学条件,以求最有成效地进行塑性成形的基础理论。它是总结了多年来塑性成形工业成果和实践经验而发展起来的。它主要的研究任务是探索金属及其合金产生形变适宜的热力学和力学条件,寻求提高变形性能、降低变形抗力、避免产生缺陷、变形后达到最佳的结晶组织状态和性能的工艺条件,以获取最优的内外质量的产品并达到节能的目标。它主要研究内容包括:

(1) 金属塑性变形机理。金属塑性加工是使受外力作用的金属产生稳定连续的永久变形而赋予材料所期望的外形与组织。熟悉产生变形的机理及其在塑性变形中所起的作用、变化规律及导致的后果,这是极其重要的。在继承材料学科中有关晶体结构知识的基础上,了解有关滑移和位错理论,为深入理解塑性变形作基础工作。

(2) 金属屈服与变形抗力。金属要在一定大小的外力下才能由弹性变形转变到塑性变形,这时的状态称为屈服。金属产生屈服时的应力值表征金属已能开始流变的应力,因此要研究金属多晶体的屈服行为。多晶体是由许多取向各异的单个晶体组成的,因此,首先要研究单晶体的一些屈服表现,弄清其本源,才能正确掌握金属多晶体的塑性变形情况。屈服只表示金属已开始塑性变形,而塑性加工的目的是期望金属能发生预定大小的变形以改变原来坯料的形状尺寸、改善力学性能,从而获得合格制品。施加的外力随着变形的加大而增加,要造就金属的屈服并能维持稳定的连续变形,就必须研究金属在各种情况下反抗这些意图的能力——金属的变形抗力。

(3) 金属塑性变形的热力学条件。金属必须在一定的力学条件与热力学条件下受外力作用才能发生所希望的变形。热力学条件包括变形时的温度、程度和速率,它们制约着塑性变形的成败。因此,选择及确定变形温度范围、变形量大小及变形速度,对改变金属内部组织的实质是最基本的知识。

(4) 金属塑性变形与组织性能变化。金属塑性加工的目的是创造最佳条件,以促进工件在承受变形的过程中发生预期的形状改变和组织改变,并获得所要求的良好性能。近来,在开发新材料的过程中,用常规加工方法生产出来的材料,又因组织或性能不够理想而难以符合要求,究其原因是形成了变形织构和再结晶织构等。为有效地控制织构的形成与存在方式,减少不良影响,对退火再结晶过程、结构及其他一些特殊组织的形成机制、调控技术等进行研究,就能在了解其规律的基础上制备含有特殊性能要求的材料。

(5) 金属的塑性与断裂。金属能稳定地发生塑性变形而不产生断裂,这是金属具有塑性的表征。研究金属在一定条件下承受塑性变形而不产生断裂的能力,促进金属达到最佳状态的条件及提高其塑性的途径。

(6) 不均匀变形和残余应力。任何塑性变形加工过程均处于一种不均匀的状态中,所以变形的发生、发展以及所产生的应力、应变及性能等均处于不均匀状态。因此,必须研究不均匀变形发生和扩展的原因、不良后果及防止措施,以求在生产过程中尽可能达到均匀变形的条件。

1.4.2.2 塑性加工力学

塑性加工力学是研究金属等材料在塑性变形过程中的变形力学规律的基础理论学科。它的任务是结合金属等材料流变特性,分析塑性成形中的应力应变状态、建立变形力学方程、确定塑性加工变形时的力学性能参数和变形参数,以及应力和应变在变形体内分布,从而为正确选择塑性加工变形方式、制定合理的工艺规程、选择合适的加工设备、优化设计轧辊孔型或其他工模具、确定加工变形界限等提供科学依据。

塑性加工力学的内容包括:在塑性力学基础理论方面包括应力理论、应变理论,以及金属材料的屈服条件和本构方程;在塑性加工力学的计算和解析方法上包括变形力学问题的工程解法、滑移线解法、上界法和下界法以及有限元解法等。

随着电子计算机技术的发展,各种数值计算法在塑性力学上的应用越来越广泛。

塑性加工力学和材料科学两者间的研究工作是相互渗透、彼此影响和互相促进的。这就是说,塑性加工变形的宏观力学与变形材料的微观力学相互结合才能促进塑性加工变形力学理论向纵深发展,共同组成完整的理论体系。

塑性加工力学目前尚存在一些问题,务实而有效的办法是弄清各类材料进行不同塑性加工成形过程的机制,采用有根据而又可靠的简化处理方法,以求得精确而实用的解。

1.4.2.3 塑性加工摩擦学

塑性加工摩擦学是研究金属塑性加工过程中变形金属与工具接触表面间的力学、物理化学规律的基础理论学科。在塑性变形过程中,摩擦对变形金属中的应力应变分布和变形力学性能参数有重要作用,而且直接影响工件的表面质量和工具的磨损及工具的寿命。塑性加工摩擦学的基本任务是按照摩擦学的原理,结合塑性加工时的摩擦特点,研究塑性变形中的摩擦、磨损和润滑问题,控制摩擦不利的方面,利用其有利方面,使加工过程节能,降低工具消耗,不断提高产品质量和效率。如在塑性加工过程中,在轧制时的初轧机上,常在轧辊表面上刻痕以增大摩擦、增大咬入角以便于坯锭的咬入;而在冷轧薄板时,为了降低轧制压力,提高表面质量和控制板形,需要将轧辊磨光甚至抛光,并加上良好的润滑以降低摩擦。因摩擦学是涉及多学科的综合性学科,过去因对它的认识不足而研究不足,现在看到了它对工程的重要性、普遍性和复杂性,所以需要对其进行更深入的研究。

金属塑性加工中的摩擦十分复杂,它与普通的机械摩擦相比有许多特点。如金属塑性加工中,作用于摩擦面上的压强远大于机械摩擦,加上金属的延伸变形使金属表面露出洁净的新金属面,易促成变形金属与工具面的局部黏结,使摩擦力增大,因而磨损也加大。此时的摩擦系数远大于机械摩擦的摩擦系数。另外,在接触表面的垂直方向,金属的流动受到工具表面的制约,但在切线方向金属的流动则决定于变形金属内部的应力应变状态。这就使接触表面上金属与工具之间相对运动呈现多种不同的状况:当垂直压强较小时,主要是两者的相互滑动,虽然也可能伴有随产生随除去的局部黏结现象;当压强增大至某一值,使摩擦力达到金属的剪切强度后,即呈现恒定摩擦力状态,或换为制动状态;当金属与工具表面间不动时,呈现出静摩擦状态,或称黏着,有时只发生少量的局部黏着。

按润滑状况不同,摩擦又可分为干摩擦、边界摩擦和液体摩擦3种类型。事实上,许多摩擦往往是这3种类型不同组合的混合形式。

一般多把接触面上剪切力与法向压强的比值称为摩擦系数,或称为摩擦力因子。但它已无法描述塑性变形中摩擦的本质及变化规律。因而在不同状态下测得的摩擦系数常常相差很大。

摩擦机制的进一步阐明、准确的摩擦系数的测定、润滑剂的研制和选用,这些都是金属塑性加工摩擦学的重要研究方向。

1.4.2.4　塑性变形基本规律

在塑性加工时,塑性变形的基本规律有:

(1) 体积不变定律。众所周知,物质不灭和质量守恒是自然界普遍存在的规律。当然在塑性变形时也必须遵守该自然法则。物体的质量等于体积和密度的乘积。在塑性加工过程中,不论是热加工或冷加工,其密度变化很小,可以认为,加工前后金属的体积不变。

(2) 最小阻力定律。从金属的微观粒子理论可知,金属是由无数晶体构成的,而晶体是由排列有序的原子组成的。金属塑性加工时,金属的变形是通过内部微小质点的流动实现的。当变形体的质点有可能沿不同方向移动时,则每一质点沿阻力最小的方向移动。这与导体内电子流动是相似的。

(3) 不均匀的变形。金属的塑性变形在理想状态下认为是均匀的。但是实际情况时,常常并非理想状态,因受到许多因素的影响,金属在变形区内的实际应力状态及变形常常是不均匀的。此时会出现金属坯外形歪扭,内部组织不均匀,而且还使变形体内应力分布不均匀。不均匀的变形给产品的性能、质量和工艺过程造成不良影响。因此必须深入研究不均匀变形产生的原因、后果及其防止措施。

1.5 钛的塑性加工

1.5.1 钛塑性加工的特点

钛的塑性加工应用了金属的塑性加工技术,它是将钛锭加工成各种钛材的工艺过程。换句话说,它是利用了固态钛的塑性,借助于工具对钛锭施加外力,迫使其发生塑性变形,达到预期的钛材的过程。

首先,钛的塑性加工应用了金属塑性加工技术,因此,金属塑性加工的基础理论和加工原理就是钛塑性加工的基础理论和加工原理。在研发钛塑性加工时一定要熟悉金属塑性加工技术,并从中获益和借鉴。

其次,在应用金属塑性加工技术过程中,必须将普遍原理和钛的自身特点结合起来。与普通金属钢、铜、铝相比,钛特别是合金钛,具有变形抗力大、塑性低、高温下易氧化等特点,所以加工比较困难。只有将两者结合起来,才能形成钛加工技术。而且,必须考虑到钛的自身特点,才能够加工出合格的钛材来。

钛是一种新金属,钛工业发展仅仅有六十余年历史。目前钛加工工业发展迅速,这不仅与钛的许多优良特性获得众多的工业领域青睐有关,而且还与有成熟的金属塑性加工技术可以应用,即有历史悠久的钢和有色金属加工工艺和设备可以应用和借鉴有关,这使得钛的塑性加工技术可以较快地完善和成熟。

1.5.2 钛及钛合金的牌号及化学成分

变形钛及钛合金的牌号和化学成分见表1–5。

表 1–5 变形钛及钛合金牌号和化学成分(GB/T 3620. 1—1994)

合金牌号	化学成分组	三要成分/%															杂质,不大于/%						
		Ti	Al	Sn	Mo	V	Cr	Fe	Mn	Zr	Pd	Ni	Cu	Nb	Si	B	Fe	C	N	H	O	其他元素	
																						单一	总和
TAD	碘法钛	余量	—	—	—	—	—	—	—	—	—	—	—	—	—	—	0.03	0.03	0.01	0.015	0.05	—	—
TA0	工业纯钛	余量	—	—	—	—	—	—	—	—	—	—	—	—	—	—	0.15	0.10	0.03	0.015	0.15	0.1	0.4
TA1	工业纯钛	余量	—	—	—	—	—	—	—	—	—	—	—	—	—	—	0.25	0.10	0.03	0.015	0.20	0.1	0.4
TA2	工业纯钛	余量	—	—	—	—	—	—	—	—	—	—	—	—	—	—	0.30	0.10	0.05	0.015	0.25	0.1	0.4
TA3	工业纯钛	余量	—	—	—	—	—	—	—	—	—	—	—	—	—	—	0.40	0.10	0.05	0.015	0.30	0.1	0.4
TA4	Ti-3Al	余量	2.0~3.3	—	—	—	—	—	—	—	—	—	—	—	—	—	0.30	0.10	0.05	0.015	0.15	0.1	0.4
TA5	Ti-4Al-0.005B	余量	3.3~4.7	—	—	—	—	—	—	—	—	—	—	—	—	0.005	0.30	0.10	0.04	0.015	0.15	0.1	0.4
TA6	Ti-5Al	余量	4.0~5.5	—	—	—	—	—	—	—	—	—	—	—	—	—	0.30	0.10	0.05	0.015	0.15	0.1	0.4
TA7	Ti-5Al-2.5Sn	余量	4.0~6.0	2.0~3.0	—	—	—	—	—	—	—	—	—	—	—	—	0.50	0.10	0.05	0.015	0.20	0.1	0.4
TA7 ELT	Ti-5Al-2.5Sn(ELI)①	余量	4.50~5.75	2.0~3.0	—	—	—	—	—	—	—	—	—	—	—	—	0.25	0.05	0.035	0.0125	0.12	0.05	0.3
TA9	Ti-0.2Pd	余量	—	—	—	—	—	—	—	—	0.12~0.25	—	—	—	—	—	0.25	0.10	0.03	0.015	0.20	0.1	0.4
TA10	Ti-0.3Mo-0.8Ni	余量	—	—	0.2~0.4	—	—	—	—	—	—	0.6~0.9	—	—	—	—	0.30	0.08	0.03	0.015	0.25	0.1	0.4
TB2	Ti-5Mo-5V-8Cr-3Al	余量	2.5~3.5	—	4.7~5.7	4.7~5.7	7.5~8.5	—	—	—	—	—	—	—	—	—	0.30	0.05	0.04	0.015	0.15	0.1	0.4

续表 1-5

合金牌号	化学成分组	主要成分/% Ti	Al	Sn	Mo	V	Cr	Fe	Mn	Zr	Pd	Ni	Cu	Nb	Si	B	杂质,不大于/% Fe	C	N	H	O	其他元素 单一	其他元素 总和
TB3	Ti-3.5Al-1CMo-8V-1Fe	余量	2.7~3.7	—	9.5~11.0	7.5~8.5	—	0.8~1.2	—	—	—	—	—	—	—	—	—	0.05	0.04	0.015	0.15	0.1	0.4
TB4	Ti-4Al-7Mo-10V-2Fe-1Zr	余量	3.0~4.5	—	6.0~7.8	9.0~10.5	—	1.5~2.5	—	0.5~1.5	—	—	—	—	—	—	—	0.05	0.04	0.015	0.20	0.1	0.4
TC1	Ti-2Al-1.5Mn	余量	1.0~2.5	—	—	—	—	—	0.7~2.0	—	—	—	—	—	—	—	0.30	0.10	0.05	0.012	0.15	0.1	0.4
TC2	Ti-4Al-1.5Mn	余量	3.5~5.0	—	—	—	—	—	0.8~2.0	—	—	—	—	—	—	—	0.30	0.10	0.05	0.012	0.15	0.1	0.4
TC3	Ti-5Al-4V	余量	4.5~6.0	—	—	3.5~4.5	—	—	—	—	—	—	—	—	—	—	0.30	0.10	0.05	0.015	0.15	0.1	0.4
TC4	Ti-6Al-4V	余量	5.5~6.8	—	—	3.5~4.5	—	—	—	—	—	—	—	—	—	—	0.30	0.10	0.05	0.015	0.20	0.1	0.4
TC6	Ti-6Al-1.5Cr-2.5Mo-0.5Fe-0.3Si	余量	5.5~7.0	—	2.0~3.0	—	0.8~2.3	0.2~0.7	—	—	—	—	—	—	0.15~0.40	—	—	0.10	0.05	0.015	0.18	0.1	0.4
TC9	Ti-6.5Al-3.5Mo-2.5Sn-0.3Si	余量	5.8~6.8	1.8~2.8	2.8~3.8	—	—	—	—	—	—	—	—	—	0.2~0.4	—	0.40	0.10	0.05	0.015	0.15	0.1	0.4
TC10	Ti-6Al-6V-2Sn-0.5Cu-0.5Fe	余量	5.5~6.5	1.5~2.5	—	5.5~6.5	—	0.35~1.0	—	—	—	—	0.35~1.0	—	—	—	—	0.10	0.04	0.015	0.20	0.1	0.4
TC11	Ti-6.5Al-3.5Mo-1.5Zr-0.3Si	余量	5.8~7.0	—	2.8~3.8	—	—	—	—	0.8~2.0	—	—	—	—	0.20~0.35	—	0.25	0.10	0.05	0.012	0.15	0.1	0.4
TC12	Ti-5Al-4Mo-4Cr-2Zr-2Sn-1Nb	余量	4.5~5.5	1.5~2.5	3.5~4.5	—	3.5~4.5	—	—	1.5~3.0	—	—	—	0.5~1.5	—	—	0.30	0.10	0.05	0.015	0.20	0.1	0.4

①"ELI"表示超低间隙级钛合金。

1.5.3 钛材塑性加工工艺流程

钛材塑性变形加工的一般工艺流程如图1-1所示。图中的工艺流程只是一个原则流程,实际的工艺过程比它要复杂。通过塑性变形加工可以加工出的钛材品种有:锻制品(棒、环、饼)、板材、带材、箔材、管材、型材、棒材、线材等。

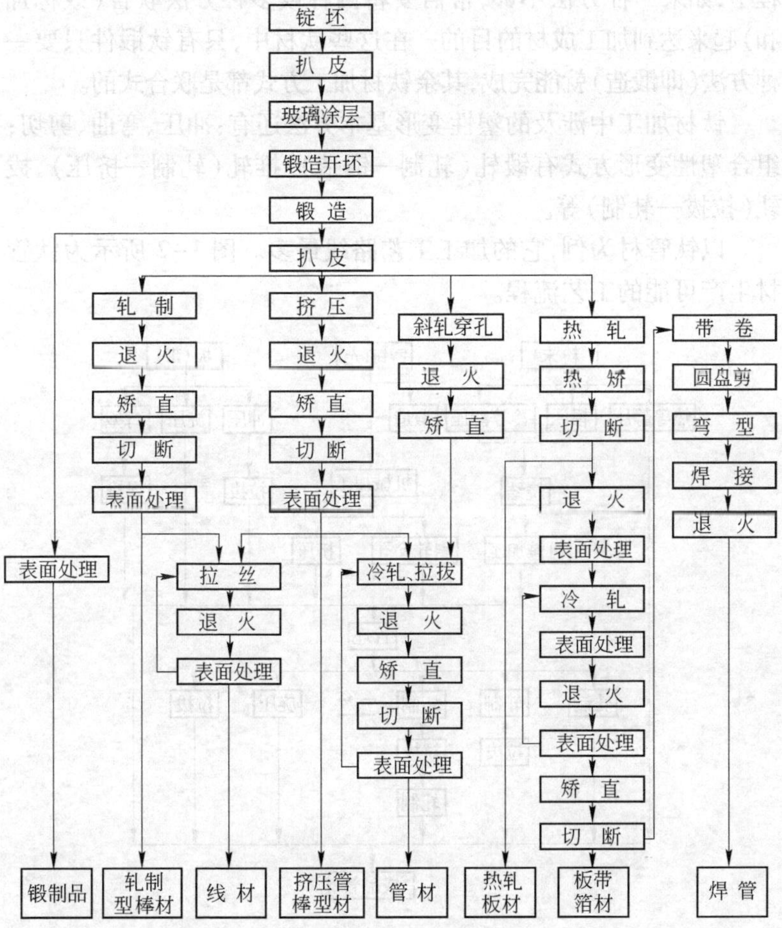

图1-1 钛材塑性加工的一般工艺流程

从图 1-1 中可见,钛材加工基本的塑性变形方法有四种,即锻造、轧制、挤压和拉拔;而旋压属补充方式,使用较少。在这四个基本方法中,锻造是不可缺少的,也就是每种钛材必须要首先使用的方法。其余的三种方法中,使用最多的是轧制,也就是说钛材的大部分产量是用轧制方式加工的,其余少部分钛材是用挤压和拉拔成材的。

这四种基本变形方法各有其特点,具有互补性。在钛材加工过程中,如果一种方法不够,常需要将两种或多种方法联合(或称加和)起来达到加工成材的目的。在这些钛材中,只有钛锻件只要一种方法(即锻造)就能完成,其余钛材加工方式都是联合式的。

钛材加工中涉及的塑性变形基本方法还有:冲压、弯曲、剪切;组合塑性变形方式有锻轧(轧制—锻造)、推轧(轧制—挤压)、拔轧(拉拔—轧制)等。

以钛管材为例,它的加工工艺路线最多。图 1-2 所示为钛管材生产可能的工艺流程。

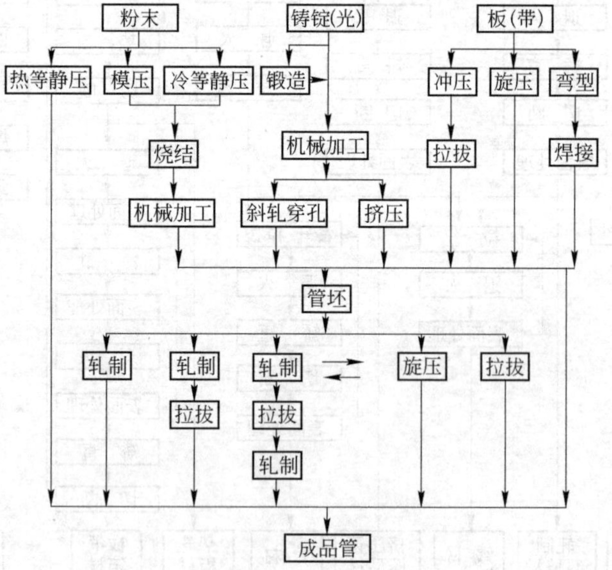

图 1-2 钛管材生产可能的工艺流程

由图1–2可以看出，不同的管材生产方法实质上是不同的管坯制备方法和不同的成品管材生产方法的组合。因此，评述生产方法的优劣，应该讨论管坯制备方法和成品管生产方法的优劣。

1.5.3.1 管坯制备方法

稀有金属管坯制备方法主要有挤压、斜轧穿孔、粉末冶金、板片旋压和板（带）材焊接，这几种方法的优缺点见表1–6。

表1–6 管坯制备方法的比较

制备方法	优点	缺点	应用范围
挤压	（1）具有三向压缩应力状态，有利于塑性差的稀有金属变形； （2）变形量大，能破碎晶粒，可提供塑性良好、壁厚较薄的管坯； （3）灵活性大，适合稀有金属规格多、量少的特点； （4）在良好的润滑和好的模具条件下，尺寸精度较高； （5）便于异形管材和复合管材的生产； （6）能生产较长的管坯	（1）金属和工模具损耗较大； （2）对润滑的要求比较严格，若润滑不好，无法得到好的产品； （3）设备较复杂，投资较大； （4）内表面质量比较难保证； （5）对单一品种而批量大的产品，生产率比斜轧穿孔稍低一些	用于钼、钽、铌、钛、锆、铪及其合金管坯的生产
斜轧穿孔	（1）对规格少、批量大的产品，生产率较高； （2）金属和工模具的耗损较少； （3）能得到比较好的表面质量； （4）对润滑条件要求较低，不必使用包套材料； （5）设备较简单，投资较少	（1）产品比较单一，灵活性较差； （2）变形量受到限制，不能得到壁薄的管坯，从而增加了冷加工量； （3）制得的管坯比较短	适合于定形规格批量大的钛及钛合金（TA2、TA3、TC1、TC4、TC10、TA7）管坯的生产
粉末冶金	（1）金属损耗少，成品率高； （2）成本较低； （3）可以制得其他方法难以加工的管坯	（1）密度较低，当低于一定数值时，无法进一步加工； （2）制得的管坯比较短； （3）气体、杂质含量较高	是制备钨、钼管坯，特别是钨管坯的有效方法，钛应用少

续表 1-6

制备方法	优 点	缺 点	应用范围
冲压—拉拔	(1) 内表面质量较好； (2) 设备简单、投资少； (3) 金属损耗少	(1) 非三向压缩应力状态，不宜加工塑性差的金属； (2) 管坯长度受到限制； (3) 生产率低	用于小直径的钽、铌管材产生，钛应用少
旋压（由板片经锥形件过渡）	(1) 内表面质量较好； (2) 设备投资比挤压少； (3) 金属和工模具的损耗较少	(1) 生产率较低； (2) 不容易生产长的管坯	适合于生产管径大而长度短的钨、钼管坯，钛应用少
焊接	(1) 壁厚比较均匀，内表面质量较好； (2) 生产率高，成本低； (3) 能生产大直径的管材，弥补挤压机能力的不足； (4) 设备简单，投资少	(1) 灵活性较差，不宜生产规格多而批量少的产品； (2) 焊缝往往是薄弱环节； (3) 焊缝清理较困难	一般用于生产批量大的钛管，钽、铌管也可用此法生产

1.5.3.2 成品管材的生产方法

成品管材的生产方法主要有轧制、拉拔和旋压。它们或单独或组合起来，将管坯制成所要求的管材。这几种方法的优缺点见表1-7。

表 1-7 成品管材生产方法的比较

生产方法	优 点	缺 点
轧制	(1) 由于应力状态有利于金属塑性变形，因而能生产高强度、低塑性的金属管材； (2) 道次变形量及壁厚减薄量较大，所以减少了中间辅助工序，生产周期短； (3) 润滑方法较拉拔简单； (4) 尺寸精确，粗糙度小	(1) 设备复杂，投资大； (2) 对工具的要求比较严格，要有专用设备或专用胎具才能制造； (3) 更换工具比拉拔复杂

续表 1-7

生产方法	优 点	缺 点
拉拔	(1) 尺寸精确,表面光洁; (2) 灵活性大,更换模具方便; (3) 设备、工具比轧制的简单,投资少,制造容易; (4) 适合异形管、棒材生产	(1) 生产低塑性、高强度的金属管材比较困难; (2) 道次变形量小,拉拔道次多,生产周期较长; (3) 中间辅助工序多; (4) 金属损耗比轧制的大; (5) 润滑剂的要求较严格
旋压	(1) 由于变形特点是点变形,所以对生产同一规格的产品,旋压力比轧制力、拉伸力小; (2) 设备外形小,质量轻,投资少; (3) 更换工具方便; (4) 可生产超出现有轧制、拉拔设备能力的大直径薄壁管材; (5) 有利于塑性低、难变形金属管材的生产	(1) 减径量小,不宜实现空减径大的工艺过程; (2) 变形不均匀性较大,在冷状态下旋压 D/t 比值小的管材时,不均匀性更显著,容易引起内表面裂纹; (3) 对管坯的内孔尺寸、表面质量要求较高,在大批量的生产中不容易达到

其中,对于外表面要求不高的焊接管,也可以成为成品管。

长期的实践表明,钛管坯制备方法主要是斜轧穿孔热轧法和挤压法及钛带材焊接法;成品钛管主要是拉伸和(冷)轧法以及焊接法,而且在工业中获得普遍应用。因此,图 1-2 所示的工艺途径是可能方法。而目前工业生产上常用的工艺是图 1-1 反映出的工艺方法。

同时,从图 1-2 可知,由管坯制取成品管的工艺方法虽然仅有轧制和拉拔 2 种工艺适用,但这 2 种工艺方法又构成 4 种略有差异的工艺途径,和从钛锭加工成 3 种管坯的工艺相联系,钛管加工工艺按排列组合就可以构成 12 种有差异的工艺路线。它表明钛管加工工艺的多样性和复杂性。它几乎运用了各种塑性加工手段,或者将各种加工工艺重复使用,或反复使用,或多次组合,制造出优质钛管材。

表 1-6 和表 1-7 中列出各种工艺方法的优缺点,从中可以看出,各种工艺方法存在很大差异。因此,各种工艺间也存在竞争。

钛管还有有缝和无缝之分,产品质量也存在差异,其中用焊管工艺加工的钛管包括管坯和成品管都是有缝管材,其他工艺加工的产品都是无缝管。

综上所述,钛管材加工的工艺路线较多,在生产过程中,要确定某批管材的加工路线,应按实际情况具体分析,考虑因素有产品加工难易(钛合金加工比较困难,纯钛加工比较容易)、产品质量要求(产品尺寸和壁厚、是否一定要求无缝管)、产品批量大小、现场能提供加工条件、所获得经济效益等,其中最终获得经济效益是最为重要的因素。同时,还应考虑到各种加工工艺的特点,有些产品更适合应用某种特定工艺加工。

从图 1-1 可知,钛棒可以用轧制和挤压工艺获得,如果需要细钛棒,也可以将前述的 2 种工艺获得钛棒作为棒坯再经过拉拔制取。

钛板、钛带和钛箔及钛丝加工工艺比较单一,选择余地比较小。其中钛板、钛带和钛箔制取工艺必须将锭坯采用轧制制取,而钛丝可以用钛棒作为线坯,经拉拔获得。实践中钛丝常常用轧制法获得的长而细的钛盘条作为线坯经过拉拔而获得。锻件较简单的,仅用锻造工艺就可以获得成品。

上述所讲的各种钛材塑性变形加工基本方法是各工艺中核心工序。但是各种钛材加工流程中还必须配置不可缺少的其他技术,包括热处理、精整和矫直;还有不可缺少的辅助工序,包括表面处理、焊接。这些才涵盖塑性加工的整个内容。本书除将钛的锻造和热处理内容放置别的分册介绍外,主要的塑性加工内容按方法归纳于后,分章介绍。

钛的塑性加工技术仍在不断地发展中,还需要不断开发新技术和开拓新品种。钛加工技术的发展必定会促进钛工业的迅速发展。

2 轧制钛板带箔材

轧制是钛材塑性加工的主要工艺。通过轧制加工可以获得各种板带箔材。本章主要介绍钛板带箔材轧制原理、轧制设备、生产工艺及产品质量控制等。

2.1 轧制原理

图 2–1 所示为轧制时轧件的受力情况。由图可见,轧制是借助旋转轧辊的摩擦力(F)将轧件拖入轧辊间,同时依靠轧辊施加的压力(N)使轧件在轧辊间发生压缩变形的一种材料加工方法。轧件通过轧制后,轧件的形状、尺寸变化以及组织与性能得到改善和提高。如热轧能使铸锭的粗晶破碎、组织致密化;冷轧能使金属的晶粒破碎变得更细小、强度提高、塑性降低等。

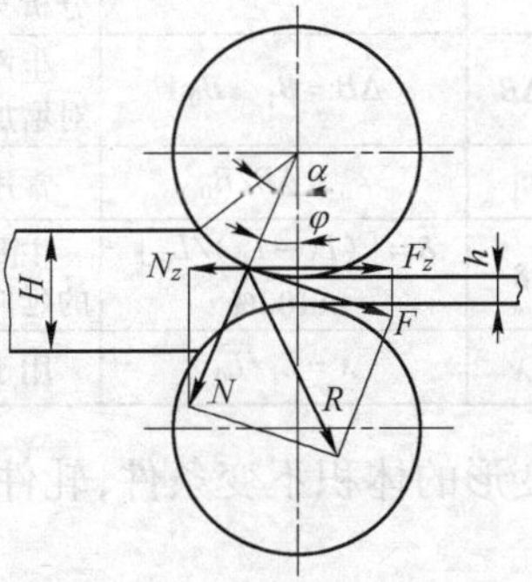

图 2–1 轧制时轧件的受力

通常轧制过程中两个轧辊均为主传动,且直径相等,辊面圆周速度相同;轧件在入辊处和出辊处速度均衡;轧件除受轧辊作用外,不受其他任何外力作用;上下辊面接触摩擦作用相同,沿轧件断面高向(即厚度)和宽向的变形与金属质点流动完全对称;轧件的性能均匀等。

2.1.1　轧制的变形指数

轧制变形过程中，高向压缩是主导变形。当轧件高向受到轧辊压缩时，金属发生沿纵向和横向的流动，即轧件高向上受压缩，引起轧件长度和宽度尺寸增大。但是纵向的延伸变形总是大大超过横向的扩展量（宽展），这是因为辊面摩擦力对宽向流动的阻碍总是大于纵向，即相对纵向变形而言，横向的宽展总是较小的。通常把表示变形程度大小的指标称为变形指数。轧制过程常用的变形指数见表 2–1。

表 2–1　轧制过程常用的变形指数

变形方向	变形指数		计算公式	意义及应用
	名　称	符号		
高向变形	绝对压下量	Δh	$\Delta h = H - h$	表示轧制前后轧件厚度绝对的变化量，便于生产操作上直接调整辊缝值
	加工率	ε	$\varepsilon = \Delta h/H(\%)$	近似变形程度，生产现场使用方便
			$\varepsilon = \ln(H/h)$	真实变形程度，常用于理论分析与计算
宽向变形	绝对宽展	ΔB	$\Delta B = B_1 - B_0$	生产现场用于表示宽度的绝对增加值
	相对宽展	ε_b	$\varepsilon_b = \Delta B/B_0$	常用于理论分析
纵向变形	伸长率	δ	$\delta = [(L_1 - L_0)/L_0] \times 100\%$	主要用来表示材料拉伸试验的延伸性能
	延伸系数	λ	$\lambda = L_1/L_0$	用于理论分析与实际计算

根据金属塑性变形的体积不变条件，轧件轧制前后各变形指数间的关系为：

$$\frac{L_1}{L_0} = \frac{H}{h} \cdot \frac{B_0}{B_1} \quad 或 \quad \frac{H}{h} = \frac{B_1}{B_0} \cdot \frac{L_1}{L_0} \tag{2-1}$$

如以 F_0 与 F_1 表示轧制前后轧件的横断面积，则：

$$\lambda = \frac{F_0}{F_1} \quad 或 \quad \lambda = \frac{B_0}{B_1} \cdot \frac{1}{1-\varepsilon}$$

如忽略宽展，则：

$$\lambda = \frac{h_0}{h_1} = \frac{1}{1-\varepsilon} \tag{2-2}$$

总变形量与各道次变形量之间的关系为：

$$\frac{F_0}{F_n} = \frac{F_0}{F_1} \cdot \frac{F_1}{F_2} \cdot \frac{F_2}{F_3} \cdots \frac{F_{n-1}}{F_n}$$

或

$$\lambda_{\Sigma} = \lambda_1 \lambda_2 \lambda_3 \cdots \lambda_n \tag{2-3}$$

以及

$$\ln\lambda_{\Sigma} = \ln\lambda_1 + \ln\lambda_2 + \ln\lambda_3 + \cdots + \ln\lambda_n \tag{2-4}$$

式中 n——轧制道次；

λ_{Σ}——总延伸系数。

2.1.2 轧件的咬入条件

轧制过程经历了开始咬入、曳入、稳定轧制和轧件抛出（轧制终了）4 个阶段，如图 2-2 所示。

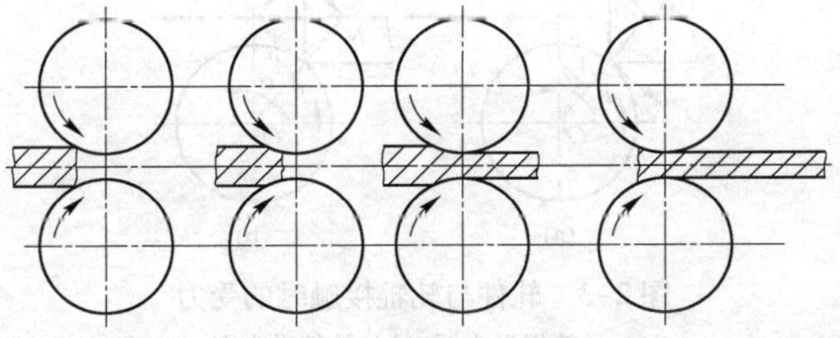

图 2-2 轧制过程的 4 个阶段

(a) 咬入；(b) 曳入；(c) 稳定轧制；(d) 轧件抛出

咬入阶段是建立正常轧制的前提条件，稳定阶段是轧制过程的主要阶段。所以，稳定轧制阶段是研究轧件在变形区内流动、变形与应力状态，以及进行工艺控制、产品质量控制、轧制设备设计等的基本对象。曳入和抛出对轧制过程与轧件质量的影响不大。

2.1.2.1 轧件与轧辊接触瞬间的咬入条件

轧制时，当轧件前端与旋转轧辊接触时，在接触点 A 和 A'处，轧件受到辊面正压力 N 和切向摩擦力 F 的作用（见图 2-3），如不考虑轧件咬入时的惯性力，要实现咬着轧件，就必须满足以下力学条件：

$$2F\cos\alpha > 2N\sin\alpha$$

由几何关系可知，α 可由式 2-5 确定：

$$\cos\alpha = 1 - \Delta h/2R \tag{2-5}$$

按库仑摩擦定律，$F = \mu N$（μ 为咬入时的接触摩擦系数），代入式 2-5，经整理后得：

$$\tan\alpha < \mu$$

如令 $\mu = \tan\beta$（β 为摩擦角），则：

$$\tan\alpha < \tan\beta \quad 或 \quad \alpha < \beta \tag{2-6}$$

即咬入时的条件为：咬入角 α 应小于摩擦角 β。

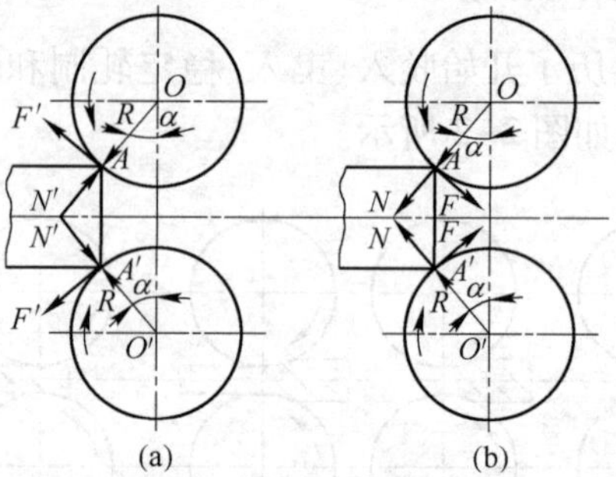

图 2-3　轧件与轧辊接触时的受力

（a）轧辊受力图；（b）轧件受力图

钛材轧制时，不同轧制情况下的咬入角见表 2-2。

表 2-2　钛材轧制时不同轧制条件下的咬入角

轧制条件	咬入角 α/(°)	$\Delta h/D$①
热　轧	18 ~ 20	$\frac{1}{30} \sim \frac{1}{15}$
冷轧（粗糙辊面）	5 ~ 8	$\frac{1}{250} \sim \frac{1}{100}$
冷轧（高度光洁辊面，并有良好润滑）	3 ~ 4	$\frac{1}{700} \sim \frac{1}{400}$

① 轧辊直径。

2.1.2.2 稳定轧制的咬入条件

当轧件被咬入并逐渐填充辊间以后，由于合力的作用点内移，其最大咬入角与摩擦角之间的关系也随之发生变化。如以 δ 表示尚未咬入部分弧长(见图 2-4)，并假设轧件与轧辊相接触弧上所受的力是均匀分布的，则合力作用点可假定位于接触弧长的中点。因此，随着轧件逐渐充满辊缝间，δ 将逐渐减小，最终降到零。由几何关系有：

$$\psi = \frac{\alpha_M + \delta}{2} \tag{2-7}$$

式中 ψ——合力作用点的径向线与轧辊中心线的夹角；

α_M——开始咬入时的最大咬入角。

当轧件完全充满辊间后，δ 降为零，即有 $\psi = \alpha/2$。

于是

$$\alpha_M < 2\beta \tag{2-8}$$

式 2-8 为稳定轧制的充分条件。

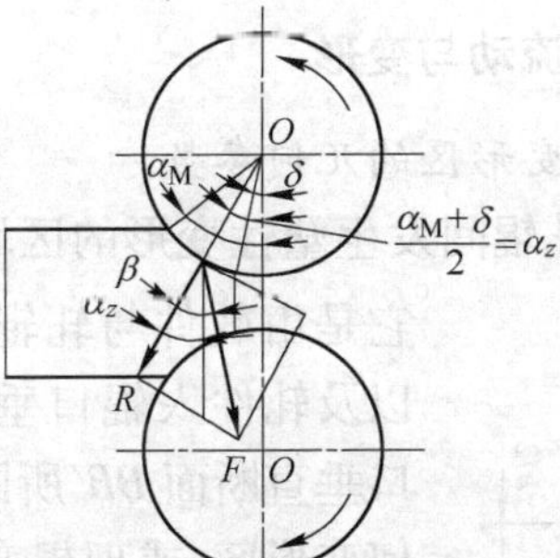

图 2-4 轧件填充辊缝时的接触角

实际上，咬入弧上轧制压力的分布一般是不均匀的，稳定轧制时的摩擦系数总是小于咬入初始瞬间的摩擦系数。可见，稳定轧制时的最大可能咬入角一般小于摩擦角的 2 倍。

2.1.2.3 改善轧件咬入困难的措施

根据式 2-5 和式 2-8，改善轧制咬入困难的主要措施有：

(1) 当 Δh 一定时，轧辊直径 D 愈大，咬入角愈小，即愈易咬入；

(2) 当轧辊直径 D 一定时，压下量 Δh 愈大，愈难咬入，因此在生产中，为改善大压下时的咬入困难情况，常将轧件前端做成楔形或圆弧形，以减小咬入角；

(3) 辊面接触摩擦愈大，愈有利于咬入，因此，轧辊表面愈粗糙，或辊面不润滑，或喷洒煤油等涩性油剂等增大辊面摩擦的措施，均有利于咬入；

(4) 低速咬入也可增大咬入时的摩擦，改善咬入条件，一旦咬入后便采用高速轧制以提高生产效率，即生产上常使用的“低速咬入，高速轧制”操作方法；

(5) 轧制方向上增加水平推力有利于咬入，因此，当咬入困难，出现打滑现象时，常使用推锭机、辊道运送轧件的惯性力、夹持器、推力辊等对轧件施加水平推力，进行强迫咬入。

测试最大轧制咬入角 α 可用调辊法（逐渐抬高辊缝直到能咬入为止）和楔形件法（小头先喂入辊缝直到大头进不去出现打滑为止）等。

2.1.3　轧制金属的流动与变形

2.1.3.1　轧制变形区的几何参数

轧制时轧件在轧辊间发生塑性变形的区域称为轧制变形区。它是由轧件与轧辊的接触弧 AB、$A'B'$ 以及轧件入辊口垂直断面 AA' 和出辊口垂直断面 BB' 所围成的区域，称为几何变形区，或理想变形区（见图 2-5）。实际上，在几何变形区的入辊、出辊断面附近区域，轧件多多少少也有塑性变形存在，分别称为前、后非接触变形区。另外，厚轧件热轧时，往往变形不易深透，所以在几何变形区内，也有部分金属几乎不发生塑性变形，构成所谓的难变形区。

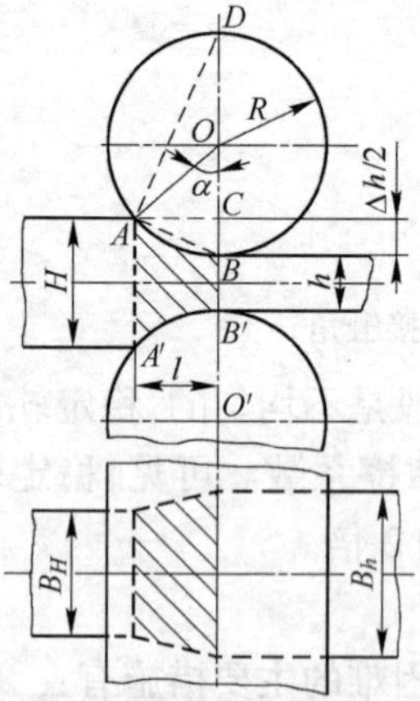

图 2-5　轧制的几何变形区

描述轧制几何变形区的基本参数有：接触角 α、变形区长度 l（接触弧 AB 的水平投影）、轧件的平均厚度 $h_{cp}=(H+h)/2$ 及变形区形状系数（l/h_{cp} 和 B/h_{cp}），H、h 分别为轧件轧制前、后的厚度，B 为轧件宽度。

A 接触角

变形区内接触弧对应的中心角称为接触角 α（也称为咬入角，以弧度表示）。根据几何关系，得接触角的计算式为：

$$\cos\alpha = 1 - \frac{\Delta h}{2R} \tag{2-9}$$

当接触角不大时（小于 10°～15°），式 2-9 可简化成：

$$\alpha = \sqrt{\frac{\Delta h}{2R}} \tag{2-10}$$

B 变形区长度

接触弧（AB）的水平投影称为变形区长度 l。由几何关系，可得变形区长度的计算公式为：

$$l = \sqrt{D\Delta h - \frac{\Delta h^2}{4}} \tag{2-11}$$

式中，$D=2R$，为轧辊直径。实际应用中常广泛使用简化计算公式：

$$l = \sqrt{D\Delta h} \tag{2-12}$$

当 $\alpha \leqslant 20°$ 时，简化后的式 2-12 的误差不大于 1%。可见接触角 α 与变形区长度 l 的关系为：

$$l = R\sin\alpha \tag{2-13}$$

C 变形区几何形状系数

变形区的长度与轧件的平均厚度之比（l/h_{cp}）称为几何形状系数，也称为变形区的几何因子。变形区几何系数对轧制时轧件内的应力状态有明显影响，对于研究轧制时金属的流动、变形及应力分布等有重要意义。由式 2-12 可得其表达式为：

$$\frac{l}{h_{cp}} = \frac{2\sqrt{D\Delta h}}{H+h} \tag{2-14}$$

2.1.3.2　轧制时的前滑与后滑

当轧件由轧前的原始厚度 H 经过轧制压缩至轧后厚度 h 时，进入变形区的轧件厚度逐渐减薄。根据塑性变形的体积不变条件，则金属通过变形区内任意横断面的秒流量必相等，即

$$F_H v_H = F_h v_h = F_x v_x = 常数 \tag{2-15}$$

式中　F_H, F_h, F_x——分别为入口、出口及变形区内任意横断面的面积；

v_H, v_h, v_x——分别为入口、出口及变形区内任意横断面的轧件的水平运动速度。

金属轧制时，轧件内金属质点的塑性流动还受到旋转轧辊的机械运动的影响，即轧制时金属质点的流动速度是上述两种运动速度的合成。这是轧制过程金属流动的明显特点之一。

平辊轧制时金属质点相对辊面的流动与平锤压缩，特别是楔形锤头间压缩时金属的流动十分相似（见图 2-6）。金属塑性流动相对辊面的滑动或滑动趋势是：金属向入口侧（厚侧 AB 边）方向流动容易，而向出口侧（薄侧 CD 边）流动较困难。金属质点向入口侧流动形成后滑区，而向出口侧流动形成前滑区。因此，轧制时的流动分界面（中性面或中性线）偏向出口侧。于是，按金属塑性流动相对辊面的运动情况，接触弧面上有后滑区、中性面和前滑区。将前滑区所对应的接触角定义为中性角，通常用 γ 表示。

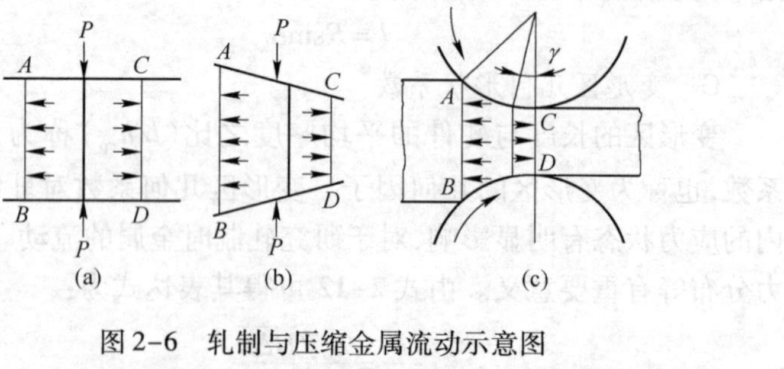

图 2-6　轧制与压缩金属流动示意图

（a）平锤压缩矩形件；（b）斜锤间压缩楔形件；（c）平辊轧制

前滑区(轧制出口端)轧件产生相对辊面的向前滑动,即轧件的前进速度高于辊面线速;反之,后滑区轧件的速度低于辊面线速;只有在中性面上两者的速度才相等,如图 2-7 所示。

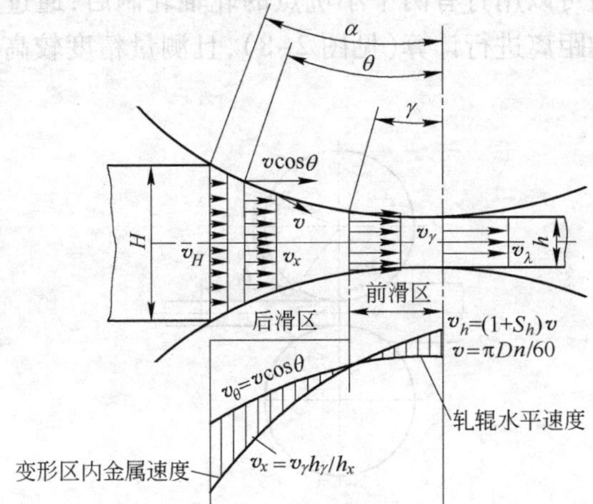

图 2-7　轧制过程速度图示

因此,前滑(S_h)定义为:

$$S_h=\frac{v_h-v_0}{v_0}\times 100\% \tag{2-16}$$

式中　v_h——轧件流动速度;

v_0——轧辊线速。

根据理论分析可推导出简单轧制过程的前滑值的计算式为:

$$S_h=[h+D(1-\cos\gamma)]\cos\gamma/h-1$$

或

$$S_h=2\sin^2\gamma[(D/h)\cos\gamma-1] \tag{2-17}$$

当 γ 角很小时,可简化成:

$$S_h=(R/h-1/2)\gamma^2 \tag{2-18}$$

式中　γ——中性角。

$$\gamma\approx(\alpha/2)[1-(1/\mu)(\alpha/2)] \tag{2-19}$$

实际上,轧制时的前滑值一般为2%～10%。前滑对于带箔材轧制张力的调整、连轧时各机架之间速度的匹配和协调均有重要实际意义。

前滑值可以用打有两个小坑点的轧辊轧制后,通过测量轧件上压痕点的距离进行计算(见图2-8),且测量精度较高。其计算式为:

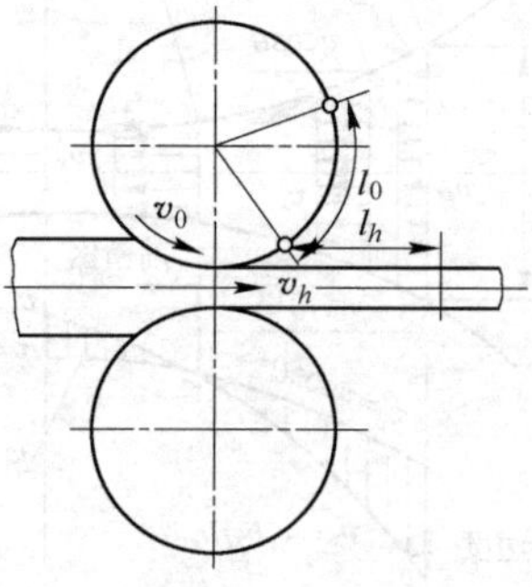

图2-8　用压痕法测定前滑的原理图

$$S_h = \frac{v_h - v_0}{v_0} \times 100\% = \frac{l_h - l_0}{l_0} \times 100\% \qquad (2-20)$$

式中　l_h——时间 t 内轧件上压痕点间的长度;

l_0——时间 t 内轧辊上小坑点间的弧线长。

2.1.3.3　沿轧件断面高向的流动和变形的不均匀性

大量的实验研究和理论分析表明,轧制变形区内金属的流动和变形是不均匀的。图2-9所示为轧件通过变形区各垂直横断面的金属质点水平流速沿高向的不均匀分布情形。据此,常将轧制变形区划分成4个小区域(见图2-10):Ⅰ区内几乎没有发生塑性变形,称为难变形区;Ⅱ区为主要变形区,易于发生高向的压缩和纵向(轧向)的延伸变形;Ⅲ区和Ⅳ区由于受到前后刚端反作用力作用所致,产生了一定的纵向压缩和高向变厚变形。

研究发现,变形区的形状系数(l/h_{cp})对轧制断面高向上变形

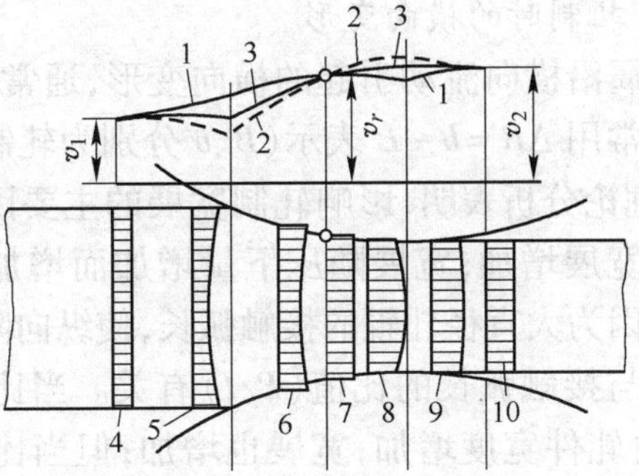

图 2-9 变形区内的水平(下)和断面高向(上)速度分布($l/h_{cp}=0.8$)

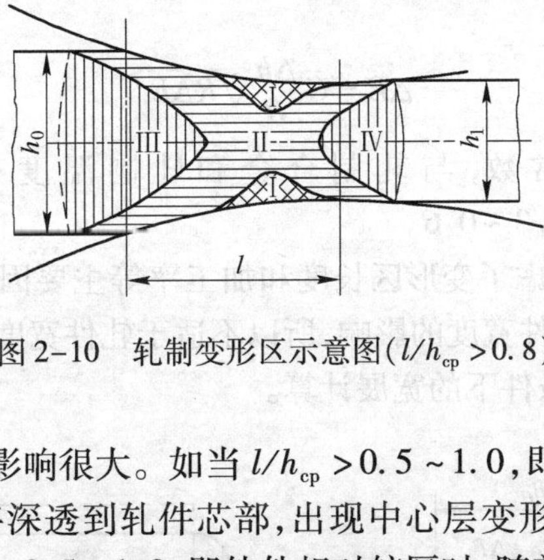

图 2-10 轧制变形区示意图($l/h_{cp}>0.8$)

不均匀分布的影响很大。如当 $l/h_{cp}>0.5\sim1.0$,即轧件相对较薄时,压缩变形将深透到轧件芯部,出现中心层变形大于表层的现象;而当 $l/h_{cp}<0.5\sim1.0$,即轧件相对较厚时,随着变形区形状系数的减小,外端对变形过程的影响变得突出,压缩变形难以深入到轧件芯部,只限于表层附近区域发生变形,出现表层变形大于芯部的现象。

其次接触摩擦系数增大,使金属沿辊面流动的阻力增加,增大Ⅰ区的范围,甚至出现金属粘辊现象,使变形的不均匀性加剧。特别是厚件轧制时,如某些合金的热轧,头几道的变形量较小,加上摩擦又大,常易出现粘辊现象,因而导致轧件头部“开嘴”,严重时甚至发生缠辊。

2.1.3.4　轧制时的横向变形

轧制时金属沿横向流动引起的横向变形，通常称为宽展。轧制时的宽展通常用 $\Delta B = b - B$ 表示（B、b 分别为轧制前、后轧件宽度）。试验和理论分析表明，影响轧制宽展的主要因素有：随着接触摩擦的增加宽展增加；宽展随压下量增加而增加；轧辊直径愈大，宽展愈大，因为大直径轧辊的接触弧长，使纵向阻力增大；宽展也与轧件宽度与接触弧长的比值（B/l）有关。当比值（B/l）小于某定值时，随着轧件宽度增加，宽展也增加；但当比值（B/l）超过某定值时，摩擦引起的横向阻力加大，宽展不再增加，宽展将维持一较小值（见图 2-11）。可见各因素对宽展的影响是比较复杂的，宽展的计算还停留在经验水平，有色金属常用的轧制宽展计算公式为：

$$\Delta B = C\frac{\Delta h}{H}\sqrt{R\Delta h} \tag{2-21}$$

式中　C——常数，与轧制合金和轧制温度有关，通常取 0.3 ~0.6。

式 2-21 考虑了变形区长度和加工率等主要因素对宽度的影响，但未考虑轧件宽度的影响，所以不适于轧件宽度等于或小于轧件厚度的轧制条件下的宽展计算。

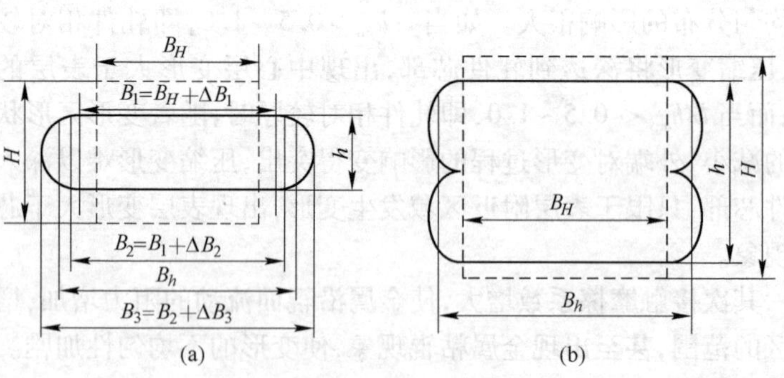

图 2-11　宽展与轧件宽度的关系

(a) $B/h \geqslant 1$；(b) $B/h < 0.5$

2.1.4 轧制压力、轧制力矩和功率

轧制压力是轧制工艺和设备设计与控制的重要力学参数,在现代化轧机的设计中尤为重要。确定轧制压力的目的是:计算轧辊与轧机其他部件的强度和弹性变形;校核或确定电机的功率,制定压下规程;实现板厚和板形控制;挖掘轧机潜力,提高轧机生产率。

轧制压力是指轧件对轧辊合力的垂直分量,即轧机压螺丝下所承受的总压力。轧制时金属轧辊的作用力有两个:一个是与接触表面相切的单位摩擦力 F;另一个是与接触表面垂直的单位压力的合力 N。轧制压力就是这两个力在垂直轧制方向上的投影之和 P_H(见图 2-12)。

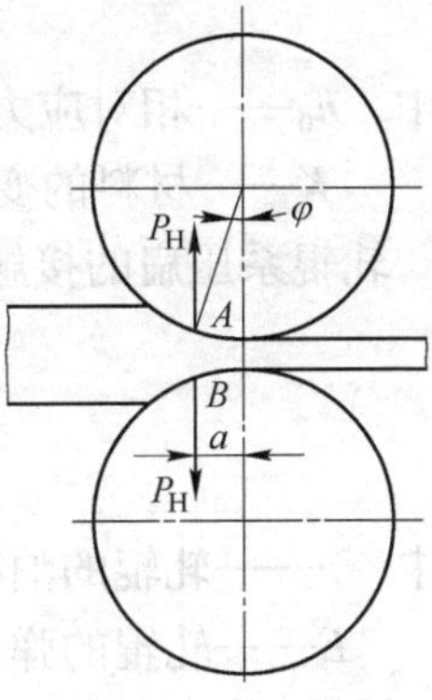

图 2-12 简单轧制条件下合力方向

轧制压力的确定方法主要有以下三种:

(1) 实测法。总压力测定是通过放置在压下螺丝下的测压头(压力传感器)将轧制过程的压力信号转换成电信号,再通过放大和记录装置显示压力实测数据。轧制压力测试常用的压力传感器有电阻应变式测压头和压磁式测压头。沿接触弧上的单位压力测定则需将针式压力传感器埋设在辊面内进行测定。

(2) 理论公式计算法。理论公式计算法是根据轧制条件和塑性理论分析,推导出轧制压力计算公式。

(3) 数值模拟计算法。数值模拟计算法是通过建立轧制过程的模型,根据轧制材料的特性,通过数值仿真来求出轧制力。这种方法能够取得比较准确的结果,同时还能获得许多有关的信息。但是,需要建立相关计算条件的模型,第一次计算时工作量较大,进一步计算就比较方便和快捷了。

2.1.4.1 轧制压力计算

通常采用理论公式计算轧制力,轧制压力 P 计算式为:

$$P = pF \tag{2-22}$$

$$F = b_{cp} l'$$

式中　F——接触面积；

b_{cp}——轧件的平均宽度；

l'——考虑轧辊系压扁的接触长度；

p——单位轧制压力,可由式 2-23 计算：

$$p = Kn_0 \tag{2-23}$$

式中　n_0——相对应力系数；

K——材料的变形抗力。

轧辊系压扁的接触长度 l'可利用式 2-24 计算：

$$l' = x_0 + (R + x_0^2)^{1/2} \tag{2-24}$$

$$x_0 = \frac{8(1-\nu^2)}{\pi E} \cdot \overline{p'} R$$

式中　ν——轧辊的泊松系数；

E——轧辊的弹性模量,GPa；

$\overline{p'}$——轧辊压扁时的平均单位压力,MPa；

R——轧辊半径,mm。

对钢轧辊,$\nu = 0.3$,$E = 2200$ MPa,则有：

$$x_0 = \frac{R}{9500} \quad \overline{p'} \approx 1.06 \times 10^{-4} R \overline{p} \tag{2-25}$$

不考虑宽展与轧辊压扁时的轧制力,计算公式可表达为：

$$P = pE = Kn_0 B \sqrt{R\Delta h} \tag{2-26}$$

常用轧制压力计算公式的应用条件及特点见表 2-3,而常用单位轧制压力计算公式有：

（1）采里科夫公式。

$$n_0 = [2(1-\varepsilon)/\varepsilon(\delta-1)](h_\gamma/h)[(h_\gamma/h)^\delta - 1] \tag{2-27}$$

（2）斯通公式。

$$n_0 = \frac{e^m - 1}{m} \tag{2-28}$$

（3）西姆斯简化公式。

$$n_0 = 0.785 + 0.25\frac{l}{h} \tag{2-29}$$

（4）滑移线法公式。

$$n_0 = 1.25\frac{h}{l} + 0.785 + 0.25\frac{l}{h} \tag{2-30}$$

表 2-3 常用轧制压力计算公式的应用条件及特点

类　型	Ⅰ	Ⅱ	Ⅲ	Ⅳ
基本假设要点	楔形件均匀压缩；不计宽展	楔形件均匀压缩；不计宽展	楔形件不均匀压缩；不计宽展	当 $\frac{l}{h} < 1.0$ 时，用滑移线法解，平面应变压缩问题
接触条件	一般不考虑轧辊压扁；全滑动（库仑摩擦定律）；未考虑刚端影响	考虑轧辊压扁；全滑动（库仑摩擦定律）；未考虑刚端影响	未考虑轧辊压扁；全黏着（按常摩擦力定律）；未考虑刚端影响	考虑了外端的影响；摩擦系数较大
代表性公式	采里科夫公式（式 2-27）	斯通公式（式 2-28）	西姆斯简化公式（式 2-29）	滑移线法公式（式 2-30）
适用情况	热轧、冷轧	冷轧薄板	热轧	热轧开坯

2.1.4.2　金属的变形抗力

变形抗力（K）是计算轧制压力的重要材料参数。轧制变形条件下，金属抵抗塑性变形发生的力称为变形抗力。平面应变条件下的变形抗力常用 K 表示，而且

$$K = 1.115\sigma_s = 1.115\sigma_{0.2} \tag{2-31}$$

大多数有色金属合金由弹性变形进入塑性变形的过程平滑，屈服点现象很不明显，常用 $\sigma_{0.2}$ 代替 σ_s。影响材料变形抗力的主要因素有：

（1）轧制合金的本性（如化学成分、微量元素、晶粒组织等）；

（2）轧制前的预变形程度（主要是冷轧前的加工硬化程度）；

（3）轧制速度（或称轧制变形速率），即压下方向上的平均变形速度，它的计算公式为：

$$\bar{u} = 2v\sqrt{(\Delta h/R)/(H+h)} \tag{2-32}$$

（4）轧制温度，通常轧制合金的变形抗力随轧制温度的升高而降低。

2.1.4.3　轧制过程的温度变化规律

轧制温度包括开轧温度、终轧温度以及卷取温度。这些温度对钛材轧制时的变形抗力、轧制力、成品的组织、晶粒度、力学性能以及板带材的表面状态等都有直接影响。特别是对钛材热轧，轧制温度是一个极为重要的参数，例如1%的温度预测差异，可能导致2%～5%的轧制力预报差异。因此，需了解轧制过程中轧件的热量损失情况以及温度变化规律，主要包括几方面：

（1）辐射散热损失引起的温降。加热的板坯因辐射散热损失引起的温降公式为：

$$\mathrm{d}t_1 = -\frac{2\varepsilon\sigma\left(\frac{t+273}{100}\right)^4}{c_p\rho h}\mathrm{d}\tau \tag{2-33}$$

式中　ε——轧件的热辐射系数（或称为黑度），对于钛的热轧坯，ε 一般可取 0.55 左右；

σ——玻耳兹曼常数；

t——轧件表面的温度，℃；

c_p——比热容，J/(kg · ℃)；

ρ——密度，kg/m³；

h——轧件高度，m；

τ——时间，h。

（2）对流传热的散热损失引起的温降。轧件对流温降公式为：

$$\mathrm{d}T_2 = -\frac{2\alpha(T-T_0)}{c_p\rho h}\mathrm{d}\tau \tag{2-34}$$

式中　α——对流的散热系数；

T_0——冷却介质的温度（如冷却水或润滑液）；

τ——热交换时间，h。

（3）轧制过程中，轧件与轧辊接触时的热传导损失引起的温降。其公式为：

$$\Delta T_3 = -\frac{2\lambda l(T - T_0)}{c_p \rho h_{cp} v} \tag{2-35}$$

式中 T——轧件温度；

T_0——轧辊温度；

h_{cp}——轧件平均厚度，mm；

v——轧制速度，m/s。

（4）塑性变形引起的温升。金属塑性变形热的温升计算公式为：

$$\Delta T_4 = \frac{A\eta\sigma_{cp}\ln\frac{H}{h}\times 10^4}{c_p \rho h_{cp}} \tag{2-36}$$

式中 η——转换效率，一般取 0.90～0.95；

σ_{cp}——轧件的平均变形力，MPa。

2.1.4.4 轧制力矩与主电机功率

A 轧制力矩

轧制力矩为轧辊所承受的垂直力 P 乘以相应的力臂 a，如图2-13 所示。

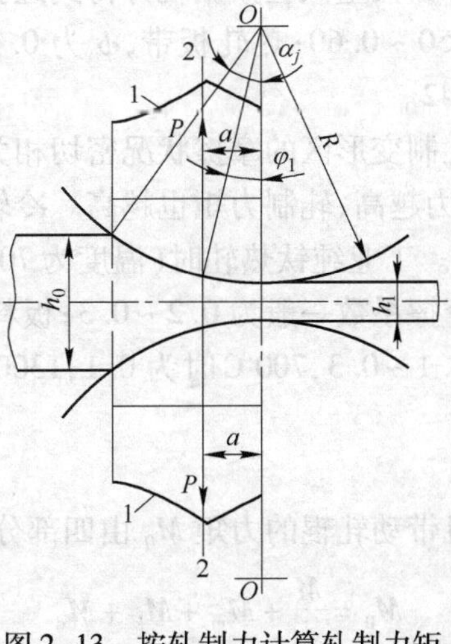

图 2-13 按轧制力计算轧制力矩

1—单位压力曲线；2—单位压力图形重心线

$$M_1 = M_2 = Pa = \int_0^l x(p \pm \tau)\mathrm{d}x \qquad (2\text{-}37)$$

式中　M_1, M_2——分别为上、下轧辊的轧制力矩。

因为摩擦力在垂直方向上的分力相对很小，可以忽略不计，所以：

$$a = \frac{\int_0^l xp\mathrm{d}x}{P} = \frac{\int_0^l xp\mathrm{d}x}{\int_0^l p\mathrm{d}x} \qquad (2\text{-}38)$$

从式 2-38 可以看出，力臂 a 实际上等于压力图形的重心到轧辊中心连接线的距离。出于计算方便，常以力臂系数 ϕ 来表示力臂，即：

$$\phi = \phi_1/a = a/l \quad 或 \quad a = \phi l \qquad (2\text{-}39)$$

式中　ϕ_1——合力作用角；

　　l——接触长度。

因此，转动两个轧辊所需轧制力矩为：

$$M = 2Pa = 2P\phi l \qquad (2\text{-}40)$$

力臂系数通常由大量试验数据统计得到经验数据，其范围为：热轧铸锭，ϕ 为 0.50 ~ 0.60；热轧板带，ϕ 为 0.42 ~ 0.50；冷轧板带，ϕ 为 0.33 ~ 0.42。

轧制力矩与轧制变形区的摩擦状况密切相关。轧制变形区摩擦系数越大，轧制力越高，轧制力矩也越高。冷轧时钛合金的摩擦系数一般为 0.096。工业纯钛热轧时（温度为 700 ~ 1200℃），板料在空气中加热的摩擦系数一般为 0.2 ~ 0.3；板料在真空中加热的摩擦系数一般为 0.1 ~ 0.3，700℃时为 0.1，1300℃时为 0.3，基本为线性变化。

B　轧机效率

轧制时主电机带动轧辊的力矩 M_0 由四部分组成：

$$M_0 = \frac{M}{i} + M_m + M_k + M_d \qquad (2\text{-}41)$$

式中　M——轧制力矩；

M_m——摩擦力矩,即克服轧制时在轧辊轴承和传动机构等产生的附加摩擦力矩;

M_k——空转力矩,即克服轧辊空转运动时产生的惯性力矩;

M_d——动力矩,即克服轧辊不均匀转动时产生的惯性力矩;

i—— 轧辊与主电机之间的传动比。

式 2-41 中前三项力矩之和为静力矩 M_j,即:

$$M_j = \frac{M}{i} + M_m + M_k \tag{2-42}$$

轧机效率 η_0 定义为轧制力矩与静力矩之比,即:

$$\eta_0 = \frac{\frac{M}{i}}{M_j} = \frac{\frac{M}{i}}{\frac{M}{i} + M_m + M_k} \tag{2-43}$$

C 主电机负载图

一个轧制周期内静负荷时间的变化曲线称为静负荷图,如图 2-14 所示。图中,t_1 和 t_2 分别为轧制时间和轧制间隙时间。

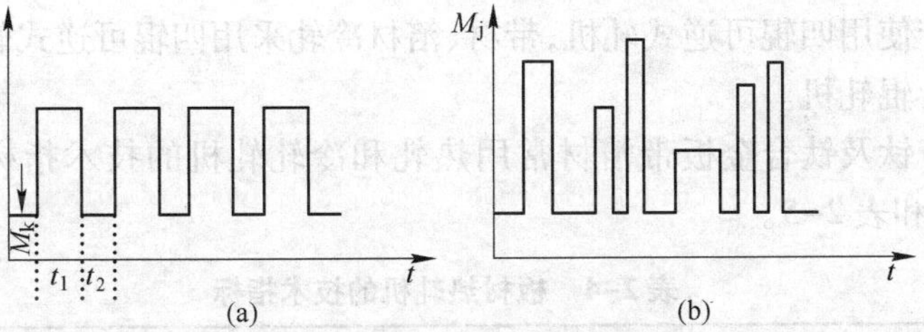

图 2-14 轧机的静负荷图

(a) 单道次轧制;(b) 多道次轧制

D 主电机功率

由主电机的传动负荷可知,轧机工作时电机的负荷是间断式不均匀负荷,因此可以按式 2-44 计算负荷图中的等效力矩 M_{qu},即:

$$M_{qu} = \sqrt{\frac{\sum M_n^2 t_n + \sum M'^2_n t'_n}{\sum t_n + \sum t'_n}} \tag{2-44}$$

式中　M_n——各道次对应的轧制力矩；

M_n'——对应间隙时间空转力矩；

$\sum t_n$——轧制周期内各道次纯轧时间之和；

$\sum t_n'$——轧制周期内各道次间隙时间之和。

主电机功率 N 的计算公式为：

$$N=\frac{1.03M_{qu}n}{\eta} \tag{2-45}$$

式中　n——电机转速；

η——由电动机到轧机的传动功率，对于一般齿轮传动，η 为0.96～0.98；对于皮带传动 η 为0.85～0.90。

2.2　轧制设备

板材热轧机类型有二辊可逆式轧机和四辊可逆式轧机，生产中一般使用四辊可逆式轧机。板材冷轧机类型有二辊可逆式轧机和四辊可逆式轧机，生产中一般使用四辊可逆式轧机。带材热轧生产使用四辊可逆式轧机，带材、箔材冷轧采用四辊可逆式轧机或二十辊轧机。

钛及钛合金板带箔材常用热轧和冷轧轧机的技术指标见表2-4和表2-5。

表2-4　板材热轧机的技术指标

轧机类型	轧辊主要尺寸 /mm×mm	轧辊最大开口度/mm	轧制速度 /m·min⁻¹	总轧制力/kN	最大轧制转矩 /kN·m	主电机功率 /kW·h	主电机转速 /r·min⁻¹
二辊可逆式轧机	ϕ420×380	30	高速：0～230 低速：0～150	1470	34.3	220	0/400 0/1200
四辊可逆式轧机（板带）	ϕ150/ ϕ420×380	30	高速：0～230 低速：0～150	1470	34.3	220	0/400 0/1200
四辊可逆式轧机	ϕ600/ ϕ1350×1200	200	高速：0～180 低速：0～90	19600	784.0	2800	0/50 0/100

续表 2-4

轧机类型	轧辊主要尺寸/mm×mm	轧辊最大开口度/mm	轧制速度/m·min^{-1}	总轧制力/kN	最大轧制转矩/kN·m	主电机功率/kW·h	主电机转数/r·min^{-1}
二辊可逆式轧机	φ500×864	75	0~90	4900		630	
二辊可逆式轧机	φ760×1200		90	11760	637.0	1000	490
四辊可逆式轧机	φ700/φ1350×2350	150	90~260	19600	980.0		
四辊可逆式轧机	φ320/φ500×450	60	0~321	2940	490.0		
四辊可逆式轧机	φ300/φ500×500			3430			

表 2-5 板材冷轧机的技术指标

轧机类型	轧辊主要尺寸/mm	轧制速度/m·min^{-1}	总轧制力/kN	主电机功率/kW·h	适用轧机成品厚度/mm
2/4 重轧机	φ420×380	高速：0~230 低速：0~150	1470.0	220	0.05
	φ75/φ420×380 φ170/φ420×380 φ150/φ420×380		1960.0		
二辊可逆式轧机	φ340×350	36~42	1372.0	115	软金属 0.5/硬金属 0.8
	φ170×200	无级调速	137.2	13.5	0.1~0.5
四辊可逆式轧机	φ425/φ1050×1400	0~180	11760.0	1100	0.5~4.0
	φ250/φ1480×1200 /φ450/φ1480×1200	0~300	24500.0	1500×2	0.3~5.0
	φ300/φ760×1400	0~75	11760.0	680	3.5~4.0
	φ450/φ1150×1200		14700.0		0.5~5.0
	φ400/φ1300×1200	0~180	17640.0	2000×2	0.5~4.0
	φ165/φ480×760	0~60	4116.0	160	0.3~1.50
	φ120/φ450×550 /φ190/φ450×550	0~120	2940.0	160×2	0.1~3.0
	φ250/φ750×380	0~180	3920.0	160×2	0.2~1.5

续表 2-5

轧机类型	轧辊主要尺寸/mm		轧制速度/m · min^{-1}	总轧制力/ kN	主电机功率/kW · h	适用轧机成品厚度/mm
二十辊轧机	工作辊	ϕ6.5 × 150	0 ~ 50	58.8	9	0.05
		ϕ8.5 × 150	无级调速			
		ϕ12 × 150	无级调速			
	工作辊 ϕ(22 ~ 27) × 380		0 ~ 100 ~ 180	784.0	120	0.03

2.3 钛板材轧制工艺

建立钛及钛合金板带箔材的生产工艺流程时，必须考虑到钛及钛合金的特殊性能——低塑性、高变形抗力和高温氧化性及在加热时或在氟化盐水溶液中酸洗时高的吸气倾向等。

根据现有设备和板带箔材的品种规格确定合理的轧制工艺规范。

当确定钛合金板材的热轧温度规范时，应考虑到晶粒度对组织和性能的影响。在 β 相区温度下结束加工，会在金属中保留粗大的晶粒，并降低板材的力学性能。因此，为了获得均匀的细晶组织，必须保证在 α 相或 α + β 相区变形 30% ~40%。

为了轧制板材或轧制厚度为 2 ~ 5 mm 的中间坯料，应在 840 ~ 500℃ 的温度范围内进行温轧。温轧极其重要的优点是不进行中间退火，形成的厚度很小的氧化层也容易酸洗。轧制 0.3 ~ 1.8 mm 厚板材时，要进行多道次冷轧，并采用数次中间退火，其总的加工率为 20% ~ 50%（对于高合金化的合金应采用小的变形量）。

钛及钛合金板带箔材的生产工艺流程见表 2-6。钛及钛合金板带箔材生产工艺流程中，必须经历如下重要工序过程：板坯准备、板坯加热、热轧、温轧和冷轧。

表 2–6 钛及钛合金板带箔材的生产工艺流程

工序号	工序名称	工序流程					
		热轧板	冷轧纯钛板	冷轧 α+β 合金板	冷轧 β 合金板	冷轧 α 合金板	冷轧带箔材
1	板坯清理	●	●	●	●	●	●
2	抗氧化涂层			●	●		
3	爆炸包覆	○				●	
4	热　轧	●	●	●	●	●	●
5	剪切下料	○	●	●	●	●	
6	修　磨	○					
7	淬　火			●			
8	碱　洗			○			
9	酸　洗			○			
10	热　轧	○	●	●	●	●	
11	退　火	○	●	●		●	
12	淬　火				●		
13	喷　砂				●		●
14	碱　洗	●	●	●		●	
15	酸　洗	●	●	●	●	●	●
16	修　磨		●	●	●	●	
17	白　化		●	●	●	●	
18	中间冷轧		●	○	●	●	●
19	除　油		●	●	●	○	●
20	退　火		●	●		●	●
21	淬　火				●		
22	喷　砂				●		●
23	碱　洗		●	●		●	
24	酸　洗		●	●	●	●	○
25	切　边						●
26	成品冷轧		●	●	●	●	●
27	除　油		●	●	●	●	●
28	成品退火（真空、非真空）		●	●		●	●
29	淬　火				●		
30	喷　砂				●		
31	碱　洗					○	
32	酸　洗		●	○	●	○	
33	取　样	●	●	●	○	●	●
34	成品剪切 检　查	●	●	●	○	●	●
35	矫　直		●	●	●	●	
36	包装入库	●	●	●	●	●	●

注："●"为必经工序，"○"表示该产品可不经此工序。

2.3.1　板坯准备

2.3.1.1　坯形选择

目前多采用真空自耗熔炼铸锭自由锻造坯或铸锭—自由锻造—轧制坯。前苏联钛板坯主要采用模锻坯。纯钛及低合金化合金牌号的板坯可用模锻、轧坯或扁锭形式供坯；高合金化合金牌号的板坯仍需进行自由锻。

2.3.1.2　板坯尺寸的确定

板带材的坯料尺寸一般用厚度（mm）×宽度（mm）×长度（mm），即 $H \times B \times L$ 表示。板坯厚度可由成品厚度及轧制工序中所要求的总加工率和轧机的能力来确定，板坯厚度还受轧机工作辊开口度的限制，目前板坯最大厚度可达 240 mm；板坯宽度取决于成品宽度；板坯长度由熔炼、锻造设备能力来确定。

2.3.1.3　板坯的质量要求

板坯的化学成分和杂质含量以及组织结构应符合国家标准要求。

锻造坯需经机加工（刨、铣等），刨面后的刀痕应与板坯宽度方向一致。纯钛坯刨面深度不得小于 2 mm，钛坯刨面深度不得小于 3 mm。局部裂纹和压坑等缺陷深度不得超过板坯厚度的 2%，表面粗糙度 R_a 不得低于 3.2 。

板坯的形状应规整，同一板坯上的厚度差不大于 2%，宽度差不大于 1%，长度差不大于 1.5%。板坯长度方向的四条棱边应加工成 45°倒角或圆角。

2.3.2　板坯的加热

2.3.2.1　加热方式的选择

因钛是活性金属，在高温状态下，易被有害气体 N_2、O_2、H_2 等污染。为减少污染，目前用于钛板坯加热的热源主要有煤气、丁烷和电等。钛板坯采用感应加热、中间坯料采用电阻炉加热较为合理。

2.3.2.2 加热制度

加热制度由加热温度、加热速度和加热时间三要素组成。

A 加热温度

钛及钛合金板坯加热温度的选择,应综合考虑板坯的工艺塑性和表面气体污染情况,并要确保最终产品的组织和性能。

高温β相区加热的工艺塑性比低温α相区加热的工艺塑性好,变形抗力低。轧制温度对某些钛合金的单位压力的影响见表2-7。

表2-7 轧制温度对某些钛合金的单位压力的影响

合金牌号	单位压力(p)/MPa	
	900℃轧制时	600℃轧制时
TA2	51.0	230.5
TC1	60.8	416.8
TC3	127.5	730.6
TA7	213.8	759.1

有害气体对钛及钛合金板坯的污染程度,随坯料的加热温度升高而增大。加热温度对工业纯钛吸气层的影响见表2-8。

表2-8 加热温度对工业纯钛吸气层的影响

加热温度/℃	加热时间/min	吸气层深度/mm
700	30	0.03
750	30	0.04
800	30	0.06
950	30	0.25

有害气体的污染所形成的吸气层显著地降低板坯表面的塑性,严重地影响着轧件表面质量。例如,TA6、TA7板坯热轧时,由于加热温度高,吸气深度增大,在不均匀变形的作用下,往往产生严重的表面裂纹。同时,β相区抗氧化能力差,且易使晶粒长大,有使产品性能恶化的危险。

从上述两方面来看,加热温度不宜过高,尤其是对薄规格热轧板材更是如此。在选择加热温度时，不同类型合金应区别对待。下面以几种典型钛及钛合金为例，说明加热温度的选择。

a　α 型合金

从表 2-7 可以看出，工业纯钛 TA2 随着加热温度的升高其单位压力明显降低。但加热温度超过相变温度，对工业纯钛是有害的，会引起 β 相晶粒迅速长大。如果不能保证主要变形在 α 相区完成，则会造成组织粗化，恶化产品性能。生产实践表明，α 相区轧制具有很好的工艺塑性，一火次总加工率可达 90% 以上，同时有害气体污染程度也比 β 相区轧制的轻。目前，第一火加热温度一般选择在 840～880℃之间。

TA7 合金具有良好的抗氧化性能。因合金化程度较高，所以变形抗力比表 2-7 中其他合金都大；且热轧时工艺塑性稍差，特别是板坯规格较厚时，轧制过程中由于不均匀变形易产生边部开裂和严重的表面裂纹。对于较厚的 TA7 合金板坯，加热温度选择在 β 相区是有利于变形的，不仅可以利用合金成分塑性，也可以减少加热火次，提高生产率。目前，在生产中，TA7 合金板坯加热温度选择在(α＋β)/β 相变点以上 50～100℃范围。实践表明，过高的温度会使板坯严重氧化，造成难以消除的橘皮状表面缺陷。

b　α＋β 型合金

TC1 合金对加热温度十分敏感，同时加工温度范围也较窄。即使 β 相区塑性好、变形抗力低，也不能选择 β 相区加工。否则，在 β 相区轧制不仅影响热轧板材性能，而且使冷轧成品性能变坏。生产实践证明，TC1 合金轧制具有良好的工艺塑性，加热温度选择在 α＋β 相区上限时，其变形抗力稍高于工业纯钛（见表 2-7），而一火次总加工率可达 90% 以上。第一火加热温度应选择在 850～880℃之间。

TC3 合金属于中等合金化程度的 α＋β 型合金，其中 β 相数量较多，所以工艺塑性较好，但变形抗力随合金化程度增加显著地增大（见表 2-9）。TC3 合金板坯加热温度范围比 TC1 合金较宽。但因合金中 β 相数量较多，合金抗氧化能力较差。随着加热温度升高，α 相向 β 相转变，所以 β 相数量不断增多，α 相数量相应减少。有害气体氧在 α 相中的溶解度远大于在 β 相中的溶解度，随着 α 相数量减少，氧在 α 相中的浓度逐渐增加。这种富氧的 α 相质点很脆，在承受变形时便沿此处产生裂纹。因此，TC3 合金板坯加热温度选择在 β 相区是有害无益的，一般第一火加热温度在 α + β相区 850 ~ 880℃范围。

表 2-9 钛及钛合金板坯加热制度

合金牌号	板坯厚度 /mm	加热制度		
		加热温度 /℃	加热时间/min	
			感应炉	电阻炉、煤气炉
TA0	40 ~ 80	740 ~ 850	8 ~ 14	60 ~ 110
TA1、TA2、TA3	40 ~ 150	840 ~ 880	8 ~ 24	55 ~ 190
	200	840 ~ 880	30 ~ 32	240 ~ 255
TA5	70 ~ 140	950 ~ 1000	13 ~ 32	85 ~ 155
TA6	70 ~ 140	1000 ~ 1050	13 ~ 36	80 ~ 150
TA7	70 ~ 140	1000 ~ 1150	13 ~ 36	80 ~ 135
TB2	70 ~ 140	900 ~ 950	13 ~ 36	90 ~ 165
TC1	50 ~ 140	850 ~ 880	10 ~ 24	70 ~ 180
TC2	50 ~ 140	880 ~ 900	10 ~ 26	65 ~ 175
TC3	70 ~ 140	920 ~ 980	13 ~ 36	90 ~ 160
TC4	70 ~ 140	950 ~ 1000	13 ~ 36	85 ~ 155
TC7	70 ~ 140	930 ~ 950	13 ~ 36	85 ~ 165
TC10	70 ~ 140	920 ~ 1000	13 ~ 36	90 ~ 155

c β 型合金

TB2 合金属于 β 型合金，有良好的工艺塑性，但抗氧化能力比 α 型和 α + β 型合金都差，因此选择其加热温度时，不宜过高。一般高于相变温度 100 ~ 200℃。

为确保最终产品的组织和性能，要合理选择加热温度范围，控制好加热时间。钛及钛合金板坯加热制度和再加热制度见表 2-9 和表 2-10。

表 2-10　钛及钛合金板坯再加热制度

合金牌号	板坯厚度/mm	加热设备	加热制度	
			加热温度/℃	加热时间
TA0	5~10	电阻炉	700	冷料:1 mm/min; 热料:烘透为止
TA1、TA2、TA3	5~10		760	
TC1	5~20		820	
TC2	5~20		850	
TC3、TC4、TC10	4~50		900	
TA5、TA6	4~50		950	
TA7	4~50		950	

为了改善板坯的工艺塑性,厚板轧制也可以在 β 相区开坯轧制,但必须保证在 α+β 相区有足够的变形量。此时,可以考虑用抗氧化防护涂层。

美国某厂家采用"β 加工法"生产了具有高损伤容限性能的 Ti-6Al-4V 合金厚板,其热轧加工温度为 1054℃,终轧温度为 860℃。

B　加热速度和加热时间

钛及钛合金板坯加热一般采用热装炉,同一牌号、同一规格的坯料,其加热速度基本上是固定的。坯料的加热质量主要取决于加热时间。根据火焰炉和电阻炉的热传导条件,A. E. 雪宁(Шелеет)提出了坯料中心与表面温差为 30~40℃ 的坯料加热时间计算公式:

$$\tau = C\frac{282000H^{1.10}}{(0.24H+0.1325)t}$$

式中　τ——加热时间,min;

H——板坯厚度,m;

t——平均加热温度,℃;

C——系数取决于坯料形状和供热方法,当采用扁坯并在连续式火焰炉中加热时,C 约为 0.8。

感应加热具有效率高(70%)、加热速度快、设备紧凑、生产效率高、劳动卫生条件好等优点,广泛用于钛及钛合金的板坯加热。

钛合金的板坯感应加热曲线和煤气炉加热曲线如图 2-15 和图 2-16 所示。

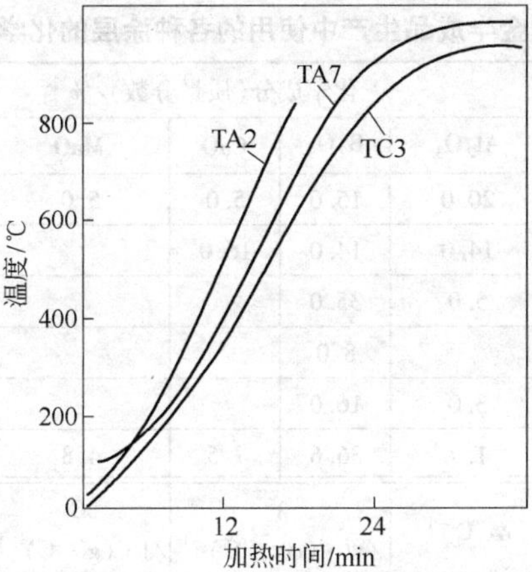

图 2-15 钛合金板坯感应加热曲线
(板坯尺寸:120 mm×600 mm×1000 mm)

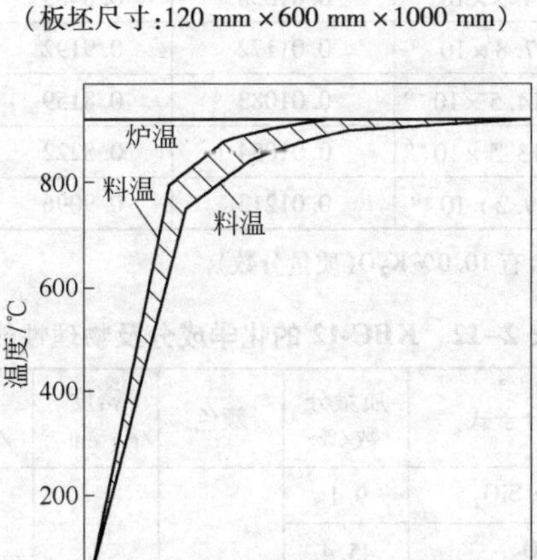

图 2-16 TC1 合金板坯煤气炉加热曲线
(板坯尺寸:70 mm×1750 mm×285 mm)

2.3.2.3　防氧化涂层

使用防氧化涂层是解决钛及钛合金热加工中表面污染的有效途径之一。表 2-11 和表 2-12 中列出了常用的某些涂料的成分及物理性能。

表 2-11　在钛合金半成品生产中使用的各种涂层的化学成分和物理性能

牌 号	化学成分(质量分数)/%						
	SiO_2	Al_2O_3	B_2O_3	CaO	MaO	Na_2O	TiO_2
100	55.0	20.0	15.0	5.0	5.0		
4-Ⅱ	54.0	14.0	14.0	16.0		2.0	
36	45.0	5.0	35.0			15.0	
100	37.0		8.0			30.0	25.0
58①	35.0	3.0	16.0			26.0	10.0
115	33.7	1.7	36.6	7.5	4.8	16.7	
牌 号	ρ /g·cm^{-3}	α/℃$^{-1}$	λ /W·(cm·℃)$^{-1}$		C /J·(g·℃)$^{-1}$	$t_{始软}$/℃	$t_{终软}$/℃
100	2.52	4.1×10^{-6}	0.01042		0.8473	760	1020
4-Ⅱ	2.66	4.9×10^{-6}	0.01038		0.8489	720	1020
36	2.57	7.8×10^{-6}	0.01172		0.9192	520	700
100	2.60	14.5×10^{-6}	0.01083		0.8159	540	620
58①	2.60	13.5×10^{-6}	0.01054		0.8222	500	620
115	2.75	9.2×10^{-6}	0.01213		0.9096	580	760

① 该种玻璃还含有 10.0% K_2O(质量分数)。

表 2-12　KBC-12 的化学成分及物理性能

原 料	化学分子式	质量分数/%	颜色	密度 /g·cm^{-3}	黏度 /Pa·s	适应温度 /℃
硅酸钾	$K_2O\cdot SiO_2$	9.1	黑绿色	1.8～2.0	20～15	650～950
石英粉	SiO_2	45.4				
长石粉	$K_2O\cdot Al_2O_3\cdot 6SiO_2$	15.2				
氧化硼	B_2O_3	7.6				
碳化硼	B_4C	22.7				

2.3.3 热轧

钛材的热轧与其他金属及合金的热轧一样,是单张板块式半成品生产工艺过程中的头道工序。用热轧的方法可制中板、板材和以片式生产薄板的坯料及厚度为3.5~6 mm的板卷。

2.3.3.1 压下制度的确定

A 总加工率的确定

影响热轧总加工率大小的因素有金属塑性、板坯质量和轧机能力等。通常情况下,应该采用尽量大的总加工率。

B 热轧道次加工率分配

道次加工率是一个影响热轧材料变形均匀性的参数,同时也是金属塑性变形的瞬时效应。在确定道次加工率时,应考虑以下4种因素:

(1) 金属的塑性。纯钛具有较好的工艺塑性,最大道次加工率可达30%。TC3、TC4、TA7等高合金化牌号的合金工艺塑性较差,道次加工率不宜过大,第一火次不应超过15%,以后火次可适当加大。

(2) 板坯质量。铸造扁锭坯和铸锭-压扁板坯的塑性较差,最初几道次的加工率不宜过大。以后随着板坯塑性的改善,道次加工率可逐渐加大。对于经过镦粗、拔长、压扁工艺的变形板坯,工艺塑性较好,可适当增加最初几道次的加工率,以便充分利用板坯的高温塑性。对于已经过开坯工序的薄板坯,则应充分利用第一道次的高温塑性,给予所能承受的最大变形,以后随着温度的降低,道次加工率应逐渐减少。

(3) 板坯包覆处理。高合金化牌号的钛合金板坯因工艺塑性差,通常在板坯表面包覆一层纯钛板,可大大提高其工艺塑性。具有纯钛包覆层的合金铸坯可适当增加道次加工率。

(4) 设备能力。轧机能力愈大,道次加工率愈大,但必须限制在板坯塑性允许的范围之内。

TA2、TA7和TB2合金板坯的热轧压下制度见表2-13~表2-15。

表 2-13　TA2 热轧压下制度

压下量/mm	火次																
	一火													二火			
	道次																
	1	2	3	4	5	6	7	8	9	10	11	12	13	1	2	3	4
轧前厚度 H/mm	140	130	120	105	88	71	56	44	32	22	16	12	9	7	4.5	3.5	3.0
轧后厚度 h/mm	130	120	105	88	71	56	44	32	22	16	12	9	7	4.5	3.5	3.0	2.8
绝对变形量 Δh/mm	10	10	15	17	17	15	12	12	10	6	4	3	2	2.5	1.0	0.5	0.2
相对变形量 ε/%	7.1	7.6	12.5	16.2	19.3	21.1	21.4	27.3	31.3	27.3	25	25	22.2	35.7	22.2	14.3	6.7

表 2-14　带有纯钛包覆层的 TA7 热轧压下制度

压下量/mm	火次											
	一火											
	道次											
	1	2	3	4	5	6	7	8	9	10	11	12
轧前厚度 H/mm	140	132	122	110	96	82	70	58	48	39	31	25
轧后厚度 h/mm	132	122	110	96	82	70	58	48	39	31	25	21
绝对变形量 Δh/mm	8	10	12	14	14	12	12	10	9	8	6	4
相对变形量 ε/%	5.7	7.6	9.8	12.7	14.6	14.6	17.1	17.2	18.8	20.5	19.4	16

压下量/mm	火次										
	二火					三火			四火		
	道次										
	1	2	3	4	5	1	2	3	1	2	3
轧前厚度 H/mm	21	17	13.5	11.0	9.0	8	6	5	4.5	3.5	3.0
轧后厚度 h/mm	17	13.5	11.0	9.0	8.0	6	5	4.5	3.5	3.0	2.8
绝对变形量 Δh/mm	5	3.5	2.5	2.0	1.0	2	1	0.5	1.0	0.5	0.2
相对变形量 ε/%	23.8	20.6	18.5	18.2	11	25	16.7	10	22.2	14.3	6.7

表 2-15 TB2 热轧压下制度

压下量/mm	火次												
	一火							二火					
	道次												
	1	2	3	4	5	6	7	1	2	3	4	5	6
轧前厚度 H/mm	80	75	65	50	35	25	20	17	13	9	6.3	4.5	3.5
轧后厚度 h/mm	75	65	50	35	25	20	17	13	9	6.3	4.5	3.5	3.0
绝对变形量 Δh/mm	5	10	15	15	10	5	3	4	4	2.7	1.8	1.0	0.5
相对变形量 ε/%	6.3	13.3	23.1	30.0	28.6	20.0	15.0	23.5	30.8	30.0	28.6	22.2	14.3

2.3.3.2 轧制速度

为了提高生产率和保证所要求的终轧温度,必须提高操作速度和采用高速轧制。

对于可调速轧机来说,不同的轧制阶段,轧机速度应有所不同。开轧的最初阶段,为防止因咬入瞬间的轧制惯性过大而造成闷车、断辊、跳闸等,一般采用低速为好;在中间轧制阶段,随着轧件厚度变薄可提高轧制速度。

$\phi600/\phi1380$ mm × 1200 mm 热轧机轧制钛及钛合金板材时,所采用的轧制速度见表 2-16。

表 2-16 1200 mm 四辊可逆式热轧机轧制钛板时的轧制速度

金属名称	坯料厚度/mm	轧制速度/m · s^{-1}				
		开始阶段		中间轧制阶段		
		咬入速度	轧制速度	咬入速度	稳定轧制速度	轧件抛出速度
钛及钛合金	80 ~ 150	0.628	0.628	0.628	1.57 ~ 3.14	0.314 ~ 0.628

2.3.3.3 包覆轧制

钛合金的包覆轧制可用钢板、纯钛板作包覆层。钢板包覆层主要用于轧制过程,轧制完成后,需将钢板去除;纯钛板作包覆层可用于轧制过程,也可作为成品板材的包覆层。爆炸包覆纯钛板是一种前景很好的包覆工艺。

钛合金板表面包覆纯钛层，不仅可以改善钛合金板加工过程中的工艺塑性，而且还可以改善钛合金板的成形性能。表面包覆纯钛的钛合金板材，其成品板材的力学性能无明显变化，见表2-17。

表2-17 带有纯钛包覆层与不带有纯钛包覆层的TA7合金板材性能比较

覆层厚度/mm	取样厚度/mm	试样状态	室温		350℃		500℃	
			抗拉强度 σ_b/MPa	伸长率 δ_5/%	抗拉强度 σ_b/MPa	伸长率 δ_5/%	抗拉强度 σ_b/MPa	伸长率 δ_5/%
0.17	9.5	热轧	1038	12.3	735	11.0	665	11.3
0.05	2.8	热轧，退火	792	18.7	451	32.4	402	30.9
无	8.6	热轧	1044	11.8	753	11.5	699	11.3
无	2.8	热轧，退火	808	20.1	461	31.5	407	31.4

爆炸包覆工艺除用于生产特殊的钛合金材以外，还可以用来生产钛－钢复合板。爆炸－轧制复合板与直接爆炸复合板相比，具有厚度比例范围大、板型好等优点，是一种前景很好的复合材料。

2.3.3.4 换向轧制

α+β型或β型钛合金大型坯料单方向轧制变形量太大时（超过98%），板材表面沿轧制方向产生"条绒沟"。实验证明，TC3板材变形50%后换向轧制，可使"条绒沟"减轻到难以发现的程度。TC1合金板材单方向轧制，可在0.5~2.0 mm厚成品板材上发现"条绒沟"，而变形50%后换向轧制到0.8 mm厚的板材，其"条绒沟"消失。

对于高合金化的钛合金板材来说，换向厚度不宜太薄。如果板材厚度太薄，换向轧制时，不仅会增加冷轧变形抗力，而且会产生严重的裂纹。实验证实，TC3、TC4、TC7等合金在10 mm以下换向轧制，在随后的冷轧中会产生严重的裂纹、掉渣甚至整批报废。

钛合金板材的换向轧制是在热轧时进行，要绝对避免冷轧时换向，即使是纯钛也不允许冷轧时换向。若冷轧时换向，还会大大提升平均单位压力，使轧制变得更加困难。

2.3.3.5　滚边轧制

在钛及钛合金板热轧制过程中，由于道次变形量小，板坯形成双鼓形，在成品板上出现边部分层，其宽度可达到10～25 mm。滚边轧制可消除边部分层，防止裂变；同时滚边与不滚边轧制相比较，滚边轧制可增加热轧板成材率，减少切头损失5%～6%。

2.3.4　温轧

加热温度在再结晶温度以下的加热轧制称为温轧。温轧可以提高金属的工艺塑性，增大道次变形量及轧程的总变形量，从而避免多次的中间退火和辅助工序，大大缩短薄板的生产周期。

钛合金的温轧与热轧相比，塑性较低，变形抗力明显增加。因此，温轧只适用于一定厚度的板坯，不适用于厚板坯和太薄的板坯，温轧的板坯厚度适应范围为1.5～15 mm。

前苏联用隧道炉加热钛合金板坯的温轧加热规范见表2-18。表2-19为板材温轧的某些典型规范，对于坯料的每一种断面，都列出了最人厚度和最小厚度板材的压下规程。

其他中间厚度的轧制流程可按类推法建立。温轧板材的终轧厚度通常略大于名义厚度，留下余量是为了随后的平整和酸洗。

表2-18　板坯的温轧加热规范

合　金	坯料厚度/mm	加热时间/min	温度/℃	
			炉　温	料　温
BT1-0	12～14	15～17	720～780	不低于600
OT4-0	8～10	10～12	720～780	不低于600
OT4-1、OT4	14～16	17～24	760～820	680～700
	10～12	12～19	760～820	680～700
	4～5	5～12	760～820	680～700
BT5-1	14	22	840～860	820～840
BT6C	15～17	22～32	740～760	720～740
	10～12	18～25	740～760	720～740
	6～8	10～16	740～760	720～740
	4～5.5	8～12	740～760	720～740

续表 2-18

合 金	坯料厚度/mm	加热时间/min	温度/℃	
			炉 温	料 温
BT20	16 ~ 18	24 ~ 26	780 ~ 820	770 ~ 790
	12 ~ 14	19 ~ 22	780 ~ 820	770 ~ 790
	9 ~ 10	15 ~ 18	780 ~ 820	770 ~ 790
	7	13	780 ~ 820	770 ~ 790

表 2-19　钛合金在四辊轧机上的温轧压下规程

合金	坯料轧前断面尺寸/mm × mm	成品板材厚度/mm	名义厚度/mm	道次数	道次厚度/mm								
					1	2	3	4	5	6	7	8	9
BT1-00	14 × (650 ~ 1250)	3 ~ 10	3	9	11.5	9.5	7.8	6.4	5.3	4.4	3.6	3.2	3.13
BT1-0			10	3	12	10.5	10.4						
OT4-0	10.5 × (650 ~ 1250)	5.5	3	9	8	6.2	5.2	4.6	4.1	3.7	3.4	3.2	3.13
		3 ~ 5.5	5.5	3	8	6.2	5.7						
	8.5 × (650 ~ 1250)	2 ~ 2.5	2	7	6	4.5	3.7	3.1	2.6	2.3	2.13		
BT6C	15 × (650 ~ 1250)	8	8	5	13	11	10	9	8.4				
	10.5 × (650 ~ 1250)	5	5	5	9	8	7	6	5.3				
	4 × (650 ~ 1250)	2	2	5	3.5	3.2	2.8	2.5	2.2				

2.3.5　冷轧

厚度不超过 2.0 mm 的钛合金板材主要用冷轧的方法生产，冷轧可获得表面质量最好、厚度公差最小的板材。

冷轧板材主要采用带卷法生产，但是为了制备高合金化、尺寸相对不大的板材，则采用单张块式法生产。

前苏联可生产尺寸为（0.3 ~ 2.0）mm ×（660 ~ 1200）mm ×（1300 ~ 6000）mm 的冷轧钛及钛合金板材。

以二十辊轧机生产尺寸为 0.5 mm × 600 mm ×（1500 ~ 2000）mm 的 BT1 - 0 板材为例，BT1 - 0 合金薄板的典型生产工艺见表 2-20。

表 2-20 BT1-0 合金薄板的典型生产工艺

工 序	板材厚度/mm
退火的板卷坯料	2.6
冷 轧	1.6×670
切 边	1.6×620
退 火	
冷平整	
酸 洗	1.55×620
冷 轧	0.55×620
除 油	
将板卷切成板材	0.55×620
退 火	
冷平整或温平整	0.5×620
酸 洗	0.5×620
切成成品尺寸	0.5×600

国内生产的钛及钛合金的冷轧板材多是在四辊可逆式轧机上采用单张块式法生产的。

2.3.5.1 钛及钛合金变形抗力曲线

钛及某些钛合金的变形抗力曲线如图 2-17 ~ 图 2-22 所示。

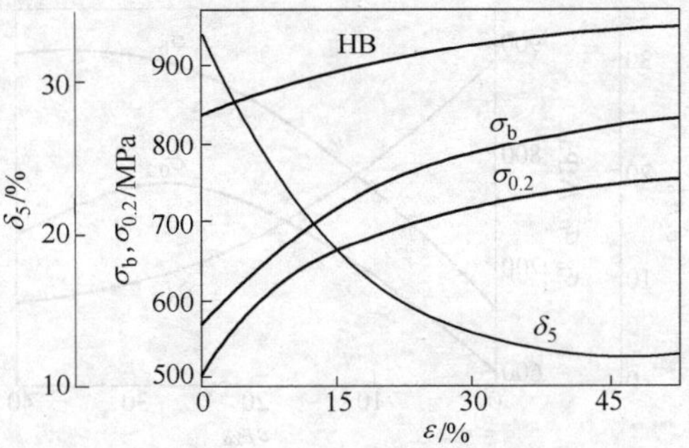

图 2-17 工业纯钛的变形抗力曲线

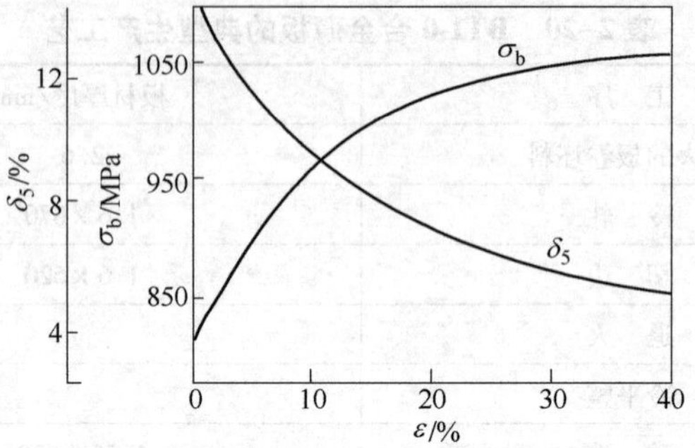

图 2-18 TA6 合金的变形抗力曲线

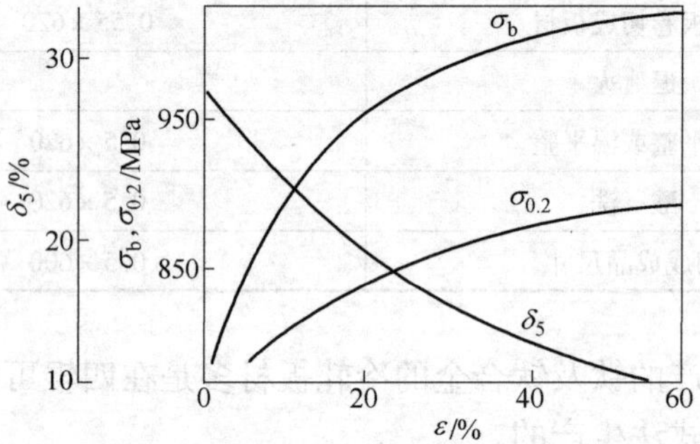

图 2-19 TA7 合金的变形抗力曲线

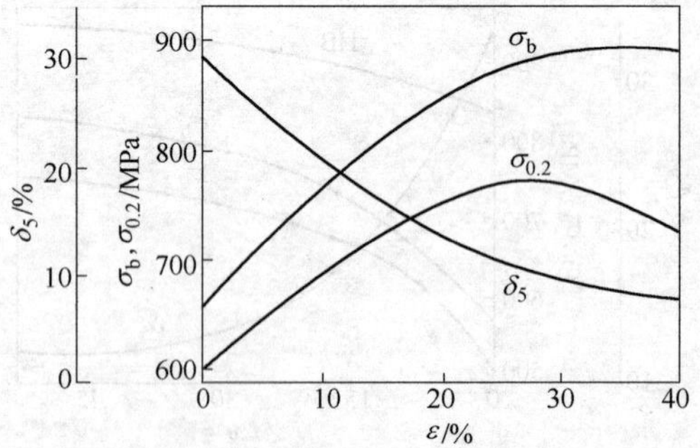

图 2-20 TC1 合金的变形抗力曲线

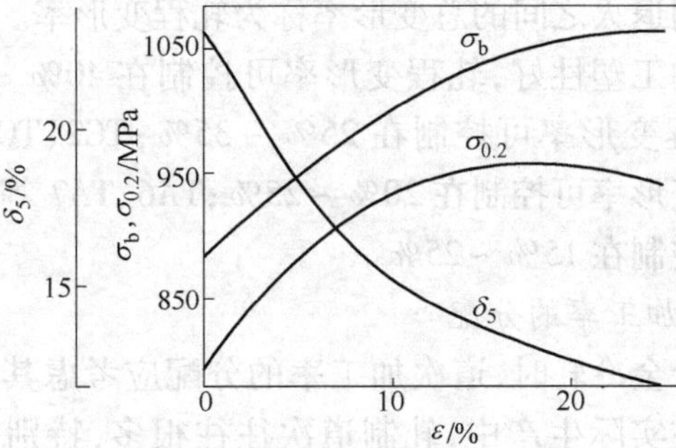

图 2-21 TC2 合金的变形抗力曲线

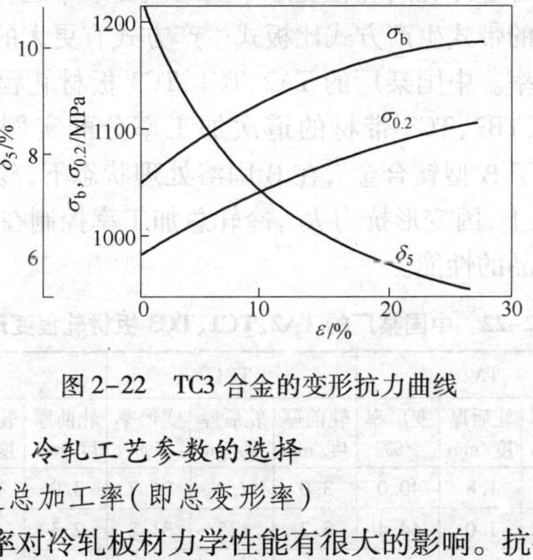

图 2-22 TC3 合金的变形抗力曲线

2.3.5.2 冷轧工艺参数的选择

A 确定总加工率(即总变形率)

总加工率对冷轧板材力学性能有很大的影响。抗拉强度随着总加工率的增加而降低,塑性随着总加工率的增加而提高。TA2 板材抗拉强度与总变形率的关系见表 2-21。

表 2-21 TA2 板材抗拉强度与总变形率的关系

成品厚度/mm	轧 程 数	总变形率/%	统计批数	平均强度/MPa
1.5 ~ 4.0	1	46.4 ~ 33.3	246	506.3
0.8 ~ 1.2	2	71.4 ~ 65.7	149	495.4
0.5 ~ 0.6	3	82.1 ~ 80.0	70	485.4
0.3	4	89.3	71	456.3

两次中间退火之间的总变形率称为轧程变形率。

纯钛冷加工塑性好，轧程变形率可控制在 40% ~ 60%。TC1 合金板材轧程变形率可控制在 25% ~ 35%；TC2、TC3、TC4、TA5 等板材轧程变形率可控制在 20% ~ 25%；TA6、TA7 等合金板材轧程变形率可控制在 15% ~ 25%。

B　道次加工率的分配

钛及钛合金冷轧时，道次加工率的分配应考虑其变形抗力和轧机能力。在实际生产中，轧制道次往往很多，特别是厚度小于 0.5 mm 的薄板。

钛及钛合金冷轧的轧程变形率及道次变形率还与轧制方式有关。带张力的带式生产方式比板式生产方式有更大的轧程变形率及道次变形率。中国某厂的 TA2、TC1、TC3 板材轧程变形率见表 2-22。TA2、TB2、TC3 带材的道次加工率分配实例见表 2-23。TB2 合金属于 β 型钛合金，在 β 固溶处理状态下，冷轧总加工率可达 98% 以上，因变形抗力大，冷轧总加工率控制在 50% ~ 60% 即可保证产品的性能。

表 2-22　中国某厂的 TA2、TC1、TC3 板材轧程变形率

轧　程	TA2			TC1			TC3		
	轧前厚度/mm	轧后厚度/mm	变形率/%	轧前厚度/mm	轧后厚度/mm	变形率/%	轧前厚度/mm	轧后厚度/mm	变形率/%
1	3.0	1.8	40.0	3.0	2.2	26.7	3.0	2.3	23.3
2	1.8	1.0	44.4	2.2	1.5	31.8	2.3	1.4	26.1
3				1.5	1.0	33.3	1.7	1.3	23.5
4							1.3	1.0	23.1

表 2-23　钛及钛合金带材二十辊轧机冷轧压下制度实例

合金牌号	轧制道次	轧前坯料规格(厚度×宽度)/mm×mm	轧制后带材规格(厚度×宽度)/mm×mm	前张力/kN	后张力/kN	轧制力/kN	道次加工率/%	总加工率/%
TA2	1	1.0×200	0.98×200	26.5	26.5	215.7	2.00	80.0
	2	0.98×200	0.90×200	26.5	26.5	235.4	8.20	

续表 2-23

合金牌号	轧制道次	轧前坯料规格(厚度×宽度)/mm×mm	轧制后带材规格(厚度×宽度)/mm×mm	前张力/kN	后张力/kN	轧制力/kN	道次加工率/%	总加工率/%
TA2	3	0.90×200	0.88×200	26.5	26.5	235.4	2.22	80.0
	4	0.88×200	0.80×200	26.5	26.5	274.6	9.10	
	5	0.80×200	0.70×200	26.5	26.5	274.6	12.50	
	6	0.70×200	0.60×200	26.5	26.5	294.2	14.30	
	7	0.60×200	0.50×200	26.5	26.5	313.8	16.70	
	8	0.50×200	0.40×200	24.5	24.5	333.4	20.0	
	9	0.40×200	0.30×200	24.5	24.5	353.0	25.0	
	10	0.30×200	0.20×200	24.5	24.5	392.3	33.30	
TB2	1	1.00×320	0.98×320	29.5	29.5	380.0	2.00	80.0
	2	0.98×320	0.90×320	29.5	29.5	390.5	8.20	
	3	0.90×320	0.88×320	29.5	29.5	392.3	2.22	
	4	0.88×320	0.80×320	29.5	29.5	470.6	9.10	
	5	0.80×320	0.70×320	27.5	27.5	484.6	12.50	
	6	0.70×320	0.60×320	27.5	27.5	489.2	14.30	
	7	0.60×320	0.50×320	27.5	27.5	489.8	16.70	
	8	0.50×320	0.40×320	26.5	26.5	490.2	20.0	
	9	0.40×320	0.35×320	26.5	26.5	490.3	12.5	
	10	0.35×320	0.30×320	26.5	26.5	490.4	14.3	
	11	0.30×320	0.25×320	25.0	25.0	490.4	16.7	
	12	0.25×320	0.20×320	25.0	25.0	490.4	20.0	
TC3	1	1.1×230	1.0×230	29.4	29.4	196.1	9.10	63.6
	2	1.0×230	0.9×230	29.4	29.4	196.1	10.00	
	3	0.9×230	0.8×230	29.4	29.4	205.9	11.20	
	4	0.8×230	0.75×230	29.4	29.4	242.2	6.30	
	5	0.75×230	0.60×230	27.5	27.5	261.8	20.00	
	6	0.60×230	0.55×230	27.5	27.5	372.7	8.34	
	7	0.55×230	0.50×230	24.5	24.5	343.2	9.10	
	8	0.50×230	0.45×230	24.5	24.5	392.3	10.00	
	9	0.45×230	0.40×230	24.5	24.5	490.3	11.00	

2.3.5.3　辊型

由于冷轧产品厚度薄,质量要求高,所以对冷轧辊型的要求比热轧辊型更为严格。生产中影响实际辊型的因素很多,除应配置合理的原始辊型之外,还必须严格控制辊型。辊型控制的主要方法有:

(1) 合理安排轧制品种的先后次序,如先轧软料,待辊温升高之后再轧制硬料;先轧宽料,后轧窄料。

(2) 进行合理的冷轧与润滑,并与适当调节轧制力和张力的大小相配合来控制辊型。在带材轧制中,已广泛采用乳液分段冷却来控制辊型。现代技术已发展到能自动测量板型,作为反馈信号来调节沿轧辊长度方向各段的乳液流量,实现板型控制自动化。

(3) 采用液压弯辊装置来控制辊型。液压弯辊装置是板材轧制中辊型控制的佼佼者。

1200 mm 四辊可逆轧机轧辊凸度配置见表 2-24 。

表 2-24　1200 mm 四辊可逆轧机轧辊凸度配置

工作辊规格 /mm × mm	合金牌号	产品规格/mm × mm	工作辊凸度值/mm
ϕ450 × 1200	TA1	(4.5 ~ 4.7) × 1000 → 2.5 × 1000	平辊
		(3.5 ~ 4.0) × 1000 → 2.0 × 1000	0.05
	TA2	(1.8 ~ 2.5) × 1000 → 1.0 × 1000	0.10
		(0.8 ~ 1.0) × 1000 → 0.5 × 1000	0.15
		0.5 × 600 → 0.3 × 600	0.25
	TA5	(3.5 ~ 3.6) × 1000 → 2.5 × 1000	0.05
	TC1	(2.8 ~ 3.0) × 1000 → 2.0 × 1000	0.10
	TC2	(1.3 ~ 1.5) × 1000 → 1.0 × 1000	0.15
	TC3	0.7 × 800 → 0.5 × 800	0.30
	TA6	(3.0 ~ 3.5) × 1000 → 2.5 × 1000	0.10
	TA7	(2.4 ~ 2.8) × 1000 → 2.0 × 1000	0.15
	TC10	(1.2 ~ 1.3) × 1000 → 1.0 × 1000	0.20

2.3.5.4 润滑与冷却

钛及钛合金冷轧时,板材轧制常用的润滑剂有透平油、变压器油、轧制油、棉籽油、蓖麻油、棕榈油 ;带材轧制常用的润滑剂有透平油、变压器油、轧制油;箔材轧制常用的润滑剂有 5 号轧制油、白油。

因为乳液黏度低,它在轧辊与材料之间只能形成断续的润滑膜,轧辊与材料之间经常保持部分接触的状态,润滑效果不好。为了降低能耗,在带材轧制中也可以使用乳液,但乳液不能用于二十辊轧机,可用 5 号轧制油或白油。

2.4 钛带箔材轧制工艺

轧制钛带箔材工艺原则上同轧制板材工艺,参见 2.3.1 节。

钛带材和箔材生产工艺过程包括如下基本工序:板坯热轧成扁材并绕成卷→温轧和冷轧成中间带材坯料→用多辊轧机冷轧轧制带材和箔材;精整工序。

前苏联可用工业纯钛和钛合金生产厚度为 0.05 ~ 0.08 mm 的箔材和厚度为 0.1 ~ 1.5 mm、宽度为 200 ~ 600 mm 的带材。

带材坯料按表 2-25 列出的工艺流程进行轧制。

表 2-25 尺寸为 0.5 mm × 150 mm × *L*mm 带材的生产工艺流程

工 序	厚度/mm		压下量	
	开轧	终轧	绝对压下量/mm	相对压下量/%
热 轧	190	7.5	182.5	96.2
切边到 670 mm 并绕成卷	7.5			
冷 轧	7.5	6	1.5	20
酸 洗	6	5.85		
退 火	5.85	5.8		
冷平整	5.6	5.5	0.1	1.8
酸 洗	5.5	5.35		
退 火	5.35	5.3		
冷 轧	5.3	2.6	2.7	51
退 火	2.6			

续表 2-25

工 序	厚度/mm		压下量	
	开轧	终轧	绝对压下量/mm	相对压下量/%
冷 轧	2.6	1.6	1.0	38.5
切边到 630 mm	1.6	1.6		
酸 洗	1.6	1.55		
冷 轧	1.55	0.5	1.05	67
纵 切	0.5	0.5		
除 油	0.5			
真空退火	0.5			

带材坯料轧制到厚度为 1.6 mm 时，低合金化钛合金可进行冷轧，高合金化钛合金则在 720 ~ 800℃ 进行两个轧程的温轧，其总的相对变形量分别为 50% 和 40%。在两个轧程之间，当冷轧时带材坯料需要进行酸洗和退火，而温轧时仅仅需要酸洗。

钛箔材一般是用真空退火状态的 0.5 ~ 0.8 mm 的带材坯料，经一个冷轧程总压下量为 20% ~ 50% 的 7 ~ 8 个冷轧程，轧制到最终厚度 0.05 ~ 0.08 mm。

表 2-26 为钛及钛合金箔材在二十辊轧机上冷轧最后一个轧程多道次压下制度的实例。

表 2-26 钛及钛合金箔材在二十辊轧机上冷轧最后一个轧程多道次压下制度的实例

合金牌号	轧制道次	轧前坯料规格（厚度×宽度）/mm×mm	轧制后带材规格（厚度×宽度）/mm×mm	前张力/kN	后张力/kN	轧制力/kN	道次加工率/%	总加工率/%
TA2	1	0.30×110	0.24×110	33.0	35.0	—	20.0	96.0
	2	0.24×110	0.21×110	25.0	28.0	—	12.5	
	3	0.21×110	0.17×110	22.0	25.0	—	19.0	
	4	0.17×110	0.14×110	20.0	23.0	—	17.7	
	5	0.14×110	0.12×110	12.0	17.0	—	14.3	
	6	0.12×110	0.10×110	10.0	14.0	—	16.7	
	7	0.10×110	0.09×110	17.0	12.0	—	10.0	
	8	0.09×105	0.08×105	16.0	21.0	—	11.0	

续表 2-26

合金牌号	轧制道次	轧前坯料规格(厚度×宽度)/mm×mm	轧制后带材规格(厚度×宽度)/mm× mm	前张力/kN	后张力/kN	轧制力/kN	道次加工率/%	总加工率/%
TA2	9	0.08×105	0.065×105	14.0	19.0	—	18.8	96.0
	10	0.065×105	0.060×105	12.0	16.5	—	7.7	
	11	0.060×105	0.045×105	11.0	16.0	—	25.0	
	12	0.045×105	0.035×105	9.0	14.0	—	22.2	
	13	0.035×105	0.030×105	8.0	11.0	—	14.3	
	14	0.030×105	0.027×105	7.0	10.0	—	10.0	
	15	0.027×105	0.023×105	6.0	9.0	—	17.4	
	16	0.023×105	0.020×105	5.0	7.5	—	13.1	
	17	0.020×105	0.018×105	4.0	6.0	—	10.1	
	18	0.018×105	0.016×105	4.0	5.0	—	11.1	
	19	0.016×105	0.014×105	4.0	4.5	—	12.5	
	20	0.014×105	0.012×105	3.5	4.0	—	14.3	
TB2	1	0.30×250	0.25×250	27.5	27.5	—	16.7	86.0
	2	0.25×250	0.20×250	27.5	27.5	—	20.0	
	3	0.20×250	0.16×250	26.5	26.5	—	20.0	
	4	0.16×250	0.12×250	26.5	26.5	—	20.0	
	5	0.12×250	0.09×250	26.5	26.5	—	25.0	
	6	0.09×250	0.07×250	25.5	25.5	—	22.2	
	7	0.07×250	0.06×250	25.5	25.5	—	14.3	
	8	0.06×250	0.05×250	24.5	24.5	—	16.7	
	9	0.05×250	0.045×250	24.5	24.5	—	10.0	
	10	0.045×250	0.040×250	24.5	24.5	—	11.1	

2.5 产品质量及控制

2.5.1 钛及钛合金板带箔材产品质量及控制

钛及钛合金板带箔材的产品名称、化学成分、尺寸公差、质量要求，按国家标准控制。

目前国内生产的钛及钛合金板带箔材产品的牌号、状态、品种和规格、允许偏差、室温力学性能和高温力学性能及工艺性能等分别见表 2–27 ~ 表 2–34。

表 2–27　钛及钛合金板带箔材品种及规格

牌　号	制造方法	供应状态	规格(厚度×宽度×长度)/mm×mm×mm
TA0、TA1、TB2	箔材	冷轧(Y) 退火(M)	(0.01 ~ 0.02) × (30 ~ 100) × (≥500)
			(0.03 ~ 0.09) × (50 ~ 300) × (≥500)
TA2、TA9、TA10 TB2	带材	冷轧(Y) 退火(M)	(0.10 ~ 0.30) × (50 ~ 300) × (≥500)
			(0.40 ~ 0.90) × (50 ~ 500) × (≥1000)
			(1.0 ~ 2.0) × (50 ~ 500) × (≥2000)
TA0、TA1、TA2、 TA3、TA5、TA6、 TA7、TA9、TA10	热轧	热加工状态(R) 退火状态(M)	(4.1 ~ 60.0) × (400 ~ 3000) × (1000 ~ 4000)
TB2 TC1、TC2、 TC3、TC4	冷轧	冷加工状态(Y) 退火状态(M)	(0.3 ~ 4.0) × (400 ~ 1000) × (1000 ~ 3000)
TB2	热轧	淬火(C)	(4.1 ~ 10.0) × (400 ~ 3000) × (1000 ~ 4000)
	冷轧	淬火(C)	(1.0 ~ 4.0) × (400 ~ 1000) × (1000 ~ 3000)

表 2–28　钛及钛合金带箔材产品的牌号、状态和规格

牌　号	品种	状　态	规格(厚度×宽度×长度)/mm×mm×mm
TA0、TA1 TB2	箔材	冷轧(Y)、 退火(M)	(0.01 ~ 0.02) × (30 ~ 100) × (≥500)
			(0.03 ~ 0.09) × (50 ~ 300) × (≥500)
TA9 TA10 TB2	带材	退火(M)、 冷轧(Y)	(0.10 ~ 0.30) × (50 ~ 300) × (≥500)
			(0.40 ~ 0.90) × (50 ~ 500) × (≥1000)
			(1.0 ~ 2.0) × (50 ~ 500) × (≥2000)

注：箔材退火状态(M)供货的最短长度为 300 mm。

表 2-29 钛及钛合金板带材尺寸允许偏差 (mm)

厚度	宽度 400~1000	宽度 >1000~2000	宽度 >2000	宽度	宽度允许偏差	长度	长度允许偏差
	厚度允许偏差						
0.3、0.4、0.5	±0.05			400~1000	+10 -0	1000~3000	+15 -0
0.6、0.7、0.8	±0.07						
0.9、1.0、1.1	±0.09						
1.2、1.4(1.5)	±0.11						
1.6、1.8、2.0	±0.15						
2.2、2.5、2.8、3.0	±0.18						
3.5、4.0	±0.22						
4.5、5.0、5.5、6.0	±0.35	±0.40		400~3000	+15 -0	1000~4000	+30 -0
7.0、8.0	±0.40	±0.60	±0.80				
9.0、10.0	±0.50	±0.60	±0.80				
11.0、12.0、14.0(15.0)	±0.70	±0.80	±1.00				
16.0、18.0、20.0	±0.70	±0.90	±1.10				
22.5、25.0、28.0、30.0	±0.90	±1.00	±1.20	400~3000	+50 -0	1000~4000	+50 -0
32.0、35.0、40.0	±1.10	±1.20	±1.50				
42.0、45.0、48.0、50.0	±1.20	±1.50	±2.00				
53.0、56.0、60.0	±1.60	±2.00	±2.50				

注：1.0 mm 厚度带材的长度≥2000 mm。

表 2-30 钛及钛合金带箔材尺寸允许偏差 (mm)

厚度	厚度允许偏差 普通精度	厚度允许偏差 较高精度	宽度	宽度允许偏差	长度	长度允许偏差
0.01、0.02	±0.003	±0.002	30~100	±0.5	≥500	+10 -0
0.03、0.04、0.05	±0.005	±0.003	50~300			
0.06、0.07	±0.007	±0.005				
0.08、0.09	±0.010	±0.007				
0.10、0.12、0.15	±0.015	±0.010				
0.18、0.20	±0.02	±0.015				
0.25、0.30	±0.03	±0.02				

续表 2-30

厚　度	厚度允许偏差		宽　度	宽度允许偏差	长　度	长度允许偏差
	普通精度	较高精度				
0.40、0.50	±0.05	±0.04	50～500	±1.0	≥1000	$^{+15}_{-0}$
0.60、0.70、0.80、0.90、1.0	±0.07	±0.05		±1.0	≥1000	
1.10、1.20、1.30、1.40、1.50	±0.09	±0.07		±1.5	≥2000	
1.60、1.70、1.80、1.90、2.0	±0.12	±0.10		±2.0		

注：1. 根据用户要求，可提供非系列化的其他规格的产品，其厚度允许偏差按相邻的较大规格执行；

2. 长度≥300 mm 退火状态箔材的长度允许偏差为 $^{+10}_{-0}$ mm。

表 2-31　钛及钛合金板材横向室温力学性能

牌　号	状　态	板材厚度 /mm	室温力学性能，不小于		
			抗拉强度 σ_b/MPa	规定残余伸长应力 $\sigma_{r0.2}$/MPa	伸长率 δ_5/%
TA0	M（退火态）	0.3～2.0	280～420	170	45
		2.1～5.0			30
		5.1～10.0			30
TA1	M	0.3～2.0	370～530	250	40
		2.1～5.0			30
		5.1～10.0			30
TA2	M	0.3～1.0	440～620	320	35
		1.1～2.0			30
		2.1～5.0			25
		5.1～10.0			25
		10.0～25.0			20
TA3	M	0.3～1.0	540～720	410	30
		1.1～2.0			25
		2.1～5.0			20
		5.1～10.0			20

续表 2-31

牌号	状态	板材厚度/mm	室温力学性能,不小于		
			抗拉强度 σ_b/MPa	规定残余伸长应力 $\sigma_{r0.2}$/MPa	伸长率 δ_5/%
TA5	M	0.5~1.0	685	585	20
		1.1~2.0			15
		2.1~5.0			12
		5.1~10.0			12
TA6	M	0.8~1.5	685		20
		1.6~2.0			15
		2.1~5.0			12
		5.1~10.0			12
TA7	M	0.8~1.5	735~930	685	20
		1.6~2.0			15
		2.1~5.0			12
		5.1~10.0			12
TA9	M	0.8~2.0	370~530	250	30
		2.1~5.0			25
		5.1~10.0			25
TA10	M	2.0~5.0	485	345	20
		5.1~10.0			15
TB2	C①	1.0~3.5	≤980		20
	CS②	1.0~3.5	1320		8
TC1	M	0.5~1.0	590~735		25
		1.1~2.0			25
		2.1~5.0			20
		5.1~10.0			20

续表 2-31

牌　号	状　态	板材厚度/mm	室温力学性能,不小于		
			抗拉强度 σ_b/MPa	规定残余伸长应力 $\sigma_{r0.2}$/MPa	伸长率 δ_5/%
TC2	M	0.5～1.0	685		25
		1.1～2.0			15
		2.1～5.0			12
		5.1～10.0			12
TC3	M	0.8～2.0	880		12
		2.1～5.0			10
		5.1～10.0			10
TC4	M	0.8～2.0	895	830	12
		2.1～5.0			10
		5.1～10.0			10

① C 表示固溶处理;② CS 表示固溶时效,下同。

表 2-32　钛及钛合金板材高温力学性能

牌　号	试验温度/℃	高温力学性能	
		抗拉强度 σ_b/MPa	持久强度 $\sigma_{100\,h}$/MPa
TA6	350	≥420	≥390
	500	≥340	≥195
TA7	350	≥490	≥440
	500	≥440	≥195
TC1	350	≥340	≥320
	400	≥310	≥295
TC2	350	≥420	≥390
	400	≥390	≥360
TC3、TC4	400	≥590	≥540
	500	≥440	≥195

表 2-33 钛及钛合金板材工艺性能

牌 号	状 态	板材厚度/mm	弯曲角 α/(°)
TA0	M	0.3~5.0	≥140
TA1	M	0.3~2.0	≥140
		2.1~5.0	≥130
TA2	M	0.3~2.0	≥100
		2.1~5.0	≥80
TA3	M	0.3~2.0	≥90
		2.1~5.0	≥80
TA5	M	0.5~5.0	≥60
TA6	M	0.8~1.5	≥50
		1.6~5.0	≥40
TA7	M	0.8~2.0	≥50
		2.1~5.0	≥40
TA9	M	0.8~2.0	≥140
		2.1~5.0	≥130
TA10	M	2.0~5.0	≥130
TB2	C	1.0~3.5	≥120
TC1	M	0.5~1.0	≥100
		1.1~2.0	≥70
		2.1~5.0	≥60
TC2	M	0.5~1.0	≥80
		1.1~2.0	≥60
		2.1~5.0	≥50
TC3	M	0.8~2.0	≥35
		2.1~5.0	≥30
TC4	M	0.8~2.0	≥35
		2.1~5.0	≥30

表 2-34　钛及钛合金带材纵向室温力学性能和工艺性能

牌　号	状　态	产品厚度/mm	室温性能				
			抗拉强度 σ_b/MPa	规定残余伸长应力 $\sigma_{r0.2}$/MPa	伸长率		弯曲角 α/(°)
					δ_5/%	δ_{50}/%	
TA0	M	0.3～0.5	280～420	≥170		≥40	≥150
		0.5～2.0			≥45		
TA1	M	0.3～0.5	370～530	≥250		≥35	≥150
		0.5～2.0					
TA2	M	0.3～0.5	440～620	≥320		≥30	≥140
		0.5～1.0			≥35		
		1.1～2.0			≥30		
TA9	M	0.3～0.5	370～530	≥250		≥25	≥140
		0.5～2.0					
TA10	M	0.3～0.5	≥485			≥15	≥90
		0.5～2.0			≥18		

2.5.2　钛及钛合金板带箔材生产中的质量控制

2.5.2.1　钛及钛合金热轧板材生产中的质量控制

热轧是钛板带箔材生产过程的重要工序，必须严格控制钛及钛合金热轧板材生产中的质量，使其完全符合钛及钛合金热轧板材生产中的质量标准。

在热轧板材生产中会出现许多制品缺陷，分析产生原因，找出消除或防止缺陷出现的办法，才能实现生产过程中的质量控制。钛及钛合金热轧板材常见缺陷及消除方法见表 2-35 。

表 2–35 钛及钛合金热轧板材常见缺陷及消除方法

序号	缺陷种类	缺陷特征	产生原因	消除方法
1	开坯裂纹	在高合金化牌号的合金板坯热轧开坯时，出现裂纹早，裂纹深度大	(1) 坯料组织不好，塑性差； (2) 坯料厚度不均匀，造成严重的不均匀变形； (3) 坯料上原有裂纹未清除干净； (4) 道次变形率过大	(1) 改善板坯锻造工艺，提高板坯质量； (2) 合理调整道次变形率
2	表面裂纹	裂纹深度较浅，常伴有严重的氧化褶皱	(1) 板坯表面吸气层未除净； (2) 加热温度高、时间长、火次多	(1) 板坯刨面时，必须将吸气层刨净； (2) 制定合理的加热制度
3	麻坑、麻点	表面有圆滑的凹坑	加热温度过高或时间过长，致使氧化皮严重增加，轧制时脱落的氧化皮被压入表面	(1) 严格控制加热温度和时间，生产出问题时，按规定时间掏炉； (2) 控制好终轧温度，防止低温轧制时氧化皮脱落
4	表面压坑	各种形状的杂物压入痕迹	(1) 热轧板边部毛刺被压入板材表面； (2) 炉内耐火物	(1) 侧导尺不要夹得太紧； (2) 及时清除轧件边部的毛刺； (3) 及时清除轧件表面的异物，搞好环境卫生； (4) 及时更换轧辊
5	划伤	长条形划痕，划痕带氧化物的为轧制过程中的划伤，无氧化物的为轧制后的划伤	(1) 导板、辊道等表面有黏结物或毛刺； (2) 速度不同步，产生相对滑动	(1) 经常检查表面，发现划痕及时清除黏结物和毛刺； (2) 查清不同步的原因并及时处理
6	裂变	边部呈锯齿形拉裂	(1) 板坯边部温度低； (2) 辊型配置不当； (3) 道次加工率过大	(1) 加热温度要均匀，操作速度要快，防止边部温度过低； (2) 调整好辊型，喂料要正； (3) 控制好道次加工率

续表 2-35

序号	缺陷种类	缺陷特征	产生原因	消除方法
7	翘曲	板材呈船形或头尾翘起	(1) 辊型配置不当; (2) 板坯温差太大; (3) 道次加工率太小; (4) 上、下辊直径不一致	(1) 调整好辊型; (2) 板坯加热温度要均匀; (3) 分配好道次加工率; (4) 上、下辊直径要一致
8	边浪	边部呈波浪形,不平	辊型成凹形,道次加工率太大	调整好辊型,减小道次加工率
9	鼓肚	中部呈波浪形凸起	辊型凸度太大	改变原轧辊辊型或冷却轧辊
10	舌头	头尾呈半圆形	轧辊凸度太大	(1) 更换轧辊,控制好辊型; (2) 进行滚边轧制
11	轧斜	板材成棱形	(1) 喂料偏斜; (2) 板坯尺寸不均,形状不规则	(1) 喂料要正; (2) 板坯要求规整,尺寸一致
12	镰刀弯	板材沿长度方向呈弓形弯曲	(1) 两边压下不一致; (2) 板坯宽度方向厚度不一致; (3) 喂料偏斜; (4) 轧辊曲线磨得不正,最小值偏离中心	(1) 轧前调整好压下装置; (2) 板坯厚度一致; (3) 喂料要正; (4) 及时检查轧辊曲线
13	厚度超差	厚度超过公差标准	(1) 操作不慎; (2) 压下指示失灵	(1) 细心操作,正确估计轧机弹跳值; (2) 检查压下指针
14	厚度不均	板材各处厚度相差太大	(1) 辊型不当; (2) 两边压下不一致; (3) 板坯温度不均匀; (4) 板坯厚度不一致; (5) 喂料偏斜	(1) 调整好辊型; (2) 调整好压下装置; (3) 加热温度要均匀; (4) 板坯尺寸要均匀; (5) 喂料要正
15	性能不合	性能数值超过标准	(1) 加热温度过高; (2) 总加工率太小; (3) 终轧温度控制不好	(1) 严格控制加热温度; (2) 正确选择总加工率; (3) 控制好终轧温度; (4) 调整热处理制度

2.5.2.2　钛及钛合金板带箔材生产中的缺陷及消除方法

钛及钛合金板带箔材生产中会出现许多制品缺陷，分析产生原因，找出消除或防止缺陷出现的办法，才能实现生产过程中的质量控制。常见的钛及钛合金板带箔材制品缺陷产生原因及消除方法见表2-36。

表2-36　常见的钛及钛合金板带箔材制品缺陷产生原因及消除方法

序号	缺陷种类	缺陷特征	产生原因	消除方法
1	表面裂纹	板材表面横向裂纹，深者可穿透板材，浅者用放大镜方能看清	（1）来料表面裂纹未除净，冷轧时继续扩展；（2）热轧及退火过程中形成的吸气层未除净，冷轧时表面被拉裂；（3）道次加工率太小，道次太多，使表面硬化太快，冷轧时开裂	（1）严格控制来料的表面质量；（2）用酸洗法去除表面吸气层；（3）制定合理的压下规程
2	掉渣	头部呈条状脱落	合金板材冷轧换向轧制或热轧换向轧制厚度太薄	（1）严禁冷轧换向轧制；（2）合金板材需热轧换向轧制时，应在20 mm厚以前换向
3	条绒沟	β型合金或两相合金冷轧板材沿纵向呈条状凸起	某种冷加工织构沿纵向呈条状分布	（1）热轧进行换向轧制，避免单向变形量太大；（2）进行β淬火处理
4	拉丝	高合金化牌号两相合金冷轧板材边部纵向条状脱落	冷轧前切边，边部变形量太大，因不均匀延伸而产生	高合金化牌号两相合金避免冷轧前切边
5	压坑	表面有不规则的异物压入痕迹	（1）轧件边部毛刺及尾部掉渣压入产品表面；（2）环境卫生差，粉尘等异物落在轧件上，轧制时压入产品表面；（3）研磨砂粒未清除干净	（1）制定合理的工艺规程，避免板材掉渣；（2）及时清除轧件表面黏附物；（3）加强文明生产

续表 2-36

序号	缺陷种类	缺陷特征	产生原因	消除方法
6	划伤	长条状划痕	（1）导板、辊道、料架等造成的毛刺； （2）在相对滑动时划伤	（1）检查导板、辊道、料架等表面，发现毛刺及时处理； （2）细心操作，不使轧件产生相对滑动
7	折叠	薄板轧制时呈纵向皱褶	（1）压下量过大，边部延伸大于中间延伸； （2）轧辊凸度太小	（1）制定合理的压下规程； （2）加大轧辊凸度
8	辊痕	表面有周期性凸起	（1）轧辊表面磨损严重，有凹坑、麻面、划伤等； （2）轧辊表面被板角压出凹坑	发现辊痕时要修磨或更换轧辊
9	裂边	边部呈锯齿形拉裂	（1）来料裂边未除净，轧制时扩展； （2）冷轧加工率过大，边部被拉裂； （3）轧辊曲线配置不当	（1）坯料裂边要除净； （2）调整压下规程； （3）配置好轧辊曲线
10	起皮	形状如舌头，大小约 2 ~ 3 mm 的薄层金属	铸造表面缩孔未清除干净	（1）在刨面时将铸锭表面缺陷去除干净； （2）进行修磨处理
11	针孔	箔材轧制时，出现微小的孔眼	因环境卫生不好，粉尘颗粒落到轧件表面，轧制时压透箔材形成微小的孔眼	（1）保持良好的卫生环境，加强文明生产； （2）轧前要认真清洗和检查坯料
12	厚度超差	板材厚度超过标准允许公差	（1）量尺不精确或量具不准确，误差过大； （2）量尺位置不恰当； （3）压下装置未调整好或指针不准确	（1）量具要准确，测量要细心； （2）调整好压下装置，校正压下指针

续表 2-36

序号	缺陷种类	缺陷特征	产生原因	消除方法
13	局部厚度超差	局部区域厚度超过标准允许公差	(1) 辊型调整不好，辊缝不一致； (2) 来料厚度不均匀； (3) 来料退火不均匀； (4) 喂料偏斜	(1) 细心操作，正确估计轧机弹跳值； (2) 检查压下指针
14	边浪	边部呈波浪形，不平	(1) 压下量过大； (2) 轧辊凸度小	(1) 减小压下量； (2) 调整轧辊凸度
15	鼓肚	板材中部呈波浪形凸起	(1) 辊型凸度大； (2) 压下量过小	(1) 减小凸度； (2) 增加压下量
16	瓢曲	板材非对称性不平	(1) 来料厚度不均匀； (2) 中间退火不均匀； (3) 润滑条件差，不均匀； (4) 道次加工率分配不均匀	(1) 来料厚度要均匀； (2) 改善退火工艺； (3) 改善润滑条件； (4) 合理分配道次加工率
17	镰刀弯	板材沿纵向呈弓形弯曲	(1) 两边压下不一致； (2) 喂料偏离中心	(1) 调整压下，使两边压下均匀； (2) 喂料要正
18	轧斜	板坯呈棱形	喂料不正	喂料要正
19	性能不合	性能数值超出标准规定的范围	(1) 来料化学成分不合要求； (2) 冷轧成品加工率选择不当； (3) 退火制度不恰当； (4) 退火不均匀	(1) 来料化学成分必须满足标准要求； (2) 正确选择冷轧成品加工率； (3) 改进退火工艺

3 轧制钛管棒型线材

轧制是钛材塑性加工的主要方法。通过轧制可以获得各种钛管材、棒材、型材和线材,还可以加工出各种异形、变断面和锥形管材及型材等。

3.1 轧制原理

3.1.1 斜轧穿孔热轧法轧制管坯

斜轧穿孔是轧制法生产无缝管材的第一道工序,自 1885 年发明二辊斜轧穿孔机以来,至今仍为穿孔的主要方法之一。其工作运动示意图如图 3–1 所示。

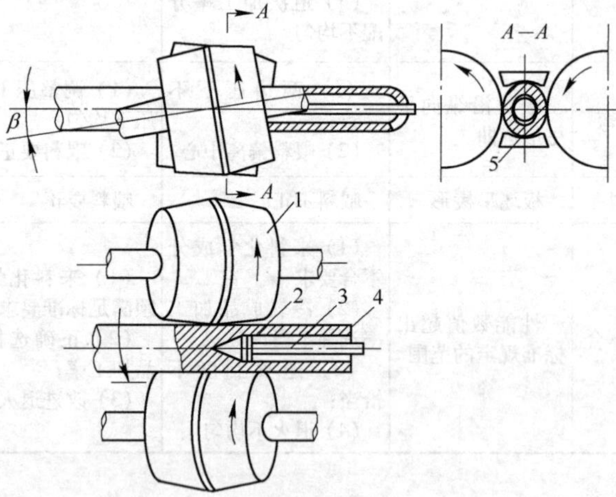

图 3–1　二辊斜轧穿孔工作运动示意图

1—轧辊;2—顶头;3—顶杆;4—轧件;5—导板

这种穿孔方法的优点是对心性好,毛管壁厚较均匀,一次延伸系数为1.25～4.5，可以直接从实心圆坯穿成较薄的毛管。这种加工方法存在的问题是变形复杂，容易在毛管内外表面产生和扩大缺陷，所以对管坯质量要求较高，一般皆采用锻、轧坯。由于对钛管表面质量要求的不断提高，这种送进角小于13°的二辊斜轧机已不能满足无缝钢管生产在生产率和质量上的要求，因而新结构的斜轧穿孔机相继出现，这其中有三辊斜轧穿孔机。二辊斜轧穿孔机因只能穿制外径与壁厚之比小于10的厚管，限制了自己的推广，三辊斜轧穿孔机目前则发展较快。

主动旋转导盘大送进角二辊斜轧穿孔机1972年始见于德国，送进角为18°左右，导板被两主动旋转导盘替代，导盘的切线速度在变形区压缩带比轧辊切线速度在轧制轴线上的分量大20%～25%。孔喉椭圆度可调近1.0，这样使最大延伸系数达到5.0，轴向金属滑动系数增加，毛管内外表面质量大为改善，从而提高了生产率，降低了单位能耗。已设计的这类轧机，机后第一组定心辊设在出口牌坊上，缩短与穿孔机中心的距离，以增强顶杆的稳定性，改善毛管壁厚均匀性。顶杆采用线外循环冷却，在机架出口向一侧循环运送冷却，冷却后送回穿孔轧制线，由于是线外脱出穿孔毛管送往下道工序，避免了顶杆小车的往复运动，缩短了穿孔周期，提高了效率。

目前，三辊斜轧穿孔热轧法在国内外钢管和铜管生产中早已是成熟工艺。俄罗斯已成功地把该工艺应用于厚壁钛合金管材的生产中，实践表明，三辊斜轧穿孔热轧法及其工艺对钛合金管材的生产是可行的。三辊斜轧穿孔机原理如图3-2所示。实践表明，采用三辊斜轧穿孔热轧法轧制钛管更适用。

3.1.1.1 二辊斜轧穿孔热轧法

二辊斜轧穿孔机由两个双桶形轧辊组成，所以称为桶式穿孔。轧辊的轴线与轧机的轴线成一定倾斜角，所以又称斜轧。工作时两个轧辊的旋转方向相同。坯料是沿着轧制方向进入，当坯料被轧辊咬入之后，在轧制力的作用下旋转并向前运动（即坯料质点做螺旋式前进运动）。在管坯的前端没有固定的锥形芯头，实心

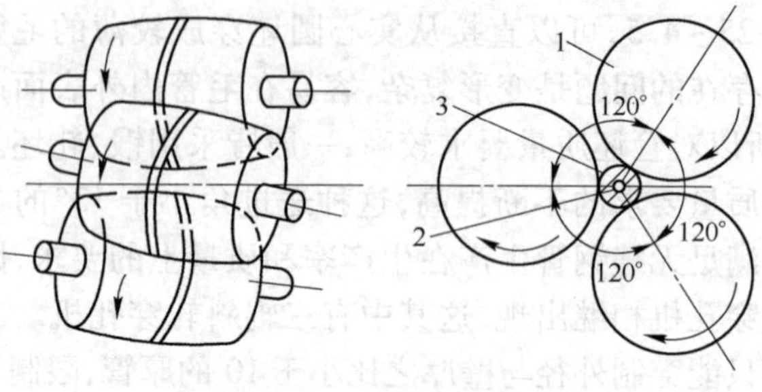

图 3-2　三辊斜轧穿孔机原理

1—轧辊;2—轧件;3—芯头

棒坯在轧辊的压力作用和芯头挤压下,其中心部位受三向拉应力的作用而形成空腔,辗轧成毛坯管。芯头的作用是使管坯成形、密实,控制管坯有均匀的壁厚和内径尺寸。

二辊斜轧穿孔机一般可生产直径为 ϕ30 ~ 600 mm 和壁厚为 3 ~ 60 mm的管坯。

A　斜轧穿孔运动学

斜轧穿孔运动学的特征是:穿孔机轧辊向同一方向旋转,轧辊轴线相对于轧制轴线倾斜,圆管坯进入轧辊后,被金属与轧辊之间的摩擦力带动,做反轧辊旋转方向的旋转,同时,由于轧辊轴线对管坯轴线(轧制轴线)有一个倾角(前进角),管坯又沿轴向移动,所以称螺旋运动。表示螺旋运动的基本参数有:切向运动速度、轴向运动速度和管坯每半转的位移值(称螺距)。

轧辊轴线和轧制线相交点的速度存在着如下关系。如交点上轧辊圆周速度为 w,则按图 3-3,w 可以分解为两个分量:v_B 和 u_B,切向旋转速度 v_B 为:

$$v_B = w\cos\alpha = \frac{\pi D n_B \cos\alpha}{60} \tag{3-1}$$

轴向前进速度 u_B 为:

$$u_B = w\sin\alpha = \frac{\pi D n_B \sin\alpha}{60} \tag{3-2}$$

式中　D——所讨论截面轧辊的直径,mm ;

n_B——轧辊转速，r/min；

α——前进角，(°)。

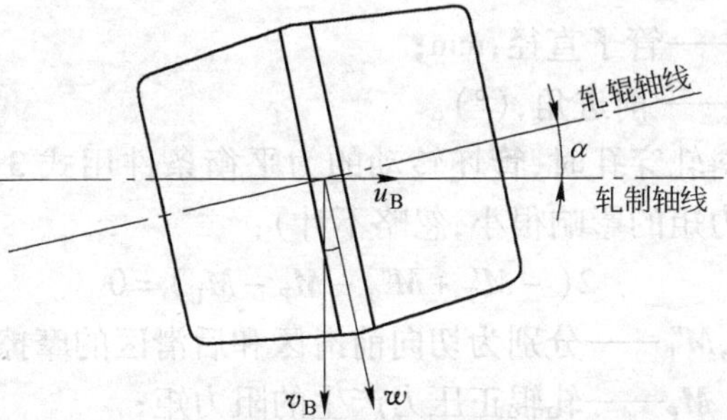

图 3-3 速度分析图

在轧制过程中，管坯靠轧辊带动而运动，理论上轧辊将把相应的速度传递给金属，使金属产生与 v_B 相等的切向速度 v_M 和与 u_B 相等的轴向速度 u_M。但实际上两者并不相等，因为金属和轧辊之间存在滑动。用滑动系数来表示两者相差的程度。管坯（金属）实际切向速度和轴向速度应为：

$$v_M = \frac{\pi D n_B \cos\alpha \eta_T}{60}, \eta_T = v_M / v_B \quad (3\text{-}3)$$

$$u_M = \frac{\pi D n_B \sin\alpha \eta_0}{60}, \eta_0 = u_M / u_B \quad (3\text{-}4)$$

式中 η_T，η_0——分别为切向和轴向滑动系数，一般两者都小于 1。

在生产中，最有实际意义的是毛管离开轧辊时的轴向速度。轴向出口速度越大，生产能力就越高。如果用 η_T、η_0 代表出口处滑动系数，则按式 3-3、式 3-4 求出的 v_M 和 u_M 分别为毛管离开轧机的切向速度和轴向速度。生产实践证明，凡是增加顶头和导板轴向阻力的因素，都会使 η_0 减少；凡是增大轧辊曳入摩擦力的因素都会使 η_0 增加。根据生产和实验测定，二辊斜轧穿孔时，η_0（出口）一般为 0.5～0.9。

在轧辊出口处毛管的螺距 t_0 可由式 3-5 求出：

$$t_0 = \frac{\pi \dfrac{\eta_0}{\eta_T} D_0 \tan\alpha}{2} \tag{3-5}$$

式中　D_0——管子直径，mm；

　　α—— 前进角，(°)。

二辊斜轧穿孔时，管坯转动的力平衡条件用式 3-6 表示（顶头摩擦阻力矩的影响很小，忽略不计）：

$$2(-M'_T + M''_T - M_P - M_L) = 0 \tag{3-6}$$

式中　M'_T, M''_T——分别为切向前滑区和后滑区的摩擦力矩；

　　M_P——轧辊正压力产生的阻力矩；

　　M_L——来自导板的摩擦力矩。

由式 3-6 可以看出，只有切向后滑区中的摩擦力矩为带动管坯旋转力矩，而其他力矩都是阻止管坯旋转的力矩。因此，在切向上存在较大的后滑区是实现管坯转动的必要条件。

图 3-4 所示为管坯旋转时的受力分析。

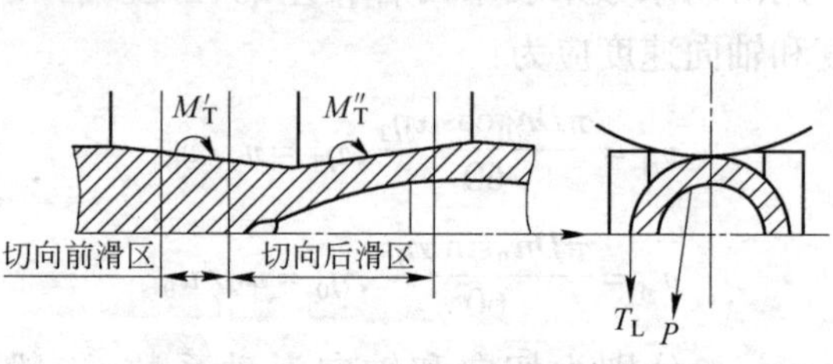

图 3-4　管坯旋转时的受力分析

二辊斜轧穿孔变形区中的轴向作用力如图 3-5 所示。作用在管坯轴向上力的平衡条件可表示为：

$$2(P_{2x} - P_{1x}) + 2T_x - Q + 2(P_{Lx} - T_{Lx}) = 0 \tag{3-7}$$

式中　P_{2x}, P_{1x}——轧辊进出口锥上正压力的轴向分量；

　　P_{Lx}, T_{Lx}——作用在导板上的正压力和摩擦力的轴向分量；

　　T_x——轧辊上摩擦力；

　　Q——顶头轴向阻力。

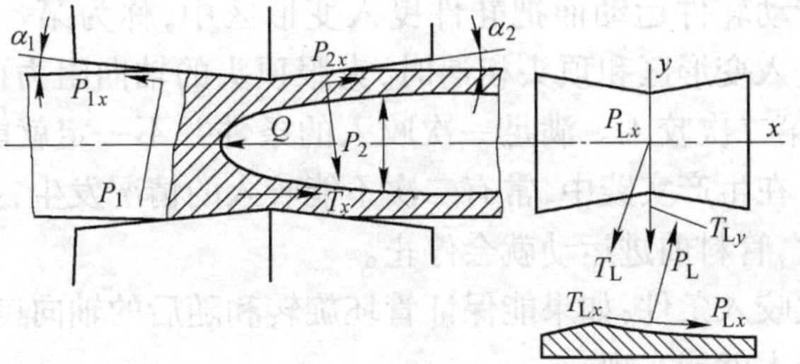

图 3–5 轴向力分析

管坯轴向运动是 T_x 作用的结果,因为 P_{1x} 和 P_{2x} 值很小。其他作用力都是阻止金属轴向移动的力。T_x 的方向必须和金属运动方向相一致,这就要求轧辊轴向速度大于金属轴向移动速度,即整个变形区或变形区中绝大部分需为后滑区,这样金属的轴向移动条件才能建立。

当轴向阻力增加时,如果穿孔过程还能建立,要达到新的力平衡条件,坯料的轴向移动速度必须降低。其结果是,一方面金属和轧辊之间的滑动增加,η_0 减少,导致 T_x 增大;另一方面由于金属轴向移动速度减小,导致每半转变形量减小,最终导致轴向力减少,因而穿孔过程还能继续进行。但当 T_x 靠速度调节不能大于轴向阻力时,或切向摩擦力矩小于转动阻力矩时,穿孔过程就不能进行,即生产中常出现的轧卡现象。

斜轧穿孔过程中产生全部后滑的实质,主要是顶头阻力的影响。要使穿孔过程顺利进行并减小金属和工具的滑动,提高穿孔速度,重要的是减小轴向阻力和切向阻力矩,或者增加轴向曳入摩擦力和带动坯料旋转的摩擦力矩。据此,如果穿孔过程中加一个后推力或前拉力,如采用主动驱动顶头,取消导板(如带导盘二辊斜轧穿孔、三辊斜轧穿孔),在轧辊入口锥表面上刻痕以及对顶头进行润滑等,都可改变力的平衡条件,有利于建立管坯旋转和轴向移动条件,减少滑动,强化穿孔过程并减少轧卡现象。

B 斜轧穿孔的咬入条件

斜轧穿孔过程中存在着两次咬入。轧件和轧辊刚接触的瞬间由轧辊带动轧件运动而把轧件曳入变形区中,称为第一次咬入。当金属进入变形区和顶头相遇时,克服顶头的轴向阻力而继续前进,称为第二次咬入。满足一次咬入的条件并不一定就能实现二次咬入。在生产实践中,常有二次不能咬入的情况发生,如因轴向阻力太大,管料前进运动就会停止。

一次咬入条件:如果能保证管坯旋转和随后的轴向曳入条件,第一次咬入就能实现。

二次咬入条件:二次咬入的作用力如图 3-6 所示。

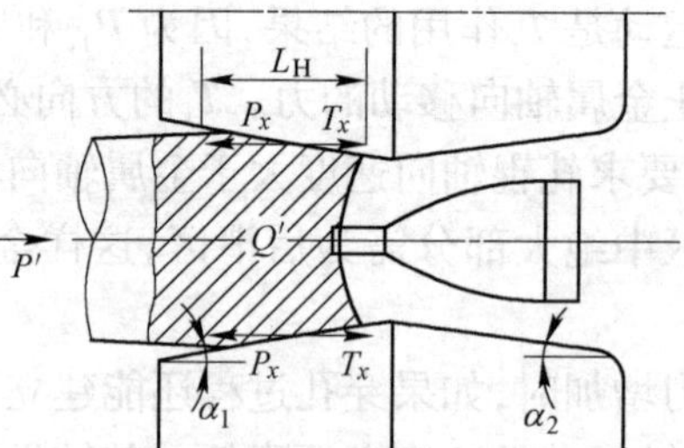

图 3-6 二次咬入的作用力

当没有后推力时:

$$2(T_x - P_x) - Q' = 0 \qquad (3-8)$$

当有后推力时:

$$2(T_x - P_x) - Q' + P' = 0 \qquad (3-9)$$

式中 Q'——顶头的轴向阻力;

P'——后推力。

由式 3-8 和式 3-9 可以看出,同一次咬入相比,二次咬入时增加了一项顶头阻力 Q',因此要实现二次咬入,就必须使(忽略后推力)$2T_x > 2P_x + Q'$。

不难看出,T_x的大小主要同顶头前压缩率有关。顶头前压缩率愈大,则一次咬入到二次咬入间金属和轧辊的接触面积也愈大,T_x增大。

为了保证二次咬入的实现,就要有一定的顶头前压缩率,因此顶头前压缩率是一个重要的变形参数。在生产中，为实现二辊穿孔机上的二次咬入，顶头前压缩率一般不应小于4%。

增大 T_x 的措施，一是减少轧辊入口锥角（同时可减少 P_x）；二是加大顶头前压缩率；三是增大金属和轧辊间的摩擦系数。减少顶头阻力的办法是减少顶头鼻部的半径，以及造成有利于减少 Q' 的顶头前管坯中心的应力状态。

正确调整顶头位置是很重要的，因为当压缩带的压缩率一定时，改变顶头位置，顶头前压缩率即发生变化。生产中，当二次咬入不好时，常把顶头向后移，以适当加大顶头前压缩率或采用定心管坯等。二次咬入时，不希望轧件和导板相接触，避免增加轴向阻力。在生产中还有其他影响二次咬入的因素，应根据不同情况进行分析。从理论上讲，凡是有利于增大 T_x 的因素都有利于二次咬入，凡是有利于增大 P_x 和 Q' 的因素都不利于二次咬入。

C 斜轧穿孔时的金属变形和流动

金属在斜轧穿孔过程中存在着两种变形，即基本变形（宏观变形——外观形状的变化）和附加变形（不均匀变形——材料内部的变形，由金属的内应力引起的）。

由一个实心圆坯料穿成一个空心坯的过程中，宏观变形包括延伸变形（伸长）、周向变形（直径变化）和径向变形（壁厚压缩）。沿变形区长度上各断面3个方向的变形分布如图3-7所示。

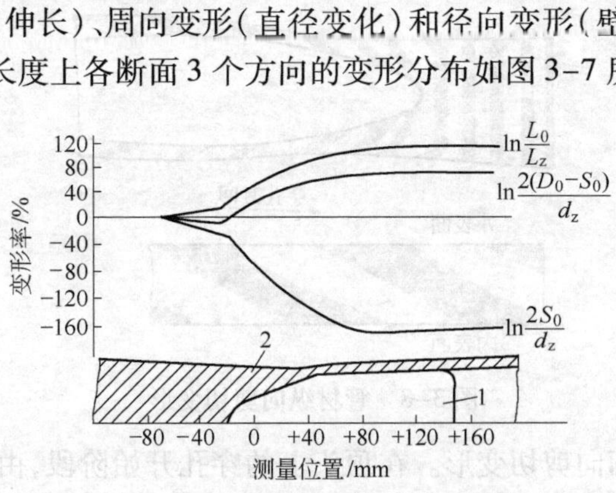

图3-7 穿孔时基本变形沿变形区长度上的分布

1—顶头；2—管料

按体积不变的条件，基本变形的尺寸关系可用式 3-10 表示：

$$\ln\frac{L_0}{L_z}+\ln\frac{2(D_0-S_0)}{d_z}+\ln\frac{2S_0}{d_z}=0 \tag{3-10}$$

式中　L_0，L_z——分别为毛管和管坯的长度；

D_0，S_0——分别为毛管的外径和壁厚；

d_z——管坯直径。

附加变形包括纵向剪切变形、切向（圆周方向）剪切变形和扭转变形。附加变形一般难以从管坯外观上直接观察到，因此要采用实验料进行研究。穿孔毛管纵剖面的实际变形情况如图 3-8 所示。具体附加变形介绍如下：

（1）纵向剪切变形。由图 3-8 可以看出，内层金属的轴向流动较外层慢，变形时内层金属阻止外层金属做轴向流动，在各层金属之间产生纵向剪切变形。纵向剪切变形是顶头的轴向阻力造成的。因穿孔时轧辊带动管材做轴向流动，而顶头则阻止金属轴向流动，最终导致各层金属轴向流动上的差异。但是各层金属又是互相联系的一个整体，不能分离。因此在各层金属间必然产生附加变形和附加应力，常使同轧辊和顶头直接接触的表层出现缺陷，或者使管坯表面原有的缺陷发展或扩大。

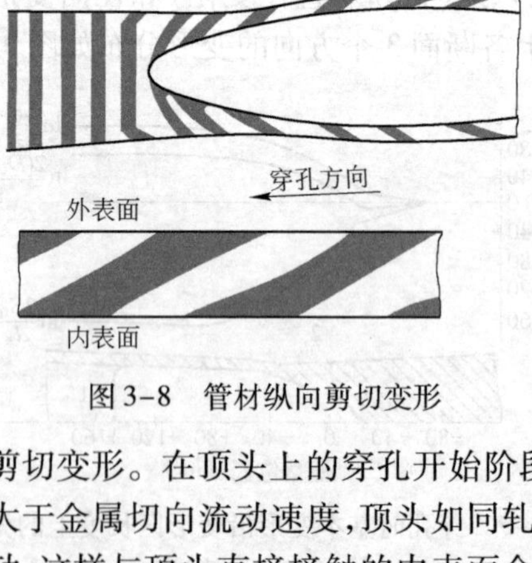

图 3-8　管材纵向剪切变形

（2）切向剪切变形。在顶头上的穿孔开始阶段，由于顶头表面的圆周速度大于金属切向流动速度，顶头如同轧辊一样也带动金属向切向流动，这样与顶头直接接触的内表面金属的切向流动速度大于管壁的中间层，原来为直线形的条痕后呈C形曲线分布，而且随着管壁变形程度的加大，曲线弯曲程度也加大。这样，在各层金属之间将产生较大的切向剪切变形。

（3）扭转变形。斜轧穿孔过程还产生扭转附加变形（见图3-9）。如当管坯上沿长度方向有一直线折叠时，穿孔后直线折叠变成大螺旋折叠。又如加热管坯产生阴阳面时，穿孔过程中管坯上的阴阳面在毛管上呈大螺旋形分布，这种现象都是由扭转变形造成的。扭转变形是由管坯和轧辊之间运动、变形的相互矛盾引起的。在轧制实心坯阶段扭转变形很小，到在顶头上轧制阶段扭转变形急剧增加。

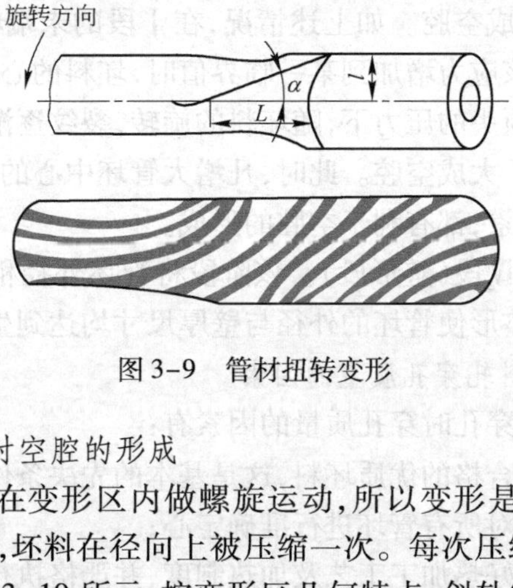

图3-9　管材扭转变形

D　斜轧时空腔的形成

由于坯料在变形区内做螺旋运动，所以变形是逐渐实现的。轧辊每转半周，坯料在径向上被压缩一次。每次压缩值称为单位压下量。如图3-10所示，按变形区几何特点，斜轧穿孔时的变形区主要分为3个区段：

第Ⅰ段（表层变形、坯料直径压缩段）。这段上主要产生径向压缩变形，使直径变小。由于单位压下量与坯料直径相比是很小的，所以变形主要集中在实心坯的表层，因而横断面上的变形严重不均匀。在该段上，毛坯中心将出现三向拉应力状态，为中心空腔的形成准备力学条件。

第Ⅱ段（穿孔段）。穿孔时管坯中心部位在接触顶头前，由于

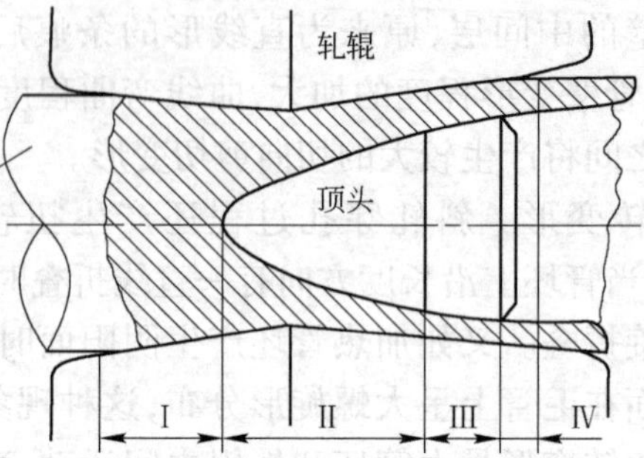

图 3-10 斜轧穿孔时的变形区分区情况

拉应力的作用,金属整体性破坏,因而形成放射状裂纹,这种现象称为中裂或形成空腔。如上述情况,在Ⅰ段的末端将出现三向拉应力状态,将该应力增加到某一临界值时,坯料的心部出现微小裂纹,穿孔时在顶头的压力下,随坯料的旋转,裂纹逐渐增大,形成疏松区域,最后扩大成空腔。此时,凡增大管坯中心的拉应力或降低管坯塑性的因素,都有利于空腔的形成。

第Ⅲ和第Ⅳ段(整形段)。该阶段将管坯外径稍大、壁厚较厚的管坯,通过整形使管坯的外径与壁厚尺寸均达到生产工艺要求。

E 影响斜轧穿孔质量的因素

保证斜轧穿孔时穿孔质量的因素有:

(1) 选用合格的优质坯料,这是基本的先决条件;

(2) 必须对所有管坯进行准确定心;

(3) 制定好热加工工艺及加热制度,并严格执行,保证管坯整体的温度均匀;

(4) 调整好轧辊的各种工艺参数,如顶头的压缩率、轧件的椭圆度、合适的轧辊倾角和压缩次数等。

F 斜轧穿孔作用力及力矩

穿孔时的作用力有作用在轧辊上的力、作用在导板上的力和作用在顶头上的力(见图 3-11)。

对于穿孔作用力的研究还很不充分。已有的理论计算公式多用格莱依(A. Geleji)和采里科夫(А. И. Целиков)公式,但这些公式都是把复杂的斜轧变形做了过多的简化和假定而导出的,和实际资料相比,数据相差有时达到1倍以上。为了实现应用,多采用实际资料或在实际资料基础上总结出的半经验公式。

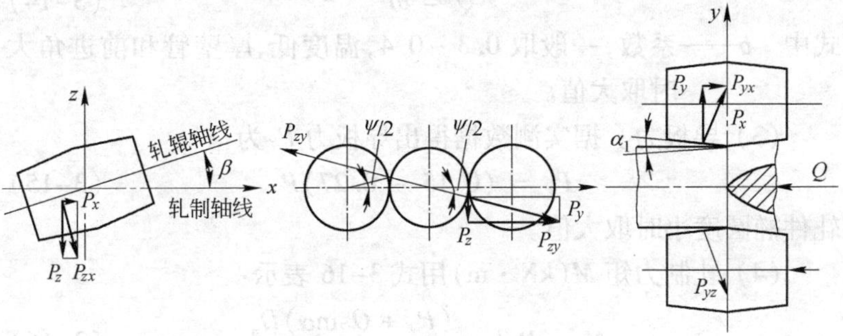

图3-11 穿孔时的作用力

(1) 轧制力。轧辊对金属的轧制力 P(N)由式3-11确定:

$$P - p_c F \qquad (3\text{-}11)$$

式中 p_c——平均轧制单位压力,MPa;

F——轧辊同轧件的接触面积,mm^2。

为了确定斜轧穿孔的轧制力,首先应求出接触面积。用经验公式3-12可以确定中小轧机的接触面积:

$$F = 54d_z \qquad (3\text{-}12)$$

式中 d_z——坯料直径,mm。

表3-1为小型机组对钢的综合测压数据,可供钛合金斜轧穿孔时参考。

表3-1 小型机组对钢的综合测压数据

钢 种	毛管尺寸/mm×mm	平均轧制压力/MPa	轧辊直径/mm
铬锰硅合金钢	ϕ97×6.5	105	550
碳 钢	ϕ75×8.0	105	350
18-8不锈钢	ϕ88×6.5	177	500
铬锰钢	ϕ80×6.5	145	500

平均单位轧制压力可根据实测资料选取(见表3-1)。根据实测数据回归的轧制力P(kN)(碳钢)为:

$$P = 4.9d_z - (78.4 \sim 98.0) \quad (3-13)$$

(2) 轴向力。用经验公式确定:

$$Q = bP \quad (3-14)$$

式中 b——系数,一般取0.3~0.4,温度低、厚壁管和前进角大时取大值。

(3) 导板力。据实测数据得出导板力P_L为:

$$P_L = (0.15 \sim 0.27)P \quad (3-15)$$

轧件椭圆度小时取大值。

(4) 轧制力矩M(kN·m)用式3-16表示:

$$M = P_y b + \frac{(P_z + Q\sin\alpha)D_n}{2} \quad (3-16)$$

式中 D_n——压缩带处轧辊直径,mm;

α——前进角,(°);

Q——轴向力,kN;

b——力臂,取决于接触面积的平均宽度,mm,$b = F/L$,L为变形区长度,F为接触面积;

P_y——轧制力,kN;

P_z——切向摩擦力,kN:

$$P_z = P\tan\varphi$$

φ——夹角,(°),由几何关系得出:

$$\tan\frac{\varphi}{2} = b/d'_z$$

d'_z——压缩带处坯料直径,mm。

(5) 电机功率N(kW)表示为:

$$N = (M + M_T)\omega\eta = \frac{\pi n_B(M + M_T)}{30}\eta \quad (3-17)$$

式中 n_B——轧辊转速,r/min;

η——机械效率;

M——传动两个轧辊所需的力矩；

M_T——总(两个轧辊)摩擦力矩；

ω——轧辊角速度，$\omega = n_B \pi/30$ 。

3.1.1.2　三辊行星斜轧穿孔热轧法

三辊行星轧机轧制钢管是一种高效率的新型轧机(简称 PSW 轧机)，目前其应用已经很成熟，它有五种规格产品。其结构示意图如图 3-12 所示。芬兰 OUTKUMPU 公司 20 世纪 80 年代采用三辊行星轧机研制无缝铜管获得成功。我国河南省新乡某公司于 1994 年将此技术引进，建立了铜管生产线，生产效率高，应用十分成功。下面简单介绍一下该设备轧制原理及工艺特点。

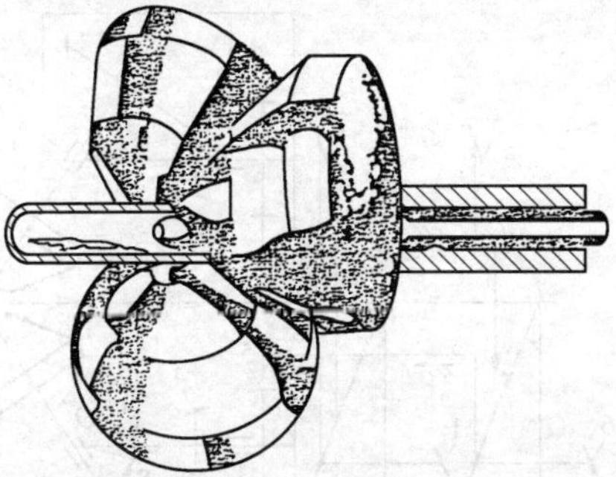

图 3-12　三辊行星轧机轧管示意图

(1) 传动结构。三辊行星轧机的传动结构示意图如图 3-13 所示。主要由主传动系统组成：

1) 主传动系统由主电机经减速机和 1 对伞齿轮，使装在外空心轴上的大盘旋转，从而使装在大盘上的 3 个轧辊座随大盘公转。

2) 辅传动系统由辅电机经减速机和 1 对伞齿轮驱动内空心轴→太阳轮→行星轮→装在回转大盘上的 3 个 120°布置行星轮和 3 个大伞齿轮旋转→经 3 个小伞齿轮驱动 3 个轧辊头自传。

轧辊轴轴线与轧辊线成一定倾斜角(初期为 60°，现在小些)，要实现轧制还必须使轧辊轴线绕行星轮轴线再偏转一个角度，使轧辊轴线与轧辊线成空间交叉的两直线。在结构参数设计合理的

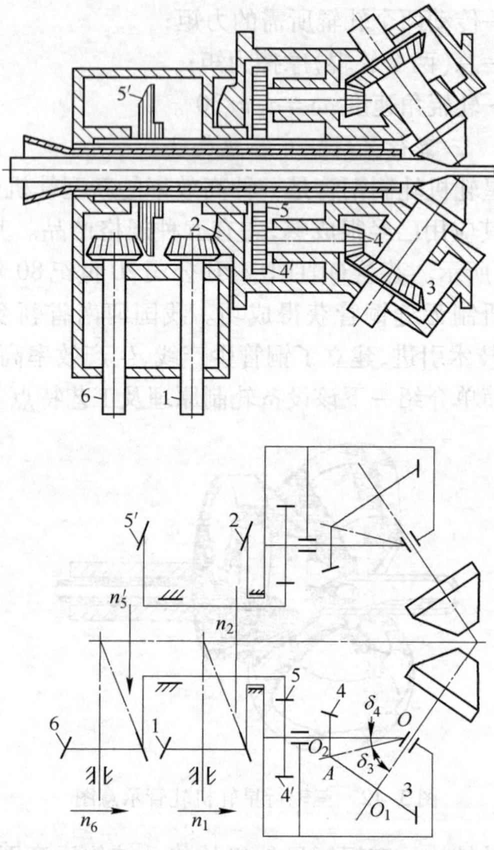

图 3-13　三辊行星轧机的传动结构示意图

1→2—公转轮系；6→5′→5→4′→4→3—自转轮系

前提下，只要将主、辅电机的转速调整到恰当的匹配关系，使轧辊与轧件的接触点成为中心，这样轧辊的旋转变为围绕轧件的既有公转又有自传的行星运动，而轧件只做直线运动。

（2）轧制原理（以热轧铜管为例）。将经加工后的连铸铜管坯输送到辊道上，管坯被夹紧，将芯棒推入管坯的定心孔后进行轧制。在轧机内，横断面的减径由呈 120° 的 3 个锥形轧辊来实现。这些轧辊围绕着管坯做既有公转又有自传的行星运动。轧辊轴轴线与轧辊线成一定倾斜角（约为7°），通过改变主、辅两套传动的速度比，调节到使轧机只前进而不旋转，每个轧辊都是围绕着与之接触的轧件碾压而发生塑性变形。如用外径为ϕ(80～85)mm×20 mm的管坯，经过一道次的轧制，直接可减少至ϕ(44～48)mm×(2.2～2.5)mm，断面收缩率达90%以上。这样大的变形量是在很短的时间内完成的，变形热高，使变形区的铜管升温到700℃，促使铜管发生再结晶，并呈软态，不需退火就可进行再加工。

（3）工艺特点。三辊轧制工艺具有下列优点：可以采用大变形量轧制，生产效率高；金属的损耗小，成品率高；设备紧凑，生产过程可以自动化等。缺点是：设备结构复杂，调整要求精密，所以调整和维修困难。它适用于轧制生产单一且批量大的产品。

3.1.2 周期式冷轧管法轧制成品钛管

3.1.2.1 二辊冷轧管法

A 二辊轧制原理

二辊式轧管机是一种周期式轧机，其工作原理如图3-14所示。主传动齿轮通过曲柄和连杆机构的机构带动工作机架做往复运动，轧机机架上装有一对轧辊，轧辊通过固定在机座上的齿条、主动齿轮和被动齿轮，将机架的往复运动同时转变为轧辊的周期性转动。

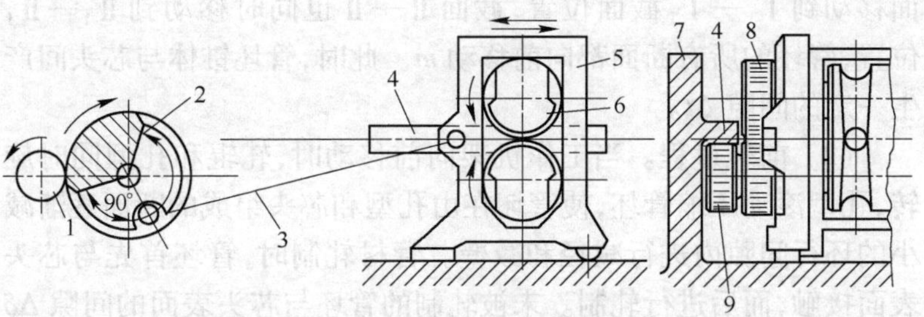

图3-14 冷轧管机工作示意图

1—主传动齿轮；2—曲柄；3—连杆机构；4—齿条；5—工作机架；6—轧辊；7—固定机座；8—被动齿轮；9—主动齿轮

冷轧管机主要由一个带有一定锥度的芯头和一对带有逐渐变化孔槽的孔型构成。工作机架往复运动的同时，轧辊同时转动。轧制管坯在芯头和孔型的间隙内反复轧制，实现了管坯外径的减小和壁厚的减薄，工作机架在前极限位置时，管坯和芯头要翻转60°~120°，以便在反行程时管坯继续轧制，如图 3-15 所示。

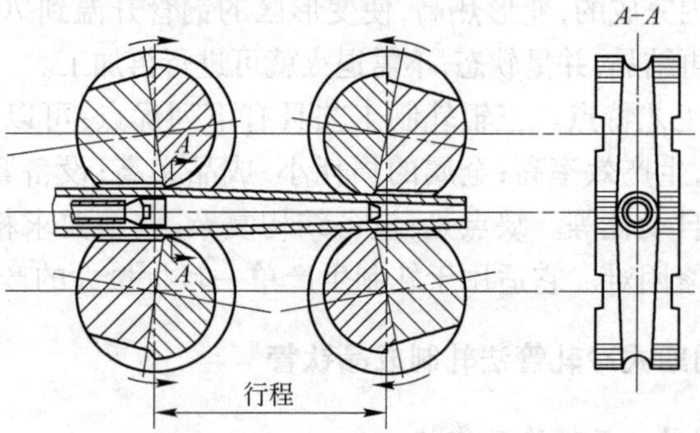

图 3-15　管材轧制示意图

B　轧制过程

管材轧制可分为 4 个过程：

（1）送料过程。当工作机架在后极限位置时（见图 3-16（a）），两个轧辊处在进料段，孔型与管坯没有接触。通过送料机构将管坯向前送入一定的长度 m（称为送料量），即管坯 Ⅰ—Ⅰ 截面移动到 $Ⅰ_1—Ⅰ_1$ 截面位置，截面 Ⅱ—Ⅱ 也同时移动到 $Ⅱ_1—Ⅱ_1$ 位置，管坯的所有断面都向前移动 m。此时，管坯锥体与芯头间产生一定的间隙 Δt。

（2）前轧过程。当工作机架向前移动时，轧辊和孔型同时旋转，孔型滚动压缩管坯，使管坯在由孔型和芯头组成的断面逐渐减小的环行间隙内进行减径和减壁。管材轧制时，管坯首先与芯头表面接触，而后进行轧制。未被轧制的管坯与芯头表面的间隙 $\Delta\delta$ 则要增大，如图 3-16（b）所示。轧制过程的变形区（又称瞬时变形区）由三部分组成，如图 3-17 所示。图 3-17 中，θ 为咬入角区，θ_1 为减径角区，θ_2 为压下角区。在减径角区，管坯直径减小至内表面与芯头接触；在压下角区，管坯的直径和壁厚同时被压缩，实现管坯直径的减小和壁厚的减薄。在轧制过程中，咬入角 θ、减径角 θ_1 和压下角 θ_2 是变化的。咬入角 $\theta=\theta_1+\theta_2$。压下角对应的水平投影 *ABCD* 可近似看做梯形，减径角对应的水平投影为 *CDGFE*。

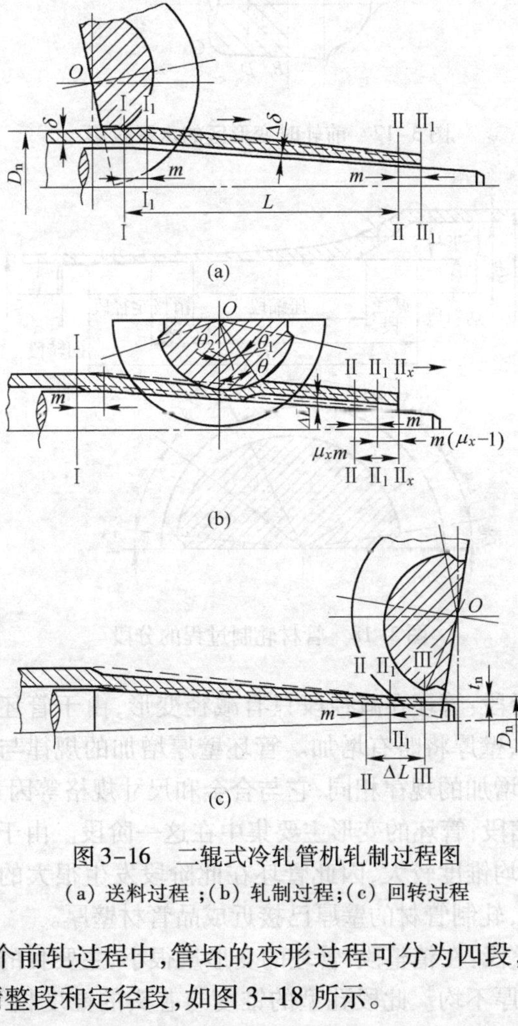

图 3-16 二辊式冷轧管机轧制过程图
(a) 送料过程；(b) 轧制过程；(c) 回转过程

在整个前轧过程中，管坯的变形过程可分为四段，即减径段、压缩段、精整段和定径段，如图 3-18 所示。

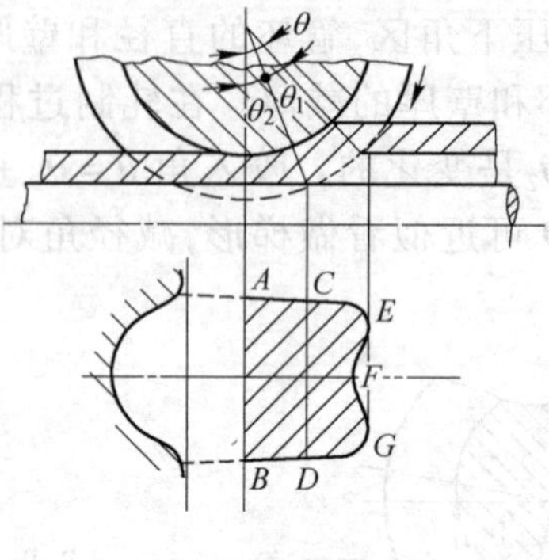

图 3-17　前轧时变形区的水平投影

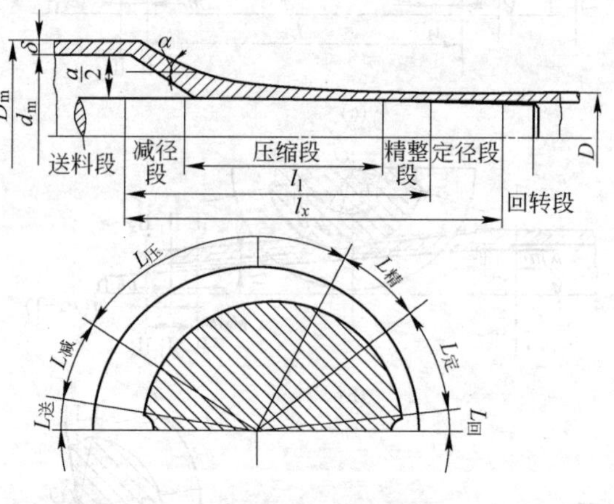

图 3-18　管材轧制过程的分段

1）减径段：管坯在减径段只有减径变形，由于管坯和芯头表面没有接触，壁厚将略有增加。管坯壁厚增加的规律与拉伸减径变形时壁厚增加的规律相同，它与合金和尺寸规格等因素有关。

2）压缩段：管坯的变形主要集中在这一阶段。由于孔型在这一阶段的平均锥度较大，因此管坯在此阶段发生很大的外径减小和壁厚减薄，轧制管材的壁厚已接近成品管材壁厚。

3）精整段：在精整段，管坯的变形量很小，主要目的是消除轧制管材的壁厚不均。此段孔型的锥度与芯头的锥度相等，管坯的壁厚达到成品管材的壁厚和要求的偏差范围。

4）定径段：管坯在这一段的主要变形是外径变化，壁厚没有减薄。目的是使管材外径一致，消除竹节状缺陷。此段孔型的锥度为零。管坯与芯头已不再接触。

因此，冷轧管材金属的变形主要在前轧过程实现，而在前轧过程，变形又主要集中在减径段和压缩段。其变形特点是由减径、压扁逐渐转到壁厚被压缩，并且孔型和芯头间发生强制宽展。

（3）回转过程。当轧辊处在轧制行程前极限位置时，如图3-16(c)所示轧辊孔槽处在回转段，孔型与管坯锥体不接触，管坯由回转机构通过芯杆、芯头和卡盘带动翻转60°~120°。

（4）回轧过程。管坯回转后，随着工作机架的返回运动对管坯进行回轧，消除前轧时造成的椭圆度、壁厚不均度和管材表面棱子等，以利于下一个周期的轧制。完成一个周期的轧制过程后，一个送料量的管坯被轧制，所得到的一段管材就是轧制成品管材。

C 冷轧管的应力状态

a 轧辊及芯头对管坯的压力

管坯在轧制过程，受芯头和孔型的共同压力，在这个压力的作用下，管坯发生塑性变形。管坯的受力状态如图3-19所示。在

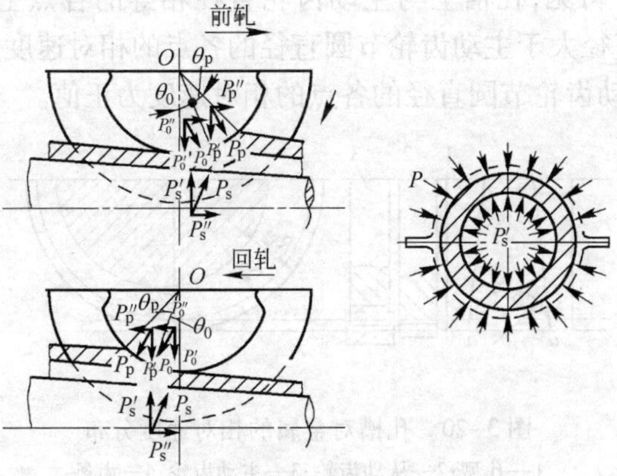

图3-19 孔型和芯头对管坯的压力

变形区内，P_0为管坯压下角区的压力，P_p为减径角区的压力。P_0和P_p都是垂直于管坯轧制锥体的接触表面，并可分解为P_0'、P_0''和P_p'、P_p''。其中，P_0'和P_p'为垂直于轧制中心线的径向分量；P_0''和P_p''为平行于轧制中心线的轴向分量。

芯头在压下角区对管坯的作用力P_s同样可分解为P_s'和P_s''。由于P_s是P_0的反作用力，所以P_s''与P_p''大小相等，方向相反。同时，减径区的轴向分力P_p''又通过管坯与芯头间的摩擦作用到芯头上。因此，无论在前轧，还是在回轧过程，芯头都将受到轴向力的作用。轴向力的大小取决于管坯材质的变形抗力、轧制送料量和孔型尺寸等条件。材质的变形抗力越大，需要的轧制力也越大。送料量的大小和孔型尺寸的设计又直接决定了咬入角的大小。当芯头所受轴向力很大时，有可能造成连接芯头的芯杆弯曲和断裂。

b　外摩擦力

管材轧制时，孔型在转动过程中，由于孔槽上各点的半径不同，轧制过程的线速度也不同，因此对于管坯的摩擦也不同。为了减少孔型对管坯的相对滑动，冷轧管机在设计时，主动齿轮的节圆直径要小于被动齿轮的节圆直径。被动齿轮的节圆直径与轧辊直径相等。图3-20所示为冷轧管时孔槽对金属的相对速度分布。由图3-20可见，孔槽上与主动齿轮直径相等的各点上相对速度为零；而直径大于主动齿轮节圆直径的各点的相对速度为负值；直径小于主动齿轮节圆直径的各点的相对速度为正值。

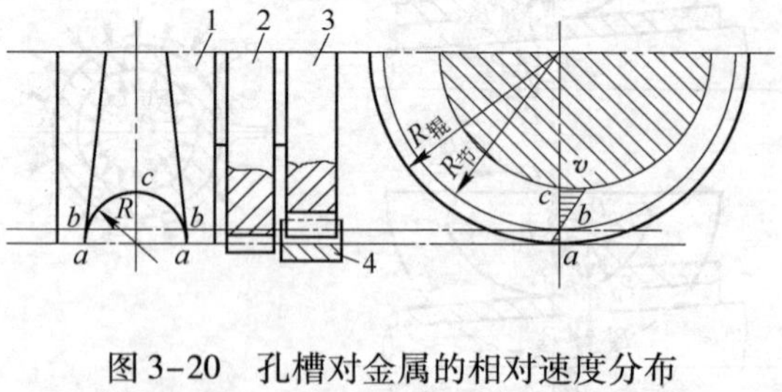

图3-20　孔槽对金属的相对速度分布

1—孔型；2—从动齿轮；3—主动齿轮；4—齿条

在管材轧制时，金属还存在向前流动的速度，因此，管坯锥体上各部位与孔型孔槽上各部位的相对速度实际上是两个速度的合速度。如图 3-21 所示，v_1 为假设管坯静止，金属没有流动的相对速度，v_2 为金属向前流动的速度。v_2 在锥体上各点都是相等的，而且无论是前轧还是回轧，速度的方向都相同。v_1 和 v_2 的合速度即为考虑金属流动的条件下的实际相对速度。$v_{合}$ 的方向不同，在轧制区分别形成了前滑区和后滑区。

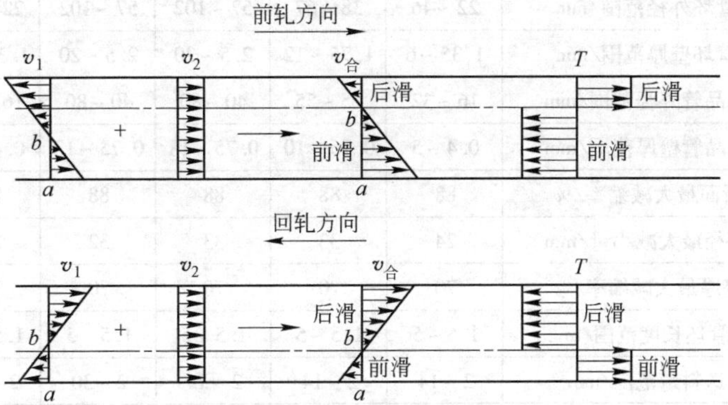

图 3-21 冷轧管时的运动学特性

v_1—假设金属静止，没有流动的相对速度；v_2—轧制金属流动速度；

$v_{合}$—实际相对速度；T—摩擦力

由图 3-21 可知，前滑区和后滑区对管坯的摩擦力方向相反，两个摩擦力的合力作用于管坯上。由于管坯轧制锥体与芯头是紧抱在一起的，最终这个力将通过芯头作用到连接芯头的芯杆上。

为了尽可能减少孔型摩擦的不均匀性，冷轧管机设计中，主动齿轮的节圆直径小于被动齿轮的节圆直径，一般情况下，主动齿轮的节圆直径比被动齿轮的节圆直径小 5% 左右。最合理的主动齿轮节圆直径应等于孔型孔槽的平均直径。对于大规格的冷轧管机，由于轧机轧制规格范围大，设计中配备有两种规格节圆直径的主动齿轮。生产中应根据不同的孔型规格选择合理的主动齿轮。这样才能有效地减小孔型孔槽对管坯的滑动摩擦，减少孔槽的不均匀磨损，有利于提高轧制管材的表面质量和孔型的使用寿命。

但是，冷轧管机轧辊的更换十分困难，而且装配精度要求很高。在有色金属加工中，管材是多规格、多品种、小批量生产。企业根据主要的品种规格选定其中一种主动齿轮，便能基本适用生产要求。表 3-2 为常见的二辊式冷轧管机的主要工艺性能。

表 3-2　常见的二辊式冷轧管机的主要工艺性能

名　称	LG30	LG55	LG80	XIIT75	XIIT32
管坯外径范围/mm	22 ~ 46	38 ~ 67	57 ~ 102	57 ~ 102	22 ~ 46
管坯壁厚范围/mm	1.35 ~ 6	1.75 ~ 12	2.5 ~ 20	2.5 ~ 20	1.35 ~ 6
成品管外径范围/mm	16 ~ 32	25 ~ 55	40 ~ 80	40 ~ 80	16 ~ 32
成品管壁厚范围/mm	0.4 ~ 5	0.75 ~ 10	0.75 ~ 18	0.75 ~ 18	0.4 ~ 5
断面最大减缩率/%	88	88	88	88	88
外径最大减小量/mm	24	33	33	32	24
壁厚最大减缩率/%	70	70	70	70	70
管坯长度范围/m	1.5 ~ 5	1.5 ~ 5	1.5 ~ 5	1.5 ~ 5	1.5 ~ 5
送料量范围/mm	2 ~ 14	2 ~ 14	2 ~ 14	2 ~ 30	2 ~ 14
轧辊直径/mm	300	364	434	434	300
轧辊主动齿轮节圆直径/mm	280	336	406 或 378	406 或 378	280
轧辊被动齿轮节圆直径/mm	300	364	434	434	300
工作机架行程长度/mm	453	624	705	705	453
允许最大轧制力/MN	6.5	11.0	17.0	17.0	6.5
轧辊回转角度	185°39′20″	212°59′20″	199° 213°43′	199° 213°43′	185°39′3″

c　应力和应变状态

冷轧管时应力状态主要是三向压缩应力状态。应变状态为两向压缩，一向拉伸状态，这种应变状态能够充分地发挥金属的塑性。因此，冷轧管机适用于塑性偏低的合金和壁厚较薄的管材生产。这些产品采用轧制方法生产，可以减少中间退火，提高一次加工率，缩短生产周期，从而提高生产效率和管材的表面质量。

D 二辊式冷轧管的优缺点

二辊式冷轧管方法具有如下的优点：

(1) 道次加工率大，最大加工率可达到80%以上，特别适用于钛合金和冷加工性能低的合金管材的加工；

(2) 可以生产长度大的管材，最长可达30 m；

(3) 省略或减少部分合金的退火和中间退火，生产效率高，周期短；

(4) 设备的自动化程度高，可减轻劳动强度；

(5) 孔型更换简便，尺寸调整方便快捷；

(6) 可以生产异形管材和变断面管材。

二辊式冷轧管方法的主要缺点有：

(1) 冷轧管机结构复杂，设备精度要求高，投资和维修费用较大；

(2) 工具设计、制造比较复杂；

(3) 轧制的管材具有较大的椭圆度、波纹、棱子等，管材外径偏差不易控制，因此，经轧制后的管材必须经拉伸减径、整径后才能达到成品管材的要求。

3.1.2.2 多辊式冷轧管法

3个及3个以上轧辊组成的冷轧管机称为多辊冷轧管机。多辊轧机分为三辊、四辊和五辊3种。一般轧制直径为ϕ8～60 mm的管材用三辊冷轧管机，轧制直径为ϕ60～120 mm的管材用四辊和五辊冷轧管机。

A 多辊冷轧管机的工作原理

图3-22所示为三辊冷轧管机的轧制过程示意图，这种冷轧管机与二辊冷轧管机一样，具有往复周期轧制的特点。三辊冷轧管机主要的工具为1个圆柱形的芯头、3个轧辊、3个Π形滑道。轧辊上有断面不变的孔槽，3个轧辊的孔槽组成一个圆形的孔型，与中间的芯头共同构成一个环形的间隙。轧辊在3个具有特殊曲线斜面的滑道上往复滚动。滑道的曲线与二辊式冷轧管机孔型展开曲线类似。当孔型在滑道的左端时，滑道曲线的高度最小，3个

轧辊离开的距离最大，孔型组成的圆的外径最大，与圆柱形芯头组成的环形的断面也最大。当轧辊由左向右运动时，由于滑道高度逐渐增加，3 个孔型组成的圆的外径逐渐减小，管坯在孔型和芯头的压力下发生塑性变形，达到外径的缩小和壁厚的减薄。轧辊前进到最前端后，开始反方向运动，进入到回轧过程。轧辊返回到左端极限位置后，管坯通过回转机构和送料机构，对管坯进行翻转和给入一定的送料量，开始下一个轧制周期。管坯在反复的周期轧制下获得成品管材的尺寸要求。

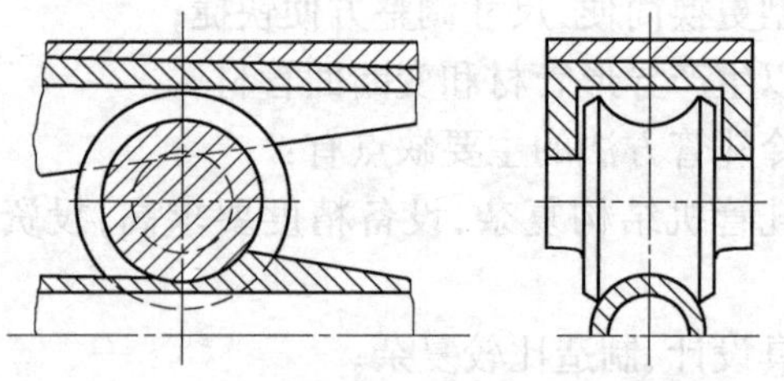

图 3-22　三辊冷轧管机的轧制过程示意图

B　多辊式冷轧管法的优缺点

多辊式冷轧管法的优点有：

（1）由于多辊冷轧时金属变形均匀，管坯轧制时外径收缩率小，有利于金属的壁厚减薄，因此，多辊轧制适用于壁厚特别薄的管材生产，轧制的管材外径与壁厚之比可达 100 ~ 250；更适用于某些冷加工性能差的合金管材生产。

（2）孔型孔槽与管坯在轧制过程中没有或很少有相对滑动摩擦，金属变形均匀，因此，轧制管材的壁厚精度较高，表面粗糙度较低。

（3）通过合理的工具配套可直接生产成品管材。

（4）多辊冷轧机轧辊数量多，轧辊直径小，因此，总的轧制压力较小，轧制功率消耗也较少。

（5）与二辊式冷轧管法相比，工具设计和制造相对简单，质量容易保证。

多辊冷轧管法的主要缺点有：

(1) 孔型的孔槽为圆柱形，而不是变断面尺寸，轧制送料量较小，因此生产效率偏低；

(2) 管坯轧制时减径量小。

为提高生产效率，可在多辊轧机机架内装配多套轧辊，实现多线轧制法。

3.1.2.3 二辊式冷轧管轧制力的计算

A 影响轧制力的主要因素

a 送料量

轧制力与送料量成正比。送料量愈大，轧制过程的压下角愈大，压下区水平投影也愈大，轧制力也就愈大。一般情况下，送料量增加1倍，轧制力增加0.3～0.5倍。

送料量在2～10 mm范围内时，轧制力与送料量的关系可用式3-18近似表示：

$$P_2 = P_1\sqrt{\frac{m_2}{m_1}} \tag{3-18}$$

式中 P_1,P_2——分别为送料量为m_1和m_2时的轧制力。

b 总延伸系数

轧制力与总延伸系数成正比；在管坯尺寸相同的条件下，轧制力与成品管材的壁厚成反比，如图3-23和图3-24所示。一般情况下，管坯壁厚增加1倍，轧制过程在正行程时轧制力增加0.2倍，反行程时轧制力增加0.3倍。反行程时轧制力增加多的原因主要是材料在正行程时经过了一次轧制，由于加工硬化，材料的变形抗力有所提高。

当延伸系数在2～8范围内时，延伸系数与轧制力的关系可近似地用式3-19表示：

$$P_2 = CP_1\sqrt{\frac{\lambda_2}{\lambda_1}} \tag{3-19}$$

式中 P_1,P_2——分别为延伸系数为λ_1、λ_2时的轧制力；

C——系数。

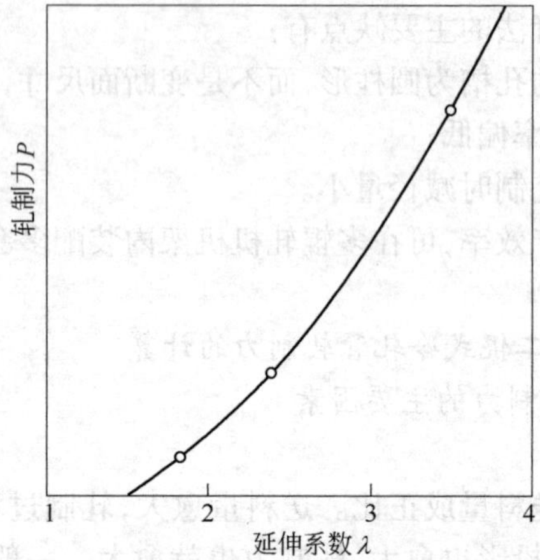

图 3-23　轧制力 P 与延伸系数 λ 的关系

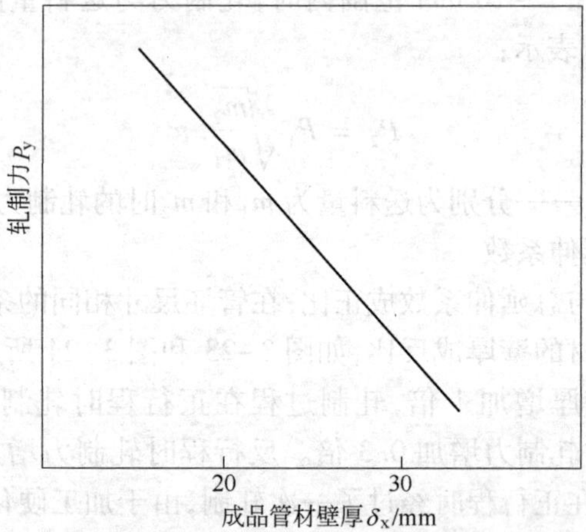

图 3-24　轧制力 P_y 与成品管材壁厚 δ_x 的关系

c　材料强度

轧制力与金属材料的强度 σ_b 成正比。在同一工艺条件下，轧制力与材料强度的关系可以用式 3-20 表示：

$$P_2 = P_1 \frac{\sigma'_b}{\sigma_b} \tag{3-20}$$

式中 P_1,P_2——分别为材料强度为σ_b和σ_b'时相对应的轧制力。

d 被轧管材直径

轧制不同规格的管材要选用相应的孔型规格。孔型规格不同,轧制过程压下角的水平投影面积也就不同。在相同工艺条件下,轧制力与轧制管材的直径成正比,即轧制力随轧制管材的直径的增加而增大。轧制力与管材直径的关系可用式3-21表示:

$$P_2 = CP_1\frac{d_2}{d_1} \tag{3-21}$$

式中 P_1,P_2——分别为轧制管材直径为d_1和d_2时的相应轧制力。

e 润滑条件

采用不同的润滑剂和润滑条件具有不同的润滑效果。如果润滑效果好,轧制过程的压力就小,轧制力也小。

f 工具和设备的技术参数

设备的技术参数、轧辊直径、变形区长度等技术参数的不同决定了工具设计的技术参数。在工具与孔型设计中,芯头锥度、孔型孔槽的平均锥度、孔型开口度等都影响到管材轧制时变形程度和不均匀变形量,其结果必然影响到轧制力的大小。

B 管材冷轧过程中轧制力的分布

在管材冷轧过程中,机架行程的不同位置上轧制力的大小是不同的。在一个轧制行程上,轧制力在孔型长度方向上的分布变化如图3-25所示。

由图3-25可见,管材轧制过程中轧制力最大发生在压缩段,在这一阶段,材料的瞬时加工率最大,金属的变形程度最大,使得压下区水平投影面积最大。在减径段和精整段的轧制力较小。

C 轧制力计算

在轧制过程中,金属对轧辊的全压力P_Σ为:

$$P_\Sigma = \bar{p}F_\Sigma \tag{3-22}$$

式中 $\bar{p}$——金属对轧辊的平均单位压力;

F_Σ——金属与轧辊接触面的水平投影面积。

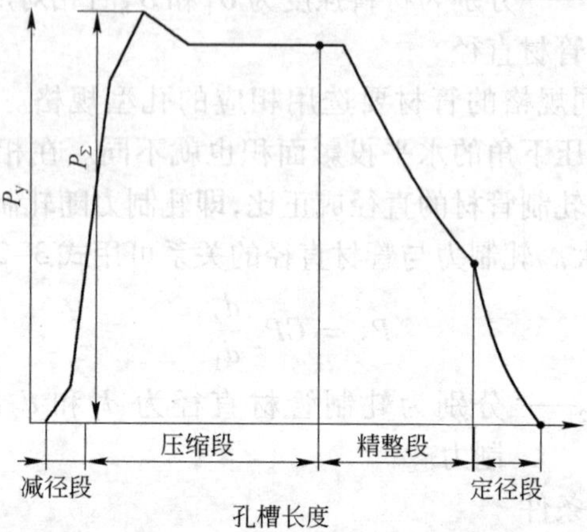

图 3-25　轧制力在孔型长度方向上的分布变化

由式 3-22 可知，只要计算出管材轧制时金属对轧辊的平均单位压力和金属与孔型接触面积，就可以计算出轧制过程的全压力。

a　平均单位压力的计算

平均单位压力可采用 Ю. Ф. 谢瓦金公式和 Д. И. 比辽捷夫公式进行计算。

按 Ю. Ф. 谢瓦金公式计算时，工作机架正行程时的平均单位压力 $\bar{p}_{正}$ 为：

$$\bar{p}_{正} = \sigma_b\left[n + f\left(\frac{\delta_0}{\delta_x} - 1\right)\cdot\frac{R_0}{R_x}\cdot\frac{\sqrt{2R_x\Delta\delta_z}}{\delta_x}\right] \tag{3-23}$$

工作机架反行程时的平均单位压力 $\bar{p}_{反}$ 为：

$$\bar{p}_{反} = 1.15\sigma_b + (2 \sim 2.5)f\left(\frac{\delta_0}{\delta_x} - 1\right)\frac{R_0}{R_x}\cdot\frac{\sqrt{2R_x\Delta\delta_f}}{\delta_x}\sigma_b \tag{3-24}$$

式中　σ_b——在该变形程度下被轧金属的变形强度；

n——考虑平均主应力时的影响系数，一般取 1.02～1.08；

f——摩擦系数，对钛合金取 0.095～0.10；

δ_0——管坯壁厚；

δ_x——计算断面的管材壁厚；

R_0——轧辊主动齿轮半径；

R_x——计算断面孔槽顶部的轧辊半径；

$\Delta\delta_Z$——计算断面正行程时的壁厚压下量；

$\Delta\delta_f$——计算断面反行程时的壁厚压下量。

$\Delta\delta_Z$和$\Delta\delta_f$可分别由式3-25和式3-26确定：

$$\Delta\delta_Z = 0.7\lambda_\Sigma m(\tan\alpha - \tan\beta) \tag{3-25}$$

$$\Delta\delta_f = 0.3\lambda_\Sigma m(\tan\alpha - \tan\beta) \tag{3-26}$$

式中 λ_Σ——计算断面的压延系数；

m——送料量；

α——该段孔型母线倾斜角；

β——芯头母线倾斜角。

按Д.И.比辽捷夫公式计算：

$$\bar{p} = \sigma_b\left(1 + \frac{f\sqrt{2R_0}}{7.9} \cdot \frac{\delta_0}{\delta_x}\right) \tag{3-27}$$

式中 σ_b——在某种硬化程度下金属的极限强度；

f——摩擦系数。

利用Ю.Ф.谢瓦金公式计算可以精确地计算出平均单位压力，但计算过程复杂。而利用Д.И.比辽捷夫公式计算相对比较简单。

b 金属与轧辊接触面水平投影面积的计算

轧制过程轧辊与管坯接触面水平投影面积F_Σ可由式3-28计算：

$$F_\Sigma = 1.41\eta B_x\sqrt{R_x\Delta\delta} \tag{3-28}$$

式中 η——系数，一般取1.26～1.30；

B_x——计算断面的轧槽宽度；

$\Delta\delta$——计算断面的壁厚压下量，工作机架正行程时取$\Delta\delta_z$，反行程时取$\Delta\delta_f$。

在轧制钛合金时，由于钛合金的强度较高，轧制力较大，孔型的孔槽在轧制力的作用下将发生弹性变形。由于孔槽的弹性变形会使孔槽压扁,轧辊与管坯接触面面积将有一定的增加量。考虑这种因素,轧辊与管坯接触面水平投影面积由式3-29计算:

$$F_{\Sigma} = 1.41\eta B_{x}\sqrt{R_{x}\Delta\delta} + 3.9\times 10^{-4}\sigma_{b}R_{x}\left(\frac{\pi}{4}R_{0} - \frac{2}{3}R_{x}\right) \tag{3-29}$$

式中　σ_b——在该变形程度下金属的极限强度;

R_x——所求断面工作锥半径;

R_0——轧辊半径。

应用式3-20、式3-24、式3-29可以精确地计算冷轧管时的合压力。为了计算简便,也可采用下列经验公式:

$$P_{\Sigma} = \sigma_{b}\left(1 + \frac{f\sqrt{D_{z}}}{7.9}\cdot\frac{\delta_{0}}{\delta_{x}}\right)(\eta D_{x}\sqrt{2R_{x}\Delta\delta}) \tag{3-30}$$

式中　D_z——轧辊直径;

D_x——计算断面孔槽直径。

D　二辊式冷轧管时的轴向力

在冷轧管过程中,工作锥除受轧辊给予的轧制压力外,还在其轴向受到轧辊的作用力,这个力称为轴向力。轴向力的存在可使两个管坯端头相互切入,造成成品管材内外表面压坑从而成为废品。芯头的前后窜动和芯杆的跳动还会造成芯杆、芯头的断裂和弯曲,从而产生管材废品及设备与工具故障。

轴向力产生的主要原因是冷轧管时轴辊对工作锥的轧制力在水平方向上的投影不为零,同时轧辊与工作锥之间存在摩擦力。

与一般的轧制不同,冷轧管是一种强制性的轧制过程,表现为管材由孔型中出来的速度不取决于轧辊的自然轧制半径,而是取决于工作机架的运动速度,也就是轧辊主动齿轮的节圆圆周线速度。

轧制半径就是圆周速度与金属由轧辊中出来的速度相等的轧辊半径。在平辊轧制时,如果不考虑前滑,轧制半径等于轧辊半径。而在带有孔槽的轧辊上轧制时,孔槽上各点与轧件接触处的半径不相同,靠近孔槽顶部的轧辊半径小,线速度也小,而靠近孔槽开

口部的轧辊半径大,线速度也大。这种情况下,轧制半径 $R_{轧}$ 为:

$$R_{轧} = R_0 \frac{1}{2} R_{制} \tag{3-31}$$

式中 R_0——轧辊半径;

$R_{制}$——圆制品断面半径或制品外接圆半径。

在冷轧管时,由于孔型中孔槽的断面是变化的,因此轧制半径也是一个变值,如图 3-26 所示。

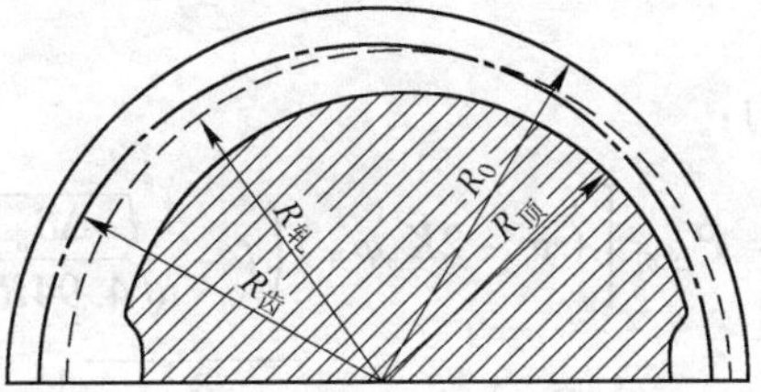

图 3-26 冷轧管机孔槽的轧制半径

管材轧制过程中,在轧制开始阶段,轧制半径 $R_{轧}$ 小丁主动齿轮节圆半径 $R_{齿}$,而轧制终了阶段,轧制半径 $R_{轧}$ 大于主动齿轮节圆半径 $R_{齿}$。同时,冷轧管机机架正行程时,管子的尾端是出料端,而头端是进料端。在工作机架反行程时,尾端则成为进料端,而头端成为出料端。因此,工作机架正行程时,轧制的开始阶段,管坯尾部向前移动;轧制的终了阶段,管坯尾部向后移动。冷轧管时,管坯尾端是靠在送料小车的卡盘上。因此管坯向前移动时受拉力,这个拉力通过芯杆最终作用于芯杆小车。而管坯向后移动时受压力,这个压力最终作用于送料小车的卡盘。工作机架反行程时,管坯的前端是自由的出料端,管坯的尾端为固定的进料端,此时,轧制的开始阶段管坯受拉力,而终了阶段管坯受压力。

E 轴向力的计算

二辊式冷轧管机轧辊对管坯的轴向力的计算方法如下。

(1) 工作机架正行程时:

当 $\omega_x < \theta_t$ 时,

$$Q_{正} = 2\eta P_{均} R_x \sqrt{2R_{顶}\Delta\delta_{正}}(\pi - 2K_{\varphi}\varphi_{开})\left(f - \sqrt{\frac{\Delta\delta_{正}}{4.94R_{顶}}}\right) - 4.32\pi P_{均} f(R_{齿} - R_{顶})\sqrt{\frac{R_x\delta_x R_{顶}}{R_{齿}}} \tag{3-32}$$

当 $\omega_x >> \theta_t$时，

$$Q_{正} = P_{\Sigma正}\left[(\pi - 2K_{\varphi}\varphi_{开})\left(f - \sqrt{\frac{\Delta\delta_{正}}{4.94R_{顶}}}\right) - 3.53f\sqrt{\frac{R_{齿} - R_{顶}}{R_x}}\right] \tag{3-33}$$

平均轴向力：

$$\overline{Q}_{正} = P_{\Sigma均}\left[(\pi - 2K_{\varphi}\varphi_{开})\left(f - \sqrt{\frac{\Delta\delta_{正}}{4.94R_{顶}}}\right) - 3.81f(R_{齿} - R_{顶})\sqrt{\frac{\delta_x}{R_x R_{齿}\Delta\delta_{正}}}\right] \tag{3-34}$$

（2）工作机架反行程时：

$$Q_{反} = 2\eta P_{均反} R_x \sqrt{2R_{顶}\Delta\delta_{反}}(\pi - 2K_{\varphi}\varphi_{开})\left(f + \sqrt{\frac{\Delta\delta_{反}}{4.94R_{顶}}}\right) - 14P_{均反} + (R_0 - R_x\sin\varphi_{开})\sqrt{\frac{2\Delta\delta_{反}}{R_{顶}}}[R_0 - R_{齿} - R_x\sin(K_{\varphi}\varphi_{开})] \tag{3-35}$$

平均轴向力：

$$\overline{Q}_{反} = P_{\Sigma反}\left\{(\pi - 2K_{\varphi}\varphi_{开})\left(f + \sqrt{\frac{\Delta\delta_{反}}{4.94R_{顶}}}\right) - 5.56f\frac{R_0 - R_x\sin\varphi_{开}}{R_{顶}}\left[\frac{R_0 - R_{齿}}{R_x} - \sin(K_{\varphi}\varphi_{开})\right]\right\} \tag{3-36}$$

式中　$\varphi_{开}$——孔槽开口角度；

f——摩擦系数；

K_{φ}——孔槽开口处的金属参与变形的程度，具体数值见表 3-3；

θ_t——压下角；

ω_x——中性角；

$P_{\Sigma正}, P_{\Sigma反}$——分别为工作机架正、反行程的平均全压力；

$P_{均}$——平均单位压力。

表3-3 系数 K_φ 值

送进、回转制度	工作机架正行程			工作机架反行程		
	轧槽始端	轧槽中部	轧槽末端	轧槽始端	轧槽中部	轧槽末端
送进、回转分别完成	0.5	0.25	0	1.0	0.85	0.75
一轧制周期二次回转	0.75	0.50	0.75	0.75	0.60	0.50

其中 θ_t 可由式 3-37 计算：

$$\theta_t = \sqrt{\frac{2\Delta\delta}{R_{顶}}} \tag{3-37}$$

式中 θ_t——压下角；

$\Delta\delta$——轧制时的瞬时壁厚压下量；

$R_{顶}$——孔槽顶部轧辊半径。

ω_x 可由式 3-38 计算：

$$\omega_x = 1.53\sqrt{\frac{(R_{齿} - R_x)\delta_x}{R_{齿}R_{顶}}} \tag{3-38}$$

式中 $R_{齿}$——主动齿轮节圆半径；

R_x——计算断面的孔槽半径；

δ_x——计算断面处工作锥壁厚。

3.1.2.4 多辊式冷轧管轧制力的计算

多辊式冷轧管机的特点是芯头为没有锥度的圆柱形，孔型孔槽的半径不变。在轧制过程的开始阶段，孔型间隙较大，孔槽表面不接触管坯表面。随着工作机架的向前移动，孔型在滑块曲线上运动，孔型间隙逐渐变小，孔型孔槽组成的直径逐渐变小，孔槽表面接触管坯并对管坯进行碾轧。多辊轧机的孔型上没有动力转动，靠工作机架带动并通过孔型孔槽与管坯的摩擦力实现转动。因此，孔槽与管坯的单位压力升高将对管坯形成较大的拉应力，其结果是金属的塑性相应降低。这是多辊式冷轧管机的不利因素之一。

多辊式冷轧管机的全压力计算公式为：

$$P_{\Sigma} = K\overline{\sigma}_{b}(D_0 + D_1)\sqrt{m\lambda_{\Sigma}(\delta_0 - \delta_1)\frac{R_{辊}}{L_{1d}}} \qquad (3\text{-}39)$$

$$\overline{\sigma}_{b} \approx \frac{1}{2}(\sigma_{b0} + \sigma_{b1})$$

$$R_{辊} \approx R_{颈}\frac{L_1}{L - L_1}$$

$$L_{1d} = L_{压}\frac{L_1}{L - L_1}$$

式中　$\overline{\sigma}_{b}$——被轧金属的平均抗张强度，；

σ_{b0}，σ_{b1}——分别为管坯和轧制后的变形强度；

D_0——管坯外径；

D_1——轧制管材外径；

$R_{辊}$——轧辊轧制半径；

$R_{颈}$——轧辊外径；

L——摇杆长度；

L_1——摇杆与辊架连杆连接点到摇杆轴的距离；

L_{1d}——压缩段长度；

$L_{压}$——滑道压缩段长度；

K——系数，取 1.6～2.2；

m——送料量；

λ_{Σ}——总压延系数。

3.2　轧制设备

热轧机有三辊行星斜轧穿孔热轧机和横向螺旋轧机；冷轧机有两辊式冷轧管机和多辊式冷轧管机。

国产两辊式冷轧管机的技术特性见表 3-4，国产多辊式冷轧管机的技术特性见表 3-5，前苏联的 ХПТ 轧管机的技术特性见表 3-6 和表 3-7。

表 3-4 国产两辊式冷轧管机的技术特性

项目		轧管机型号						
		LG30	LG55	LG80	LG120	LG150	LG200	LG30Ⅱ
成品管	外径/mm	16~32	25~55	40~80	80~120	100~150	125~200	16~32
	壁厚/mm	0.4~5	0.6~10	0.75~18	1.4~16	3~18	3.5~20	0.5~5
	长度/m	约25	约25	约25	4~10	4~10	4~25	
管坯	外径/mm	22~46	38~73	57~102	89~146	108~171	180~230	22~46
	壁厚/mm	1.35~6	1.75~12	2.5~20	约26	约28	6~32	1.35~6
	长度/m	1.5~5	1.5~5	1.5~5	2.5~6.5	2.5~6.5	2.5~6.5	1.5~5
工艺参数	最大外径减少量/mm	24	33	33				
	最大断收缩率面/%	79~80	79~88	79~88	70~80	70~80	70~80	70~80
	工作机架行程速度/次·min^{-1}	80~120	68~90	60~70	60~100	45~80	45~70	70~210
	管坯送进量/mm·$次^{-1}$	2~30	2~30	2~30	2~20	2~20	2~15	3~20
	生产率/m·h^{-1}	115	108	95	90	75	70	343
设备性能参数	轧辊直径/mm	300	364	434				
	主动齿轮节圆直径/mm	280	336	406,378				
	曲柄半径/mm	225	310	350				
	工作机架行程长度/mm	453.4	625	705	802	905.56	1075	453.4
	工作机架质量/t	1.86	3.84	6.32	13	22.4~24	34	1.6
	主电机功率/kW	72	100	130	320	320	600	115
	设备总质量/t	60.5	71.5	85.6	304	340	340	39.4
	最大轧制力/kN	637	980	1666				

表 3-5　国产多辊式冷轧管机的技术特性

项目		轧管机型号					
		LD-8	LD-15	LD-30	LD-60(长/扩)①	LD-12 双线	LD-12 四线
成品管	外径/mm	3~8	8~15	16~30	30~60/76	6~12	6~12
	壁厚/mm	0.1~1	0.1~1	5~15	0.2~3	0.1~1	0.1~1
	长度/m	≤6	≤8	5~15	4.5~15	≤6	≤6
管坯	外径/mm	3.5~9	9~17	17~34	32~64/80	6.5~14	6.5~14
	壁厚/mm	0.3~1.3	≤1.8	≤2.5	≤4	≤1.3	≤1.3
	长度/m	0.5~3	0.5~4	0.5~5	0.5~9/5	1~3	1~3
工艺参数	工作机架行程速度/次·min^{-1}	60~150	60~140	65~130	60~100	47~141	64~192
	管坯送进量/min·次$^{-1}$	1.5~4.3	1.6~7.2	2.3~14	2~14,0~8	1.5~4.3	1.5~4.3
	最大延伸系数	2.5	2.5	3~3.5	3	2.5	2.5
	平均产量/m·h^{-1}	20	15~30	20~30	20~30	25~40	60~100
设备性能参数	曲柄半径/mm	100	100	234	300		
	连杆长度/mm	1200	1300	1500	2000		
	曲轴中心与轧制中心垂直错距/mm	407	435	234	200		
	工作机架行程长度/mm	400	450	475	603	400	400
	工作机架质量/t	0.064	0.15	0.694	1.34	0.09	0.09~2
	主电机功率/kW	4.7	10	25	56	5.0	7.5
	允许最大轧制力/kW	14.7	49	245	445.9		
	轧机总质量/t	2.67	4.734	11.7	24.85	2.25	4.55

续表 3-5

项目		轧管机型号					
		LD-120（五辊）	SG－32－Ⅱ	SG-70（三辊）	SG-70（四辊）	SG-50（三辊）	SG-50（四辊）
成品管	外径/mm	60～120	16～32	50～77	50～70	30～55	30～50
	壁厚/mm	0.25～2.5	0.2～2	0.2～2	0.2～2	0.2～2	0.2～2
	长度/m	4.5～15	≤8	≤18	≤18	≤18	≤18
管坯	外径/mm	63.5～127	17～34	52～80	54～76	32～57	34～57
	壁厚/mm	≤6.5	≤3.5	≤8	≤6	≤6	≤6
	长度/m	2～5	1.5～3	1.5～5	1.5～5	1.5～5	1.5～5
工艺参数	工作机架行程速度/次·min^{-1}	60～150	50	51/81/103	51/81/103	51/81/103	51/81/103
	管坯送进量/ min·次$^{-1}$	2～8	1.5～5	1～10	1～10	1～10	1～10
	最大延伸系数	3	2～3	2～3.5	2～3.5	2～3.5	2～3.5
	平均产量/ m·h^{-1}						
设备性能参数	曲柄半径/mm						
	连杆长度/mm						
	曲轴中心与轧制中心垂直错距/mm						
	工作机架行程长度/mm	755.64	364	475	475	475	475
	工作机架质量/ t	3.5	0.34	2.266	2.266	1.637	1.637
	主电机功率/ kW	100	40	40	40	40	40
	允许最大轧制力/ kW						
	轧机总质量/ t	45	4	24	24	13	13

① LD－60 长是指带液压送进的能装长坯料的轧机；LD－60 扩是指带扩大机头的轧机。

表 3-6 前苏联 XПT 冷轧管机技术特性(一)

项目	轧管机型号					
	XПT-32	XПT-55	XПT-90	XПT-120П	XПT-250	XПT-450
管坯直径/mm	22~46	38~73	57~102	89~140	104~273	219~480
管坯壁厚/mm	1.35~6	1.75~12	2.5~20	4~24	3~45	4~40
管坯长度/m	1.5~6	1.5~8	1.5~8	2.5~8	2~6	3~8
成品直径/mm	16~32	25~55	40~90	80~120	90~250	170~450
成品壁厚/mm	0.4~5	0.5~10	0.75~18	1.5~20	1~35	1.5~35
成品长度/m	4~18	4~18	4~18	4.5~20	4~10	6~25
机架行程长度/mm	450	625	705	755	1008	1300
机架行程次数/次·mm^{-1}	约150	约130	约100	约60	60~70	20~40
管坯送进量/mm·次$^{-1}$	2~30	2~30	2~30	2~25	4~40	2~25
冷轧最大减径量/mm	24	33	32	40	50	60
温轧最大减径量/mm	28	42	48			
冷轧最大断面收缩率/%	70	70	70	70	60	60
温轧最大断面收缩率/%	85	85	85			
轧辊直径/mm	300	364	434	550	800	950
主轴齿轮节圆直径/mm	280	336	406,378	476	640,680,720	950
轧辊回转角度/(°)	185	213	199,213	187.6	160,170,180	165
主电机功率(支流)/kW	67	95	140	2×125(交流)	1000	2150(交流)

表 3-7 前苏联 XПТ 冷轧管机技术特性(二)

项目		轧管机型号				
		XПТ-150	XПТ-120	XПТ-75-1	XПТ-55-1	XПТ-32-1
成品管	外径/mm	102 ~ 152	80 ~ 120	35 ~ 81	25 ~ 55	16 ~ 32
	壁厚/mm	1.75 ~ 25	1.0 ~ 20	0.75 ~ 18	0.6 ~ 10	0.4 ~ 5
	长度/ m	3 ~ 10	3 ~ 10			
管坯	外径/mm	112 ~ 174	89 ~ 140	57 ~ 90	约 67	25 ~ 42
	壁厚/mm	5 ~ 28	4.5 ~ 24	约 20	约 12	约 6
	长度/ m	2.5 ~ 5	2 ~ 5	1.6 ~ 5	1.5 ~ 5	1.5 ~ 5
工艺参数	管坯最大断面收缩率/%	88	88	83	83	83
	管坯外径最大减径量/mm	50	40	30	30	20
	工作机架行程速度/次·min^{-1}	30 ~ 50	40 ~ 60	60 ~ 70	65 ~ 90	80 ~ 120
	管坯送进量/mm·次$^{-1}$	2 ~ 20	2 ~ 20	2 ~ 15	2 ~ 25	2 ~ 15
设备性能参数	轧辊直径/mm	700	500	434	364	300
	上轴齿轮节圆直径/mm	600	406		310	280
	工作机架行程长度/mm	857	755.8	705.6	624.1	452.7
	曲柄半径/mm	425	375	350	350	225
	轧辊回转角度/(°)	164	212.5	200 ~ 206	204.3	185.2
	主电机功率/ kW			130	80	40.5
	孔型回转段开口角度			1°14′55″		
	孔型送进段开口角度			7°47′37″		

3.3 轧制钛管材工艺

目前国际上研制生产无缝管是采用温轧加冷轧技术,其轧制效率较高。前苏联用温轧技术研制了中强钛合金管材(ПТ7М、OT4-0、OT4、BT14、BT3-1)及高强钛合金管材(BT6C、BT22)等。美国研制生产的钛合金管材主要牌号有 Ti-6Al-4V、Ti-3Al-2.5V、β_c、Ti-6242、Ti-6-4-Ru 和 Ti-15-3 等。

国内研制生产的钛及钛合金管材主要是纯钛（TA0、TA1、TA2）及（ПТ7М、Ti-3Al-2.5V、TA9、TA10）等。

轧制是生产精密薄壁管材的主要方法。常用的管材轧制方法有两辊冷轧、两辊温轧、多辊冷轧和多辊温轧四种。

3.3.1　钛及钛合金管材生产工艺流程

钛及钛合金管材生产典型工艺流程见表3-8。

表3-8　钛及钛合金管材生产典型工艺流程

工艺流程	管材	工艺流程	管材
铸锭	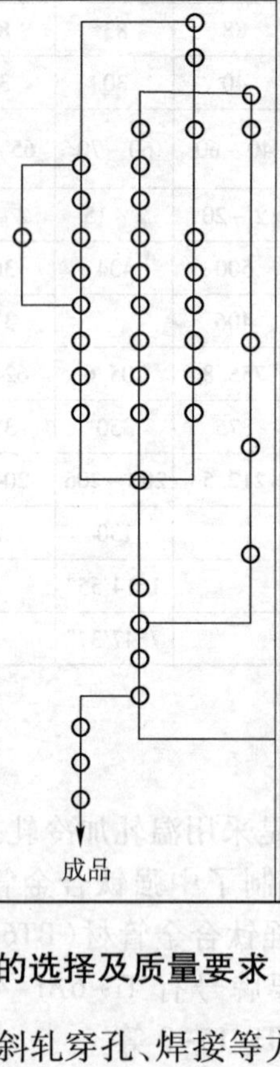	轧制	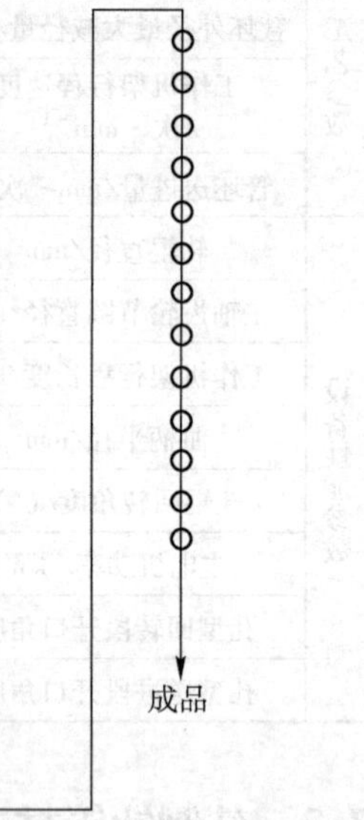
锻坯		除油	
打定心孔		酸洗	
车皮		退火	
加热		修磨表面	
穿孔		轧制	
钻、镗孔		除油	
车皮		酸洗	
包套		退火	
加热		取样	
挤压		矫直	
矫直		检查	
三辊斜轧		包装	
切头尾			
加热			
喷砂或碱洗			
除包套			
酸洗			
修磨外表面			
退火			
取样			
检查			
包装			

3.3.2　管坯的选择及质量要求

用挤压、斜轧穿孔、焊接等方法生产的管坯，经过矫直、切头尾、修理、酸碱洗等工序后，均可作为冷（温）轧的管坯。

管坯的壁厚偏差和外径偏差应符合表3-9和表3-10的要求。管坯的内外表面不允许有裂纹、折叠、挤压深沟、氧化皮及其他缺陷。管坯需经矫直，不直度不大于2.5～3.0 mm/m。

表3-9 管坯的壁厚偏差

壁厚/mm	壁厚偏差/mm	说明
2.5～3.0	±0.25	（1）壁厚不均度（同一端面上的最大和最小的壁厚差）不超过实际平均壁后的10%； （2）实际平均壁厚=（实际最大壁厚+实际最小壁厚）/2
3.1～5.0	±0.40	
5.1～7.0	±0.60	
7.1～10.0	±0.80	

表3-10 管坯的外径偏差

外径尺寸/mm	外径偏差/mm	
	工业纯钛	钛合金
ϕ25以下	±0.50	±0.50
ϕ25～50	+0.80 -1.00	+0.50 -0.80
ϕ51～75	+0.80 -1.20	+0.50 -1.00
ϕ76～100	+0.80 -1.30	+0.50 -1.20
ϕ101～127	+0.80 -1.50	

挤压后坯料的外表面通常不进行机加工，但在第一次轧制后，管材表面要用无芯磨床磨削或用其他方法去除0.1～0.15 mm厚，并进行酸洗退火，然后再轧制。

3.3.3 管材的热轧

目前国际上研制生产的热轧管主要规格是外径70～100 mm、壁厚9～20 mm的厚壁管材。国内也是用热轧法生产厚壁管和冷轧管用坯。

在横向螺旋轧机上穿孔是热轧钛合金管材和冷轧管用坯的主要生产方法。穿孔可在二辊和三辊轧机上进行。

在三辊轧机上对坯料穿孔及管材整径的示意图如图 3–27 所示。

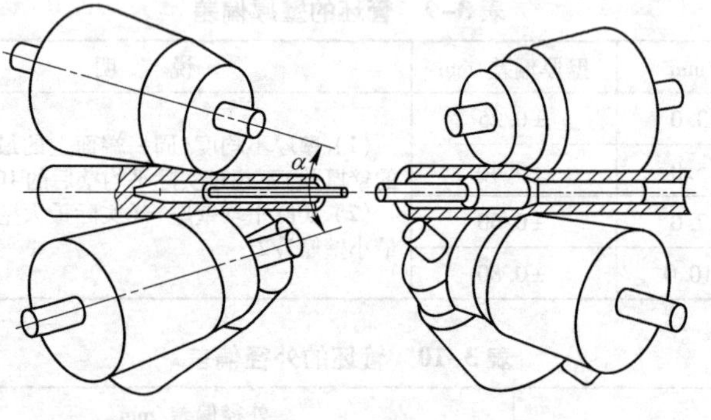

图 3–27　在三辊轧机上对坯料穿孔和管材整径的示意图
(a) 坯料穿孔;(b)管材整径

与挤压工艺相比,在横向螺旋轧机上穿孔制备管坯有许多优点。其主要优点是金属消耗减少、成品率相应提高;其次是提高了穿孔生产率;此外,穿孔机与整径机配合使用获得的坯料壁差率,比挤压获得的坯料小。

穿孔过程的主要缺点是不可能制得薄壁坯料,穿孔和整径制得坯料的最小壁厚通常为坯料直径的 10% ~12%。当生产薄壁管材时,会延长冷轧工序。

基于上述原因,钛合金的横向螺旋轧制工艺最适合于成批生产壁厚较大的管坯,这时,壁厚较大的管坯不需要在 XПТ 轧机上进行过多的轧程;钛合金的横向螺旋轧制工艺也适合于制取厚壁热轧管材。

轧制坯加热制度是:轧制坯先在高频感应炉内加热,然后在电阻炉内均匀温度,其加热制度见表 3–11。

表 3-11 轧制坯加热制度

合 金	加热温度 /℃	感应炉加热时间 /min	均匀加热时间 /min
BT1-00、BT1-0、OT4-0	850 ~ 960	6 ~ 14	2 ~ 10
OT4-0、OT4	900 ~ 1000	6 ~ 14	2 ~ 10
BT5、BT5-1、BT8、BT3-1、BT14、BT6C	1000 ~ 1100	6 ~ 14	2 ~ 10

临穿孔前，可用风动定心机对坯料定心。定心孔的深度应不小于 15 mm。

穿孔时的喂入角为 6° ~ 12°之间，工作辊的转速为 80 ~ 150 r/min。

穿孔机工具的安装和调整应根据轧制表来进行。孔型在轧辊凹处的直径公差和芯杆直径的公差不应超过 ±1.0 mm。这时，毛管外径与轧制表中指出数值的差异不应超过 ±5%，而毛管的最小允许内径则应保证整径机的芯杆自由进入毛管。

在穿孔和轧制过程中，轧辊和芯杆要用压力为 1013 ~ 2026 kPa 的水进入冷却。

在整径时，喂入角在 5° ~ 8°范围内调整，轧辊的转速为 60 ~ 150 r/min。

管材外径和壁厚的公差在整径后不应超过 ±1.5 mm。

3.3.4 管材的冷轧

冷轧工艺有以下几个影响因素：

(1) 变形程度。变形程度的大小根据钛及钛合金的塑性大小确定。如 TA1 和 TA2 的道次变形率为 20% ~60%，两次退火间的总变形率为 40% ~75%；TA3 的道次变形率为 20% ~55%，两次退火间的总变形率为 40% ~65%。

必须指出，在轧制钛及钛合金管材时，除考虑变形程度外，还必须考虑减径量与减壁量的比值对产品质量的影响。

在两辊轧机上轧制管材时，有两种减径形式，即孔型始端的减径(通称空减径)和孔型压下区中每送进一个体积后的减径(随减壁而进行的减径)。

孔型始端减径值对 TA2 和 TA3 的变形影响不大,但对 TC1(OT4–1)、TC2(OT4)和 TA7 的变形有很大的影响,只有当$(d_0-d_1)/d_0\leqslant 11\%$的情况下,管材才不会被轧裂。

在整个变形过程中,内径的总减径量与减壁量之比对 TC1、TC2 和 TA7 钛合金有很大的影响。

当$\dfrac{\dfrac{d_0-d}{d_0}}{\dfrac{\delta_0-\delta}{\delta_0}}=\dfrac{(d_0-d)\delta_0}{(\delta_0-\delta)d_0}\leqslant 0.7$时,才能保证轧制的顺利进行。

d_0和d分别为轧制前后管的内径;δ_0和δ分别为轧制前后管的壁厚,表 3–12 为减径量、减壁量对钛及钛合金冷轧管材变形过程的影响。

表 3–12　减径量、减壁量对钛及钛合金冷轧管材变形过程的影响

规格		芯头锥度 $2\tan\alpha$	$\dfrac{d_0-d}{d_0}$	$\dfrac{\delta_0-\delta}{\delta_0}$	$\dfrac{\frac{d_0-d}{d_0}}{\frac{\delta_0-\delta}{\delta_0}}$	变形率 ε /%	送进量 /mm·次$^{-1}$	能轧制的金属	发现裂纹的合金
管坯 $(D_0\times\delta_0)$ /mm × mm	成品管 $(D\times\delta)$ /mm × mm								
53 × 3.5	32 × 2.70	0.040	0.424	0.230	1.840	55.0	6	TA2	TC2、TA7
36 × 3.0	22 × 2.15	0.025	0.400	0.280	1.400	57.0	3	TA2、TA3	TC2
50 × 4.0	36 × 3.15	0.024	0.286	0.212	1.350	46.0	3	TA2	TC2
30 × 1.7	18 × 1.10	0.036	0.405	0.352	1.140	63.0	2	TA2	TC1、TC2
46 × 1.7	30 × 1.10	0.030	0.348	0.352	0.980	60.0	3	TA2、TA3	TC1、TC2
30 × 1.7	20 × 1.10	0.030	0.324	0.353	0.910	56.7	2	TA2、TA3	TC2
53 × 3.5	32 × 1.80	0.040	0.382	0.486	0.800	68.5	6	TA2	TC2、TA7
53 × 3.5	42 × 2.65	0.010	0.205	0.286	0.710	44.5	10	TA2、TA7	
50 × 4.0	30 × 1.80	0.030	0.382	0.550	0.694	72.5	10	TA2、TC4	
60 × 6.5	46 × 3.50	0.015	0.316	0.461	0.680	57.0	10	TA2、TC2	
46 × 4.0	30 × 2.10	0.022	0.321	0.475	0.675	65.0	12	TA2、TA7、TC2	

续表 3-12

规格		芯头锥度 2tanα	$\frac{d_0-d}{d_0}$	$\frac{\delta_0-\delta}{\delta_0}$	$\frac{\frac{d_0-d}{d_0}}{\frac{\delta_0-\delta}{\delta_0}}$	变形率 ε /%	送进量 /mm·次$^{-1}$	能轧制的金属	发现裂纹的合金
管坯 ($D_0\times\delta_0$) /mm×mm	成品管 ($D\times\delta$) /mm×mm								
53×3.5	32×1.20	0.040	0.356	0.646	0.560	79.9	6	TA2、TC2	TA7
25×2.1	18×1.10	0.011	0.240	0.477	0.503	61.3	4	TA2、TC2	
36×4.0	25×2.0	0.017	0.250	0.500	0.500	62.0	7	TA2、TC2	
30×2.1	22×1.10	0.017	0.233	0.477	0.490	60.7	7	TA2、TC2	
46×6.5	32×3.30	0.017	0.230	0.493	0.470	63.0	15	TA2、TC2	
53×3.5	42×1.70	0.010	0.161	0.515	0.310	69.0	10	TA2、TC2	
53×3.5	42×1.15	0.010	0.150	0.600	0.250	64.8	10	TA2、TC2	

（2）送进量和机架行程次数。冷轧纯钛管时的送进量和机架行程次数的实例见表 3-13。

表 3-13 冷轧纯钛管时的送进量和机架行程次数的实例

轧机型号	送进量		机架行程次数/次·min^{-1}	
	轧后壁厚 /mm	送进量 /mm·次$^{-1}$	轧制中间产品	轧制成品
LD-120	0.25~2.00	2.10~4.0	80~110	80~100
	2.10~5.00	4.1~8.0		
LG-80	0.75~2.50	2.0~5.0	60~70	60~65
	0.26~8.00	4.1~14.0		
LG-55	0.60~2.50	3.0~5.0	70~90	70~80
	2.60~6.00	4.0~14.0		
LG-30	0.40~2.50	3.0~7.0	80~100	80~90
	2.60~6.00	4.0~14.0		
LD-60	0.20~1.50	3.0~5.0	50~100	50~80
	1.50~4.00	4.0~7.0		
LD-30	0.10~1.50	2.3~5.0	90~100	90~100
	1.60~4.00	4.1~8.0		

续表 3-13

轧机型号	送进量		机架行程次数/次 · min^{-1}	
	轧后壁厚 /mm	送进量 /mm · 次 $^{-1}$	轧制中间产品	轧制成品
LD-15	0. 10 ~ 1. 00	1. 5 ~ 4. 0	80 ~ 110	80 ~ 100
	1. 10 ~ 3. 00	2. 6 ~ 5. 0		
LD-8	0. 10 ~ 0. 50	1. 5 ~ 2. 0	80 ~ 100	60 ~ 80
	0. 60 ~ 1. 50	2. 1 ~ 4. 0		

（3）工艺润滑与冷却。冷却管材的工艺润滑与冷却剂见表 3-14。

表 3-14　冷却管材的工艺润滑与冷却剂

轧机型号	内表面用润滑剂	外表面用润滑剂	冷却剂
LG-80、LG-55、LG-30	汽缸油；氯化石蜡	氯化石蜡和二硫化钼粉剂；氯化石蜡和滑石粉	压缩空气(0. 25 ~ 0. 41 MPa)；乳液
LD-120、LD-60、LD-30	氯化石蜡；汽缸油	10 ~ 30 号机油	10 ~ 30 号机油
LD-15、LD-8	10 ~ 30 号机油	10 ~ 30 号机油	10 ~ 30 号机油

前苏联在 XПТ 轧机上轧制钛管时，通常采用的润滑剂是：35% ~ 40% 硝酸钠、20% ~ 25% 滑石粉、35% ~ 45% OП-10（前苏联可市场购买的一种化工产品牌号）。这种润滑剂可防止金属黏结工具，并且可用水去除。

钛合金管材是用挤压管坯和热轧管坯轧制的。在坯料表面可能形成的缺陷和吸气层侵入深度达 0. 3 mm，一般不用机械加工去除，而是在第一次冷轧后，管材要用无心磨床磨削剥除 0. 1 ~ 0. 15 mm 厚的一层，并进行酸洗、退火，然后重新在 XПТ 或 XПТР 轧机上轧制到成品尺寸。在坯料内表面可能形成的缺陷和吸气层侵入深度达 1 mm，可采用内径镗孔的方法去除，其金属剥除量为 2. 0 mm 厚。

轧制直径大于 25 mm 的 BT1-0、BT1-00、OT4-0 合金管材需要进行两个轧程，轧制直径小于 25 mm 的管材需要 3 个轧程和 3 个以上的轧程。

用 OT4 和 OT4-1 类型的难变形合金生产直径大于 25 mm 的管材需要 3 个轧程，其中前两个轧程在 XIIT 轧机上进行，最后一个轧程在 XIITP 轧机上进行。这样可以显著减少管材的壁差率。

管材在 XIIT 轧机上的冷轧程序，通常按照莫斯科钢及合金提出的方法计算。典型的孔型设计如图 3-28 所示。

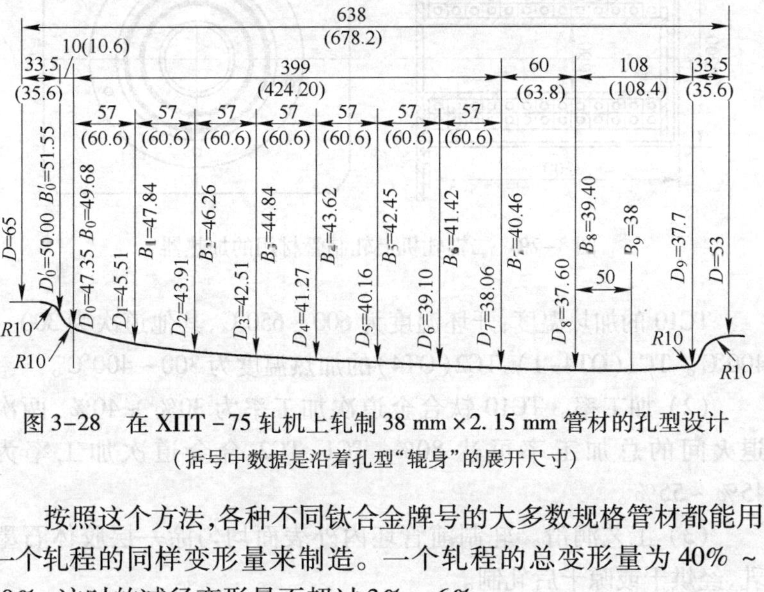

图 3-28　在 XIIT - 75 轧机上轧制 38 mm ×2.15 mm 管材的孔型设计
（括号中数据是沿着孔型“辊身”的展开尺寸）

按照这个方法，各种不同钛合金牌号的大多数规格管材都能用一个轧程的同样变形量来制造。一个轧程的总变形量为 40% ~ 50%，这时的减径变形量不超过 3% ~6%。

3.3.5 管材的温轧

国际上研制生产无缝管的技术是温轧加冷轧技术，生产精密薄壁管材时常采用此技术，此技术特别适合于塑性低、中强和高强钛合金管材的生产。

温轧工艺的几个主要因素：

(1) 加热。实践证明,采用感应加热器加热是合适的。前苏联采用感应加热器加热管坯。在管坯临进入变形区前,用以工频电流工作的感应器加热到需要的温度。在 XПТ-75 轧机上轧制管材用的感应加热器(见图 3-29)内要安装一个整体与感应圈绝缘的厚壁套管。

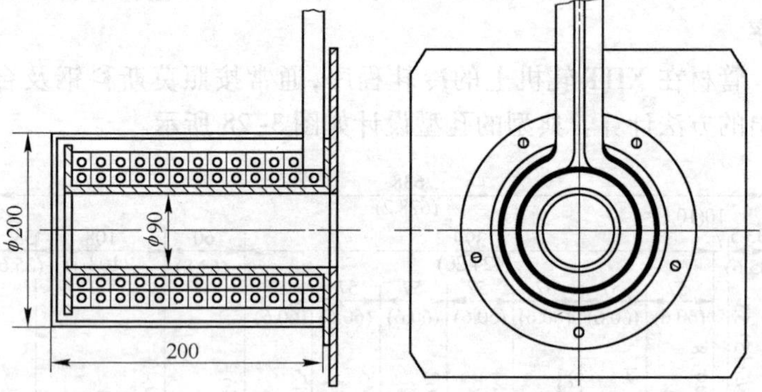

图 3-29　二辊轧机上轧制管材用的加热器

TC10 的加热温度:开坯温度为 600 ~ 650℃,其他道次为 300 ~ 400℃。TC1(OT4-1)、TC2(OT4)的加热温度为 300 ~ 400℃。

(2) 加工率。TC10 钛合金道次加工率为 30% ~ 40%,两次退火间的总加工率可达 80%;TC1、TC2 合金道次加工率为 45% ~ 55%。

(3) 工艺润滑。轧制前管坯内外表面均匀涂一层胶体石墨乳,经烘干或晾干后轧制。

前苏联采用"(5% ~ 7%)石墨 + (35% ~ 40%)钠硝石 + (8% ~ 10%)热石灰 + 水"成分的润滑剂作为温轧工艺的润滑剂。

前苏联在研制生产 OT4、OT4-1 合金管材的过程中,由于这两个合金的冷轧塑性较低,因此很难生产出冷轧管材。而采用预温坯料的方法,可提高合金的塑性、降低合金的强化程度。在 XПТ 轧机上温轧和冷轧 OT4 合金管材时,力学性能沿工作圆锥体长度变化的合金塑性 δ 和合金的强化程度 σ_b 与变形率 ε 的关系曲线如图 3-30 所示。图 3-30 中的曲线表明，在相同变形率 50% 的情况下，温轧金属的强化程度显著小于冷轧金属的强化程度。而温轧金属的塑性显著大于冷轧金属的塑性。为生产 OT4、OT4-1 合金管材创造了条件，研制生产出合格的合金管材。为此，将 OT4、OT4-1 合金管材的加工改为温轧。

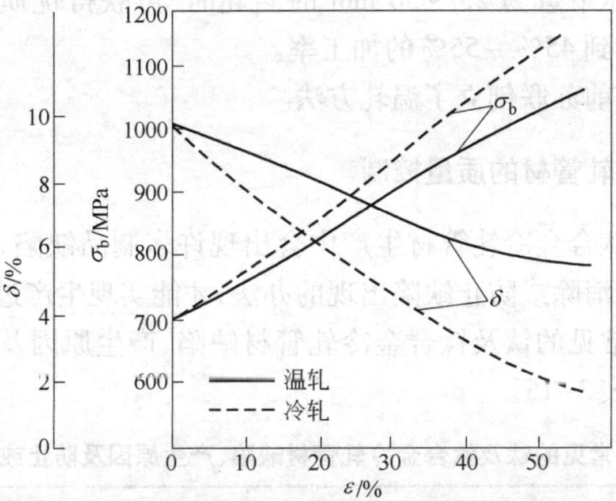

图 3-30 OT4 合金的塑性 δ 和合金的强化程度 σ_b 与变形率 ε 的关系曲线

温轧管坯采用感应加热器加热，在管坯临进入变形区前，用以工频电流工作的感应器加热到需要的温度。感应器(见图 3-29)内要安装一个整体的与感应圈绝缘的厚壁套管。当轧制以工频感应方式加热管材时，套管和阀杆被加热到 600～700℃ 温度。因此，管材轧制时可加热到 300～400℃。

OT4、OT4-1 合金管坯的最佳轧前加热温度范围是 300～400℃。在此温度范围内极限强度下降 400～500 MPa，而伸长率由 10% 提高到 15%。

在温度高于 400℃ 时，材料强度极限下降不多，而伸长率和断面收缩率却有下降,使变形条件恶化。此外,当提高温度时,钛及钛合金强烈氧化,工具会发生过热和回火,管子表面难于保持润滑剂,耗电量也大。所以,温度范围的上限以400℃为界。

选择坯料加热温度下限的决定因素是轧制管材质量的高低。在加热温度低于和高于300℃轧制的两种管材表面质量的对比表明,在高于300℃温度轧制的管材,其表面质量显著高于在较低温度下轧制的管材。所以,温度范围的下限温度为300℃。

在总压下量为25 ~ 30 mm 的温轧时,可获得优质管材。这时,可以得到45% ~55%的加工率。

从此,前苏联创立了温轧方法。

3.3.6 冷轧管材的质量控制

钛及钛合金冷轧管材生产中会出现许多制品缺陷,分析产生原因,找出消除或防止缺陷出现的办法,才能实现生产过程中的质量控制。常见的钛及钛合金冷轧管材缺陷、产生原因及防止或消除办法见表3-15。

表3-15 常见的钛及钛合金冷轧管材缺陷、产生原因及防止或消除办法

缺陷名称	产生原因	防止或消除办法
外表面横向划伤	(1)孔型回转开口度不足; (2)马尔泰盘的位置不正确; (3)孔型开口不圆滑或凸缘太尖锐	(1)增大孔型回转开口度; (2)调整马尔泰盘的位置; (3)修理开口或凸缘
外表面纵向划伤	(1)多辊轧机的轧辊转动不灵活; (2)轧辊孔型不对称; (3)出料口不光滑	(1)调整轧机,修理铜瓦,调整平衡弹簧; (2)调整孔型; (3)修理出料口
管端开裂	(1)金属塑性差; (2)孔型开口度太大; (3)空减量过大; (4)管坯两端不齐,有严重缺陷; (5)轧辊的间隙过大	(1)减少道次变形量; (2)减少孔型开口度; (3)减少空减径值; (4)切除管坯缺陷,保证两端平齐; (5)更换轧辊轴承,调整间隙

续表 3-15

缺陷名称	产生原因	防止或消除办法
外椭圆度太大	(1) 管材不转动； (2) 孔型或滑道的精整段太短； (3) 轧辊、孔型左右不对称； (4) 轧辊、孔型严重磨损； (5) 轧辊底槽直径不相同； (6) 几块滑道的高度不一致，或调整斜铁的位置各不相同	(1) 调整转料机构； (2) 增加精整段长度； (3) 更换或调整孔型； (4) 更换轧辊； (5) 挑选底槽直径相同的轧辊； (6) 更换滑道，调整斜铁的位置，使各块斜铁的位置相同
外表面粗糙、不光滑	(1) 润滑剂不适当或润滑剂不清洁； (2) 孔型间隙太大； (3) 孔型、轧辊粘金属； (4) 孔型、轧辊表面粗糙； (5) 送进量过大	(1) 更换润滑剂、保持润滑剂的清洁； (2) 调整轧机，减少孔型间隙； (3) 修理或更换孔型、轧辊； (4) 减少送进量
内表面擦伤	(1) 芯头表面粘金属或有缺陷； (2) 管材内表面润滑不良； (3) 轧机调整不合理	(1) 修理或更换芯头； (2) 加强内表面润滑； (3) 调整轧机
内表面麻坑	(1) 管坯内表面不清洁； (2) 马尔泰盘的位置不正确，引起窜动； (3) 润滑剂不清洁； (4) 滑道或孔型曲线不适当，引起局部变形太大而黏结芯头	(1) 清理管坯内表面； (2) 调整马尔泰盘的位置； (3) 加强内表面润滑； (4) 改进滑道或孔型曲线设计
环状压痕	(1) 轧机孔型开口不适当； (2) 芯头位置过于靠后	(1) 修理孔型开口； (2) 调整芯头位置
同一横端面上壁厚不均	(1) 管坯壁厚偏差太大； (2) 管材回转角度不适当； (3) 孔型或滑道的预精整段太短； (4) 轧制中心线不对； (5) 芯头或导向杆弯曲； (6) 滑道高度不一样，或轧辊的辊颈直径不一样	(1) 改善管坯质量； (2) 调整回转角度； (3) 增长预精整段的长度； (4) 调整轧制中心线； (5) 更换芯头或导向杆； (6) 更换滑道或轧辊（多辊轧机）
尺寸超差	(1) 芯头尺寸不对，或位置不准确； (2) 孔型间隙太大或孔型磨损严重； (3) 工具制造误差	(1) 调整孔型间隙； (2) 更换工具

续表 3-15

缺陷名称	产生原因	防止或消除办法
表面裂纹	(1) 坯料质量不好; (2) 变形量过大; (3) 退火不充分或退火温度不均匀	(1) 认真修理、检查管坯,提高管坯质量; (2) 减少变形量; (3) 重新退火
金属或非金属压入	(1) 管坯端头有毛刺; (2) 孔型、轧辊、芯头上粘有金属; (3) 润滑剂不清洁; (4) 管坯内、外表面不清洁	(1) 清除端头毛刺; (2) 经常检查、修理工具; (3) 更换润滑剂; (4) 擦洗管材内、外表面
波　浪	(1) 送进量过大; (2) 滑道后倒锥的长度太短或锥度太小; (3) 孔型精整段磨损成锥形; (4) 变形量太大,精整段太短	(1) 减少送进量; (2) 加大滑道后倒锥的长度或锥度; (3) 更换孔型; (4) 改进孔型设计
飞边压入	(1) 孔型开口太小; (2) 孔型某部分磨损严重; (3) 送进量过大或送进不均匀; (4) 孔型间隙不合适; (5) 管子不回转	(1) 加大孔型开口; (2) 更换孔型; (3) 调整送进机构; (4) 调整孔型间隙; (5) 调整回转机构

3.4 轧制棒型线材工艺

轧制棒材、型材和线坯的生产工艺流程包括下列工艺环节:(1) 坯料车削;(2) 坯料加热;(3) 坯料轧制;(4) 拉伸;(5) 机械加工。

轧制钛及钛合金棒材、型材和线材的典型工艺流程见表3-16。

3.4.1 钛及钛合金棒材轧制

3.4.1.1 坯料的制备

棒材轧制的坯料一般用锻造、精锻或挤压方法制得。为了保证轧制产品的质量,应对坯料进行车削或磨削。目前所采用的各种坯料的规格见表3-17。

表 3-16　钛及钛合金棒材、型材、线材典型工艺流程

品　种	棒　材	
铸　锭		
锻　坯	○	○
车　皮	○	○
加　热	○	
挤　压	○	
矫　直	○	
切头尾	○	
加　热		○
轧　棒		○
喷砂或碱洗	○	○
酸　洗	○	○
修磨外表面	○	○
退　火	○	
取　样	○	
检　查	○	
包　装	○	
加　热		○
旋　锻		○
酸　洗		○
退　火		○
修磨表面		○
取　样		○
矫　直		○
检　查		○
包　装		○

成品

线坯

品　种	型　材	
棒　坯	○	○
车削或研磨	○	○
加　热	○	○
热　轧	○	○
拉伸矫直	○	○
切头尾	○	○
退　火		○
修磨外表面		○
冷　轧		○
矫　直		○
成品退火	○	○
取　样	○	○
检查、包装	○	○

品　种	线　材
线　坯	○
氧化退火	○
拉　伸	○
(1/600)	○
氧化退火	○
拉　伸	○
(1/450)	○
氧化退火	○
拉　伸	○
(300B)	○
酸　洗	○
复　绕	○
成品退火	○
取　样	○
检查、包装	○

表 3-17　坯料规格

合金牌号	成品规格/mm	坯料规格(直径或边长)/mm
TA1、TA2、TA3	$\phi 8 \sim 24$	$\phi 30 \sim 32$ 或 32×32
TA4、TA5	$\phi 8 \sim 28$	$45 \times 45 \times 1000$
TB2、TC1、TC、TC3	$\phi 30 \sim 65$	$90 \times 90 \times 1000$
TC4、TC6、TC9、TC10	$\phi 25 \sim 60$	$\phi 127 \times (1000 \sim 1250)$

3.4.1.2　工艺参数的选择

(1) 加热制度及终轧温度。$\alpha+\beta$ 型钛合金轧前加热温度稍低于($\alpha+\beta$)/β 相变温度。轧制过程在 $\alpha+\beta$ 相区完成,α 型钛合金在 $\alpha+\beta$ 相区内加热,β 型钛合金的加热温度高于 β 转变温度。加热时间按 1 ~ 1.5 mm/min 计算。钛及钛合金棒坯轧前加热温度及棒材终轧温度见表 3-18。

表 3-18　钛及钛合金棒坯轧前加热温度及终轧温度

合金牌号	($\alpha+\beta$)/β 相变温度/℃	加热温度/℃	终轧温度/℃
TA1、TA2、TA3	890 ~ 920	820	≥700
TA4	960 ~ 980	880 ~ 900	≥700
TA5	960 ~ 980	920	≥700
TA6	980 ~ 1000	980 ~ 1000	≥800
TA7	1000 ~ 1020	1010	≥800
TB2	750	1000	≥800
TC1	910 ~ 930	880	≥700
TC2	920 ~ 940	880	≥700
TC4	980 ~ 990	920	≥700
TC6	950 ~ 980	920	≥700
TC7	1010 ~ 1030	980	≥850
TC9	1000 ~ 1020	980	≥850
TC10	935	930	≥750

(2) 其他工艺参数的选择。由于钛及钛合金的产量不大,制品长度也较短,所以轧制时都用手工操作。轧制速度不宜过大,实际生产过程中采用的轧制速度一般为 1 ~ 3 m/s。

道次平均延伸系数 $\bar{\lambda}$ 一般为 1.14 ~ 1.24。确定了 $\bar{\lambda}$,再确定轧前断面积和轧件断面积,就可以计算出轧制道次 N:

$$N = \ln\lambda_{\Sigma}/\ln\bar{\lambda} \tag{3-40}$$

式中　λ_{Σ}——总延伸系数。

3.4.1.3　棒材轧制

A　航空用棒材轧制

模锻叶片和制造紧固件用棒材的加热特点和热轧特点。前苏联用于制造航空叶片的成批材料为直径 10 ~ 60 mm 的 BT3-1、BT8、BT9 和 OT4 等钛合金棒材。航空紧固件用材料一般采用直径为 4.0 ~ 16 mm 的 BT16 合金棒材。

BT3-1、BT8、BT9 和 OT4 合金的加热特点及热轧特点决定对棒材质量的要求。例如，当在合金的 α + β 相区温度下热轧时，如果其变形量不小于 40% ~ 50%，那么这种材料的塑性和疲劳强度指标最高。但在此温度下轧制，可显著增加开坯道次和中间道次的变形抗力，增加单位压力，使轧机的电动机过载。

在此情况下，轧制过程应分两阶段进行：

(1) 在高于 α + β→β 转变的温度下预轧；

(2) 在合金的 α + β 相区温度下轧制到成品尺寸。

在终轧阶段，轧材应该冷却到低于 650℃的温度。

直径大于 8.0 mm 的棒材，以及直径为 4.0 ~ 8.0 mm 棒材的坯料，应在一火次之下完成轧制。

B 棒材热轧

如上所述，除了制造叶片和紧固件用的棒材以外，其余棒材都可采用专用孔型在一火次之下完成轧制。

由于工业轧机不可能具有针对每类合金的专用孔型，所以基本上是按照统一的典型流程来进行轧制的。许多研究者将各种各样的钛合金分成三类：

(1) 宽展指数接近于结构钢的宽展指数的高变形抗力合金 BT20、BT22、BT8、BT9、BT3-1 等；

(2) 宽展指数为第一类合金宽展指数 1.5 ~ 1.7 倍的低变形抗力的纯钛和低合金化的 BT1-0、BT1-00 等合金；

(3) 宽展指数为第一类合金宽展指数 1.8 ~ 2.0 倍的 BT5、BT5-1 等合金。

宽展指数除了取决于合金材料的性质以外，在很大程度上还取决于轧制速度、轧辊质量、被轧材料和轧辊的温度、冷却液的成分、轧辊直径、导向装置的位置、轧辊的磨损程度和粗糙度等。

当调整轧机时，在选择所用的孔型设计参数(孔型斜度、孔型与辊环的圆角半径、辊对间隙的大小)、成品棒材椭圆率和精度的公差时，必须考虑上述各因素的影响。

在精心调整上述孔型设计的情况下，可以获得热轧棒材的尺寸公差，见表 3-19。

表 3-19 热轧棒材的尺寸公差

<table>
<tr><th colspan="2">热轧棒材直径/mm</th><th>直径公差/mm</th><th colspan="2">热轧棒材直径/mm</th><th>直径公差/mm</th></tr>
<tr><td rowspan="6">用粗轧机和大型轧机轧制</td><td>275</td><td>+3.0，-4.5</td><td rowspan="2">用 500、750 轧机轧制</td><td>90 ~ 150</td><td>+3.0，-3.0</td></tr>
<tr><td>235</td><td>+3.0，-4.0</td><td>65 ~ 80</td><td>+2.0，-3.0</td></tr>
<tr><td>205</td><td>+3.0，-3.5</td><td rowspan="4">用 250、450 轧机轧制</td><td>28 ~ 60</td><td>+0.6，-1.5</td></tr>
<tr><td>140</td><td>+2.0，-3.0</td><td>20 ~ 25</td><td>+0.6，-1.0</td></tr>
<tr><td>120 ~ 130</td><td>+2.0，-2.5</td><td>14 ~ 18</td><td>+0.6，-0.8</td></tr>
<tr><td>110</td><td>+2.0，-2.0</td><td>10 ~ 12</td><td>+0.4，-0.4</td></tr>
</table>

前苏联轧制直径 8 ~ 100 mm 的棒材可分成三类：第一类棒材为直径 65 ~ 100 mm 的棒材，一般在三机架横列式 500 轧机上轧制，在 420 轧机上轧制 ϕ30 ~ 65 mm 钛及钛合金棒材孔型图如图 3-31 所示；第二类棒材为直径 25 ~ 60 mm 的棒材，这种棒材可用 450 型中型轧机上轧制，在 450 轧机上轧制 ϕ25 ~ 60 mm 钛及钛合金棒材孔型图如图 3-32 所示；第三类棒材为直径 8 ~ 25 mm 的小型轧棒材，这时的孔型为 500 坯料机架的延伸箱形孔型系统，直径 110 ~ 145 mm 的圆形坯料经过 9 ~ 11 个道次就可加工成 90 mm × 70 mm 椭圆断面的条材，在 250 轧机上轧制 ϕ8 ~ 25 mm 钛合金线棒材孔型示意图如图 3-33 所示。

300 中间机架和 250 精轧机架是按方—椭—方—椭—圆系进行孔型设计的。

研究结果表明，用箱形孔型系、扁形和椭圆箱形孔型与椭圆孔型的组合孔型，或者立椭—水平椭—圆的立椭孔型系代替粗轧菱形、方形和六角形孔型的孔型设计，对以上三类棒材都表现出了最好的结果。因此，把扁六角形孔型换成孔型周长与其面积之比(或者体积与表面积之比)最小、角和辊环圆角半径较大的扁方孔型。

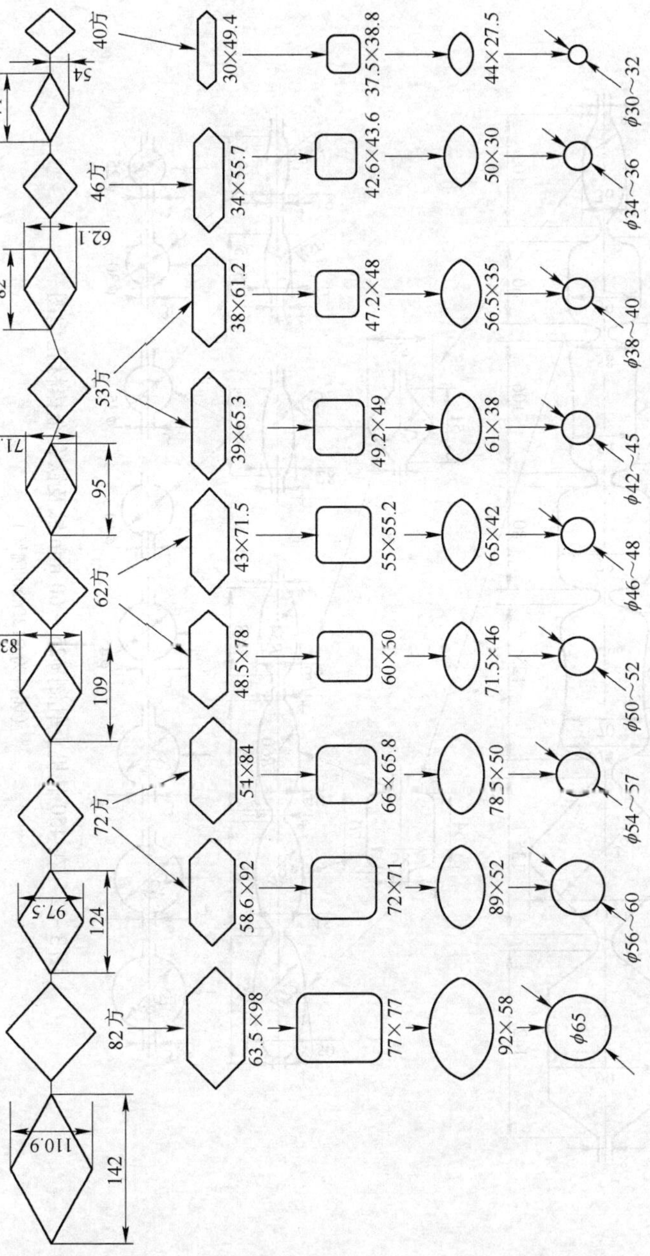

图 3-31 在 420 轧机上轧制 ϕ30 ～ 65 mm 钛及钛合金棒材孔型图
(坯料为 90 mm × 90 mm 方坯)

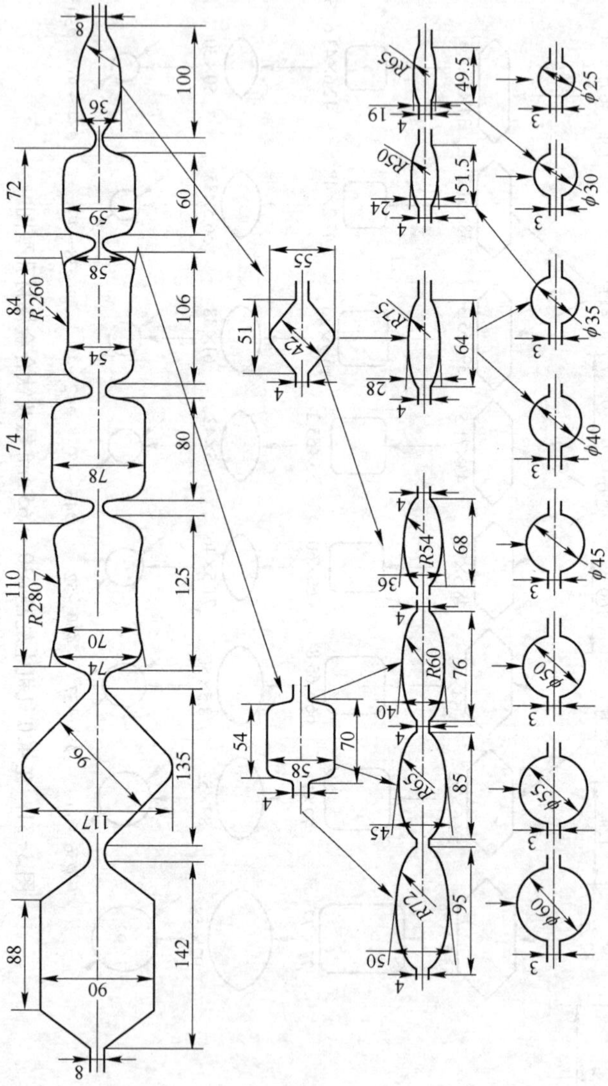

图 3-32　在 450 轧机上轧制 φ25～60 mm 钛及钛合金棒材孔型图

（坯料为 φ125mm 圆坯）

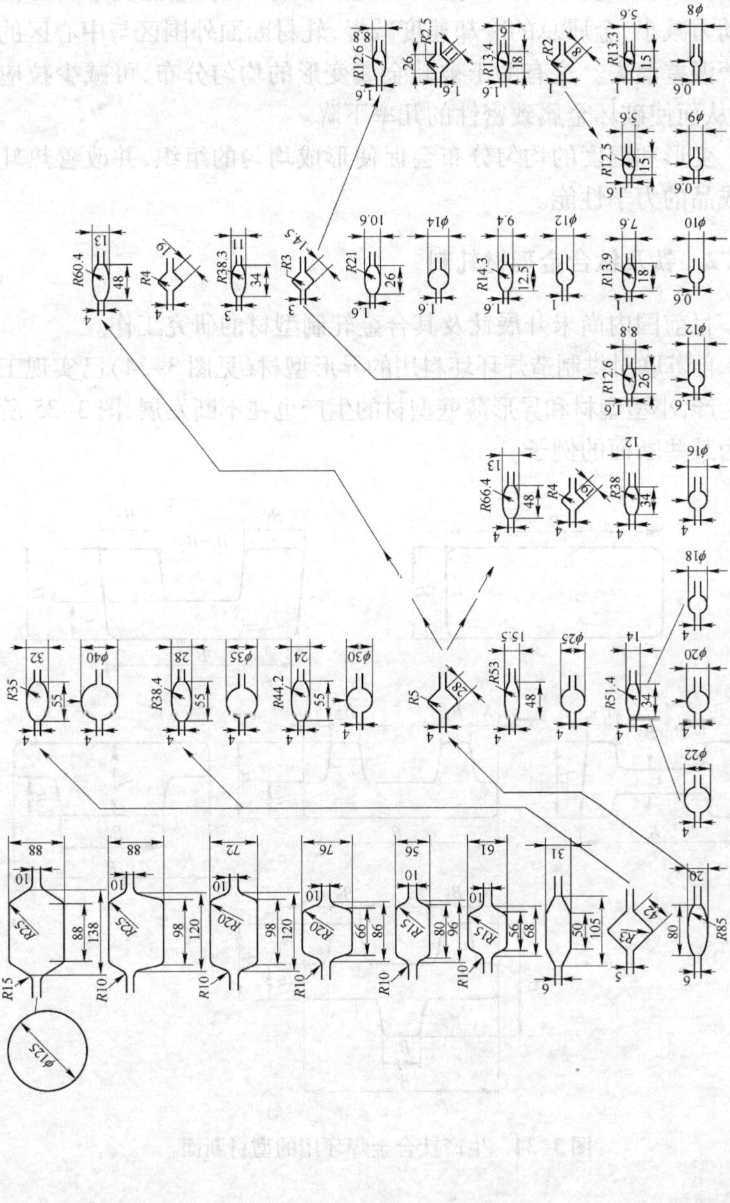

图 3-33 轧制直径 8 ～ 25 mm 钛合金线棒材用的 250 轧机的孔型示意图

当这样改变孔型的形状时,用其轧制的金属横断面面积可能是相同的,但是受力状态、温度和变形却有改变:塑性变形所必需的动力减小,金属总的冷却速度减慢,轧材断面外围区与中心区的显著温差消失。这有助于被轧金属变形的均匀分布,可减少拉应力,从而使破坏金属致密性的几率下降。

变形和温度的均匀分布会促使形成均匀的组织,并改善热轧半成品的力学性能。

3.4.2　钛及钛合金型材轧制

目前国内尚未开展钛及其合金轧制型材的研究工作。

前苏联对供制造焊环坯料用的异形型材(见图 3-34)已实现工业生产,小型型材和异形薄壁型材的生产也在不断发展,图 3-35 所示为某些断面的例子。

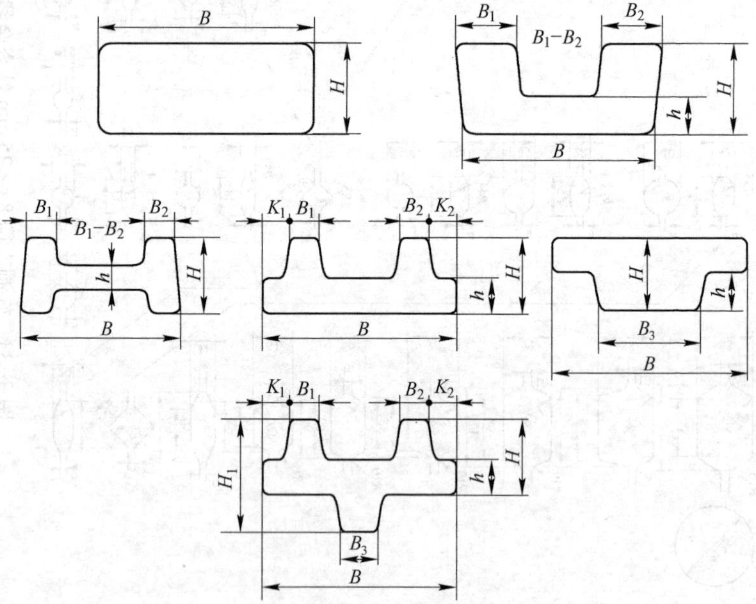

图 3-34　生产钛合金焊环用的型材断面

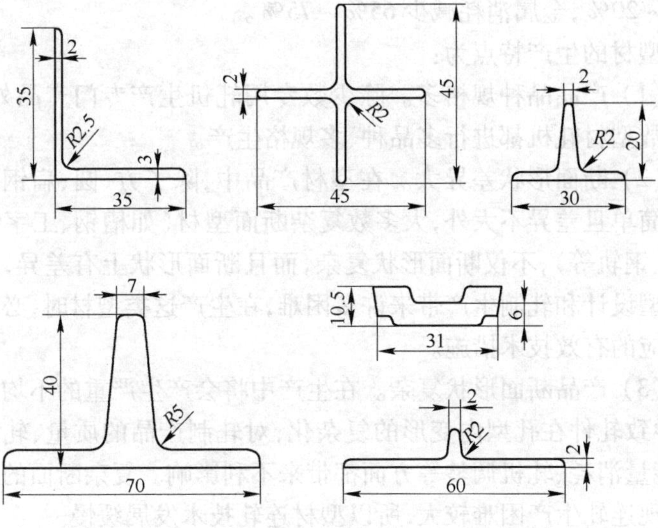

图 3-35 钛合金异形薄壁热轧型材的断面

因为热轧具有生产规模大、生产效率高、能量消耗小和产品成本低等优点，所以，生产型材的主要方式是热轧。对型材尺寸精度、表面粗糙度及力学性能等要求高的型材，可采用热轧加冷轧方式生产。

3.4.2.1 钛及钛合金型材轧制的特点及轧辊孔型设计的一般原理

经塑性加工成形的具有一定断面形状和尺寸的直条实心金属材，称为型材。型材按生产方式可以分为热轧型材、冷轧型材、冷拔型材、挤压型材、锻造型材及特殊轧制型材等。

现今生产型材的主要方式是热轧。因为热轧具有生产规模大、生产效率高、能量消耗小和产品成本低等优点。由于对型材尺寸精度、表面粗糙度及力学性能等要求的提高，用冷轧方式生产冷轧型材和用冷拔方式生产冷拔型材比过去有了较大的发展。冷拔和冷轧型材不仅可以做特殊用途的构件，而且还可用以代替热轧型材，能节省大量金属。冷轧法比冷拔法能获得更大的经济效益。例如，用多辊孔型冷轧 ϕ24 mm 的圆钢，其成本比用冷拔法降低

10% ~20%,金属消耗减少65% ~75%。

型材的生产特点为:

(1) 产品品种规格多。除少数专用轧机生产专门产品外,绝大多数型材轧机都进行多品种、多规格生产。

(2) 断面形状差异大。在型材产品中,除了方、圆、扁钢断面形状简单且差异不大外,大多数复杂断面型材(如槽钢、工字钢、Z字钢、钢轨等),不仅断面形状复杂,而且断面形状上有差异,这会给孔型设计和轧制生产带来许多困难,在生产这类型材时,必须采用相应的有效技术措施。

(3) 产品断面形状复杂。在生产中将会产生严重的不均匀变形,导致轧件在孔型内变形的复杂化,对轧制产品的质量、轧辊磨损、能量消耗、轧机调整等方面都带来不利影响。复杂断面的型材因实现连轧生产困难较大,所以型材连轧技术发展缓慢。

(4) 轧机结构和布置形式多样。在结构形式上有二辊式轧机、三辊开口式轧机、四辊万能轧机、多辊孔型轧机、Y 形轧机、45°轧机和悬臂式轧机等。在轧机布置形式上有横列式轧机、顺列式轧机、棋盘式轧机、复二重式轧机、半连续式轧机、连续式轧机及紧凑式轧机等。

前苏联已经能够工业生产供制造焊环坯料用的异形型材,如图3-34所示,包括直径6.5 ~300 mm的圆形线棒半成品、直径1 ~10 mm的焊丝、紧固件用线材的钛筋。方形和六角形断面棒材、小型型材和异形薄壁型材的生产也在不断发展,其中某些断面的例子如图3-35所示。

在开始研制轧制钛合金用的型材轧制轧辊头几种孔型时,采用了轧制钢和有色金属类似的孔型。由于钛和钢的宽展指数、热轧温度非常接近,对钛采用略加修改的钢孔型是相当成功的。

当用大型轧机轧制时,决定钛合金成形的基本参数是宽展值。对大型轧机机座中宽展值的研究表明,根据展宽能力的不同,钛合金可有条件地分为3组:高变形抗力合金的宽展指数接近于结构钢的宽展指数;低变形抗力的纯钛和低合金化合金的宽展指数为钢的1.5～1.7倍；第三组合金宽展指数是钢宽展指数的1.8～2.0倍。根据压下量的大小、孔型的外形、轧材横断面的形状和金属在孔型中挤紧程度的不同，钛合金的实际宽展数值会有很大变化。

钛合金的特殊性有：热导率低；在大气气氛中加热时，金属表面层剧烈氧化和吸氢；存在易于与轧辊和导位装置黏附的趋势；弹性模量比钢小，轧件在孔型中的稳定性低；具有螺旋状扭曲的趋势；在一定条件下，在轧件与轧辊孔型材料的接触区会形成易熔共晶体；不同合金宽展指数与钢有差异等。当建立钛合金半成品型材轧制的孔型时，还需解决由不同轧机设计特点和动力特性引起的各种问题。

当采用非最佳孔型时，钛合金的上述多数特点会造成不尽如人意的中间轧材质量，即存在裂纹、裂口、皱褶、皱纹、金属的各种不致密现象、斑点等表面缺陷和其他缺陷。所以，要特别注意按照钛合金的特殊性设计最佳孔型，这样才可克服中间轧材质量问题。

研究结果表明，原始坯料表面上的缺陷在轧制时不会消失，只会根据在被轧金属中分布的特征和位置来改变本身的尺寸。为了消除表面缺陷，坯料应进行研磨清理或表面车削。

当研究圆断面棒材孔型设计时，孔型尺寸、圆角半径都应该根据每一种钛合金的允许压下量、变形抗力和宽展值的大小而确定。

在生产异形型材时，轧辊孔型的复杂程度比生产棒材高出许多倍。型材的不同区域具有不同的变形量，常常还具有不同的温度，这同样也会大大改变型材某些区域和整个横断面的宽展量或延伸量。在轧辊轧制直径可变、圆周速度可变的孔型中进行轧制，在孔型的各点上存在不同的圆周速度，这会使轧制金属产生应力，并且会影响到横向与纵向变形的比例。

3.4.2.2 坯料的制备

型材轧制的棒坯一般采用锻造、热轧、挤压方法制得。为了保证轧制产品的质量，应对坯料进行车削或磨削。

3.4.2.3 工艺参数的选择

（1）加热制度及终轧温度。α+β型钛合金轧前加热温度稍低于(α+β)/β相变温度。轧制过程在α+β相区完成;α型钛合金在α+β相区内加热;β型钛合金的加热温度高于β转变温度。加热时间按1~1.5 mm/min计算。钛及钛合金棒坯轧前加热温度及型材终轧温度与轧制棒材的终轧温度基本相同。

（2）其他工艺参数的选择。由于钛及钛合金轧制型材的产量大,制品长度不宜过短,轧制速度不宜过大,在实际生产过程中,采用的轧制速度一般为1~3 m/s。

（3）根据钛合金的变形抗力、宽展值和延伸量,选择适合于钛合金的各类钢型材的轧辊孔型轧制钛合金型材。如果钛合金型材批量大,可以根据钛合金的特性设计钛合金专用的轧辊孔型轧制钛合金型材。

3.4.2.4 型材轧制

前苏联孔型轧制薄壁型材的断面面积小于6 cm^2 的合金牌号有OT4、OT4-1、BT5、BT6ч和BT20等合金,因需求量大,采用孔型轧制方法生产。在孔型轧制型材标准OCT1 92064—77中,钛合金轧制薄壁型材主要技术指标见表3-20。

表3-20 前苏联轧制薄壁型材主要技术指标

合金牌号	供应状态	试验试样状态	力学性能			
			抗拉强度 σ_b/MPa	伸长率 δ_5/%	断面收缩率 ψ/%	冲击韧性 α_{KU}/J·cm^{-2}
OT4	退火	退火	≥686	≥10	≥27	≥30
OT4-1	退火	退火	≥588	≥12		
BT5	退火	退火	≥735	≥8		
BT6ч	退火	退火	≥883	≥8		
BT20	退火	退火	≥932	≥7	≥20	≥30

在孔型轧制型材标准OCT1 92064—77中,OT4、OT4-1、BT5、BT6ч和BT20等钛合金轧制薄壁型材允许偏差为:

(1) 型材是按生产企业和需求用户之间协调的标准来供货的。

(2) 型材断面尺寸的极限偏差需要符合相关标准。定径型材的供货允许数量上带有扩大的壁厚极限偏差(上下限不超过0.1 mm)不超过一批的20%。在这种厚度不均的情况下,沿型材长度不超过0.3 mm。

(3) 型材供货长度不超过4 m,未热处理状态长3 m。允许生产长度不小于1 m的定径型材,数量上不超过整个批次的15%。

1) 以乱尺、定尺、定尺的倍数三种长度来生产型材。定尺长度的型材定制为每次+15 mm的计算余量。

2) 对于乱尺、定尺、定尺的倍尺长度来说,沿型材长度的极限偏差不应超过+20 mm。

(4) 型材剪切是沿直角进行的。在型材供货长度范围内不应出现剪斜情况,或它的斜度不超过3°。

(5) 扭转角相对纵向轴线在型材的任何一段的每一米长度上不能超过2°。

(6) 如果没有限制角度的极限偏差,型材横断面角度尺寸的极限偏差不能超过±1.5°。

(7) 在型材表面与型材直径方向任何一个平面上的尺寸之间形成的间隙大小,不应超过股宽的1%。

(8) 允许平滑的纵向弯曲。相对任何一段型材的任意一个平面,每米长度上允许的平滑纵向弯曲应不超过2 mm。对于横断面积小于0.5 cm^2 的轧制型材,在任何1 m长度的区段上允许的平滑纵向弯曲不能超过4 mm。

(9) 型材总的许可纵向弯曲和扭转是通过型材每米长度上所确定的许可曲率和扭转相乘所得到的。

(10) 轧制型材倒角半径的极限偏差为:半径值为1.5 ~ 2.0 mm,极限偏差为-0.5 ~ +1.5 mm;半径值为2.0 ~5.0 mm,极限偏差为-0.5 ~ +2.0 mm;无精制机加工,无标准所指示的型材的股的外部角的倒角半径值不应超过1.0 mm。

3.4.3　钛及钛合金线材轧制

钛及钛合金线材轧制是以钛及钛合金线坯(成盘的或单根的)为原料,通过拉拔而得到的成盘的或单根的线制品,包括碘化钛线、钛钼合金线、钛钽合金线、工业纯钛线及其他钛合金线。碘化钛线用于仪器、仪表、电子等工业部门。Ti-15Mo 合金线为超高真空钛离子泵吸气源材料。Ti-15Ta 合金线为超高真空工业部门的吸气材料。工业纯钛及其他钛合金线包括工业纯钛线、Ti-3Al 线、Ti-4Al-0.005B 线、Ti-5Al 线、Ti-5Al-2.5Sn 线、Ti-5Al-2.5Sn-3Cu-1.5Zr 线、Ti-2Al-1.5Mn 线、Ti-3Al-1.5Mn 线、Ti-5Al-4V 线、Ti-6Al-4V 线等,用作耐蚀零件、电极材料、焊接材料等,高强 TB2 和 TB3 合金线材用于航空和航天领域。

3.4.3.1　钛及钛合金线材品种规格

钛及钛合金线材合金牌号、棒(线)材状态和规格见表 3-21;产品的力学性能和直径及允许偏差分别见表 3-22 和表 3-23。

表 3-21　合金牌号、棒(线)材状态和规格

牌　号	供应状态	直径/mm	长度/mm
TA1、TA2	退火(M)	2.0～6.0	≥1000
TC4	退火(M)	4.0～14.0	
TB2	固溶处理(ST)	2.5～10.0	
TB3	固溶处理(ST)		

表 3-22　棒(线)材产品的力学性能

牌号	试样状态	室温力学性能				
		抗拉强度 σ_b/MPa	规定残余伸长应力 $\sigma_{r0.2}$/MPa	伸长率 δ_5/%	断面收缩率 ψ/%	剪切强度 τ/MPa
TA1	退火(M)	≥345				
TA2	退火(M)	≥440				

续表 3-22

牌号	试样状态	室温力学性能				
		抗拉强度 σ_b/MPa	规定残余伸长应力 $\sigma_{r0.2}$/MPa	伸长率 δ_5/%	断面收缩率 ψ/%	剪切强度 τ/MPa
TC4	固溶+时效(STA)	≥1100	≥1000	≥10	≥20	≥665
TB2	固溶处理(ST)	885~980		≥20	≥60	≥640
	固溶+时效(STA)	≥1100	≥1000	≥12	≥30	≥700
TB3	固溶处理(ST)	840~940		≥15	≥60	≥650
	固溶+时效(STA)	≥1100	≥1000	≥10	≥25	≥690

表 3-23 棒(线)材的直径及允许偏差 (mm)

直 径	允 许 偏 差
2.0~4.0	-0.04~0
4.0~6.0	-0.05~0
6.0~8.0	-0.06~0
8.0~12.0	-0.08~0
12.0~14.0	-0.10~0

3.4.3.2 线坯料的制备

钛及钛合金线坯一般以热轧方式轧制成盘条和经热旋锻成直棒材。

3.4.3.3 线材轧制工艺

A 线材轧制

钛及钛合金线材轧制通常采用热轧方式轧成 ϕ8 mm × L mm 的盘条(见图 3-35 的孔型示意图)和经热旋锻成直棒材，再经温拉伸和冷拉伸成需要的不同规格的线材。在拉伸过程中需经过多次真空退火。

B 钛及钛合金线(丝)材的真空退火

线(丝)材的中间退火制度见表 3-24，线(丝)材的成品真空退火制度见表 3-25，紧固件用线(丝)材推荐的热处理制度见表 3-26。

表 3-24　线(丝)材的中间退火制度

牌　号	直径范围/mm	炉内温度/℃	保温时间/min	备　注
TA0、TA1、TA2 TA3、TA4	4.0～8.0	700～750	30	炉内气氛为微氧化气氛
	3.0～4.0	650～700	30	
	1.0～3.0	600～650	10～20	
	0.5～1.0	500～550	10～20	
	0.2～0.5	500～550	10～20	
TB2、TB3	6.0～8.0	800～830	30	
	5.0～6.0	800～830	30	
	3.0～4.0	800～830	30	

表 3-25　线(丝)材的成品真空退火制度

牌　号	直径范围/mm	炉内温度/℃	保温时间/min
TA0、TA1、TA2	3.0～1.0	700	60～90
TA3、TA4	1.0～0.2	650	60～90
TB2、TB3	4.0～3.0	800	60～90

表 3-26　紧固件用线(丝)材推荐的热处理制度

牌　号	热处理类型	加热温度/℃	保温时间/h	冷却方式
TA1、TA2	退火	650～700	1	空冷或炉冷(真空退火时炉冷)
TC4	退火	700～850	0.5～2	空冷或炉冷
	固溶	955±15	1～2	流水中淬火
	时效	540±8	4～8	空冷
TB2	固溶	800±10	0.03～0.33	空冷
	时效	500±10	8～24	空冷
TB3	固溶	800～830	0.25～0.5	空冷
	时效	700±10	0.25～0.5	炉冷到(550±5)℃，保温16 h，空冷

3.5　焊接管材工艺

在专业化焊接机系列上用钛带焊制管材，这是大批量生产钛及钛合金管材最有前途的工艺，工艺流程如图 3-36 所示。

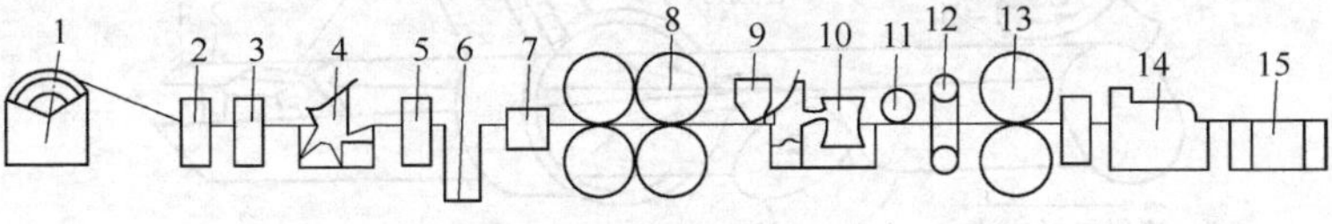

图 3-36　直缝钛焊管的生产流程

1—开卷机；2—拉辊和矫直机；3—斜刃剪；4—对焊机；5—送进扁带的拉辊；6—活套形成器；7—带材加工设备；8—成形机；9—焊前除油擦拭器；10—焊接部分；11—加工外焊瘤用的针状铣刀；12—带式研磨机；13—定径机；14—矫直机；15—成品管材的堆放支架

3.5.1　管材的成形

管材的成形可借助于有缝钢管的成形设备，也可在连续辊式机上进行。板带材用圆盘剪切割成所需的宽度后，再把带材送上成形机。下面列出了制取直径 25 ~ 102 mm 的焊管所用的带条宽度值：

管材直径/mm	25	32	38	50	54	60	70	80	90	102
带材宽度/mm	76	98	116.5	153	167	185	217	250	278	320

3.5.2　管缝的焊接

目前管缝的焊接主要有高频焊接、氩弧焊和等离子焊接。根据电流导入方法不同，高频焊又分为高频接触焊和高频感应焊。

高频焊接属于固态变形焊接方法，图 3-37 所示为高频感应焊接管缝的示意图。

为了防止钛被氧、氮、氢等气体污染，焊接及焊后的焊缝温度高于 450℃时，均需采取保护措施。目前一般采用氩气保护。高频感应焊接钛管时，外表面采用三段保护罩，管子内部用内保护罩。氩弧焊接时，采用喷嘴和拖罩进行外保护，其中，熔池由喷嘴保护、冷却中的焊缝和热影响区用拖罩保护。

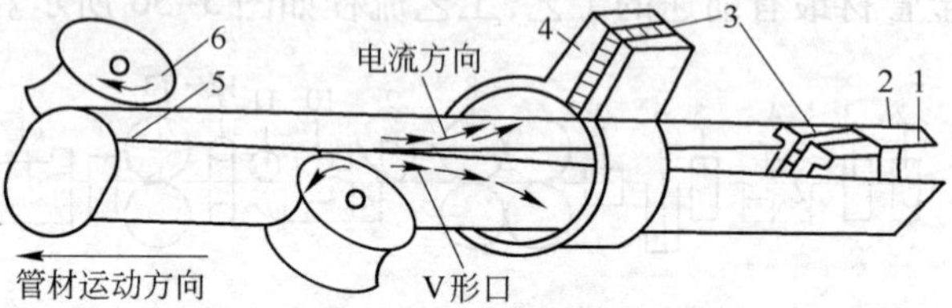

图 3-37　高频感应焊接管缝的示意图

1—管坯；2—导向装置；3—绝缘；4—感应圈；5—焊筋；6—压紧轮

管内壁保护采用内保护装置，如图 3-38 所示。弹簧使上体与管内壁贴紧，氩气从一排小孔喷射到管内保护焊缝。焊接过程中机头通过滑轮系统牵引内保护装置，使其和喷嘴以相同速度在管内移动。

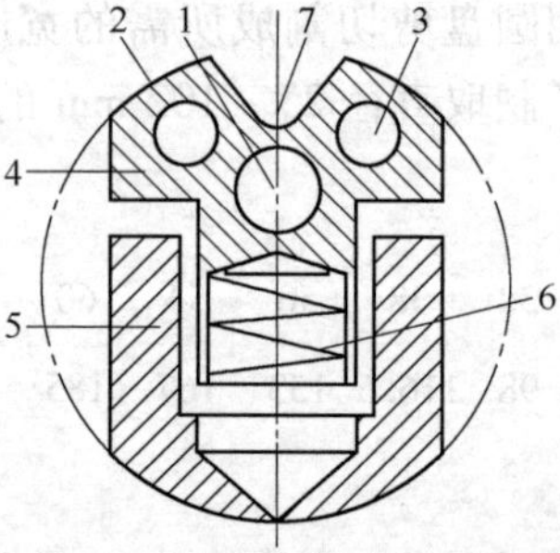

图 3-38　管内壁保护装置示意图

1—氩气进口；2—冷水进口；3—冷水出口；4—上体；

5—下体；6—弹簧；7—氩气出口

3.5.3　焊接工艺实例

焊接工艺实例有：

（1）高频感应焊接 TA3 管材。被焊管材的规格为 ϕ62 mm × 2.5 mm；感应圈与焊管间距每边 5 mm；V 形夹角为 5°左右；焊接功率为 120 kW，焊接速度为 5 ~ 6 m/min；保护罩氩气流量为：一段，最大流量；二段，13 ~ 15 L/min；三段，13 ~ 15 L/min；管内保护罩为最大流量。

（2）氩弧焊接纯钛管材。用氩弧焊接纯钛管的工艺实例见表 3-27。

表 3-27　氩弧焊接纯钛管的工艺实例

管坯规格 /mm × mm	焊接电流 /A	焊接速度 /m · min^{-1}	氩气流量/L · min^{-1}		
			喷　嘴	拖　罩	内保护
ϕ40 × 1.5	80 ~ 90	0.2 ~ 0.3	10	15	20
ϕ40 × 2.0	100 ~ 120	0.25 ~ 0.3	10	15	20
ϕ30 × 2.0	145 ~ 165	0.4 ~ 0.5	8 ~ 9	9 ~ 10	10 ~ 14

（3）等离子弧焊 BT1　0（相当于 TA1）管材。BT1-0 管材等离子弧焊的工艺实例为：

管材直径/mm	38 ~ 102
等离子体的工作规范	
焊接电流/A	100 ~ 135
保护焊缝气体流量	
管外/L · min^{-1}	3.5 ~ 4.0
管内/L · min^{-1}	3.5 ~ 4.0
电压/V	22 ~ 23
电极直径/mm	8
喷嘴开口到管材距离/mm	6.5
喷嘴气道直径/mm	4.5
等离子态气体消耗/L · min^{-1}	1.5 ~ 2.0

保护气体消耗/L·min^{-1}	1.5~2.0
焊速/m·min^{-1}	1.0~1.2
氩弧焊箱的工作规范	
焊接电流/A	190~250
电压/V	12~14
电极直径/mm	6
保护气体消耗/L·min^{-1}	3.5~4.5

3.5.4 焊接钛管的冷加工

焊接的有缝钛管有时要经过冷加工，如轧制、旋压、拉拨等，然后进行热处理，最后再供用户使用。焊接后的加工工艺与无缝钛管的加工工艺基本相同。

4 挤压钛管棒型材

挤压是塑性加工管棒型材的常用方法之一。本章主要介绍挤压方法和特点、挤压设备及工具、管棒型材挤压工艺、产品质量及控制。

4.1 挤压原理、方法和特点

4.1.1 挤压原理

挤压是用挤压杆将放在容器(挤压筒)内的金属坯料施加外力压出挤压模孔,获得所需断面形状和尺寸的一种金属塑性加工方法。金属挤压的基本原理如图 4–1 所示。

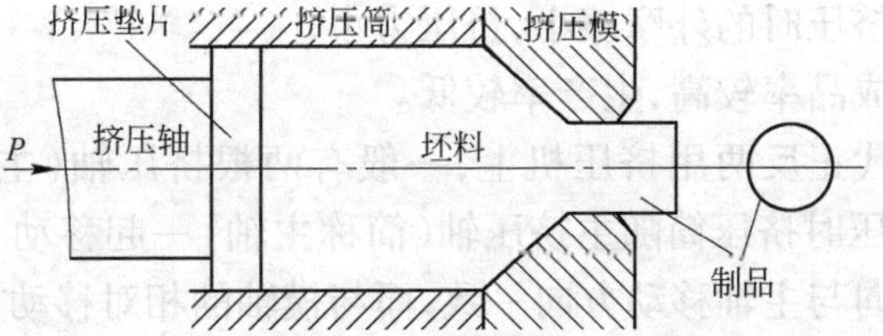

图 4–1 金属挤压的基本原理

4.1.2 挤压方法

根据挤压时挤压筒内金属的应力、应变状态,挤压方向及制品的种类、形状与尺寸等来选择挤压方法。

挤压方法有许多,可以根据不同的特征进行分类。

挤压按金属流动及变形特征分类,有正向挤压、反向挤压和特殊挤压。特殊挤压包括静液挤压、连续挤压、侧向挤压、联合挤压、复合挤压、包套挤压、脱皮挤压、水封挤压、舌模挤压、粉末挤压、半熔融挤压、液态挤压等。

挤压按温度分类,有热挤压、温挤压和冷挤压。热挤压和冷挤压是挤压的两大分支,在冶金工业系统主要应用热挤压,即通称的挤压;机械工业系统应用冷挤压;温挤压发展比较晚,应用范围也小。

挤压的基本方法是正向挤压和反向挤压。

正向挤压的特征是:

(1) 金属流动方向与挤压轴的运动方向相同;

(2) 锭坯与挤压筒有较大的相对运动,所需的挤压力较大;

(3) 操作方便,工模具简单。

正向挤压是最基本的挤压方法,因其技术最成熟、工艺操作简单、生产灵活性大等特点,使它成为钛及钛合金、铝及铝合金、铜及铜合金、钢铁材料加工中使用最广泛的方法之一。

反向挤压的特征是:

(1) 金属流动方向与挤压轴的运动方向相反;

(2) 挤压时的外摩擦小,挤压力小;

(3) 成品率较高,生产率较低。

在现代正反两用挤压机上,一般有两根挤压轴(主挤压轴和模轴),挤压时挤压筒随主挤压轴(简称主轴)一起移动。此时,制品流出方向与主轴移动方向一致,而与模轴的相对移动方向相反。

在挤压过程中,坯料与挤压筒之间无相对运动的挤压称为反向挤压。反向挤压适合于大直径管材和难挤压的合金棒材。

4.1.3　挤压加工的优缺点

挤压法与其他塑性加工方法(如轧制等)相比,其主要优点是:

(1) 提高金属的变形能力。挤压法具有比轧制更为强烈的三向压应力状态,金属可以一次承受很大的塑性变形,这为难变形、低塑性的材料提供了一种加工途径。

(2) 产品范围广。可以生产断面极其复杂的以及变断面的管材和型材,这些产品用其他方法很难加工,甚至不可能进行加工。

(3) 生产灵活性大。具有极大的生产灵活性,用一台设备可以生产出很多种品种和规格的产品,并且产品更换容易。

(4) 产品尺寸精确,表面质量高,综合质量好。

(5) 工艺流程简单,设备投资少,比较容易实现生产过程的自动化。

挤压法的缺点有:

(1) 生产效率较低。在一个挤压周期中,有较多的辅助工序,占用时间较长,生产率比轧制时的低。

(2) 金属的固定废料损失较大,成品率较低。挤压终了时所留压余和挤压缩尾为固定损失,仅压余量一项就占坯料质量的10% ~15%。正挤压时,因坯料长度受到限制(一般坯料长度与直径之比不超过3 ~4),又不能通过增加坯料长度来减少固定的压余损失,所以成品率较低。

(3) 工具消耗较大。挤压法的突出特点是工作应力高,可达到金属变形抗力的10倍。挤压垫上的压力平均为400 ~800 MPa,有时可达1000 MPa或更高。在高温、高应力和高摩擦的作用下,挤压工具的使用寿命比轧辊的低得多,工具消耗较大。

(4) 制品性能不均匀。挤压时,因坯料内外层和前后端变形不均匀,造成沿制品长度和端面上的组织和性能的不均匀。

综上所述,挤压法适合于批量小、品种与规格繁多的有色金属管棒型材和线坯的生产。对于端面复杂的或薄壁的管材和型材、直径与壁厚之比趋近于2的超厚壁管材,以及具有脆性的有色金属和特殊钢铁材料,挤压法是唯一可行的压力加工方法。

4.1.4 挤压金属的流动

在挤压力的作用下,金属流动是在挤压变形区内发生的塑性变形过程。金属流动状况对挤压制品的组织、尺寸形状以及表面状态有重要的影响,而金属的流动又受到金属的性质、挤压方法及工艺条件的限制。

挤压过程金属的流动分为填充挤压、基本挤压和紊流挤压3个阶段,各个阶段金属的流动有各自的特点。

4.1.4.1 填充挤压阶段

为了便于把锭坯装入挤压筒中,锭坯的直径应小于挤压筒内径。因此,在挤压时,首先进行填充挤压,迫使金属在挤压筒内镦粗和充满模孔,使挤压力上升到最大值。填充挤压过程如图4-2所示。开始时,坯料与模端面接触部分的轴向应力σ_1比其他部分大,因而先达到塑性条件,发生塑性变形。但由于端面摩擦力的作用,变形量很小。当继续加大挤压力时,坯料的变形类似自由体镦粗,因而呈鼓形。随后继续压缩坯料,由于在部位Ⅱ处的金属对容器壁的摩擦,径向应力σ_r增加,此时的轴向应力σ_1、径向应力σ_r和周向应力σ_θ都很大,继续塑性变形困难。在部位Ⅰ上的坯料所受的平均单位压力比部位Ⅲ上的大。因此,部位Ⅰ上的挤压筒中空腔的部位Ⅰ首先被金属所填满,然后金属填满靠近凹模的部位Ⅲ。当挤压坯料的长度与直径的比等于或大于3~4,并且挤压比又较大时,部位Ⅲ处的空气或润滑剂完全燃烧的产物在挤压时受到剧烈的压缩明显发热,气体会进入坯料表面的微裂纹中,通过模孔被焊合,继而在出模孔后形成气泡;或者未能焊合,而在出模孔后使挤压制品表面起皮。坯料和挤压筒之间的间隙越大,这种缺陷就越严重。为了避免制品表面起皮缺陷,锭坯的长度与直径之

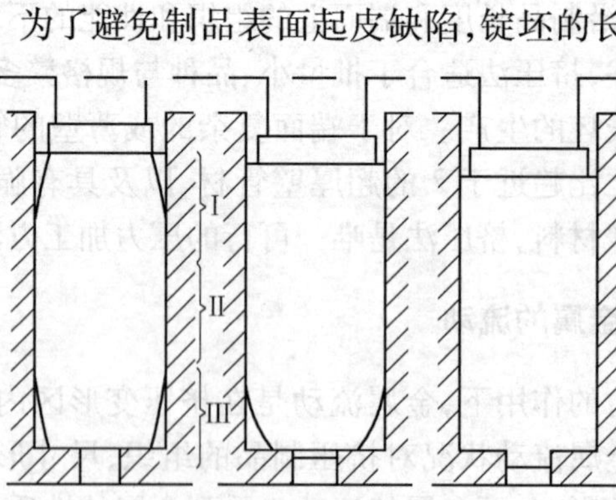

图4-2 填充挤压过程

比最好小于3～4，或者采用梯温加热。

4.1.4.2 基本挤压阶段

金属开始由模孔流出，到挤压过程将要结束时停止。在正向挤压过程中，挤压力随着铸锭长度的减少而平稳下降；当反向挤压时，挤压力随着挤压过程的进行而基本保持不变，金属流动比较均匀。基本挤压阶段金属的流动随挤压条件的变化而有所不同。一般情况下，金属流动相当于无数同心薄壁圆管的流动，内外层金属不发生交错或紊流。图4-3所示为用单孔锥形模进行不带润滑的正向挤压时，在基本挤压阶段中变形过程中的坐标网格发生的较大变化。横向坐标线在挤压后都有较大的弯曲，说明中心部分的金属流动快，而外层金属变形滞后于中心部分变形。横向坐标线的弯曲程度由棒材的前端往后端逐渐增加，到一定位置后趋于稳定。纵向坐标线在进出塑性变形区时发生方向相反的两次弯曲，其弯曲角度由中心层向外层逐渐增加，这表明金属内外层变形存在不均匀性。纵向坐标线有时在进入塑性变形区之前距离垫片不远处发生明显的弯曲，形成细颈。这是由于外层金属向中心部分压缩而形成的。挤压后的坐标网格也存在着畸变。中间方格为近似矩形，外层的方格变为近似平行四边形，说明金属有剪切变形。在挤压筒内存在着前端和后端两个难变形区。在金属变形区中存在剧烈的滑移区，从低倍组织观察来看，有明显的金属流线和

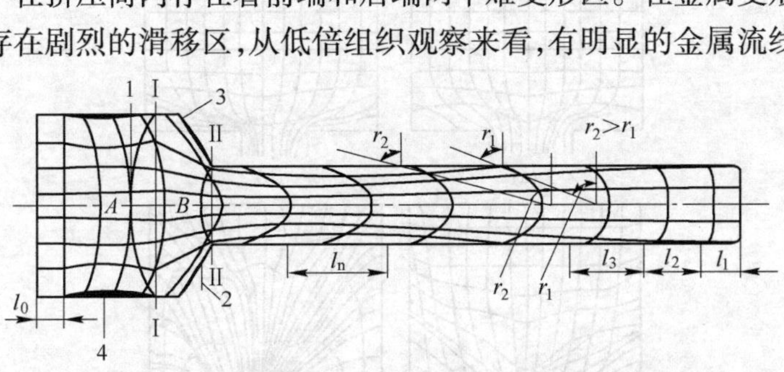

图4-3 单孔锥形模不带润滑正向挤压时典型坐标网格图

1—变形区压缩锥的开始点；2—变形区压缩锥的终了点；

3—弹性区；4—由于堆挤现象形成的边层加厚

金属晶粒的破碎。

4.1.4.3　紊流挤压阶段

正向挤压时,在挤压筒内锭坯长度减少到接近变形区压缩锥高度时的金属流动阶段称为紊流挤压阶段。这时挤压力升高,金属径向流动增加,外层金属沿着挤压垫片从周边向中心做回转交错的紊乱流动,并形成了挤压缩尾。反向挤压时,此阶段的金属流动与正向挤压类似。

4.1.4.4　挤压金属的流动模型

在不同的工艺条件下挤压各种制品,金属流动是不同的。根据金属流动的特性分析,挤压金属的流动模型基本上有4种(见图4-4):

(1) 流动模型1(见图4-4(a))。在反向挤压和静液挤压时出现。锭坯与挤压筒之间绝大部分没有摩擦力,只有靠近模子附近处筒壁上才存在着摩擦力,金属流动均匀,几乎沿锭坯整个高度都没有金属周边层剪切变形,弹性区的体积较大,塑性变形区只局限在模口附近,死区很小。在整个挤压的过程中,压力、变形和温度条件稳定,所以不产生中心缩尾和环行缩尾。

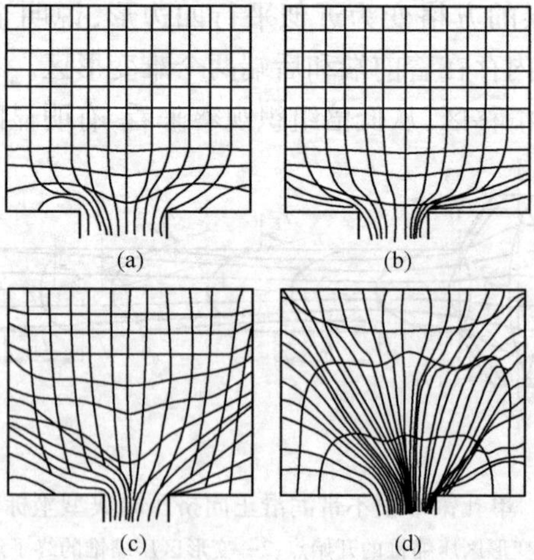

图4-4　金属在挤压筒中的4种流动模型

(2) 流动模型2(见图4-4(b))。在润滑挤压时,锭坯与挤压筒之间的摩擦力极小时出现。塑性变形区与死区比模型1大些,金属的流动较均匀,不产生中心缩尾和环行缩尾。一般情况下,挤压紫铜、黄铜、锡磷青铜、铝、镁合金、钢等属于流动模型2。

(3) 流动模型3(见图4-4(c))。锭坯内外温差较大,且受到挤压筒和模子之间的较大摩擦力时出现。塑性变形区几乎扩展到整个锭坯,但在基本挤压阶段尚未发生外部金属向中心流动的情况,在挤压后期出现较短的缩尾。一般情况下,挤压α黄铜、白铜、镍合金、铝合金等属于流动模型3。

(4) 流动模型4(见图4-4(d))。当锭坯与挤压筒之间的摩擦力很大,且锭坯内外温差又很大时出现。挤压α+β黄铜、铝青铜、钛合金等属于流动模型4。

挤压时影响金属流动的主要因素有:

(1) 挤压方法。反向挤压比正向挤压金属流动均匀,冷挤压比热挤压金属流动均匀,润滑挤压比不润滑挤压金属流动均匀。挤压方法的影响是通过摩擦条件的改变来实现的。

(2) 挤压温度。挤压温度升高、坯料的变形抗力降低时金属的不均匀流动加剧。挤压过程中,如果挤压筒和模子的加热温度过低,外层与中心层的金属温差大,则金属流动的不均匀性增加。金属导热性越好,在锭坯端面上温度分布越均匀。

(3) 金属强度。在其他条件相同时,金属强度越高,金属流动越均匀。

(4) 模角。模角α(即模子端面和中轴线间的夹角)越大,则金属流动性越不均匀。当采用多孔模挤压时,模孔排列合理,则金属流动趋于均匀。

(5) 变形程度。变形程度过大或过小,金属流动都不均匀。

(6) 挤压速度。挤压速度增加,金属流动的不均匀性加剧。

4.1.5 挤压变形区

挤压变形时,挤压变形区分弹性变形区和塑性变形区,两区的位置和大小与许多因素有关。挤压变形区通常指塑性变形区。由金属流动的坐标网格试验可以确定塑性变形区剖面的形状,如图4-5 中 *ABCDEF* 所示。

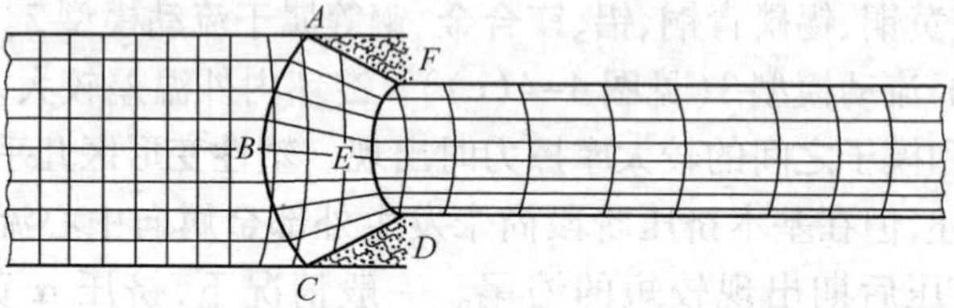

图 4-5　塑性变形区剖面的形状

实心材正向挤压时,塑性变形区有 3 个边界:前部边界、后部边界及外侧边界。但是,后者只取决于挤压针的几何形状。所以,无论挤压实心材还是空心材,都需要确定塑性变形区的前、后及外侧边界。对塑性变形区的边界进行精确地确定是困难的,但是在宏观上可以大致地确定。格列博夫(Ю. П. Глебов)提出,润滑正向挤压时,塑性变形区的后部和前部边界可以看做是将坐标网格纵向线发生两次弯曲的折点连接起来所形成的轨迹。塑性变形区的外侧边界取决于使用的模具。若采用锥形模时,外侧边界实际上完全取决于模子入口锥的形状,它只存在很小的死区;若采用平模时,外侧边界则取决于自然流角的大小。反向挤压时,塑性变形区集中在模口附近,它的确定方法与正向挤压时基本相同,但比正向挤压时的小得多。

塑性变形区有 3 种形式:

(1) 塑性变形区集中在模孔附近(见图 4-6(a))。这种形式一般在反向挤压时发生;若摩擦系数小和锭坯的材质均匀,正向挤压时也会发生。由于金属的流动均匀,制品的组织性能比较均匀,不会发生缩孔的缺陷。

(2) 塑性变形区扩大到几乎整个锭坯(见图 4-6(b))。当正向不润滑挤压时,锭坯与挤压筒间的摩擦系数较大,锭坯的材质又不够均匀,内层有前滑现象,则形成内层 V_1 与外层 V_2 区。外层比内层流动得慢,制品的组织性能不够均匀,但是制品的表面质量较好。

(3) 塑性变形区扩展到全锭坯(见图 4-6(c))。当锭坯与挤压筒间的摩擦系数相当大,锭坯的材质又很不均匀时,易形成内层 V_1、外层 V_2 及靠近垫片处 V_3 区。这 3 个区域的出现会导致制品的组织性能不均匀,因而挤压时应当避免这 3 个区域出现。

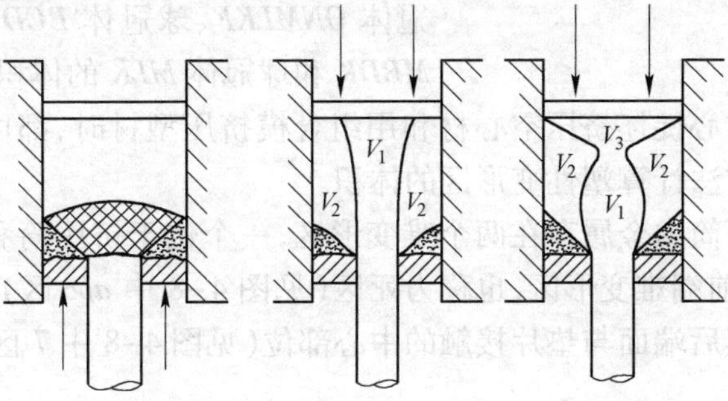

图 4-6 挤压变形区的变化

用实心锭坯挤压圆棒材时,塑性变形区体积 $V_{实}$ 按下式计算(见图 4-7(a)):

$$V_{实} = V_1 - V_2 \quad (4-1)$$

式中 V_1——扇形球体 $OABC$ 的体积;

V_2——扇形 $OA'B'C'$ 的体积。

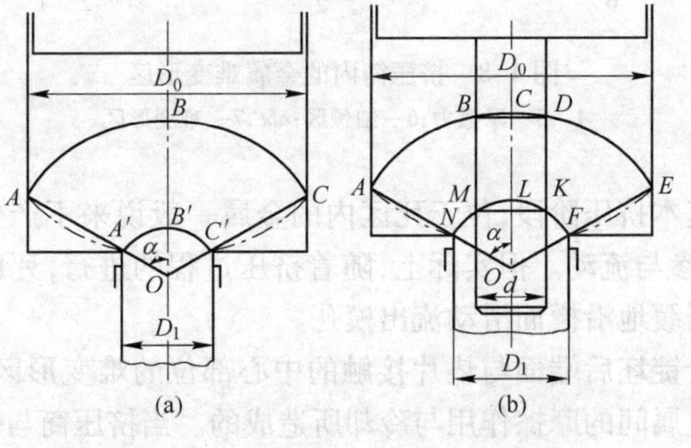

图 4-7 确定塑性变形区体积的示意图

(a) 圆形实心锭坯挤压圆棒材时;(b) 圆形实心锭坯挤压空心材时

圆形实心锭坯挤压空心材时(见图 4-7(b)),其塑性变形区的体积按下式计算:

$$V_{实} = B_1 - B_2 - B_3 - B_4 + B_5 \tag{4-2}$$

式中　B_1, B_2, B_3, B_4, B_5——分别为扇形球冠体 *OABCDE*、扇形球冠体 *ONMLKF*、球冠体 *BCD*、圆柱体 *MBDK* 和球冠体 *MLK* 的体积。

用空心锭坯挤压空心材和用组合模挤压型材时,都可以采用同样的方法计算塑性变形区的体积。

挤压筒内金属存在两个难变形区,一个位于挤压筒和模子交界处,叫前端难变形区,也称为死区(见图 4-8 中 *abc* 区);另一个位于锭坯后端面与垫片接触的中心部位(见图 4-8 中 7 区)。

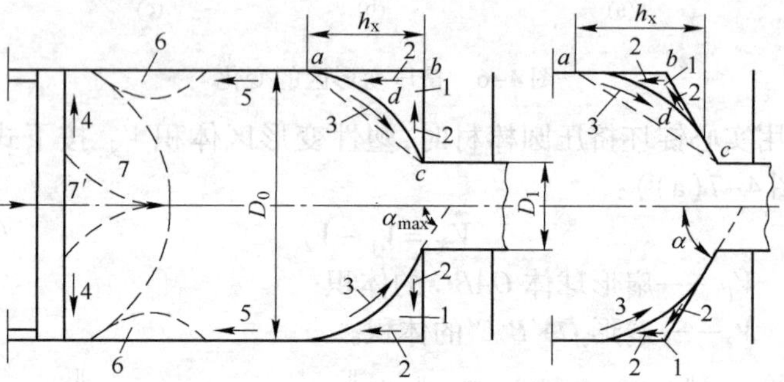

图 4-8　挤压筒内的金属难变形区

1~5—摩擦力;6—细颈区;*abc*,7—难变形区

在基本挤压阶段,位于死区内的金属一般说来不产生塑性变形,也不参与流动。但实际上,随着挤压过程的进行,死区中的金属也会缓缓地沿模面滑动流出模孔。

位于锭坯后端面与垫片接触的中心部位的难变形区,是由于垫片与金属间的摩擦作用与冷却所造成的。当挤压筒与锭坯间的摩擦力很大时,将使后端难变形区中的金属向中心流动。但该区金属受冷却与垫片和金属间的摩擦作用又难以流动,从而在附近形成一个细颈区(见图4-8中6区)。最后,在基本挤压阶段的末期,后端难变形区形成一个倒锥状。

4.1.6　挤压变形状态

挤压时塑性变形区内金属的变形状态通常是两向压缩变形和一向延伸变形,即径向压缩变形 ε_r、周向压缩变形 ε_θ 及周向延伸变形 ε_l(见图4-9)。根据塑性变形理论,在周对称条件下,可认为周向压缩变形和径向压缩变形相等 ,即 $\varepsilon_r=\varepsilon_\theta$。挤压金属的流动过程分3个阶段,每个阶段的变形状态不同:

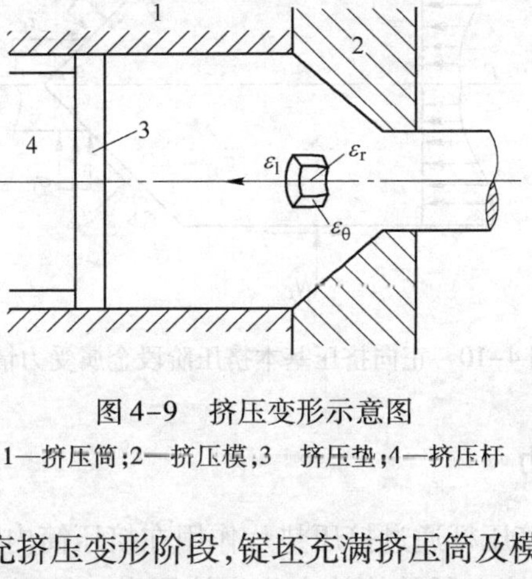

图4-9　挤压变形示意图

1—挤压筒;2—挤压模;3—挤压垫;4—挤压杆

(1) 在填充挤压变形阶段,锭坯充满挤压筒及模孔,锭坯的变形状态相当于自由镦粗变形;

(2) 在基本挤压阶段,一般情况下,其主要变形特点是金属流动发生层流不交错,变形状态为两向压缩和一向延伸;

(3) 在紊流挤压阶段,垫片进入塑性变形区中,迫使金属向着挤压轴线方向由周边向中心发生剧烈的横向流动。除部分金属保持两向压缩和一向延伸之外,有相当一部分金属处于一向压缩和两向延伸的变形状态。

金属在稳定流动阶段(基本挤压阶段)的受力状态与镦粗阶段有较大的不同。正向挤压基本挤压阶段金属受力情况如

图 4-10 所示,包括挤压筒壁、模子锥面和定径带作用在金属上的正压力和摩擦力,以及挤压轴通过垫片作用在金属上的挤压力。这些外力随挤压方式的不同而异:反向挤压时,挤压筒壁与金属间的摩擦力为零;有效摩擦挤压时,筒壁与金属间的摩擦力与图 4-10 所示的方向相反而成为挤压力的一部分。不同挤压条件下,接触表面的应力分布各异,且不一定按线性规律变化。

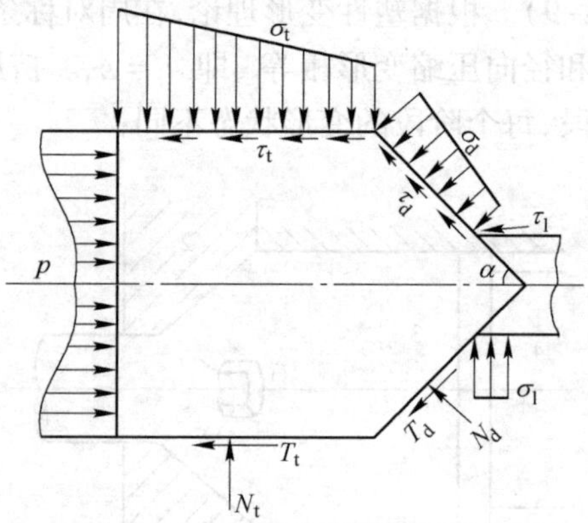

图 4-10　正向挤压基本挤压阶段金属受力情况

4.1.7　挤压力

挤压时,挤压杆通过挤压垫片作用在挤压筒内锭坯上,迫使锭坯从挤压模孔流出所需的外力称为挤压力。挤压过程中,挤压力随挤压杆的移动而变化,通常所说的挤压力是指挤压过程中的突破压力 P_{max}。挤压力是制定挤压工艺、合理选择与校核挤压设备能力和正确设计挤压工模具等的重要力学参数。

影响挤压力的因素主要有金属变形抗力、变形程度(挤压比)、挤压温度、挤压速度、锭坯与挤压工模具的接触摩擦条件、挤压模角、制品断面形状、锭坯长度以及挤压方法等。

挤压力的实验测定法分为压力表观测法和电阻应变仪测定法两种:

(1) 压力表观测法是测定挤压力和穿孔力大小最简便的常用方法,但它只是在挤压速度低于1 mm/s的低速挤压情况下才比较准确。这一测定方法是根据连接在挤压主缸和穿孔缸高压水或油路上的压力表读数,按下式计算出挤压力或穿孔力P(kN):

$$P=\eta F_{缸}P_{表}/1000 \tag{4-3}$$

式中 $F_{缸}$——挤压主缸或穿孔缸的横断面面积,mm^2;

$P_{表}$——挤压主缸或穿孔缸压力表的读数,MPa;

η——挤压主缸或穿孔缸的工作效率,通常η为0.95~0.98。

(2) 电阻应变仪测定法。这是一种适宜较高挤压速度且比较精确的常用实测方法。它通过粘贴在压力传感器弹性元件上的电阻应变片组成的电桥输出的电参数的变化来测定挤压力的大小。压力传感器可以直接用挤压机上的承力构件(如张力柱)作为压力传感器元件;也可以单独用圆环形或管状元件作弹性元件。测定时,环形压力传感器放在挤压杆或挤压模的后面,管状压力传感器直接连接在挤压主缸或穿孔缸的高压管道上。

在测定过程中,一般配置有自动记录和显示装置,它记录和显示测量部位上的压力变化,也可以将测量信息作为挤压过程自动控制用信号。

电阻应变法测得的典型的挤压力—时间关系曲线如图4-11

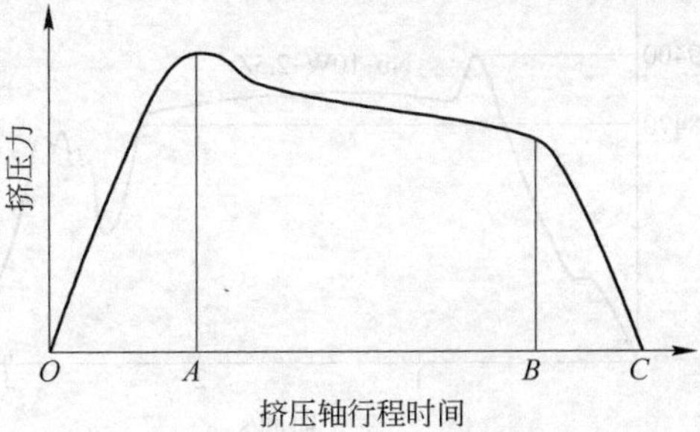

图4-11 典型的挤压力—时间关系曲线

所示。它表示在整个挤压过程中挤压机负荷的变化情况。它是分析挤压的变形力学过程的基本图示。从图 4-11 可以看出，挤压过程的 3 个阶段：*OA* 段为填充挤压阶段，又称镦粗阶段，此段时间极为短暂，挤压机负荷由零增到最大值；*AB* 段为正常挤压阶段，此阶段开始于锭坯从模孔流出时，其压力大体是稳定的或是缓慢下降的；*BC* 段为紊流挤压阶段，直至挤压结束，挤压机卸载。

实际上的挤压力—时间关系曲线要比图 4-11 复杂得多，形式也各不相同。挤压 W 棒、挤压 Nb-10W-2.5Zr 棒、Zr-2 管和 TA2 管材时的挤压力—时间关系曲线如图 4-12 ~ 图 4-15 所示。

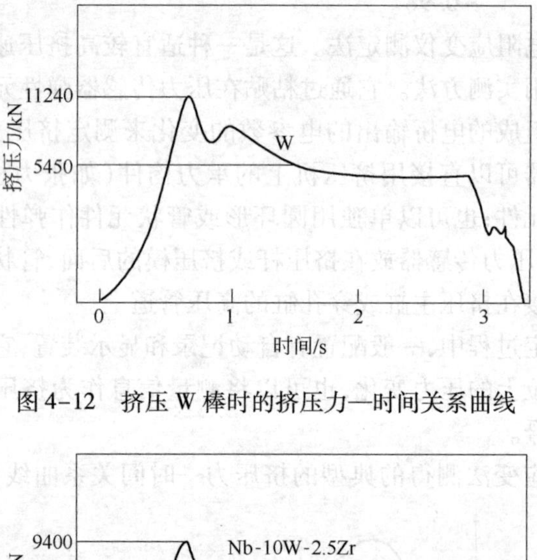

图 4-12　挤压 W 棒时的挤压力—时间关系曲线

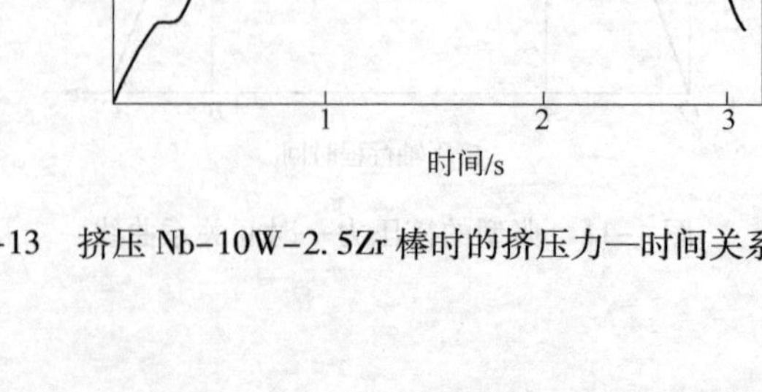

图 4-13　挤压 Nb-10W-2.5Zr 棒时的挤压力—时间关系曲线

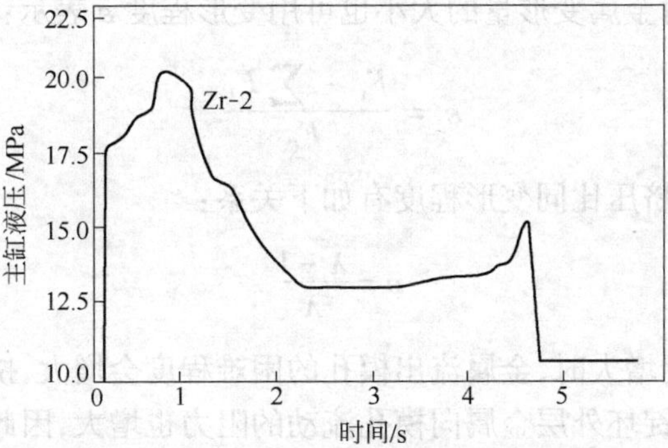

图4-14 挤压 Zr-2 管材时的挤压力—时间关系曲线

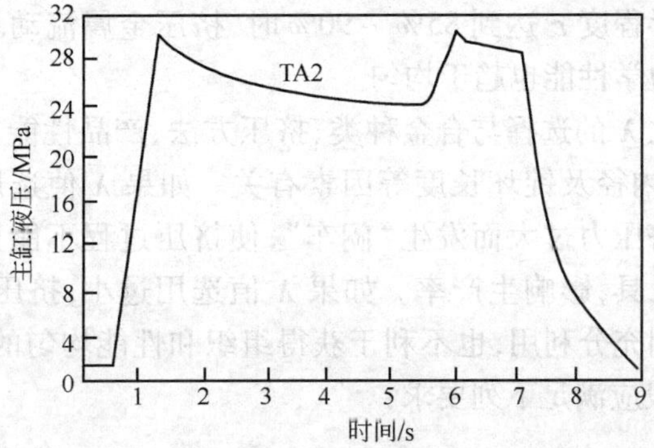

图4-15 挤压 TA2 管材时的挤压力—时间关系曲线

4.1.8 挤压比

挤压筒腔的横断面面积同挤压制品总断面面积之比称为挤压比,也叫挤压系数。挤压比是挤压生产中用于表示金属变形大小的参数,用 λ 表示:

$$\lambda = F_t / \sum F_1 \tag{4-4}$$

式中 F_t——锭坯在挤压筒内填充后的横断面积,mm^2;

$\sum F_1$—— 挤压制品的总横断面积,mm^2。

挤压时金属变形量的大小也可用变形程度 ε 表示：

$$\varepsilon = \frac{F_t - \sum F_1}{F_t} \tag{4-5}$$

因而，挤压比同变形程度有如下关系：

$$\varepsilon = \frac{\lambda - 1}{\lambda} \tag{4-6}$$

挤压比增大时，金属流出模孔的困难程度会增大，挤压力也增大，挤压时锭坯外层金属向模孔流动的阻力也增大，因此使内外部金属流动速度差增大，变形不均匀。但当挤压比增加到一定程度后，剪切变形深入到内部，变形开始向均匀方向转化。研究证明，当挤压变形程度 ε 达到 85% ~90% 时，挤压金属流动均匀，制品内外层的力学性能也趋于均匀。

挤压比 λ 的选择与合金种类、挤压方法、产品性能、挤压机能力、挤压筒内径及锭坯长度等因素有关。如果 λ 值选用过大，挤压机会因挤压力过大而发生“闷车”，使挤压过程不能正常进行，甚至损坏工具，影响生产率。如果 λ 值选用过小，挤压设备的能力不能得到充分利用，也不利于获得组织和性能均匀的制品。挤压比 λ 一般应满足下列要求：

一次挤压的棒、型材	≥8 ~12
轧制、拉拔、锻造用毛坯	≥5
二次挤压用毛坯	不限

4.2　挤压设备及工具

挤压主要设备有挤压机、加热炉和穿孔机。

4.2.1　挤压主要设备

4.2.1.1　挤压机

根据钛及钛合金挤压的工艺特点，希望挤压机在结构上和操作上能满足表 4-1 的要求。

表 4–1 对挤压机的要求

序号	目的	要求
1	减少热损失和模具消耗,以适应不同牌号合金的挤压	具有高的挤压速度,速度调控范围要广
2	便于安放玻璃垫片和更换模具,防止金属从间隙流出	具有可移动式的挤压筒,对挤压模要求有足够的锁紧力
3	便于更换模具或便于模具表面清理及润滑处理	具有活动式的模座(回转式或横向移动式)
4	便于挤压终了时能立即退回并脱离管材尾端	挤压针有独立运动系统
5	保持断口整齐、不变形,制品易脱出	具有快速分离残料的高速锯
6	防止润滑用的玻璃粉或金属屑擦伤活动部件	活动部件要有防护措施
7	减少温降,提高效率,改善劳动条件	缩短加热炉与挤压机间的距离,且要自动传送
8	了解挤压过程中力学性能参数变化	具有力学性能参数的测定仪表

国内用于钛及钛合金挤压的挤压机技术特性见表 4–2 ,前苏联挤压钛合金的挤压机技术特性见表 4–3。

表 4–2 国内挤压机技术特性

特性名称		挤压机的额定吨位							
		400 t	500 t	600 t	800 t	1200 t	1500 t	3150 t	3500 t
形式		卧式	卧式	立式	卧式	卧四柱	卧四柱	卧四柱	卧四柱
工作介质的额定压力/kPa		24517	31381	31381	20594	24519	31381	30890	31881
主柱塞	直径/mm	500		530	650		800	1150	1250
	最大行程/mm	820		1000	1230	1600	890	2250	2100
	最大挤压速度/$mm\cdot s^{-1}$	33	300	133	38	200	160	300	120
穿孔柱塞	穿孔力/kN		980.0		999.6	1176.0		6174.0	4900.0
	最大行程/mm		1250		570	610		1050	1100
	最大穿孔速度/$mm\cdot s^{-1}$		300		300			400	150

续表 4-2

特性名称		挤压机的额定吨位							
		400 t	500 t	600 t	800 t	1200 t	1500 t	3150 t	3500 t
挤压筒	内衬内直径/mm	66	50	65	90	125	85	220	200
		72	65	75	100	150	125	260	250
		82	80	85	125	180	145	300	300
		102	95	100	150		165	330	370
				120			185		420
							205		
	长度/mm	340	400	390	500	735	650	1000	1000
	行程/mm	420	400	50	250		700	1200	1175

表 4-3 前苏联挤压机技术特性

特性名称	挤压机吨位及特性值				
	600 t	1600 t	2500 t	3150 t	5000 t
液体工作压力/kPa	31360	31360	34300	31360	2352
挤压力/kN	5880	15680	24500	30870	49000
行程/mm	900	1975	1900	2270	2800
挤压速度/mm·s^{-1}	133	约 300	约 500	约 300	约 300
回程力/kN	793.8	1274.0		2842.0	2940.0
穿孔力/kN		2205.0	4900.0	4361.0	
穿孔行程/mm		2775	2850	3180	
挤压筒长度/mm	390	815	900	850	1250
挤压筒内径/mm	85 ~ 135	110 ~ 200	160 ~ 355	150 ~ 280	250 ~ 450
挤压筒行程/mm		850	1060	1150	350
挤压筒夹紧力/kN		1049	2205	2254	2695
挤压机长度/mm	6960	18450		20500	20000
挤压机宽度/mm	4020	7400		13800	
挤压机地上高/mm	5540	4570		6025	
挤压机地下高/mm		2600		4500	
挤压机质量/t	41.6	305		510	

图 4-16 所示为一台 25 MN 无独立穿孔系统的卧式棒型正向挤压机的剖面图。

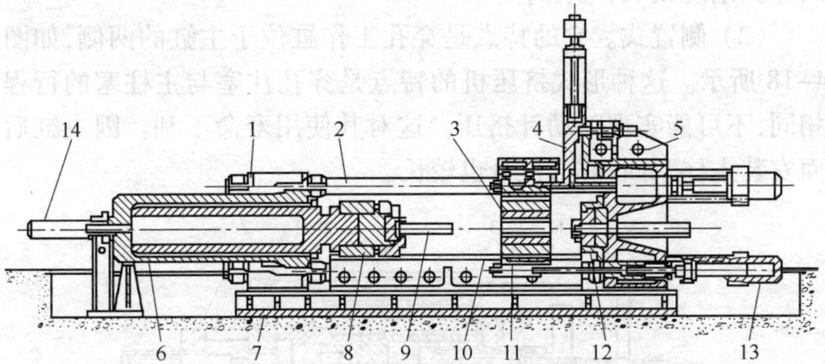

图 4-16 25 MN 无独立穿孔系统的卧式棒型正向挤压机

1—后机架;2—张力柱;3—挤压筒;4—残料分离剪;5—前机架;6—主缸;7—基础;8—挤压活塞横梁;9—挤压杆;10—斜面导轨;11—挤压筒座;12—模座;13—挤压筒移动缸;14—加力缸(副缸)主柱塞返回缸

根据穿孔缸对主缸的相对位置,卧式管棒型材挤压机的结构形式一般可分为 3 种基本类型:

(1) 后置式。它的穿孔缸位于主缸之后,其布置如图 4-17 所示。该结构形式挤压机的主要优点是:穿孔柱塞的行程可比主柱塞的行程长,可实现随动针挤压,延长针的使用寿命。因为穿孔系统与主缸之间是完全独立的。由于针在挤压时可自由地前后移动,可生产内外径变化的变断面管子。在挤压棒型材时,可将穿孔

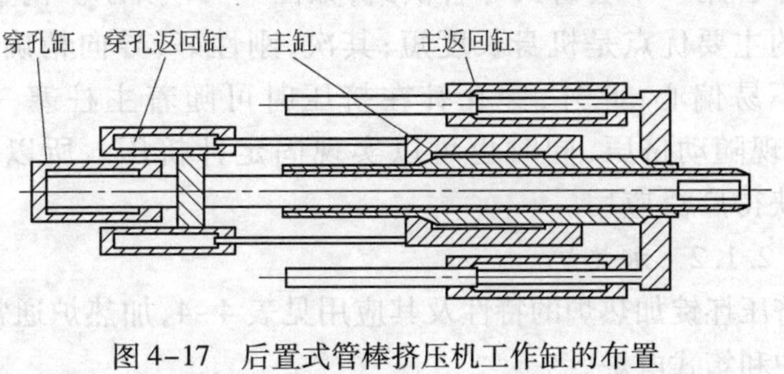

图 4-17 后置式管棒挤压机工作缸的布置

缸的压力叠加到挤压杆上增加挤压力，且维修方便。这种挤压机的缺点是：机身长，占地面积大，穿孔系统易偏斜，导致管子偏心，因穿孔系统太长，刚性差。

（2）侧置式。它的特点是穿孔工作缸位于主缸的两侧，如图4-18所示。这种形式挤压机的特点是穿孔柱塞与主柱塞的行程相同，不可能实现随动针挤压。这对其使用寿命不利。因主缸后面安装主柱塞回程缸，机身也较长。

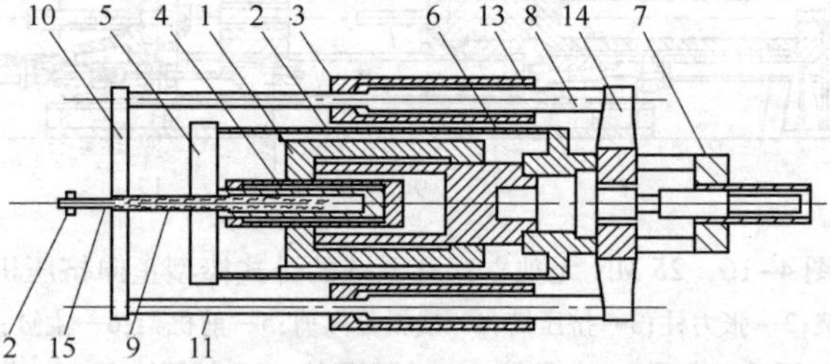

图4-18　侧置式管棒挤压机工作缸的布置

1—主缸；2—主柱塞；3—主柱塞回程缸；4—回程缸3的空心柱塞，又是空心柱塞9的工作缸；5—横梁；6—拉杆；7—与主柱塞固定在一起的横梁，用拉杆6与横梁5和柱塞4相连；8—穿孔柱塞；9—穿孔柱塞8的回程空心柱塞；10—横梁；11—拉杆；12—支架，进水管15固定在其上；13—穿孔缸；14—穿孔横梁；15—进水管

（3）内置式。它是一种结构上较先进的设计，其特点是穿孔缸安置在主柱塞前端的内部，穿孔缸和穿孔回程缸所需的工作液体各用一个套管式导管供给，如图4-19所示。内置式挤压机的主要优点是机身长度短；其次，刚性好，导向精确，因而管子不易偏心；此外，穿孔针在挤压时可随着主柱塞一起前进，实现随动挤压，同时也可以实现固定针挤压。所以，该挤压机获得广泛应用。

4.2.1.2　加热炉

挤压坯锭加热炉的特性及其应用见表4-4，加热炉通常选择感应炉和箱式电炉。

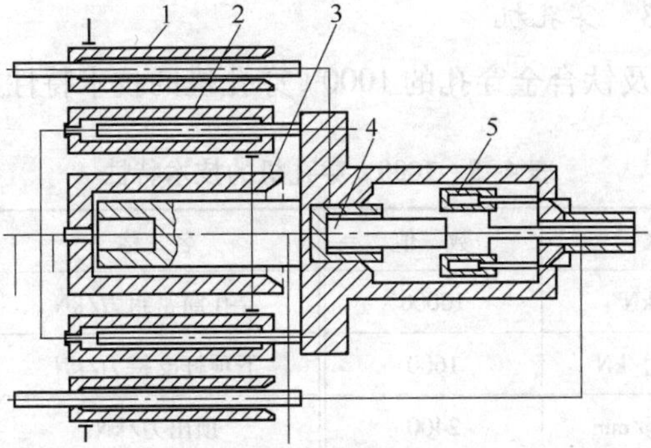

图 4-19 内置式管棒挤压机工作缸的布置

1—进水管;2—副缸及主回程缸;3—主缸;4—穿孔缸;5—穿孔回程缸

表 4-4 挤压坯锭加热炉的特性及其应用

炉子名称及型号	箱式电炉			感应炉		玻璃浴炉	盐浴炉
	RJX-75-9	RJX-25-13	RJX-50-13	中频	工频		
最高工作温度/℃	950	1350	1300	2000	1250	1450（液体）	1200
额定功率/kW	75	25	50	200	700		
炉膛尺寸/mm	1800×900×600	600×380×300	700×450×350	ϕ(100~150)×500	ϕ(230~342)×1150	按需要设计	按需要设计
发热体	电阻炉	碳硅棒	碳硅棒	感应圈	感应圈	电阻丝	电阻丝或碳硅棒
加热介质	空气	空气	空气	可按需要选择		玻璃	75% $BaCl_2$ +25% NaCl 或 40% KCl+60% NaCl
工艺特性	(1) 温度均匀; (2) 炉温控制方便; (3) 中性气氛			(1) 快速加热,微弱氧化; (2) 操作方便,易控制; (3) 均温性较差; (4) 可按需要通保护气		(1) 温度均匀,传热快; (2) 无氧化; (3) 玻璃有润滑作用; (4) 长期加热对金属有侵蚀	(1) 温度均匀,传热快; (2) 无氧化; (3) 盐对金属有侵蚀作用; (4) 表面熔盐可作润滑剂
应用范围	光坯或包套挤压坯的加热			光坯或包套挤压坯的加热		光坯的加热	光坯的加热

4.2.1.3　穿孔机

用于钛及钛合金穿孔的 1000 t 穿孔机的技术特性见表 4-5。

表 4-5　1000 t 穿孔机的技术特性

名　称	数　值	名　称	数　值
穿孔力/kN	10000	穿孔筒密封力/kN	3150
穿孔回程力/kN	1600	下顶杆支持力/kN	7000 ~ 10000
穿孔棒行程/mm	2400	顶出力/kN	3150
镦粗力/kN	10000	顶出器行程/mm	1100
镦粗杆回程力/kN	1250	工作液体压力/MPa	31.5
镦粗杆行程/mm	2100	穿孔速度/mm · s^{-1}	0 ~ 300
锥形穿孔筒内径/mm	ϕ216/ϕ211.5	穿孔后坯料内径/mm	55 ~ 210
	ϕ256/ϕ251.5	镦粗后最小坯料长度/mm	300
	ϕ295/ϕ290.5	穿孔后最小坯料长度/mm	317
	ϕ324/ϕ319.5	穿孔后最大坯料长度/mm	900
穿孔筒内套长度/mm	970		

4.2.2　挤压工具

金属挤压时使用的工具包括挤压模、挤压筒、挤压杆、挤压垫片、穿孔针及一些工具配件，如模支撑、模垫、支承环、冲头、针座和导路等。

挤压机分为立式挤压机和卧式挤压机两大类，因此其工具装配结构和配套尺寸也有两种类型。600 t 带回转盘无独立穿孔装置立式挤压机的主要工具装配图如图 4-20 所示，其配套尺寸见表 4-6。带独立穿孔装置卧式挤压机（如 3150 t）的工具装配图如图 4-21 所示，其配套尺寸见表 4-7。

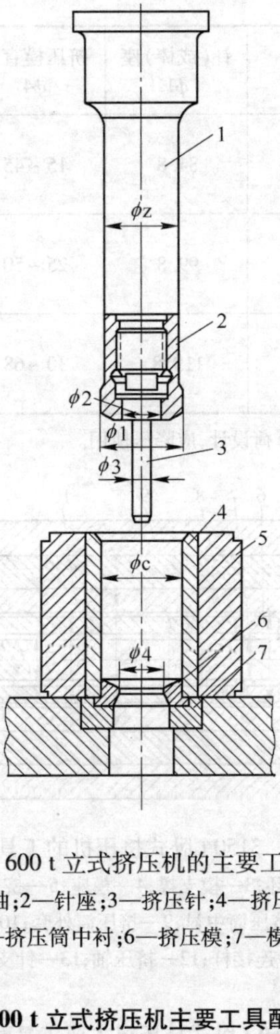

图 4-20 600 t 立式挤压机的主要工具装配图

1—挤压轴;2—针座;3—挤压针;4—挤压筒内衬;
5—挤压筒中衬;6—挤压模;7—模垫

表 4-6 600 t 立式挤压机主要工具配套尺寸表 (mm)

挤压筒直径 ϕc	挤压轴直径 ϕz	针(或棒)座 $\phi 1$	挤压模直径 $\phi 4$	挤压针	
				$\phi 2$	$\phi 3$
65①	63	64.8	10~35	22	10~20
75	73	74.8	10~40	22	10~20
				32	21~30

续表 4-6

挤压筒直径 ϕc	挤压轴直径 ϕz	针(或棒)座 $\phi 1$	挤压模直径 $\phi 4$	挤压针	
				$\phi 2$	$\phi 3$
85	83	84.8	15 ~ 45	22	10 ~ 20
				32	21 ~ 30
				42	31 ~ 40
100	98	99.8	25 ~ 50	22	10 ~ 20
				32	21 ~ 30
				42	31 ~ 40
120	117	119.8	30 ~ 68	32	21 ~ 30
				42	31 ~ 40
				52	41 ~ 50

①$\phi 65$ mm 挤压筒是超负荷设计，应降压使用。

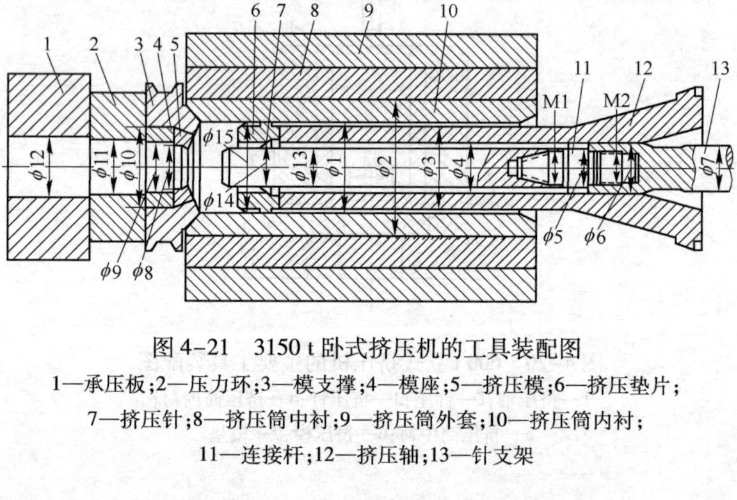

图 4-21 3150 t 卧式挤压机的工具装配图

1—承压板；2—压力环；3—模支撑；4—模座；5—挤压模；6—挤压垫片；7—挤压针；8—挤压筒中衬；9—挤压筒外套；10—挤压筒内衬；11—连接杆；12—挤压轴；13—针支架

表 4-7 3150 t 卧式挤压机主要工具配套尺寸表

挤压筒		挤压轴 $\phi 3 \times \phi 4$	挤压针 $\phi 13$	连接件		针支架	
$\phi 1$	$\phi 2$			$\phi 5$	M1/M2	ϕ①	$\phi 7$
220	350	215 × 75	45 ~ 59	72	M50 × 3 阴螺纹	75	72
			60 ~ 70	72	M50 × 3/ M64 × 3		
		215 × 100	45 ~ 59	98	M50 × 3 阴螺纹	100	95
			60 ~ 95	98	M50 × 3/M64 × 3		

续表 4-7

挤压筒		挤压轴	挤压针	连接件		针支架	
$\phi1$	$\phi2$	$\phi3 \times \phi4$	$\phi13$	$\phi5$	M1/M2	ϕ①	$\phi7$
260	370	254×140	45 ~ 95	135	M50 × 3 阴螺纹	140	135
			60 ~ 95	135	M50 × 4/M100 × 3		
			96 ~ 135	135	M72 × 4/M100 × 3		
300	410	292×185	60 ~ 95	180	M50 × 3/M100 × 3	185	180
			96 ~ 135	180	M72 × 4/M130 × 3		
			136 ~ 180	180	M90 × 4/M130 × 3		

$\phi1/\phi7$	模支撑 $\phi10$	挤压模 $\phi8$	模座 $\phi9$	压力环 $\phi11$	承压板 $\phi12$	挤压垫片 $\phi14$	挤压垫片 $\phi15$
220/72	160	45 ~ 64	70	80	90	$\phi14 = \phi13 + 0.6$	ϕ 以 5 = $\phi1$ − (0.4 ~ 0.5)
		65 ~ 74	80	90	100		
220/95		75 ~ 84	90	100	110		
		85 ~ 90	100	110	120		
		91 ~ 102	110	115	120		
260/135	160	50 ~ 64	70	80	90		
		65 ~ 74	80	90	100		
	210	75 ~ 84	90	100	120		
		85 ~ 90	100	105	120		
		91 ~ 114	120	125	130		
		115 ~ 134	140	145	150		
		135 ~ 155	160	165	170		
300/180	160	60 ~ 75	80	90	100		
		76 ~ 90	100	105	110		
	210	91 ~ 114	120	125	130		
		115 ~ 134	140	145	150		
	260	135 ~ 144	150	165	170		
		145 ~ 164	170	195	200		
		165 ~ 180	190	195	200		

① ϕ 为 −0.7 mm、−0.5 mm、6 mm。

挤压工具承受着长时间的高温、高压及剧烈摩擦，因此使用寿命较短，消耗量较大，而这些工具的成本也高。正确地设计工具结构与尺寸，寻求新的工具材料，以及制定合理的工艺规程，是金属挤压生产中的关键问题。

4.3　管棒型材挤压工艺

4.3.1　挤压管棒型材的工艺流程

挤压管棒型材的工艺流程见表4-8。

表4-8　挤压管棒型材的工艺流程

品　种	管　材			棒　材				型　材
简明流程	坯锭→挤压→轧制		棒坯→斜轧孔→轧制	坯锭→挤压		坯锭→拉伸		棒坯→挤压→矫直
铸　锭	○		○	○		○		○
加　热	○		○	○		○		○
锻　造	○		○	○		○		○
打定心孔			○					
车　皮	○			○		○		
加　热		○						
穿　孔		○						
钻孔或镗孔	○	○						
车　皮		○						
包　套	○				○		○	
加　热	○		○	○	○	○	○	
挤　压	○	○		○	○	○	○	○
矫　直	○	○		○	○	○	○	○
斜轧穿孔		○	○					
切头尾	○		○	○	○	○	○	
喷　砂		○	○	○		○		
碱　洗		○	○	○		○		
车内外表面								
去除包套	○				○			
酸　洗	○	○			○			
磨内表面	○		○					
修外表面	○		○	○	○	○		
退　火		○	○	○	○	○		
取样检测	○	○		○	○			
人工检查	○	○	○	○	○	○	○	
成品包装		○		○	○			
轧　制	○		○					
制造夹头						○	○	
拉　伸						○	○	
矫　直						○	○	

4.3.2 钛及钛合金热挤压过程的特点

钛及钛合金制品的热挤压过程比铝合金、铜合金，甚至钢的挤压过程更为复杂，这是由钛及钛合金特殊的物理化学性能所决定的。

钛及钛合金坯料的热导率低，在热挤压时会使表层与内层产生极大的温差，当挤压筒的温度为400℃时，温差可达200～250℃。在吸气强化和坯料断面有很大温差的共同影响下，坯料表面和中心的金属产生极不相同的强度性能和塑性性能，在挤压过程中就会造成很不均匀的变形，在表面层中产生大的附加拉应力，成为在挤压制品表面形成裂口和裂纹的根源。

工业钛合金金属流动动力学研究表明，在对应于各合金不同相状态的温度区中，金属的流动行为出现极大的差异。因此，影响钛及钛合金挤压流动特征的主要因素之一是决定金属相变状态的坯料加热温度。

在α或α+β相区温度挤压与在β相区温度挤压相比，金属流动更均匀。

挤压制品要获得高的表面质量的困难很大。到目前为止，钛合金的挤压过程必须采用润滑剂。其主要原因是：钛在980℃和1030℃温度下，会与铁基或镍基合金模具材料形成易熔共晶体，从而使模具强烈磨损。

当使用石墨润滑剂时，在制品表面可形成深的纵向刮线，这是钛及钛合金黏着于模具上工作带来的后果。采用玻璃润滑剂挤压型材时，会导致新类型的缺陷"麻斑"，即制品表面层的裂口。研究表明，"麻斑"的出现是由于钛及钛合金的热导率低，从而使坯料表面层剧烈冷却、塑性剧烈下降的缘故。

当金属和工具之间存在液态玻璃润滑层时，玻璃可把出现的裂纹分开，但不能在挤压过程中将其"治好"。研究确定，"麻斑"的侵入深度为0.5～0.6 mm。所以，这种制品只能用于制造沿整个外形都要进行表面加工的零件。

挤压钛及钛合金棒材时，可能产生大的中心挤压缩孔，在个别情况下，其深度可达到挤压长度的1/2。

4.3.3 挤压用坯料制备

挤压用坯料制备程序为：二次真空自耗电弧炉熔炼的铸锭→锻造→（穿孔）→机械加工→包套（或玻璃涂层）。

4.3.3.1 挤压坯料的外形尺寸及包套设计

坯锭的外径为：

$$D_0 = D_c - \Delta_w \tag{4-7}$$

坯锭的内径为：

$$d_0 = d_1 + \Delta_n \tag{4-8}$$

式中 D_c——挤压筒直径，mm；

d_1——挤压针直径，mm；

Δ_w——挤压筒直径与坯锭的外径差，mm；

Δ_n——挤压针直径与坯锭的内径差，mm。

生产中，在间隙处能储集足够润滑剂的前提下，间隙值越小越好。常采用的间隙值见表4-9。

表4-9 坯锭与挤压筒、挤压针之间的间隙值

挤压机吨位/t	挤压筒直径/mm	间隙/mm		备注
		$\Delta_w/2$	$\Delta_n/2$	
400（卧式）	$\phi66, \phi72$	0.5～1.00	0.50～0.75	包套
1500（卧式）	$\phi88$	0.75～1.50	0.75～1.00	挤压
600（立式）	$\phi65 \sim \phi120$	0.75～1.00	0.50～0.75	光坯
600（立式）	$\phi65 \sim \phi120$	0.75	0.5	挤压
3150（卧式）	$\phi220 \sim \phi260$	2.00～2.50	25	包套
3150（卧式）	$\phi220 \sim \phi260$	2.50	30	挤压

挤压坯锭的长度主要根据制品的长度而定,同时也适当考虑挤压机的能力。按制品长度确定坯锭长度 L_0(mm)时,可用下式计算:

$$L_0 = \frac{L + L_{zh}}{\lambda} + L_{ca} \tag{4-9}$$

式中 L——制品长度,mm;

L_{zh}——切除头尾的长度,mm;

λ——挤压比;

L_{ca}——挤压残料长度,mm。

按式4-9计算出的长度 L_0 最好在 $(1.5 \sim 3.0)D_0$ 的范围内。

挤压钛及钛合金时,常用紫铜或软钢作包套材料,或采用玻璃润滑涂层。

4.3.3.2 对坯锭的质量要求

应充分车削,去除因熔炼或锻造时形成的坯锭外表面缺陷,确保无分层、裂纹、氧化皮、夹杂和凹坑等。若尚存局部缺陷,需经打磨,打磨痕迹的深宽比一般要小于1/5。坯锭表面粗糙度 R_a 不低于6.3~12.5。空心坯锭应内外圆同心,其偏差根据产品的要求而定,一般不大于坯锭厚度的1%~3%。化学成分应符合国标的要求,无偏析。

4.3.4 挤压工艺参数的选择

4.3.4.1 力学参数的校核

在制定挤压工艺规程时,要校核挤压力是否在设备许可范围内。

总挤压力 P 是挤压轴通过挤压垫片作用在坯锭后端单位面积上的力,为压力 p 与坯锭填充挤压后的横截面积 F_t 的乘积,即 $P = pF_t$。

单位压力 p 的主要计算公式及相关公式见表4-10~表4-13。

表 4-10　挤压力计算公式

名　称	经 验 公 式	塞茹尔内公式	普罗佐洛夫公式
建立公式的条件	高塑性的金属在均匀应力条件下变形	不考虑金属与挤压模的摩擦力	低塑性金属在均匀应力条件下变形
公　式	$p = K\ln\lambda$	挤棒： $p = K_s e^{2fL/R_c} \ln\lambda$ 挤管： $p = K_s e^{2fL/(R_c - r)} \ln\lambda$	$p = C\sigma_p(1 + fL/D_c)\ln\lambda$
应用的效果	有实际测定的 K 值时，计算简便，能满足一般工艺计算要求，现场广泛使用	在有良好的润滑条件下，能满足一般工艺计算要求，应用较广泛	当没有实际测定的 K、K_s 值时，常用此式估算。挤压纯钛时，计算值比实测值低得多
式中符号的意义	p——单位挤压力，MPa； $\ln\lambda$——挤压比的自然对数； L——填充挤压后的坯锭长度，mm； D_c——挤压筒直径，mm； R_c——挤压筒半径，mm； r——挤压针半径，mm； f——摩擦系数，用适当玻璃润滑时约为 0.02，用普通润滑剂时约为 0.12，也可根据挤压条件参考表 4-11； σ_p——金属在挤压条件下的变形抗力，MPa，计算时可取该温度下的 σ_b； K——挤压常数，MPa，见表 4-12； K_s——挤压阻抗，MPa，见表 4-13； C——与不均匀变形和摩擦有关的系数，对简单端面的棒材，$C = 4$；对光壁圆管和带小筋圆管，$C = 5$；对复杂端面的型材，$C \geqslant 6$		

表 4-11　特定条件下的热挤压摩擦系数 f

牌号	挤压机吨位/t	工 艺 条 件	润　滑	f
纯钛	800	750℃加热，铜包套挤压，ϕ100 mm 挤压筒，挤 ϕ25 mm 棒	二硫化钼耐热脂	0.015～0.024
TA2	3150	780℃感应加热，铜包套挤压，ϕ220 mm 挤压筒，挤 ϕ65 mm × 10 mm 管材	石墨粉 + 汽缸油 + 二硫化钼	0.018～0.032
	3150	830℃电炉加热，铜包套挤压，ϕ260 mm 挤压筒，挤 ϕ104 mm × 7 mm 管材	石墨粉 + 汽缸油 + 二硫化钼	0.02

表 4–12 特定条件下的挤压常数 *K*

牌号	挤压机吨位/t	挤压筒直径/mm	制品尺寸/mm	挤压比 λ	加热方式	加热温度/℃	润滑条件	挤压常数 *K*/MPa
纯钛	3150	220	φ63	12.2	感应加热	800 ~ 830	坯锭滚 M–1 玻璃粉,模子用 M–1 玻璃粉	154
	800	100	φ25 × 5.25	23.6	电炉加热	730	紫铜包套,用普通润滑剂润滑工具	221
	600	65	φ11.8	30.3	电炉加热	750	紫铜包套,用普通润滑剂润滑工具	200
TA2	3150		φ65 × 10	21.1	感应加热	780	紫铜包套,用普通润滑剂润滑工具	216
TA7	600	220	φ43	5.8	玻璃浴炉	1200	光坯挤压,玻璃润滑	276
	600	100	φ45 × 4	13.2	电炉加热	950	坯锭滚 60% M–1 + 40% A–5 玻璃粉	233
	3150	220	φ95	5.8	感应加热	1200	坯锭滚 M–1 玻璃粉,用 M–1 玻璃垫润滑模具	153
TC3	600	65	φ22 × 6	10.7	电炉加热	980	A-9 玻璃粉 + 苏州黏土 + 碱 + 水的涂层	220
	3150	260	φ155 × 8	10.3	电炉加热	100	坯锭滚 A–9 + M–1 玻璃粉,模子用 A–9 + M–1 玻璃垫	171
TC4	600	65	φ20	10.1	电炉加热	950	坯锭涂 40% G7301 + 40% M–1 + 石墨	265
	3150	220	φ61	13.0	感应加热	1080 ~ 1100	坯锭滚 M–1 玻璃粉,模子用 M–1 玻璃垫	276 ~ 286

续表 4-12

牌号	挤压机吨位/t	挤压筒直径/mm	制品尺寸/mm	挤压比 λ	加热方式	加热温度/℃	润滑条件	挤压常数 K/MPa
TC8	600	100	ϕ35	8.3	玻璃浴炉	1200	光坯挤压，玻璃润滑	220
TC9	600	65	ϕ27	5.8	电炉加热	950	坯锭滚 M-1 玻璃粉	446
	600	65	ϕ27	5.8	电炉加热	950	坯锭滚 M-1 玻璃粉	361
TC10	600	65	ϕ30 × 5.5	7.2	电炉加热	1000	A-9 玻璃粉 + 苏州黏土 + 碱 + 水的涂层	265 ~ 298
Ti-32Mo	600	100	ϕ45 × 5	11.0	感应加热	1100 ~ 1200	钢包套，玻璃润滑	341 ~ 427
Ti-32Mo-2.5Nb	1500	125	ϕ56 × 8	9.1	玻璃浴炉	1250	裸锭挤压，玻璃润滑	392
Ti-50Ta	400	72	ϕ42	9.0	电炉加热	1200	钢包套，石墨和耐热脂润滑模具	263

表 4-13　挤压 TA2 的挤压阻抗 K_s

挤压机吨位/t	挤压筒直径/mm	制品尺寸/mm × mm	加热设备	加热温度/℃	挤压比 λ	包套材料	润滑条件	K_s/MPa
3150	260	ϕ104 × 7	电炉	830	21.9	紫铜	石墨 + MoS_2 + 汽缸油	127 ~ 156
3150	220	ϕ65 × 10	感应炉	780	21.1	紫铜	油的混合物润滑工具	161 ~ 207

管材挤压力计算举例：在 31.5 MN 水压机上，将 ϕ260 mm × 550 mm 的纯钛 TA2 棒坯挤压成 ϕ104 mm × 7 mm 的管材。$D_0 = 260$ mm，$\Delta D = 5$ mm，$\Delta d = 6$ mm，$\lambda = 21.9$；$T_j = 830$℃；$f = 0.02$；$K_s = 150$ MPa。试用塞茹尔内公式计算挤压力。

解：(1) 圆柱式穿孔针径 $d_1 = D_1 - 2S = 90$ mm，填充后锭长 $L = 516$ mm；

(2) 按塞茹尔内公式计算压力 p:

$$p=\pi(R_0^2-r_1^2)K_s\ln\lambda e^{2fl/(R_0-r_1)}=27.58\ \text{MN}$$

4.3.4.2 加热温度

α+β 型钛合金通常在低于合金的(α+β)/β 相变温度以下挤压。纯钛及 α 型钛合金的挤压温度对制品的组织性能的影响比 α+β 型钛合金的小,但也不希望加热温度太高,一般也要低于(α+β)/β 的相变温度。β 型钛合金通常在 β 相区加热挤压。

挤压钛及钛合金时,一般采用铜包套或钢包套。

包套挤压时,加热温度应低于钛与包套材料的反应温度(Ti-Cu 共析温度为 798℃,Ti-Fe 共晶温度为 1085℃)。

加热温度和加热时间应考虑金属的导热性能。在普通电炉或煤气炉、重油炉中加热时,加热时间可按 1.5 ~2.0 mm/min 计算。

挤压锭坯的加热制度实例见表 4-14 和表 4-15。

表 4-14 挤压锭坯的加热制度实例

合金牌号	加热条件	加热温度/℃	保温时间 /min
TA1、TA2、TA3	工频加热或电炉加热光锭	750 ~900	(1) 用电炉、煤气炉、玻璃浴炉加热时,从进料到出炉的总加热时间按 1.5 mm/min 计算(高温装炉); (2) 工频加热 ϕ212 ~300 mm 坯锭的时间为 25 ~30 min; (3) 中频感应加热 ϕ50 ~ 120 mm 坯锭的时间为 3 ~5 min
	工频加热或电炉加热铜包套坯	650 ~800	
TC1、TC2	感应炉或电炉加热铜包套坯	630 ~700	
	感应炉或电炉加热光锭	750 ~800	
TA4	感应炉或电炉加热光锭	850 ~900	
TA5	感应炉或电炉加热光锭	980 ~1020	
TA6	感应炉或电炉加热光锭	980 ~1000	
TA7	感应炉或电炉加热光锭	950 ~1050	
TA8	感应炉或电炉加热光锭	950 ~980	
TB2	感应炉或电炉加热光锭	1020 ~1050	
TC3、TC4	感应炉或电炉加热光锭	920 ~950	
TC6、TC7	感应炉或电炉加热光锭	950 ~980	
TC9	感应炉或电炉加热光锭	920 ~950	
TC10	煤气炉或电炉加热光锭	930 ~950	
Ti-32Mo-2.5Nb	玻璃浴炉加热光锭	1200 ~1300	
Ti-7Al-4Mo	玻璃浴炉加热光锭	900 ~950	

表 4-15　前苏联钛及钛合金挤压锭坯加热制度

合金牌号	BT1-00、BT1-0	OT4-0、OT4-1、OT4	BT5、BT14、BT6、BT6C	BT3-1、BT8、BT15
感应加热温度/℃	760 ~ 820	840 ~ 940	880 ~ 980	900 ~ 1150

4.3.4.3　挤压比

选择挤压比时，除考虑金属的特性外，还必须考虑挤压机的能力和工模具的许用应力。工厂常用的挤压比实例见表 4-16。

表 4-16　挤压比实例

合金牌号	挤压筒直径/mm	挤压比 λ	备　注
TA1、TA2、TA3	65	8.3 ~ 30	
	85	8.0 ~ 23	
	100	6.0 ~ 15	
	120	5.0 ~ 11	
	220	6.0 ~ 13	
	260	5.0 ~ 11	
TC1、TC2、TA4	65	6.0 ~ 13	（1）紫铜包套挤压，用普通的润滑剂润滑工具，可采用上限；（2）光坯挤压，用玻璃润滑时采用下限
	85	6.0 ~ 12	
	100	4.0 ~ 10	
	120	4.0 ~ 6.0	
	220	5.0 ~ 11	
	260	4.0 ~ 8.0	
TA5、TA6、TA7、TC3	65	3.5 ~ 8.0	
TC4、TC6、TC7	85	3.5 ~ 7.0	
	100	3.5 ~ 6.0	
	120	4.0 ~ 7.0	

4.3.4.4　挤压速度

钛及钛合金导热性差，一般采用中等速度（50 ~ 120 mm/s）进行挤压。常用钛合金的挤压速度见表 4-17 ~ 表 4-19。

表 4-17 挤压速度实例

合金牌号	工艺条件	挤压速度/mm·s^{-1}
TA1、TA2、TA3	加热温度 600~800℃，挤压比 λ 为 8~30，包铜套	25~150
TA6、TA7、TC1	加热温度 900~1000℃，挤压比 λ 为 3~12，包铜套	90~120
TC4、TC5、TC6、TC10	加热温度 930℃，挤压比 λ 为 3.5~8，裸锭挤压	100~150

表 4-18 钛及特殊合金的挤压速度

合金牌号	挤压方法	挤压温度/℃	挤压比 λ	挤压速度 /m·min^{-1}
纯钛、Zr、Zr2、Zr3	包铜套挤压管棒材	600~800	8~30	1.5~9.0
TA6、TA7、TC1、TC4、TC5、TC6、TC10	玻璃润滑光坯挤压	900~1000		5.4~7.2
		930		6.0~9.0
钨、钼及其合金		1400~1600	3~10	7.2~18.0
钽、铌及其合金	钢包套或光坯挤压管材	1150~1400	5~10	7.2~9.0

表 4-19 前苏联钛及钛合金挤压速度

合金牌号	BT1-00、BT1-0	OT4-0、OT4-1、OT4	BT5、BT14、BT6C	BT3-1、BT8、BT15
金属流出速度/m·s^{-1}	3.0	2.0	1.5	1.0

4.3.5 润滑剂

4.3.5.1 润滑剂的种类及其比较

挤压用润滑剂大致分为 4 大类，各类润滑剂的特点及其包括的品种见表 4-20。

表 4-20 挤压用润滑剂的种类及特点

类别	主要品种	特点
液体润滑剂	机油、汽缸油、菜子油	闪点低，耐压性差，不能单独使用，一般用作固体润滑剂的黏合剂或挤压工具的冷却剂

续表 4-20

类　别	主要品种	特　点
固体润滑剂	石墨、二硫化钼、二硫化钨、氯化物、氟化物、氨化物、滑石以及某些软金属	抗压性能较好，黏合性能差，一般不单独使用，而是调配于液体润滑剂或润滑脂中使用
润滑脂	复合钙基脂，高温钠基脂，钠、铅、钡基脂	由液体润滑剂中加入稠化剂而制成，为了提高使用温度、降低摩擦系数，在润滑脂中加入石墨或二硫化钼
玻璃润滑剂	各种牌号的玻璃粉，玻璃纤维或玻璃垫	导热系数低，隔热性能好，耐压能力高，化学稳定性好，使用较方便；但挤压后去除玻璃粉困难

4.3.5.2　玻璃润滑剂

玻璃润滑剂的指标有黏度、软化点及浸润性，其中黏度尤为重要。多数研究者认为，热挤压时玻璃的黏度在 0.30～1.0 Pa·s 范围内比较合适。黏度过小时，抗压能力差，容易被挤掉。黏度过大时，摩擦系数大，润滑效果不良，最好采用在一定范围内黏度随温度变化不明显的所谓“长性玻璃”润滑剂。

国产的润滑用主要玻璃粉的黏度—温度曲线Ⅰ、Ⅱ如图 4-22 和

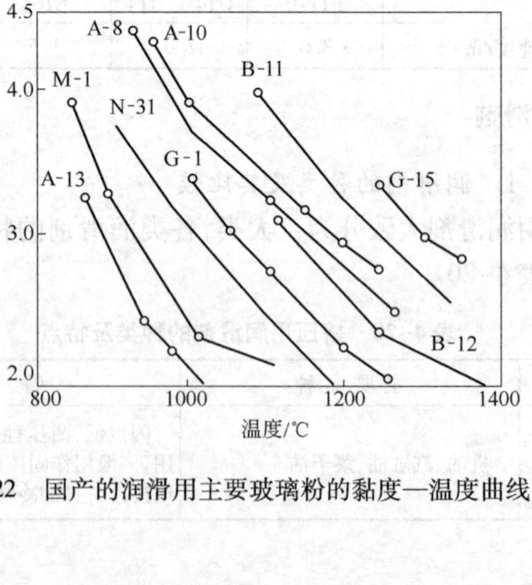

图 4-22　国产的润滑用主要玻璃粉的黏度—温度曲线Ⅰ

图 4-23 所示。国外某些玻璃润滑剂的黏度—温度曲线如图 4-24 所示。

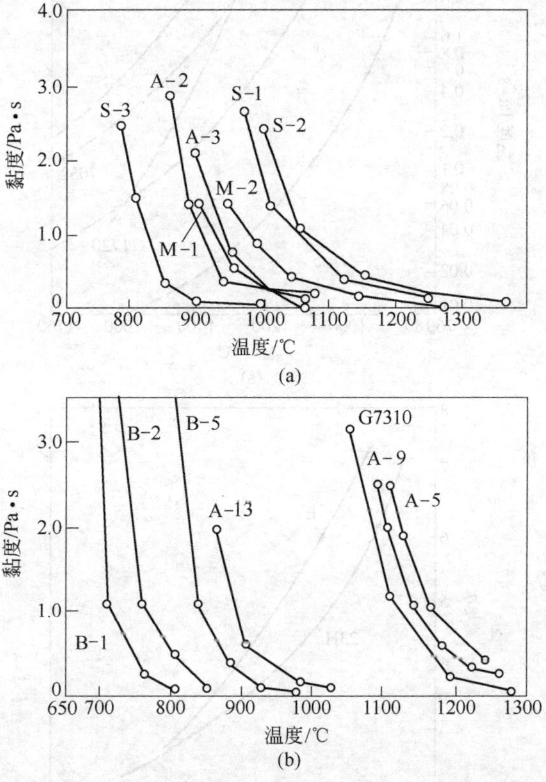

图 4-23 国产的润滑用主要玻璃粉的黏度—温度曲线Ⅱ

4.3.5.3 挤压钛材选用的润滑剂

因为玻璃润滑剂的特点是导热系数低，隔热性能好，耐压能力高，化学稳定性好，锭坯表面涂一层玻璃粉，加热时起到保护作用，挤压前再滚涂一层玻璃粉，便可起到润滑作用。所以无包套钛锭坯挤压时，通常采用玻璃润滑剂。玻璃润滑剂的主要品种有各种牌号的玻璃粉、玻璃纤维或玻璃垫。

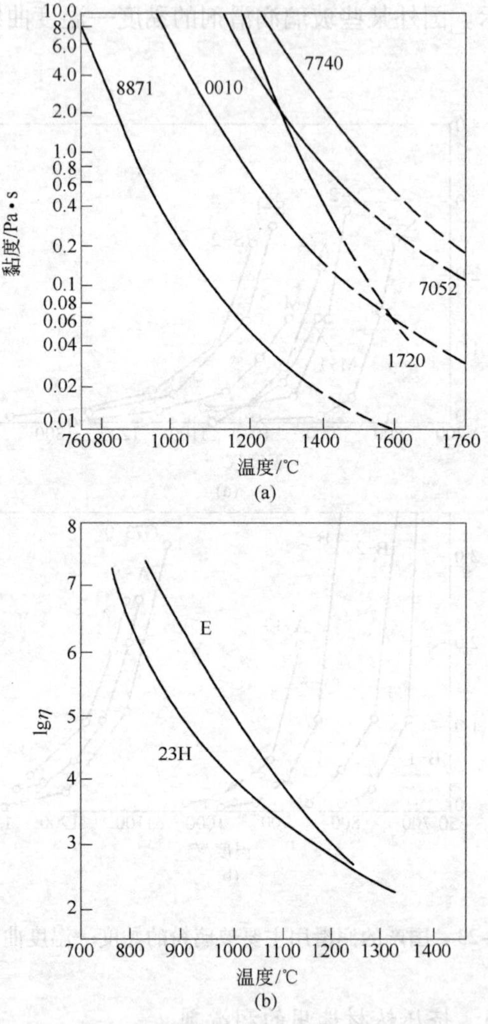

图 4-24　国外某些玻璃润滑剂的黏度—温度曲线

（a）美国；（b）日本

4.3.6　棒材挤压

钛合金管棒型材一般在卧式挤压机上用正挤压方法生产，反挤压法用得较少,且反挤压法一般使用的是立式挤压机,主要用于制造厚壁短管以及正挤压管材用的穿孔毛坯。

挤压温度是影响挤压力的主要外部因素。随着温度的升高,单位挤压力下降。坯料在感应炉加热、表面涂一层60%水玻璃+40%石墨的坯料挤压棒材时,选择的挤压比见表4-21,挤压温度对钛及钛合金的单位挤压力的影响如图4-25所示。

表4-21 挤压比

合 金	工业纯钛	TA7	TC6
挤压比 λ	2.8	8.3	5.6

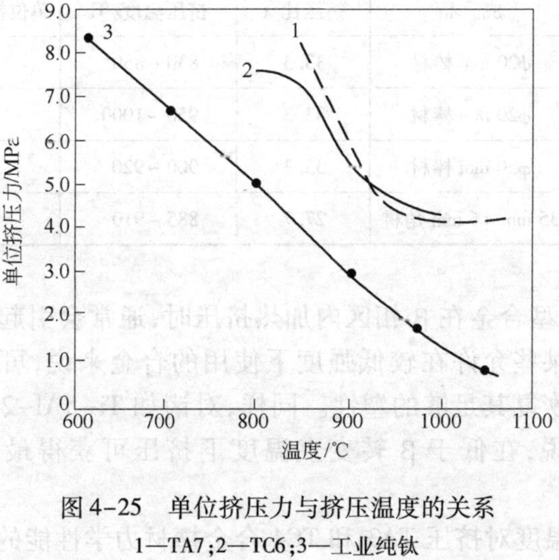

图4-25 单位挤压力与挤压温度的关系

1—TA7;2—TC6;3—工业纯钛

提高挤压温度,可增加金属流动的不均匀性,这是大多数合金热挤压的特征。但是,为了便于在最小的压力下进行挤压,应在能保证制品良好力学性能的条件下尽可能提高挤压温度。对于工业纯钛来说,即使挤压温度高达1038℃(已进入β相区温度范围),对其力学性能也无明显影响。然而,实际上也已证明,在927℃左右的温度下进行挤压是有利的。表 4-22 和表 4-23 为部分钛合金的挤压参数。

表 4-22 部分钛合金棒材的挤压参数

<table>
<tr><th>合 金</th><th>毛坯加热温度/℃</th><th>挤压比 λ</th><th>单位挤压力/MPa</th><th>流出速度/m · s⁻¹</th></tr>
<tr><td>BT1-1</td><td>750 ~ 800</td><td rowspan="4">5 ~ 15</td><td>400 ~ 700</td><td rowspan="4">0.5 ~ 0.75</td></tr>
<tr><td>OT4</td><td>800 ~ 900</td><td>500 ~ 800</td></tr>
<tr><td>BT3-1</td><td>800 ~ 900</td><td>700 ~ 1000</td></tr>
<tr><td>BT5-1</td><td>850 ~ 950</td><td>700 ~ 1000</td></tr>
</table>

表 4-23 采用综合玻璃润滑剂挤压部分钛合金的参数

合 金	成 品	挤压比 λ	挤压温度/℃	单位挤压力/MPa
BT1-1	ϕ20 mm 棒材	33.3	830 ~ 850	400
BT3-1	ϕ20 mm 棒材	33.3	950 ~ 1000	650
BT5-1	ϕ20 mm 棒材	33.3	900 ~ 920	800
OT4-0	35 mm × 6 mm 角材	27.7	885 ~ 910	500

α + β 型合金在 β 相区内加热挤压时，通常会引起塑性的下降。对于某些允许在较低强度下使用的合金来说，可以通过退火处理来恢复其足够的塑性。同样，对诸如 Ti-5Al-2.5Sn 等 α 型合金来说，在低于 β 转变点温度下挤压可获得最佳的力学性能。

加热温度对挤压 TA3 和 TC4 合金棒材力学性能的影响分别见表 4-24 和表 4-25。由表 4-25 的数据可以看出，在(α + β)/β 相转变温度(975 ~ 980℃)以上挤压，所得组织为大片层状组织，并保留有清晰完整的原始 β 晶界，原始 β 晶粒粗大，使 400℃ 性能达不到性能标准的要求。在低于(α + β)/β 相转变温度(920 ~ 950℃)时挤压，由于得到初生 α + β 转变组织，具有良好的综合性能。

表 4-24 加热温度对 TA3 挤压棒材力学性能的影响

加热温度/℃	抗拉强度 σ_b/MPa	伸长率 δ/%	断面收缩率 ψ/%	冲击韧性 α_{KU2}/J·cm^{-2}
650	665	24.5	51.5	59
	720	24.0	52.0	51
700	655	23.0	48.5	48
	715	23.5	48.5	70
750	715	24.0	48.5	46
	640	24.0	49.5	63
800	710	24.5	48.5	50
	720	23.0	48.0	59
850	630	23.0	43.5	47
	645	21.0	41.5	72

表 4-25 加热温度对挤压 TC4 合金棒材力学性能的影响

加热温度/℃	取样部位	室温性能				400℃性能			
		抗拉强度 σ_b/MPa	伸长率 δ/%	断面收缩率 ψ/%	冲击韧性 α_{KU2}/J·cm^{-2}	抗拉强度 σ_b/MPa	伸长率 δ/%	断面收缩率 ψ/%	持久强度 $\sigma_{100\,h}$/MPa
920	头	1028	16.0	44.0	48	640	15.0	57.5	600
	中	1021	16.5	45.5		650	18.5	59.5	
	尾	1015	14.0	42.5		670	18.0	59.0	
950	头	1025	17.0	48.0	57	653	19.0	60.5	600
	中	1020	16.0	47.5	55	650	19.5	61.0	
	尾	1013	15.5	42.5	54	660	18.5	59.5	
980	头	973	14.5	34.0	44	601	16.5	51.5	600
	中	973	14.5	35.5	44	606	18.0	53.5	
	尾	975	14.0	38.5	77	620	17.0	54.5	
1010	头	1003	13.5	35.5	41	631	17.0	51.0	600
	中	1010	14.5	36.5		605	17.0	53.0	
	尾	1020	14.5	38.0		576	16.0	53.5	

对于 β 型钛合金，在可供选择的挤压温度范围内都是 β 相，通常采用较高的挤压温度。但是它的热敏感性比较大，温度太高时，β 晶粒急剧长大，使塑性降低。其组织和性能不仅与挤压温度有关，而且还与挤压后时效处理规程有关。

对于 α + β 型钛合金，在选择挤压比时，应注意挤压比与加热温度对制品组织和性能的综合影响。表 4-26 为在不同温度、不同挤压比时 TC9 挤制棒材的力学性能。由表 4-26 可知，在同一温度（如 950℃）下挤压，由于挤压比不同，其性能有明显的差别，特别是挤压比为 7.8 时，其强度、塑性、热稳定性都比较差；在相同的挤压比（$\lambda = 5.5$）时，随加热温度不同，其性能也有明显的差别。

表 4-26　不同温度、不同挤压比 TC9 挤制棒材的力学性能

加热温度 /℃	挤压比 λ	室温性能			500℃拉伸性能		
		抗拉强度 σ_b/MPa	伸长率 δ/%	断面收缩率 ψ /%	抗拉强度 σ_b/MPa	伸长率 δ/%	断面收缩率 ψ /%
920	5.5	1250	17.0	49.0	855	22.5	61.5
950	5.5	1245	17.0	43.0	875	22.0	58.5
970	5.5	1190	15.5	35.5	825	20.0	54.5
950	4.5	1260	18.5	49.0	870	23.5	64.5
950	7.8	1210	14.5	31.0	848	19.0	48.0

加热温度 /℃	挤压比 λ	500℃，100 h 热稳定			500℃持久，620 MPa 下停留时间/h	室温冲击
		抗拉强度 σ_b/MPa	伸长率 δ/%	断面收缩率 ψ /%		冲击韧性 α_{KU2}/J · cm^{-2}
920	5.5	1220	17.0	40.5	>240	44
950	5.5	1240	18.0	37.0	>300	50
970	5.5	1190	14.0	30.5	>460	49
950	4.5	1270	17.5	42.5	>200	50
950	7.8	1195	14.5	21.5	>200	50

TC4 合金在 $\alpha+\beta$ 相区加热时（即 920～950℃），采用 3～10 的挤压比可以获得综合性能良好的制品；而在 920℃加热时，采用大挤压比（$\lambda=28.7$）挤压时，由于变形热效应使挤压温度升高到 $(\alpha+\beta)/\beta$ 相变温度以上，造成制品出现篮网状组织，其塑性指标降低，疲劳性能变差。

润滑条件不良时，外摩擦增大，挤压力增加。同时，由于外摩擦增大，造成不均匀变形加剧，挤压力增大。如用 600 t 挤压机、ϕ65 mm 挤压筒、挤压比 $\lambda=8.7$，在 1050℃挤压 TA7 合金棒材时，其单位压力随润滑条件变化情况见表 4-27。

表 4-27　单位压力与润滑条件的关系

润滑条件	A-5 + M-1 玻璃粉	80 号玻璃粉	1020 号玻璃粉
单位压力 p/MPa	598	523	432

4.3.7　管材挤压

前苏联的钛合金管材包括 12 种合金的 2000 多个工业品种规格。根据现行技术条件，钛及钛合金管材可分为热挤压管、热轧管、冷变形管和焊接管 4 类，见表 4-28。

表 4-28　常用钛合金管材

<table>
<tr><th colspan="2">管材名称</th><th>合　金</th><th>外径/mm</th><th>壁厚/mm</th></tr>
<tr><td colspan="2" rowspan="2">热挤压管</td><td rowspan="2">BT1-00、BT1-0、OT4-0、OT4-1、OT4、BT6C、BT8、BT3-1、BT5</td><td>45～49</td><td>5～20</td></tr>
<tr><td>100～250</td><td>10～35</td></tr>
<tr><td colspan="2">热轧管</td><td>BT14、BT15、BT1-00、BT1-0、OT4-1、OT4、AT3、BT5</td><td>60～485</td><td>5～65</td></tr>
<tr><td rowspan="2">冷变形管</td><td>一般质量冷变形管</td><td>BT1-00、BT1-0、OT4-0、OT4-1、OT4、BT5</td><td>6～62</td><td>1～4</td></tr>
<tr><td>高质量冷变形管</td><td>BT1-00、BT1-0、OT4-0</td><td>8～30</td><td>0.5～2</td></tr>
<tr><td colspan="2">焊接管</td><td>BT1-00、BT1-0、OT4-0</td><td>25～100</td><td>1～2</td></tr>
</table>

钛及钛合金的无缝管材可采用几种工艺流程来生产。热轧管材一般是在二辊或三辊穿孔轧机上轧制生产。

薄壁无缝管材多按下列流程制造：

(1) 挤压—轧制；

(2) 挤压—轧制—拉伸；

(3) 穿孔—轧制。

管材挤压的主要工艺要求为:按照确定的工艺,或者对不同直径的轧棒进行机械加工,或者对坯料进行挤压穿孔,均可获得空心管坯。研究表明,当孔径大于130 mm时,最好用盲孔模对坯料进行穿孔,保留25 ~30 mm的堵头。过薄的堵头会使作用在挤压针上的力急剧增加。当对直径大于130 mm的环形件直通穿孔时,可形成一种料头,其长度为穿孔直径的1.2 ~1.3倍。这会显著增加金属消耗,并使工艺过程变得不经济。

挤压管材用穿孔坯料或轧棒,应车去表面缺陷和吸气层。直径为80 mm以上的管材一般在30 ~50 MN的卧式水压机上挤压,而直径较小的管材则在16 MN卧式水压机或6 MN立式水压机上挤压。

为了使两相合金管材获得高的塑性指标,应在不高于1000℃的温度下进行挤压。950℃挤压后在许多情况下都会使宏观组织粗糙化,这是完全在 α + β 相区进行变形而形成纤维状组织的结果。

在立式挤压机上挤压中等直径和较小直径管材的工艺过程,包括穿孔和随后挤压这两道工序。在采用这种方法以前,是用预先钻孔的坯料进行挤压的。钻孔直径取决于管子的内径。当钻穿通孔时,碎屑量达20%,钻头的消耗量也相当高。最近几年又进行了一系列的工作,结果是钻孔被穿孔取而代之。

用带有两个定径带的穿孔针实现穿孔挤压的过程如图4-26所示。这种形状的穿孔针挤压可获得厚壁不均最小的管材,并且可在挤压过程中防止金属粘到穿孔针上。

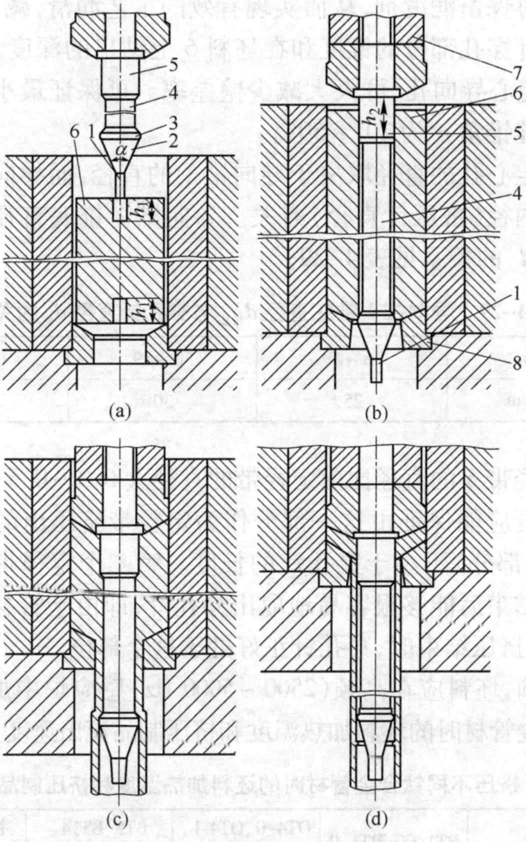

图 4-26 钛合金管材穿孔挤压工艺过程

(a) 穿孔开始;(b) 穿孔结束;(c) 挤压;(d) 挤压结束

1—导向锥;2—工作锥;3—前定径带;4—穿孔针工作部分;

5—后定径带;6—坯料;7—针座;8—挤压模

此外,用这种穿孔针还可在无穿孔系统的挤压机上进行穿孔挤压。穿孔针的穿孔部分由导向锥1(锥角约为2°)和工作锥2组成。与穿孔部分相连的为前定径带3,其直径比穿孔针工作部分4的直径大1~1.5 mm。穿孔针的这种前端形状,可以减少金属料头的损失。由于前定径带的直径大于针体直径,在穿孔针工作部分表面上可保留润滑剂，从而实现有效的工艺润滑，减少壁差率。依靠穿孔针穿孔部分的锥度和在坯料 6 上钻出的深度 h_1 为 40 ~ 70 mm 的定心导向孔，可大大减少壁差率。可保证最小壁差率的穿孔针最佳锥角 α 为 20° ~50°。

坯料定心孔的直径取决于导向锥 1 的直径，而导向锥的直径也与管材内径（挤压针直径）有关。导向锥 1 锥底直径 $d_{锥底}$ 与穿孔针直径 d_z 的关系见表 4-29。

表 4-29　导向锥 1 锥底直径 $d_{锥底}$ 与穿孔针直径 d_z 的关系

d_z/mm	36 ~49	50 ~59	60 ~72
$d_{锥底}$/mm	25	30	35

后定径带 5 的直径比前定径带的直径大 0.3 ~0.5 mm。后定径带的长度应能保证由这一部分作为定径带挤压出的管材长度（管材尾端部分）不小于穿孔针的长度。第二个定径带的作用是为了挤压结束后能够很容易地取出穿孔针，即由于管材尾部的内径较大，当挤压结束时，穿孔针正好处于这个部位。

挤压前，坯料应在高频（2500 ~5000 Hz）感应炉中加热。挤压不同钛合金管材时的坯料加热温度和挤压制品流出速度见表 4-30。

表 4-30　挤压不同钛合金管材时的坯料加热温度和挤压制品流出速度

合　金	BT1-00、BT1-0	OT4-0、OT4-1、OT4	BT5、BT14、BT6C	BT3-1、BT8、BT15
T/℃	760 ~820	840 ~940	880 ~980	900 ~1150
v_f/m · s^{-1}	3.0	2.0	1.5	1.0

加热到规定温度的时间一般为 1 ~1.5 min。用周期性对炉子通电与断电的方法均匀坯料的加热温度。坯料断面上的温差不应超过 20 ~30℃。

考虑到钛与工具材料黏着力较强，应采用下列成分的润滑剂进行挤压：柏油 60% ~70%、铅笔石墨 30% ~40%。在向穿孔针表面涂抹之前，应将润滑剂预热到 250 ~300℃，并仔细地搅拌。

管材外径的挤压公差为 ±0.5 mm。允许的壁差率为管材壁厚的 15% 以下。

用带有两个定径带的穿孔针进行穿孔挤压的工艺，可提高成品率 10% ~15%，提高生产率和减少昂贵钻头的消耗。

4.3.8 型材挤压

航空、航天用的钛合金型材在国外都采用挤压方法生产。钛型材分厚壁型材和薄壁型材两大类。美国只生产厚壁钛型材，俄罗斯两大类钛型材都生产。飞机上使用的绝大部分是薄壁型材，俄罗斯的水平最高。以俄罗斯航空用钛合金型材为例，从横截面形状上可分成：直角、锐角、钝角、Z 字型材、U 字型材和 T 字型材；从边长与壁厚上又可分成：等边长、不等边长、等壁厚、不等壁厚、薄壁、厚壁型材。约有 70 余种，基本用在俄罗斯军用飞机机身内装置上。

4.3.8.1 钛型材种类

A 薄壁型材

前苏联航空用直角、锐角、钝角、Z 字型材、U 字型材和 T 字型材等 7 种型材；从边长与壁厚上又可分成：等边长、不等边长、等壁厚、不等壁厚、薄壁型材。7 种薄壁型材种类、断面编号和型材断面图见表 4-31，断面编号共计 90 种。7 种薄壁型材与断面编号对应的尺寸、质量和合金牌号等分别见表 4-32 ~ 表 4-38，使用的钛合金牌号有 OT4、OT4M、OT4-1、BT3-1、BT5、BT5-1、BT5M、BT6、BT6ч、BT14、BT20、BT20M、BT23 和 ПТ3-B 合金。

表 4-31 7 种薄壁型材种类、断面编号和型材断面图

序号	薄壁型材种类	型材断面编号	型材断面图
1	直角等边、等壁厚或不等壁厚薄壁型材	ПТ1-2k、ПТ1-3k、ПТ1-4k、ПТ 1-9k、ПТ1-10、ПТ1-12、ПТ1-13、ПТ 1-14、ПТ1-15、ПТ1-16k、ПТ1-17、ПТ1-20、ПТ1-23；ПТ1-1k、ПТ1-5k、ПТ1-26、ПТ1-27、ПТ2-58	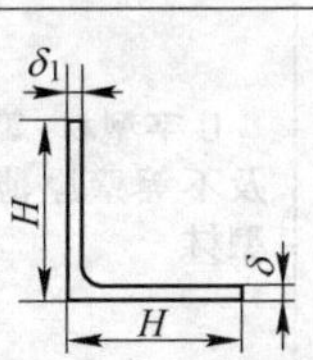

续表 4-31

序号	薄壁型材种类	型材断面编号	型材断面图
2	L 型材，不等边、不等厚薄壁型材	ПТ2-1k、ПТ2-2k、ПТ2-6k、ПТ 2-7k、ПТ2-8k、ПТ2-10k、ПТ2-25、ПТ2-26、ПТ2-29、ПТ2-30k、ПТ2-33k、ПТ2-36、ПТ2-62k、ПТ2-67	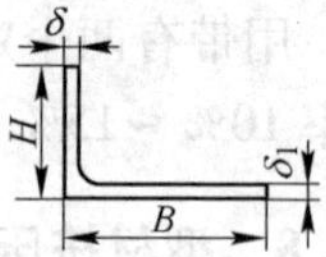
3	直角、不等边、不等壁厚薄壁型材	ПТ2-3k、ПТ2-4k、ПТ2-14、ПТ 2-15、ПТ2-16k、ПТ2-17k、ПТ 2-20k、ПТ 2-21k、ПТ2-32、ПТ2-39、ПТ2-40、ПТ2-44、ПТ2-45、ПТ2-46、ПТ2-47、ПТ2-54k、ПТ2-57、ПТ2-59、ПТ2-61、ПТ2-63、ПТ2-64、ПТ2-70、ПТ2-73	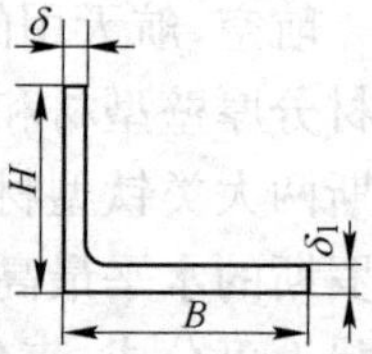
4	等边、不等壁厚钝角型材	ПТ1-25、ПТ3-26	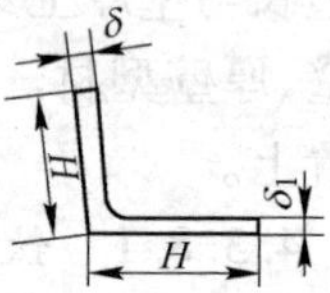
5	等壁和不等壁厚薄壁 T 字型材	ПТ5-3k、ПТ5-4k、ПТ5-6k、ПТ 5-10、ПТ5-17、ПТ 5-21、ПТ 5-24、ПТ 5-29、ПТ5-30k、ПТ5-33、ПТ5-34、ПТ5-35、ПТ5-39、ПТ5-41、ПТ5-45、ПТ 5-51、ПТ5-52、ПТ5-53	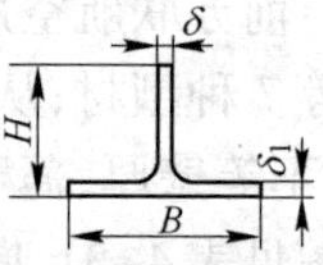
6	Z 字型材，等壁及不等壁厚薄壁型材	ПТ9-2k、ПТ9-4、ПТ 9-6k、ПТ 9-15k	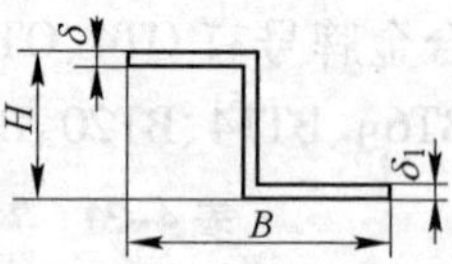
7	U 字型材，等壁及不等壁厚薄壁型材	ПТ11-1、ПТ11-4、ПТ11-6、ПТ 11-8、ПТ11-10、ПТ11-14、ПТ 11-15、ПТ11-16、ПТ11-20、ПТ 11-21	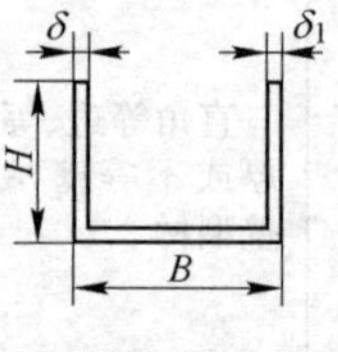

表 4-32 直角等边、等壁厚或不等壁厚薄壁型材

断面编号	*H*	δ	δ_1	质量/kg·m^{-1}	合 金
ПТ1-2k	36	3.5	3.5	1.074	BT20M
ПТ1-3k	25.5	1.4	1.4	0.315	OT4M
ПТ1-4k	25.5	1.7	1.7	0.382	OT4
ПТ1-9k	31	1.6	1.6	0.451	BT20M、OT4M
ПТ1-10	22	2.2	2.2	0.421	OT4-1
ПТ1-12	30	2	2	0.602	OT4
ПТ1-13	32	3	3	0.819	ПТ3-B
ПТ1-14	40	5	5	1.825	ПТ3-B
ПТ1-15	50	5	5	2.297	ПТ3-B
ПТ1-16k	18	1.7	1.7	0.263	OT4-1
ПТ1-17	35	6	6	2.09	OT4M
ПТ1-20	33	4	4	1.30	OT4M
ПТ1-23	25	2	2	0.455	OT4
ПТ1-1k	31	4	6	1.286	BT20M
ПТ1-5k	35.5	2.2	3.2	0.84	OT4、OT4-1
ПТ1-26	40	7	5	2.08	BT20
ПТ1-27	55	7	8	3.6	BT23
ПТ2-58	35	3	2	0.765	OT4M

表 4-33 不等边、等厚薄壁 L 型材

断面编号	*B*	*H*	δ	δ_1	质量/kg·m^{-1}	合 金
ПТ2-1k	37	33	2.1	2.1	0.642	BT20M
ПТ2-2k	51	36	2.1	2.1	0.801	BT20M、OT4M
ПТ2-6k	52	22	2.2	2.2	0.726	BT20M、OT4M
ПТ2-7k	40	27	2.2	2.2	0.656	BT20M、OT4M
ПТ2-8k	47	27	2.2	2.2	0.726	BT20M、OT4M
ПТ2-10k	47	27	2.5	2.5	0.803	BT20M、OT4M
ПТ2-25	77	42	4.1	4.1	2.147	BT20M、OT4M
ПТ2-26	43.2	12.2	2.3	2.3	0.563	OT4
ПТ2-29	46	20	2.5	2.5	0.726	OT4M
ПТ2-30k	41	30	2.5	2.5	0.806	OT4M
ПТ2-33k	32	27	1.8	1.8	0.449	BT5M
ПТ2-36	51	52	5.1	5.1	2.25	BT20
ПТ2-62k	42	37	3	3	1.5	BT20
ПТ2-67	76	65	8	8	5	BT23

表 4-34　直角、不等边不等壁厚薄壁型材

断面编号	B	H	δ	δ_1	质量/kg · m^{-1}	合　金
ПТ2-3k	33	31	2.2	3	0.722	BT20M
ПТ2-4k	26	23	2.7	2.3	0.522	OT4M
ПТ2-14	101	51	6	4	3.1	BT20、OT4
ПТ2-15	24	30	3	6	0.98	BT5
ПТ2-16k	35.5	26.5	3.7	2.2	0.958	OT4
ПТ2-17k	50	40	2.7	2.3	0.99	BT20、OT4
ПТ2-20k	33.5	30	5.7	6.7	1.62	BT20、OT4、OT4-1
ПТ2-21k	50.5	40.5	3.7	3.2	1.36	OT4、OT4-1
ПТ2-32	97	31	4	8	3.920	BT20
ПТ2-39	33	23.5	6.5	5.5	1.351	OT4
ПТ2-40	45	28	6	3	1.442	BT5-1
ПТ2-44	46	33	6	5	1.832	BT14
ПТ2-45	59	49	10	6.5	3.713	OT4
ПТ2-46	30	31	9	5	1.732	BT3-1
ПТ2-47	5.5	35	8	10	3.36	BT20
ПТ2-48k	50	40	2.7	2.3	0.99	BT6ч
ПТ2-50k	50.5	40.5	3.7	3.2	1.36	BT6ч
ПТ2-53	60	30	11	10	3.66	BT20
ПТ2-54k	45	21	2.7	2.3	0.696	BT20M
ПТ2-57	35	25	3.2	2.2	0.68	BT20M
ПТ2-59	30	24	2.7	4.2	0.8	BT20M
ПТ2-61	77	67	13	6.5	5.9	BT20M
ПТ2-63	31	36	7	4	1.80	BT20
ПТ2-64	40	25	15	9	2.7	BT20
ПТ2-70	31	23	9	5	1.42	BT6
ПТ2-73	100	60	10	6	50.9	BT20

表 4-35 等边、不等壁厚薄壁钝角型材

断面编号	H	δ	δ_1	质量/kg · m^{-1}	合 金
ПТ1-25	40	7	5	2.08	BT20
ПТ3-26	40	4	6	1.843	BT23

表 4-36 等壁和不等壁厚薄壁 T 字型材

断面编号	B	H	δ	δ_1	质量/kg · m^{-1}	合 金
ПТ5-3k	42.5	25.5	2.2	3.7	0.945	OT4-1
ПТ5-4k	80	47	7.8	3.2	2.75	OT4-1
ПТ5-6k	80	47	7.8	5.2	3.4	OT4-1
ПТ5-10	70	40	7.0	5.0	2.75	BT20、OT4
ПТ5-17	62	50	5.0	10	3.706	BT20
ПТ5-21	48	13.5	4.0	3.0	0.855	BT5
ПТ5-24	73	43	7.0	7.5	3.63	BT20
ПТ5-29	35	30	4.0	5.0	1.30	OT4-1
ПТ5-30k	50	30	4.0	2.0	1.15	BT20
ПТ5-33	42	14	3.0	4.0	0.897	BT3-1
ПТ5-34	36	35	5.0	8.0	1.91	BT3-1
ПТ5-35	65	35	8.0	5.0	2.56	BT20
ПТ5-39	85	40	3.0	3.0	1.712	OT4
ПТ5-41	50	70	10	10	5.357	ПТ-3B
ПТ5-45	50	60	7.0	6.0	3.1	BT3-1
ПТ5-51	73	27	3.0	5.0	1.8	BT5
ПТ5-52	27	25	3.5	3.5	0.762	BT6
ПТ5-53	34.2	34.2	4.7	4.7	1.64	OT4M

表 4-37 等壁及不等壁厚薄壁 Z 字型材

断面编号	B	H	δ	δ_1	质量/kg · m^{-1}	合 金
ПТ9-2k	48.5	27.6	2.0	2.0	0.83	OT4、BT20
ПТ9-4	51	40	4.0	3.0	1.312	BT20

续表 4-37

断面编号	B	H	δ	δ_1	质量/$kg \cdot m^{-1}$	合 金
ПТ9-6k	49.5	27.6	2.0	2.0	0.68	BT20M
ПТ9-15k	63	45	5.0	5.0	2.154	BT20

表 4-38 等壁和不等壁厚薄壁 U 字型材

断面编号	B	H	δ	δ_1	质量/$kg \cdot m^{-1}$	合 金
ПТ11-1	27.6	27	2.0	2.2	0.79	OT4
ПТ11-4	45	51.5	6.5	6.5	0.966	ПТ-3В
ПТ11-6	60	35	6.0	6.0	2.96	BT20
ПТ11-8	50	10	5.0	5.0	1.171	BT20M
ПТ11-10	94	25.5	6.0	6.0	4.47	BT20
ПТ11-14	59.5	31	10	10	4.50	BT20M
ПТ11-15	42	27	8.0	16	3.70	BT20M
ПТ11-16	37	30	16	9.0	4.06	BT20M
ПТ11-20	30	15	2.5	2.5	0.60	BT20
ПТ11-21	44	29	90	9.0	2.581	BT20

在钛合金挤压型材工业标准 OCT1 92064—77 中,断面面积小于 20 cm^2 的挤压薄壁型材合金牌号有 OT4、OT4-1、BT5、BT5-1、BT6、BT6ч、BT14、BT20 和 ПТ-3В,其主要技术指标见表 4-39。

表 4-39 前苏联挤压薄壁型材主要技术指标

合金牌号	供应状态	试验试样状态	力学性能			
			抗拉强度 σ_b/MPa	伸长率 δ_5/%	断面收缩率 ψ/%	冲击韧性 α_{KU}/$J \cdot cm^{-2}$
OT4	退火	退火	≥686	≥10	≥27	≥30
OT4-1	退火	退火	≥588	≥12		
BT5	退火	退火	≥735	≥8		
BT5-1	退火	退火	≥784	≥8		

续表 4-39

合金牌号	供应状态	试验试样状态	力学性能			
			抗拉强度 σ_b/MPa	伸长率 δ_5/%	断面收缩率 ψ/%	冲击韧性 α_{KU}/J·cm^{-2}
BT6	退火	退火	≥902	≥10		
BT6ч	退火	退火	≥883	≥8		
BT14	退火	退火	≥883	≥6	≥30	≥35
BT20	退火	退火	≥932	≥7	≥20	≥30
ПТ-3В	退火	退火	≥686	≥10		

B 断面形状复杂的型材

BT20 合金有 8 种断面形状复杂的型材，如图 4-27 所示。

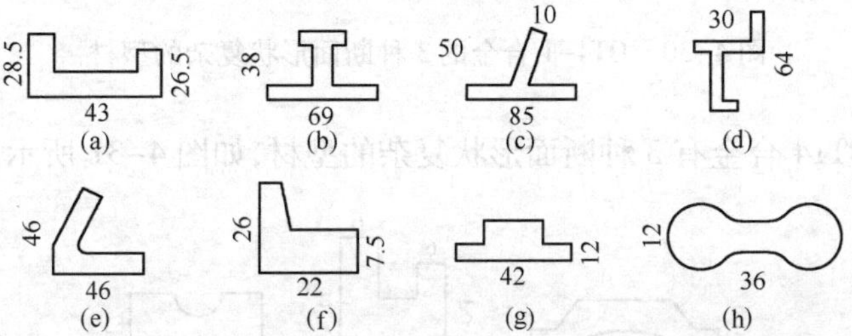

图 4-27 BT20 的 8 种断面形状复杂的型材

BT20M 合金有 5 种断面形状复杂的型材，如图 4-28 所示。

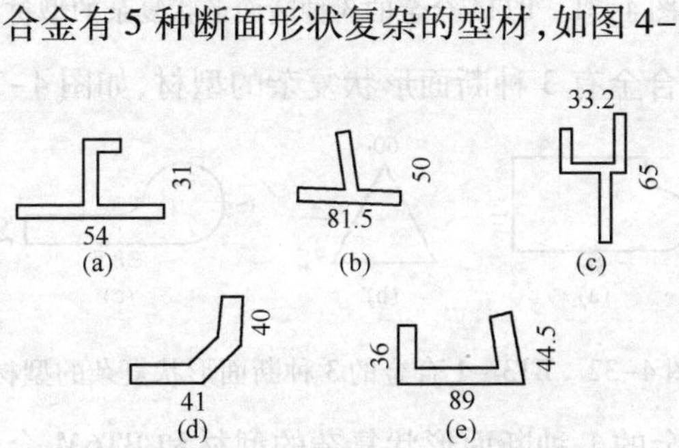

图 4-28 BT20M 的 5 种断面形状复杂的型材

OT4 合金有 3 种断面形状复杂的型材，如图 4-29 所示。

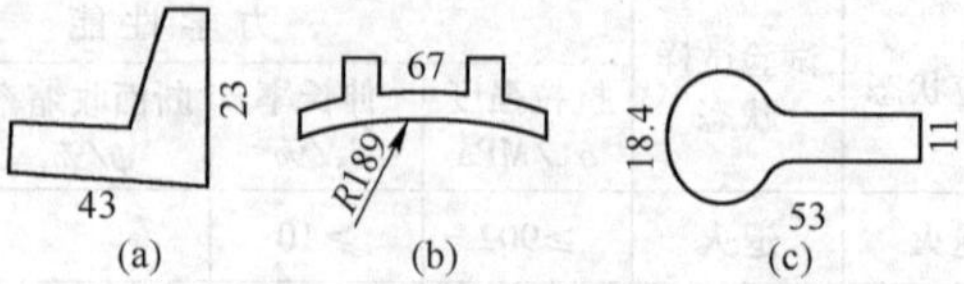

图 4-29　OT4 合金的 3 种断面形状复杂的型材

OT4-1 合金有 3 种断面形状复杂的型材，如图 4-30 所示。

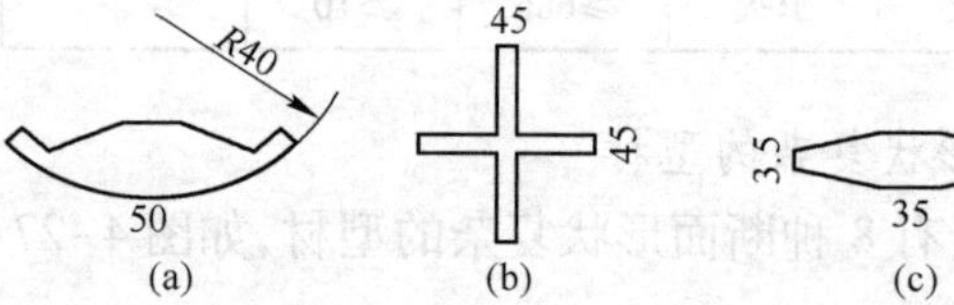

图 4-30　OT4-1 合金的 3 种断面形状复杂的型材

BT14 合金有 3 种断面形状复杂的型材，如图 4-31 所示。

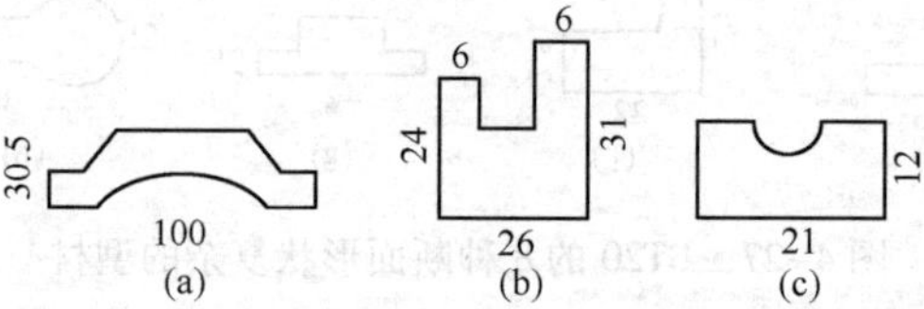

图 4-31　BT14 合金的 3 种断面形状复杂的型材

BT3-1 合金有 3 种断面形状复杂的型材，如图 4-32 所示。

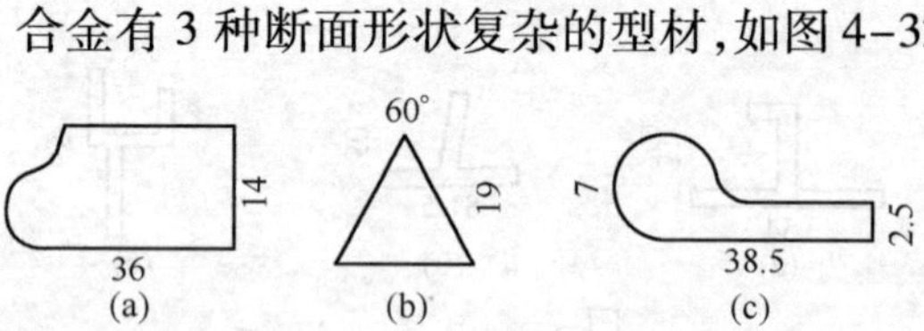

图 4-32　BT3 -1 合金的 3 种断面形状复杂的型材

BT6 合金的 1 种断面形状复杂的型材和 BT6M 合金的 2 种断面形状复杂的型材如图 4-33 所示。

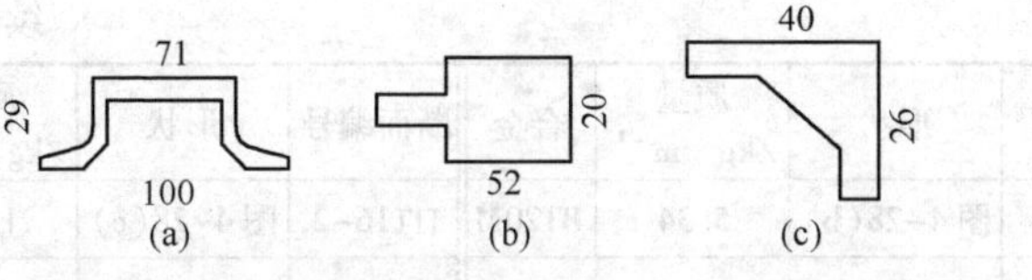

图 4-33 BT6 合金和 BT6M 合金的断面形状复杂的型材
(a) BT6;(b),(c) BT6M

BT5 合金有 4 种断面形状复杂的型材,如图 4-34 所示。

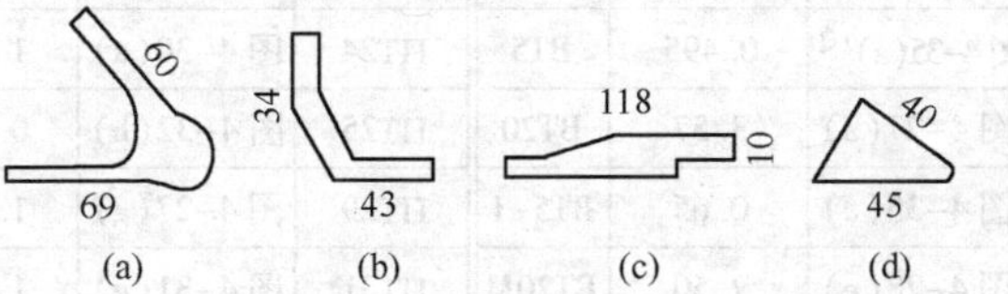

图 4-34 BT5 合金的 4 种断面形状复杂的型材

BT5-1 合金有 2 种断面形状复杂的型材,如图 4-35 所示。

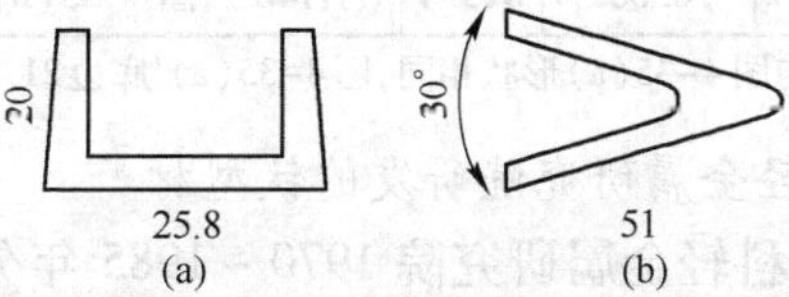

图 4-35 BT5-1 合金的 2 种断面形状复杂的型材

上述 OT4、OT4-1、BT3-1、BT5、BT5-1、BT6、BT6M、BT14、BT20、BT20M 合金断面形状复杂型材的断面编号、形状、质量见表 4-40。

表 4-40 合金断面形状复杂型材的断面编号、形状、质量

断面编号	形状	质量 /kg·m⁻¹	合金	断面编号	形状	质量 /kg·m⁻¹	合金
ПТ3-2	图 4-28(d)	2.46	BT20M	ПТ14-3	图 4-32(a)	2.16	BT3-1
ПТ3-9	图 4-33(c)	2.251	BT6M	ПТ15-1	图 4-34(c)	3.874	BT5
ПТ3-12	图 4-27(f)	0.98	BT20	ПТ15-4	图 4-30(c)	0.382	OT4-1
ПТ3-21	图 4-27(e)	4.476	BT20	ПТ15-7	图 4-29(b)	1.72	OT4
ПТ3-24	图 4-29(a)	1.835	OT4	ПТ15-8	图 4-29(b)	1.57	OT4
ПТ7-2	图 4-28(a)	1.35	BT20M	ПТ15-10	图 4-27(h)	1.513	BT20

续表 4-40

断面编号	形状	质量 /kg · m^-1	合金	断面编号	形状	质量 /kg · m^-1	合金
ПТ7-5	图 4-28(b)	5.34	BT20M	ПТ16-2	图 4-28(c)	1.89	BT20M
ПТ7-6	图 4-27(c)	5.7	BT20	ПТ17-3	图 4-34(b)	1.50	BT5
ПТ8-7	图 4-27(b)	4.894	BT20	ПТ20	图 4-27(d)	1.40	BT20
ПТ10-1	图 4-30(b)	0.81	OT4-1	ПТ21	图 4-34(d)	2.30	BT5
ПТ12-4	图 4-31(b)	2.382	BT14	ПТ22	图 4-31(a)	6.106	BT14
ПТ12-5	图 4-35(a)′①	0.495	BT5	ПТ24	图 4-30(a)	1.293	OT4-1
ПТ12-6	图 4-27(a)	3.57	BT20	ПТ25	图 4-32(b)	0.937	BT3-1
ПТ12-7	图 4-35(a)	0.65	BT5-1	ПТ29	图 4-27(g)	1.417	BT20
ПТ12-10	图 4-28(e)	7.50	BT20M	ПТ31	图 4-31(c)	1.080	BT14
ПТ12-12	图 4-33(a)	5.60	BT6	ПТ40	图 4-35(b)	1.50	BT5-1
ПТ14-1	图 4-29(c)	3.02	OT4	ПТ41-2	图 4-34(a)	2.50	BT5
ПТ14-2	图 4-32(c)	0.60	BT3-1	ПТ46	图 4-33(b)	3.50	BT6M

① 图 4-35(a)′与图 4-35(a)形状相同,图 4-35(a)′底边 21.5 mm,立边 16.5 mm。

C　莫斯科轻金属研究院研发的钛型材

前苏联莫斯科轻金属研究院 1970 ~ 1985 年分别研发了大尺寸钛合金挤压型材、挤压大型尾翼钛型材、钛合金挤压薄壁型材、钛壁板、空心钛型材等。

a　大尺寸钛合金挤压型材

图 4-36 所示为 1970 年开始研制开发的大尺寸钛合金挤压型材。其规格、尺寸为:

翼缘厚度 δ/mm	10 ~ 50
宽 B,高 H/mm	≤250
外接圆直径 D/mm	≤340
截断面面积/cm^2	≤250

随后,研制开发了 7 种大尺寸钛合金挤压型材(见图 4-37),选用的合金是中强和高强钛合金 BT6、BT20、BT22 和 BT23,大尺寸钛合金挤压型材的性能见表 4-41。

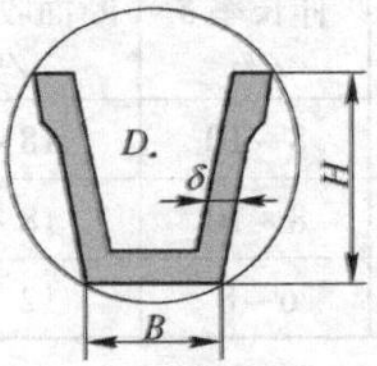

图 4-36　大尺寸挤压型材断面图

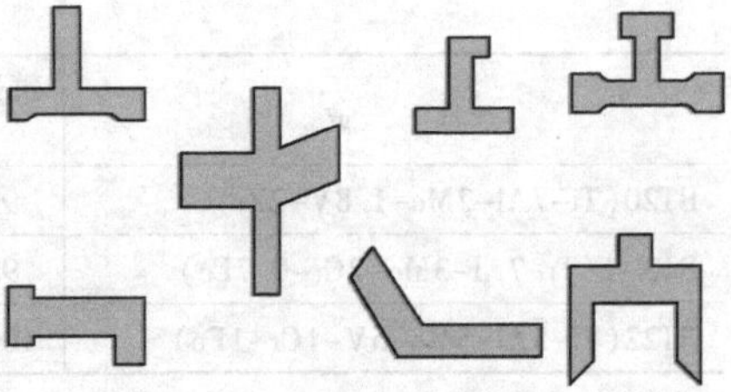

图 4-37　7 种大尺寸钛合金挤压型材断面图

表 4-41　大尺寸钛合金挤压型材的性能

合　金	抗拉强度 σ_b /MPa	伸长率 δ /%	断面收缩率 ψ /%
BT6(Ti-6Al-6V)	900	9	22
BT20(Ti-7Al-2Mo-1.8V-2Zr)	930	10	22
BT22(Ti-5Al-5Mo-5V-1Cr-1Fe)	1080	8	20
BT23(Ti-5Al-2Mo-4.5V-1Cr-1Fe)	1230	6	14

b　挤压大型尾翼钛型材

1975 年以后研发了挤压大型尾翼钛型材，共开发了 7 个挤压大型尾翼钛型材，截断面如图 4-38 所示。其规格、尺寸为：

	型材	大型尾端
长度/m	1.5~6.0	0.3~1.0
截断面面积/cm^2	12~30	50~200
桁条翼缘厚度/mm	12~40	
临界尺寸/mm	<180	200

7 个挤压大型尾翼钛型材选用的合金是中强和高强钛合金 OT4、BT6、BT20、BT3-1 和 BT22，大尺寸钛合金挤压型材的性能见表 4-42。

表 4-42　挤压大型尾翼钛合金型材的性能

合　金	抗拉强度 σ_b /MPa	伸长率 δ /%	断面收缩率 ψ /%
OT4(Ti-4Al-1.5Mn)	650~700	8~10	18~25
BT6(Ti-6Al-6V)	850~900	6~8	18~25

续表 4-42

合　　金	抗拉强度 σ_b /MPa	伸长率 δ /%	断面收缩率 ψ /%
BT20(Ti-7Al-2Mo-1.8V-2Zr)	900 ~ 950	8 ~ 10	18 ~ 25
BT3-1(Ti-7Al-3Mo-2Cr-0.7Fe)	950 ~ 980	8 ~ 10	18 ~ 25
BT22(Ti-5Al-5Mo-5V-1Cr-1Fe)	1000 ~ 1050	6 ~ 8	12 ~ 20

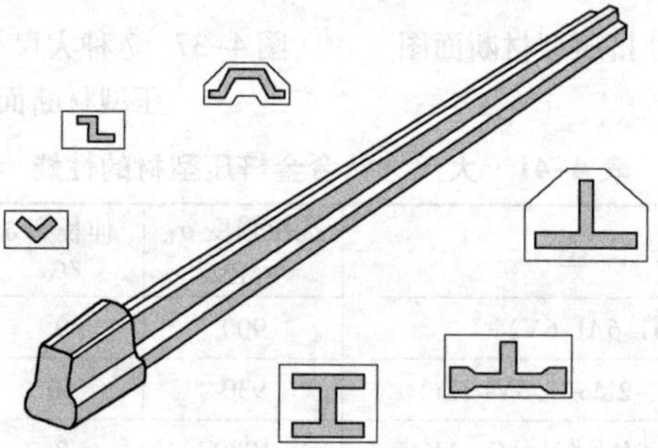

图 4-38　7 个挤压大型尾翼钛型材的截断面

c　挤压薄壁型材

1980 年研发了钛合金各种挤压薄壁型材，共开发了 15 个挤压薄壁钛型材，截断面如图 4-39 所示。其规格、尺寸为：

	挤出长度	尺寸
截断面面积/cm^2	0.8 ~ 20.0	0.5 ~ 6.0
翼缘厚度(最小)/mm	1.5	1.2
翼缘允许偏差/mm	0.25	0.15
长度/m	4.0	4.0

15 个挤压薄壁型材选用的合金是中强钛合金 OT4、BT6 和 BT20，挤压薄壁各种型材的性能见表 4-43。

表 4-43　钛合金挤压薄壁型材的性能

合　金	抗拉强度 σ_b /MPa	伸长率 δ /%	断面收缩率 ψ /%
OT4(Ti-4Al-1.5Mn)	685	10	27
BT6(Ti-6Al-6V)	900	10	
BT20(Ti-7Al-2Mo-1.8V-2Zr)	930	7	20

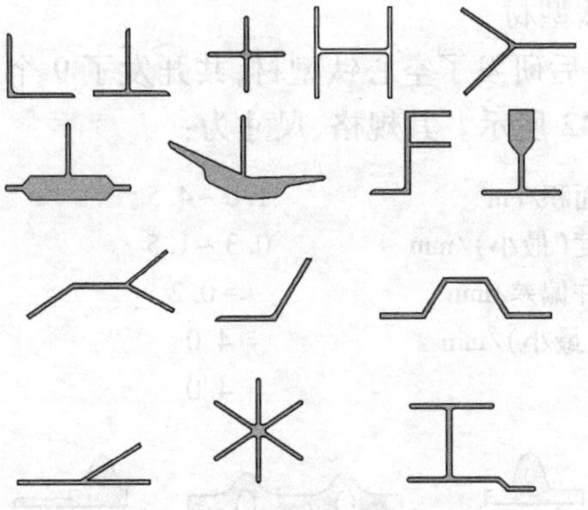

图 4-39　15 个挤压薄壁型材的截断面

d　钛壁板

1985 年以后研发了钛壁板，共开发了 5 个挤压钛壁板，截断面如图 4-40 及图 4-41 所示。钛壁板的规格、尺寸为：

T 型材的立股，桁条/mm	6 ~ 30
宽度/mm	≤400
截断面面积/cm^2	7 ~ 200

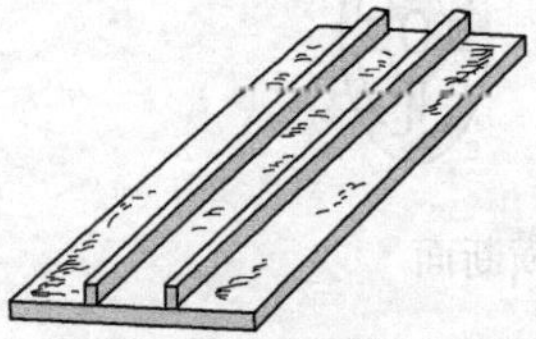

图 4-40　钛壁板

图 4-41　4 个钛壁板的截断面

5 个钛壁板选用的合金是中强钛合金 OT4、BT6 和 BT20，挤压钛壁板的性能见表 4-44。

表 4-44　挤压钛壁板的性能

合　　金	抗拉强度 σ_b/MPa	伸长率 δ/%	断面收缩率 ψ/%
OT4(Ti-4Al-1.5Mn)	670	10	27
BT6(Ti-6Al-6V)	850 ~ 900	6 ~ 10	12 ~ 18
BT20(Ti-7Al-2Mo-1.8V-2Zr)	950	7	20

e　空心钛型材

1985 年以后研发了空心钛型材，共开发了 9 个空心钛型材横断面，如图 4-42 所示。其规格、尺寸为：

横断面面积/cm^2	1.0～4.5
翼缘厚度（最小）/mm	0.3～1.5
翼缘允许偏差/mm	－0.2
孔直径（最小）/mm	4.0
长度/m	4.0

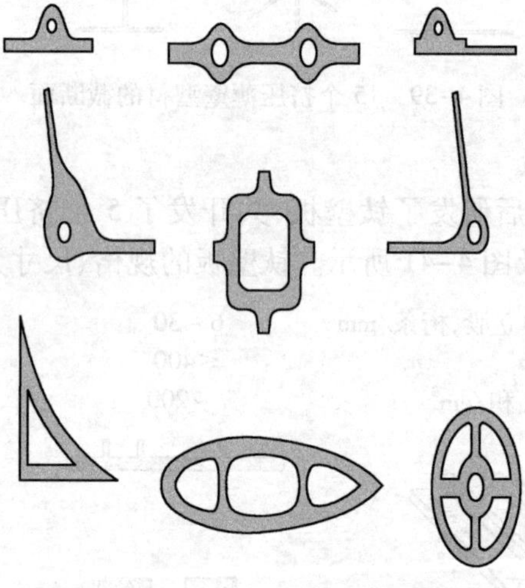

图 4-42　9 个空心钛型材的横断面

9 个空心钛型材选用的合金是中强钛合金 OT4、BT5 和 BT20，挤压空心钛型材的性能见表 4-45。

表 4-45　空心钛型材的性能

合　　金	抗拉强度 σ_b/MPa	伸长率 δ/%
OT4（Ti-4Al-1.5Mn）	690	10
BT5（Ti-5Al）	740	8
BT20（Ti-7Al-2Mo-1.8V-2Zr）	930	7

D　国内挤压钛型材

国内为满足军用飞机对钛合金型材的需求，开始研制航空用TA15和TC2钛合金型材。钛合金型材研制单位（宝钛集团、北京有色金属研究总院和中科院金属所）按用户的使用要求，征得用户同意并签订了《航空用TA15和TC2钛合金型材技术条件》。TA15和TC2钛合金型材主要技术指标见表4-46。研制单位选用表4-47中的型材品种和牌号进行了国内首次试制。

表4-46　TA15和TC2钛合金型材主要技术指标

合金牌号	供应状态	试验试样状态	力学性能			
			抗拉强度 σ_b/MPa	伸长率 δ_5/%	断面收缩率 ψ/%	冲击韧性 α_{KU}/J·cm^{-2}
TA15	退火	退火	≥930	≥7	≥20	≥30
TC2	退火	退火	≥685	≥10	≥27	≥30

表4-47　型材品种和牌号

型材名称及特点	合金代号	型材横截面图形及相关尺寸
U字型材、厚壁型材，机加工后用	TA15	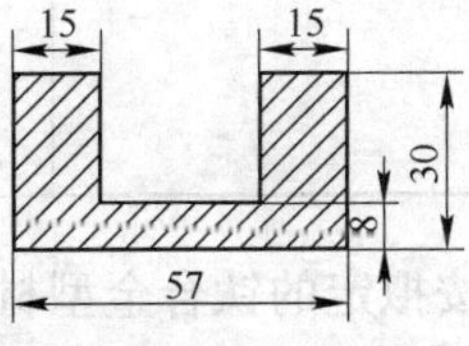
L型材、不等边不等壁厚薄壁型材，退火态应用	TA15	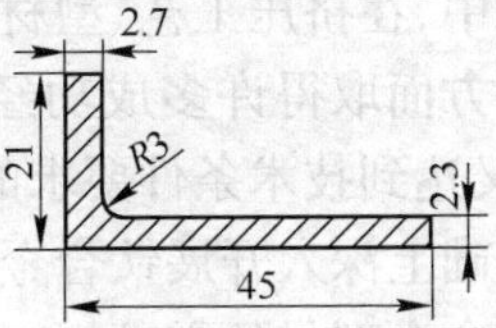
直角型材、等边长等壁厚薄壁型材，退火态应用	TA15	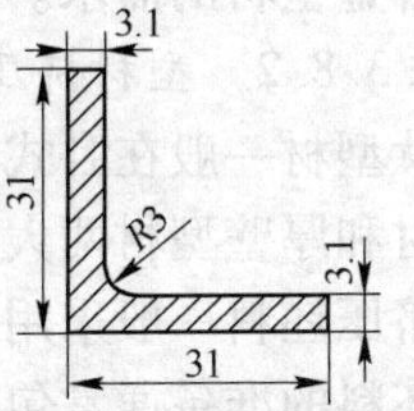

续表 4–47

型材名称及特点	合金代号	型材横截面图形及相关尺寸
83°角型材、不等边长不等壁厚薄壁型材，退火态应用	TA15	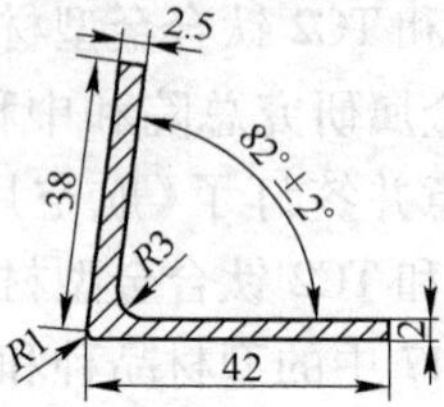
T 字型材、等壁厚型材、薄壁型材，退火态应用	TC2	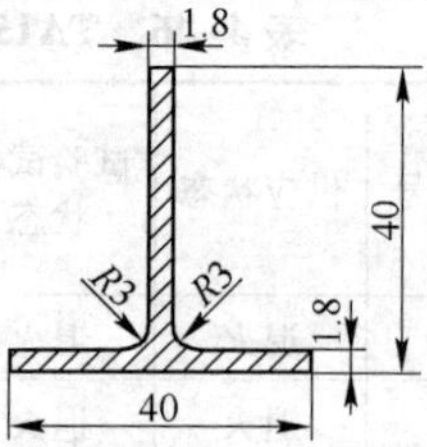
极薄壁直角型材、等边等厚型材、薄壁型材，退火态应用	TA15	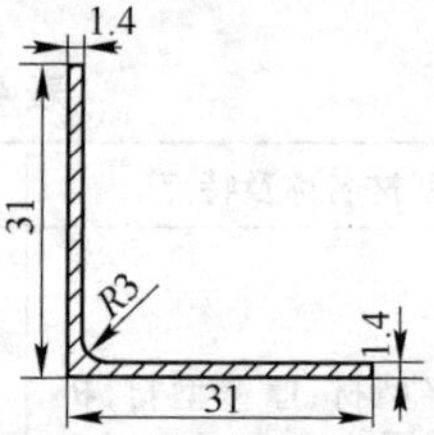

按拟定的钛合金型材挤压工艺流程，在钛合金挤压型材试制过程中，在挤压工艺、型材模具设计及制造、润滑剂材料及润滑工艺等方面取得许多成功经验，获得组织、性能符合俄罗斯实物水平，又达到技术条件要求的钛合金挤压型材。今后，应在此项研究的基础上深入开展钛合金挤压型材的研究工作，以满足军用飞机对钛合金型材的需求。

4.3.8.2 型材挤压工艺

钛型材一般在卧式水压机上用正挤压法生产。钛型材分为薄壁型材和厚壁型材两大类。

挤压坯料一般采用挤压、锻造和轧制的方法制备。

坯料的准备通常包括下列工序：切成定尺坯料、端面加工、倒棱、前端成形。坯料用车床机械加工到4级表面精度，坯料前端机械加工成一定曲率的球面。

坯料的长度L取决于要求的型材长度，并且受到挤压筒工作部分长度的限制。通常$L=(2\sim3)D_t$，坯料直径$D_0=(0.95\sim0.96)D_t$，前端曲率半径$R_q=(0.15\sim0.2)D_t$，其中，D_t为挤压筒直径。

确定钛合金的挤压工艺参数时，应考虑的因素有：

(1) 温度。提高温度时，金属流动不均匀性增加，这是大多数合金热挤压的特征。但是，为了便于在最小的压力下实现快速挤压，应在能保证制品良好力学性能的尽可能高的温度条件下进行挤压。对工业纯钛来说，即使挤压温度高达1038℃（刚好进入β相区的温度范围），对其力学性能也无明显的影响。然而，实际上业已证明，在927℃左右的温度下进行挤压是有利的。表4-48和表4-49为部分前苏联钛合金棒材的挤压参数，供型材挤压时参考。

表4-48 钛合金棒材的挤压参数

合金	毛坯加热温度/℃	挤压比λ	单位挤压力/MPa	流出速度/m·s^{-1}
BT1-1	750~800	5~15	400~700	0.5~0.75
OT4	800~900		500~800	
BT3-1	800~900		700~1000	
BT5-1	850~950		700~1000	

表4-49 采用综合玻璃润滑剂挤压钛合金的参数

合金	成品	挤压比λ	挤压温度/℃	单位挤压力/MPa
BT1-1	ϕ20 mm棒材	33.3	830~850	400
BT3-1	ϕ20 mm棒材	33.3	950~1000	650
BT5-1	ϕ20 mm棒材	33.3	900~920	800
OT4-0	35 mm×6 mm角材	27.7	885~910	500

α+β合金在β相区内加热时，通常会引起塑性下降。对于某些允许在较低强度下使用的合金来说，可以通过退火或热处理

来恢复其足够的塑性。同样,对诸如 Ti-5Al-2.5Sn 等 α 合金来说,在低于 β 转变点的温度下挤压可获得最佳的力学性能。

(2) 润滑。在挤压钛时,通常采用两种主要的润滑剂:含有诸如石墨等固体薄片的油基润滑剂和玻璃润滑剂。金属铜包套润滑有时也用于某些钛挤压产品。因为钛具有严重的因摩擦而黏结的特性,所以润滑是特别重要的,而且往往还是一个最困难的问题。润滑不合理不仅会使钛黏附于挤压模上,而且会引起挤压模的大量磨损。这两种情况都可能在产品表面引起深的划痕和撕裂。此外,钛合金挤压机的主要差别一般体现在润滑方式上。

钛合金热挤压时,以玻璃润滑方式润滑较多。采用玻璃润滑挤压,可使钛合金在高得多的温度范围内有较均匀的流动。例如,在玻璃润滑条件下,加热至 1000℃ 的 BT3-1 合金以及加热至 1050℃ 的 BT5-1 合金也能获得较均匀的金属流动。

玻璃润滑剂适于钛合金的挤压,一般解释为玻璃有优良的、好的隔热性,可提高毛坯温度场的均一性。例如,润滑油-石墨润滑剂的传热系数为 2.93~6.28 W/(cm^2·℃),而玻璃润滑剂的传热系数为 0.628~1.256 W/(cm^2·℃)。

(3) 加热。在加热时,应尽可能保证钛坯料不产生氧化鳞皮。可采用各种各样的方法,如盐浴槽、感应加热炉和氩气气氛炉来加热钛坯。在氩气气氛下的马弗炉中加热可获得最好的效果。采用惰性气氛下的低频感应炉加热也是较为理想的。

(4) 挤压速度。无论采用油基还是玻璃作润滑剂,均应选用尽可能高的挤压速度。由于油脂类润滑剂在高温下对钛坯料的保护作用较小,所以热坯料与挤压模的接触时间应尽可能短。当用玻璃作为坯料和工具之间的绝热体时,上述问题就不是那么严重了。然而,玻璃润滑的主要缺点是,玻璃在开始熔化的状态下往往容易连续不断地从容器中流出,因而也要求采用高的挤压速度。

挤压时可达到的实际挤压轴速度依合金成分、挤压温度和挤压比而变化,但在一般情况下为 80~130 mm/s(与表 4-48 中给出的制品流出速度相对应)。

(5) 模具寿命。挤压模寿命与型材的几何形状和被挤压钛合金的品种有关。对于一些确定的型材来说,挤压比较软的金属(如纯钛)时挤压模寿命大大地长于挤压较高强度合金(如 Ti-6Al-4V)时的挤压模寿命。采用玻璃润滑剂时,挤压模的使用寿命为每副挤压模 1~20 次。用玻璃垫挤压钛合金时,采用锥形模和平面模。用平面模时,由玻璃垫的内表面形成金属流动的漏斗形体。为提高平面模的寿命,通常把硬质合金堆焊在定径带表面上,也可将硬质合金镶块安装在钢圈内(见图 4-43)。采用入口锥度为 130°~150°的模具时,金属流动最好。挤压复杂型材时,用整体式挤压模在制造上消耗工时太多,因此最好做成可分式的。

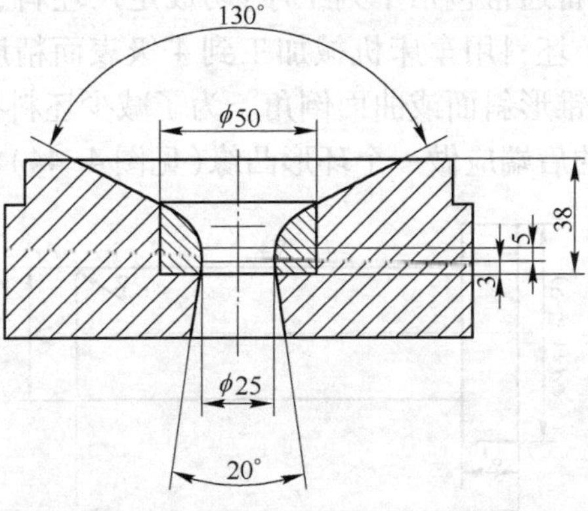

图 4-43 带硬质合金镶块的组合式模具

(6) 精整。挤压以后的处理方法在不同的厂家中存在着相当大的差别。拉伸矫直和扭拧矫直几乎对所有的用作飞机骨架、发动机零件或其他用途的结构件来说都是需要的。尽管某些厂家也应用辊式或冲床式矫直机,但最常用的是液压扭拧拉伸矫直机。

对于大多数工业纯钛挤压件来说,无论在冷态下还是在热态下,拉伸矫直均无太大困难。但是,对于工业钛合金挤压件来说,由于具有高的屈服强度,特别是由于会产生回弹现象,在冷态下拉伸矫直是十分困难的,它们通常需要在 370~540℃ 左右的温度下进行矫直。在这个温度范围内的温热二次拉伸工艺也获得了发展。

黏附于型材表面上的玻璃必须采用急冷、酸洗或(喷砂)喷射冲击波的方法清除掉。因此,在拉伸和扭拧矫直之前一般需要重新加热。

型材表面的氧化鳞皮在挤压之后通常采用蒸汽冲击波和酸洗的方法清除掉。

4.3.8.3　薄壁型材挤压

A　薄壁型材的生产工艺

a　坯料的准备

坯料的准备通常包括下列工序:切成定尺坯料、端面加工、倒棱、前端成形。坯料用车床机械加工到4级表面精度。坯料前端机械加工成圆锥形斜面或曲面倒角。为了减少坯料在挤压筒中的冷却,在坯料的后端应做一个环形凸缘(见图4-44)。

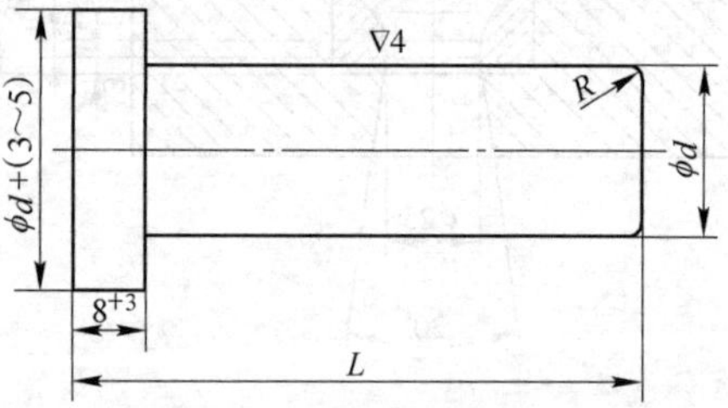

图4-44　挤压薄壁型材用坯料的示意图

坯料直径比挤压筒直径小5~10 mm。曲面倒角半径为5~10 mm。坯料的长度 L 取决于需要的型材长度、允许的挤压时间和挤压压余的大小,坯料长度一般不超过1.5D挤压筒。

对于压力机的不同直径挤压筒,所采用的压余高度见表4-50。

表4-50　挤压筒直径与挤压筒压余高度

挤压筒直径/mm	95、105	115	150	200	240
挤压筒压余高度/mm	15~20	20~25	25~35	35~40	40~50

b 坯料的加热

挤压前,坯料一般先在感应炉中加热,然后在电炉中均热。在加热前,坯料表面涂上以下成分(质量分数)的110号玻璃为基的泥浆:SiO_2 37%、B_2O_3 8%、Na_2O 25%。泥浆可以防止坯料氧化,并可作为挤压润滑剂。

润滑剂涂于预先除油、去尘的坯料表面。

涂有泥浆的坯料在空气中干燥要不小于2 h,然后再进行挤压。

合金坯料在挤压前的加热温度范围见表4-51。

表4-51 坯料的加热温度范围

合 金	OT4-1	OT4	BT5、BT6、BT14、BT20
加热温度/℃	1000~1080	1050~1100	1100~1160

c 工具

挤压薄壁型材应使用带有平端面的3X2B8或ДИ22钢组合模(见图4-45)。先在УПУ-3装置上以等离子法对模具的工作表面涂敷一层厚度为0.1~0.15 mm的钼,然后再涂上厚度为0.35~0.5 mm的二氧化锆防热涂层。模具工作带的宽度应为3~8 mm。由前端面到工作带的圆角半径为4~12 mm。当挤压厚度不等的型材时,要在断面单元更厚的部位增大工作带的宽度。为了保证挤压的薄壁型材有更高的尺寸精度,要把组合模放于支承套(转接器)中,它在挤压过程中可防止模具某些部分的劈裂。

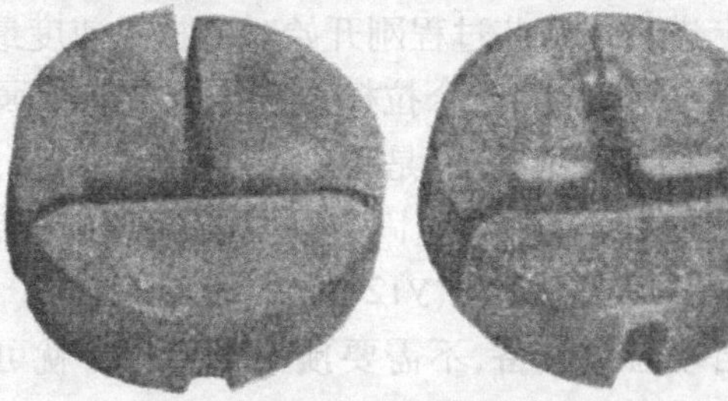

(a) (b)

图4-45 挤压薄壁型材用的模具

(a)喷涂后;(b)喷涂前

模孔尺寸按照生产厚壁型材时采用的方法计算。

d 挤压过程

薄壁型材可在卧式水压机上以工作行程 20 ~ 100 mm/s 的速度来挤压。

挤压前,应预热挤压工具:挤压垫和挤压嘴子预热到 300 ~ 400℃;挤压筒衬套预热到 400 ~ 480℃。模具不预热。

确定挤压速度时,应使工艺过程的时间不超过 8 ~ 10 s。如果挤压工艺过程的时间较长,就会把模具加热到回火温度以上,并使其损坏。

挤出速度应限制在 2 ~ 2.5 m/s。当速度太高时,型材的表面质量会急剧下降。延伸量通常采用 50 ~ 100 倍。

B 薄壁型材的定径

虽然挤压工艺过程已有很大改进,但是挤压钛合金薄壁型材时出现的最小公差范围仍有 0.5 mm。当翼缘厚度为 1.5 ~ 5 mm 时,这个范围可定为总公差。所以,挤压型材的翼缘越薄,型材翼缘厚度的相对公差就越大。

为了提高型材的几何尺寸精度并改善其表面质量,应进行定径。型材的定径可用三种基本方法来进行:拉拔、用脉冲负载压力机加工、轧制。

a 拉拔定径

拉拔在能平稳地把速度由 2 ~ 3 m/min 调节到 12 ~ 15 m/min 的链式拉拔机上进行。工艺过程刚开始时的拉拔速度最小。拉拔可采用 2 ~ 4 个部分组成的组合拉模。拉拔应带有金属陶瓷硬质合金模芯。获得最佳结果的是 BK15 合金。模芯的标准如图 4-46 所示。硬质合金模芯应固定在可拆卸拉模模套上,模套是采用黄铜焊料钎焊法由 У10、У12 钢制造的。

采用专用自动拉拔设备,不需要预先压尖型材就可对其进行拉拔。自动拉拔设备的示意图如图 4-47 所示。

临拉拔前,挤压型材应进行蚀洗清除残留的工艺润滑剂,并局部去除氧化层。钛合金的型材既可在预热后进行拉拔,也可进行冷拉拔。预热后拉拔时的道次压下量及总压下量要高得多，但是冷拉拔后的表面质量却好得多。所以，基本道次通常都在加热后进行，只有压下量很小的最后一个道次才进行冷拉拔。在拉拔前，钛合金型材的合理加热温度范围为：

合金	OT4-1	OT4	BT5、BT20
t/℃	550~600	600~650	650~700

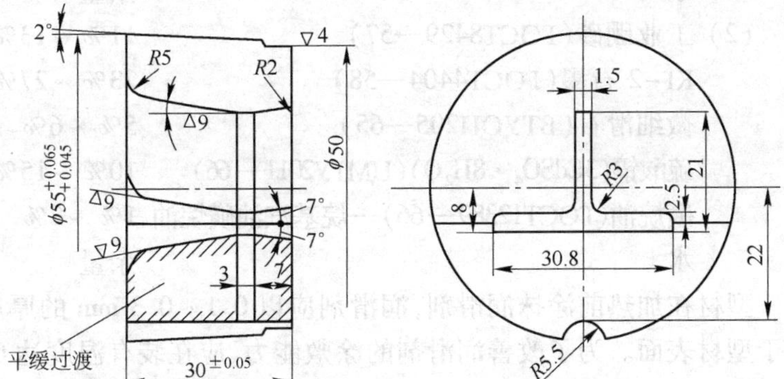

图 4-46　组合拉模硬质合金模芯的标准

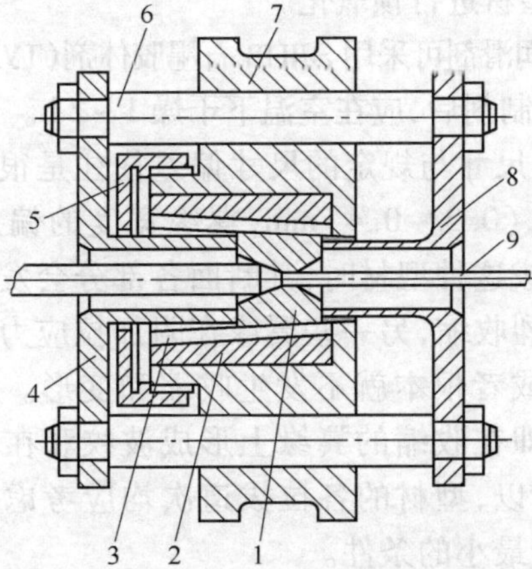

图 4-47　不压尖而拉拔型材的自动拉拔设备示意图

1—拉模；2—锥形衬套；3—导向装置；4，8—横梁；5—螺母；6—拉杆；7—模套；9—型材

采用下列两种成分(质量分数)的润滑剂均可获得最佳的温拉拔结果:

(1) 工业硼砂(ГОСТ8429—57)　11% ~15%
　KГ-2 石墨(ГОСТ4404—58)　23% ~27%
　滑石(ГОСТ879—52)　7% ~8%
　ОП7(ГОСТ8433—57)或 ОП10 表面活化剂　0.1%
　水　余量

(2) 工业硼砂(ГОСТ8429—57)　11% ~13%
　KГ-2 石墨(ГОСТ4404—58)　23% ~27%
　微细滑石(ВТУОП205—65)　5% ~6%
　硫酸镉($3CdSO_4 \cdot 8H_2O$)(ЦМТУ2011—66)　10% ~15%
　磺烷油(ГОСТ12389—66)—烷基汽油磺烷油　1% ~2%
　水　余量

型材在加热前涂抹润滑剂,润滑剂应以 0.1 ~0.3 mm 的厚度涂于型材表面。为了改善润滑剂的涂敷能力,应在装有温度达 60 ~80℃热水的槽池中将其预热。有时为了改善润滑剂对型材表面的黏附性,还可以用电接触设备在 0.5 ~1.5 min 内加热到 650 ~700℃的方法对型材进行预氧化。

型材的冷拉润滑剂可采用 ЭЛПВ 石墨胶体剂(ТУМХП1447—59)。型材上涂敷这种制剂后,应在室温下干燥 1 ~2 h。

挤压型材的尺寸与规定的尺寸偏差往往是很大的。翼缘厚度的偏差可达 ±(0.3 ~0.4)mm,翼缘宽度的偏差可达 ±(1.5 ~2)mm。当拉拔这种型材时,其断面各部分会发生不均匀的变形:一些翼缘剧烈收缩,另一些翼缘在附加拉应力的作用下则很少收缩和变形,或者根本就不发生收缩和变形。这可损失型材塑性的稳定性,即在收缩的翼缘上形成波纹和在未收缩的翼缘上形成裂口。所以,型材的各拉拔道次均应考虑保证其断面各部分不均匀变形最小的条件。

型材的不均匀拉拔变形值可用指数 $A = F_0/F_{\pi P}$ 来说明。式中,F_0 为型材各收缩部分的横断面面积;$F_{\pi P}$ 为型材断面的总面积。指数 A 越小，变形的不均匀性就越大，道次拉拔量相应也就越小。钛合金型材温拉拔的最大道次延伸量为 1.22%～1.25%，而冷拉拔的最大道次延伸量则为 1.10%～1.12%。

坯料断面尺寸的公差范围越宽，成品型材断面尺寸的公差范围就越宽，制取型材所必需的多道次延伸量就应该越大。图 4-48 所示为当型材翼缘厚度的公差范围为 0.3 mm 时，坯料翼缘厚度公差与总拉拔量范围的关系，它可证明上述论点。

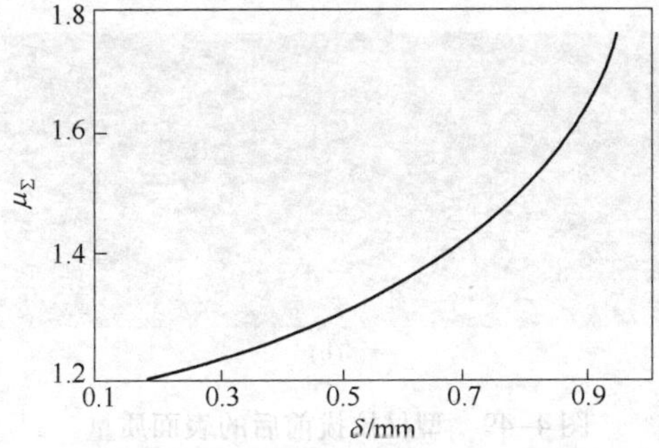

图 4-48　总拉拔量与坯料翼缘厚度公差范围的关系

型材的拉拔定径不但能提高其几何尺寸的精度，而且能大大改善表面质量，这在图 4-49 中是很容易看出的。拉拔定径后，型材的表面粗糙度可稳定地符合 5 级粗糙度。

b　用脉冲负载压力机定径

这种工艺过程通常采用锻压机器制造，该设备是实验科学研究所研制的 ППН-315 脉冲负载压力机（见图 4-50）。这种压力机的作用原理是：当向柱塞 1 下提供工作液体时，柱塞就会上升，并将下面的活动压模 2 向上移动，对处于活动压模 2 和固定压模 3 之间的部分型材进行定径；然后，停止提供工作液体，活动压模下降，型材的下一个部分进入模子，并重复这一循环。

用能调节速度的专用拖动装置使型材穿越压模模块。

型材的定径既可在预热后进行，也可在冷状态下进行。为了进行热定径，在压力机前安装了能保证最高加热温度达 900℃ 的电阻马弗炉。

(a)

(b)

图 4-49　型材拉拔前后的表面质量

（a）拉拔前；（b）拉拔后

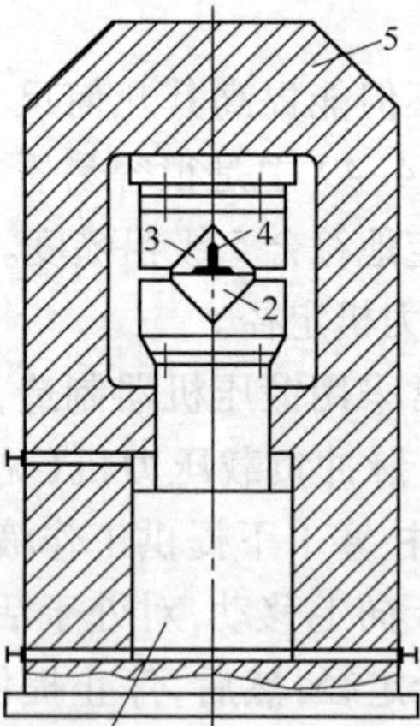

图 4-50　ППН-315 压力机工作机架的示意图

1—柱塞；2—活动压模；3—固定压模；4—型材；5—机座

热定径模子用3X2B8钢制造,并热处理到HRC46~50的硬度;冷定径模子用X12Φ1钢制造,并处理到HRC56~60的硬度。

当热定径时,ЭЛПВ+(5%~10%)石墨润滑剂显示出了最佳的结果;当冷定径时,ЭЛПВ膏剂显示出了最佳的结果。

OT4、OT4-1合金的最佳热定径温度为550~700℃;BT20的最佳热定径温度为600~700℃。工具应预热到不低于250~300℃的温度。

道次极限变形量为:

合金	OT4	OT4-1	BT20
极限变形量/%			
热定径	35~40	35~40	20~25
冷定径	55~60	70	45~50

列举的数值大约为所达到的拉拔定径值的2.5~3倍。这可显著增加挤压坯料的翼缘厚度,并从根本上减少定径型材的绝对厚度不均匀性和相对厚度不均匀性。当型材翼缘厚度为1.5~2.5 mm时,用脉冲负载压力机定径可稳定保证±0.10 mm的公差。

此外,由于采用了很大的局部变形量,用脉冲负载压力机定径可显著改善挤压型材的表面质量,并使粗糙度稳定地符合6级水平。

c 轧制定径

拉拔和脉冲负载压力机定径有一个共同的缺点,即生产率低。

轧制定径时的加工速度,在工艺上没有限制,只是加热设备的生产率限制了加工速度的提高。当轧制时,不存在金属的夹头残料,而拉拔或用脉冲负载压力机定径时的残料则达3%~4%。

此外,当建造好刚度较高的轧制制作后,轧制定径又增加了一些附加优点,即可获得更高的压下量和提高定径型材的几何尺寸精度。

轧制定径的缺点是,由一种规格的定径改为另一个品种规格的定径时,占用的时间较多,工具的制造很复杂,工作量比较大,设备的价格更加昂贵。

所以，在大批量型材加工中，采用轧制定径是最合理的，在这种条件下更换工具和调整工具占用的时间比主要工序的时间短得多。

目前，轧制定径使用两辊定径机和可换辊箱的多辊定径机。第一种类型的定径机可用于外形较简单的型材（角材、Z 形型材、球状扁材）定径；第二种类型的定径机可用于外形较复杂型材（T 字材、工字材、十字材等）的定径。

挤压型材的轧制定径准备工艺和对其表面质量、几何尺寸提出的要求，与用脉冲负载压力机定径的工艺和要求实际上相似。其主要区别只是咬入条件决定的定径余量不同，即用两辊定径机轧制时，型材翼缘厚度的压下量不超过 50%；用可换辊箱的多辊定径机轧制时，型材翼缘厚度的压下量不超过 35%。

挤压坯料翼缘厚度的波动范围较大，因此是在变形很不均匀的条件下进行轧制。在此情况下，横向变形量很大，造成强烈压下翼缘宽展，弱压下翼缘拔长。

轧制定径同脉冲负载压力机定径一样，都采用以 ЭЛПВ 胶石墨剂为基的工艺润滑剂，润滑剂中还必须加入可提高其热稳定性的添加剂。

轧制型材合金坯料的加热温度为：

合金	OT4、OT4-1	BT5、BT20、BT22
t/℃	550 ~ 700	650 ~ 800

轧制速度为 45 ~ 90 m/min。

轧制定径可大大提高薄壁型材的质量。例如，当挤压坯料的表面粗糙度处于 3 ~ 4 级的水平时，轧制后的表面质量则稳定地符合 6 级水平，轧制后，型材翼缘厚度的公差不超过 0.2 mm。

C　薄壁型材的矫直

对钛合金薄壁型材矫直机的基本要求是能直接在矫直线上，即在矫直机的钳口中进行接触加热。这可保证型材在矫直过程中

有最少的冷却率,并减少矫直变形的不均匀性。50 t 矫直机可以满足上述要求,其技术性能为:

最大拉力/t	50
前夹头的最大行程/mm	1500
被拉型材的长度/mm	1500 ~ 8500
前夹头在工作行程的移动速度/mm · s^{-1}	5 ~ 25
前夹头在型材松弛时的偏转角/(°)	±180

4.3.8.4 厚壁型材挤压

A 厚壁型材的生产工艺

厚壁型材挤压过程的基础是 Сежурне 方法,其原理图如图 4-51 所示。

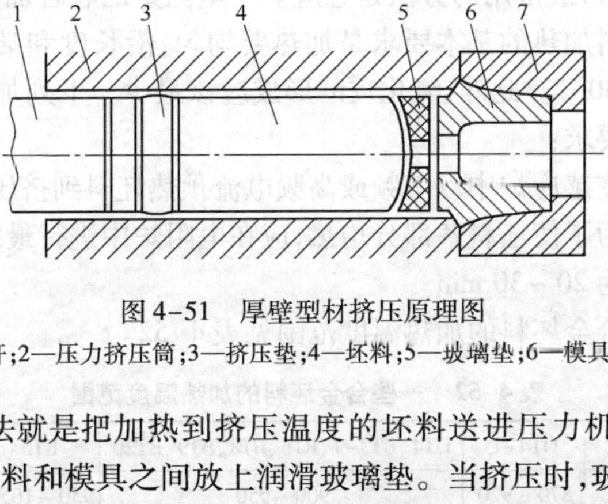

图 4-51 厚壁型材挤压原理图

1—挤压杆;2—压力挤压筒;3—挤压垫;4—坯料;5—玻璃垫;6—模具;7 模座

该方法就是把加热到挤压温度的坯料送进压力机的挤压筒前,在热坯料和模具之间放上润滑玻璃垫。当挤压时,玻璃垫便逐渐熔化,均匀地覆盖住挤压制品,并通过模孔由变形区挤出。这样使用润滑剂能很好地防止模具的过热和磨损。此外,润滑剂还可覆盖住坯料的侧表面。将热坯料在磨细的玻璃粉上滚动就可达到这一目的,一旦接触热坯料,玻璃粉便熔化并覆盖住坯料的侧表面。最后,将用玻璃覆盖的坯料送进装有玻璃润滑垫的压力机挤压筒内。

a 坯料的准备

目前,一般采用挤压、锻造和轧制的坯料来挤压钛合金型材。

坯料的准备通常包括下列工序：切成定尺坯料（用阳极机械锯或砂轮切割）、端面加工、倒棱、前端成形。

坯料用车床机械加工到4级表面粗糙度。坯料前端机械加工成一定曲率的球面。

坯料的长度 L 取决于要求的型材长度，并且受到挤压筒工作部分长度的限制。通常 $L=(2\sim3)D_{挤压筒}$。坯料直径 $D_{坯料}=(0.95\sim0.96)D_{挤压筒}$。坯料前端曲率半径 R 值通常为 $(0.15\sim0.2)D_{挤压筒}$。

b　坯料的加热

挤压坯料可用盐浴炉、感应炉、电阻炉或以联合方法（感应炉＋电阻炉，或感应炉＋盐浴炉，或电阻炉＋盐浴炉）进行加热。目前，加热坯料最常用的方法是感应炉＋电阻炉的联合加热方法。

对坯料加热的基本要求是加热要均匀，沿长度和端面的温差不应超过30℃。此外，氧化皮的形成应该最少。下列加热流程可满足这些要求：

（1）在感应炉中以工频或高频电流预热坯料到挤压温度；

（2）为了使坯料各部分均热，应在电阻炉中进行最终加热，其保温时间为20～30 min。

一些合金坯料的加热温度范围见表4-52。

表4-52　一些合金坯料的加热温度范围

合　金	OT4-1	OT4、BT3-1、BT6、BT8、BT9、BT20	BT5	BT22
加热温度 t/℃	870～920	900～950	950～1050	650～950

c　挤压用润滑剂

如上所述，采用玻璃润滑剂可顺利地对钛合金进行挤压，这是因为玻璃润滑剂能为金属的挤出和模口的充分润滑创造最有利的条件。润滑剂的成分是决定挤压过程条件和挤压制品质量的关键因素。

对润滑剂作用原理的研究还很不够，所以选择润滑剂方面的工作目前在很大程度上还具有经验性特征。

在前苏联工业中推广最多的是将15号玻璃用于制造玻璃垫，将58号玻璃涂于坯料侧表面。这两种玻璃的化学成分见表4-53。

表4-53 两种玻璃的化学成分(质量分数) (%)

玻璃编号	SiO_2	B_2O_3	Al_2O_3	CaO	MgO	Na_2O	K_2O	TiO_2
15号	33.7	35.6	1.7	7.5	4.8	16.7		
58号	31.0	20.0				26.0	13.0	10.0

制造润滑垫用的玻璃粒度和滚压坯料侧表面用的玻璃粒度应以磨碎粒状玻璃并对其过筛的方法获得。滚压玻璃使用粒度大小为0.1~0.4 mm(ГОСТ3584—50 42号筛)的玻璃，润滑垫应使用颗粒尺寸为0.4~0.8 mm的玻璃(ГОСТ3584—50 1号筛)。

制造润滑垫应准备下列成分(质量比例)的混合剂:玻璃颗粒100,水玻璃10~12,水在6以内。

润滑垫应在立式水压机上用压模在1~5 kg/mm^2 的压力下成形。润滑垫的厚度应根据挤压筒的直径和被挤压型材的长度来确定。长度8~12 m的型材所用润滑垫的大致厚度见表4-54,这种型材是用不同挤压筒挤压成的。

表4-54 不同挤压筒挤压用的润滑垫厚度

挤压筒直径/mm	≤130	130~170	170~240	240~360
润滑垫厚度/mm	6~10	10~12	12~18	18~25

成形后的润滑垫应在电热柜中涂有机器油的铁底上在100~150℃干燥30~40 min,或者在空气中干燥一昼夜。

d 挤压工具

当挤压钛及钛合金时,工具经常要在超过1000 MPa(100 kg/mm^2)的单位压力和高温下工作。在这种条件下,工具的寿命,特别是模具的寿命是很低的。所以,人们非常注意制造挤压工具用材的选择问题。

在俄罗斯工业中,3X2B8 铬钨钢及 ДИ22 和 ДИ23 钢已广泛地应用于制造钛合金挤压工具。后两种钢主要以铸造的方法制造模具,因为这可显著减少其随后的机械加工工作量。

模具的工作表面应以电弧堆焊的方法覆盖 B2K 或 B3K 司太立特合金。

为了消除堆焊层和模具中产生的内应力,应在 650 ~ 700℃温度下退火 2 ~ 3 h,其后再热处理到 HRC54 ~ 48 的硬度。

型材精确尺寸的获得,特别是复杂断面形状的获得,以及工具寿命的增加,都与模具工作部分的孔型设计是否合理有关。

计算模孔工作尺寸的主要原始数据是型材的材质、形状、尺寸和横断面尺寸公差。此外,还应考虑到型材某些部分的几何形状及其在挤压和拉伸矫直时的变化。计算模孔尺寸可采用如下公式:

$$A = A_1 + M + A_1(K_T + K_y + K_p) \tag{4-10}$$

式中　A——模孔尺寸;

A_1——型材的名义尺寸;

M——型材尺寸的正公差;

K_y——型材某些部分尺寸的变小系数(对于丁字材、槽材、角材等类型的型材,K_y 为 0.01 ~ 0.03);

K_p——考虑拉伸矫直时尺寸减少的系数,K_p 为 0.005 ~ 0.01;

K_T——型材的温度收缩值:

$$K_T = T\alpha - T_1\alpha_1$$

T——坯料加热温度;

α——被挤压金属在挤压温度下的线膨胀系数;

α_1——模具材料在挤压温度下的线膨胀系数。

型材尺寸与模孔线尺寸相比的减少量见表 4-55。

表 4-55　型材尺寸与模孔线尺寸相比的减少量

型材线尺寸/mm	10 ~ 20	20 ~ 30	30 ~ 50	50 ~ 70
尺寸减少量/%	5 ~ 7	4 ~ 5	3 ~ 4	2.5 ~ 3

模具应做成带有平工作端面的组合模,工作带的宽度为 20 ~ 40 mm,模具前端面至工作带的圆角半径为 6 ~ 15 mm。由模

具前端面向工作带的平稳过渡可使润滑剂较容易地进入工作带。为了制止型材不同厚度的某些部分多挤出来，应在模孔同一部分采用宽度较大的工作带和制止角，以便形成大厚度的股翼。模具前端孔的排列必须使型材的外切圆心位于挤压轴线上或在其附近。

挤压杆、挤压筒的内衬、模座用54XHB或3X2B8钢制造。

临挤压前，应把内衬和各个主要挤压工具预热到400~450℃。

e 挤压过程

国外生产钛合金挤压型材一般采用700~12000 t的卧式水压机。压力机的吨位范围这么大是由挤压型材极其多样化的品种所决定的。在俄罗斯，钛合金的半成品一般在1000~5000 t的压力机上制造。钛合金厚壁型材的挤压(柱塞运动)速度为50~300 mm/s。临挤压前，要用T形瓦波尔汽缸油来润滑模具的装配部件。模具前的挤压筒中应装入润滑垫。当滚上玻璃粉后，加热的坯料送进挤压筒中并开始挤压。挤压速度根据采用的延伸量来选择(μ为10~20)，以保证熔化的玻璃垫均匀地覆盖住挤压制品。而采用15号和58号玻璃时，挤压速度应该在0.4~0.6 m/s之间。为了防止型材扭曲，在模具后面应安装一个导板。型材与导板内表面的单面间隙为5~7 mm。挤压压余应在挤后立即用锯热切或者以电焊的方法由型材上去除，然后使型材在冷床上空冷。

国内采用3150 t的卧式水压机及仿制俄罗斯的15号和58号玻璃粉用上述类似的方法试制了TA15和TC2钛合金薄壁型材坯和厚壁型材，其组织、性能符合俄罗斯实物水平，同时达到钛合金挤压型材技术条件要求。

B 厚壁型材矫直

厚壁型材的矫直采用中等功率的矫直机，这种矫直机实际上可加工各种型材。钛合金型材的矫直温度范围见表4-56。当矫直结果不能令人满意时，可在总体加热或局部加热后进行补充矫直。

表 4-56　钛合金型材的矫直温度范围

合　金	$t_{开始}$/℃	$t_{结束}$/℃
OT4、OT4-1	600~700	300
BT3-1、BT6、BT20	700~800	350
BT8、BT9、BT14	800~850	400
BT22	700~800	550

尾翼型材(断面沿长度有变化)的特点决定了必须建立特殊的矫直工艺。这可用两阶段矫直来实现。第一阶段,在用160~200 t立式压力机挤压后,只对型材的尾翼部分进行弯曲矫直;第二阶段,对型材部分进行拉伸矫直,拉伸矫直变形率为2%~2.5%,矫直温度为600~750℃。

为了保证型材部分和尾翼部分的同心性,应在160~200 t立式压力机上以弯曲的方法进行补充热矫直。

4.3.8.5　特殊型材的挤压

上面研究的挤压工艺问题是制备钛合金型材的共性问题,但是某些类型型材的生产工艺却具有一些主要由型材外形、断面尺寸,以及尺寸要求所决定的特点。

下面研究钛合金挤压变断面型材、空心型材和壁板型材的工艺特点,用其制造一系列的重要零件,可显著减少金属残料,并减少机加工工作量。

A　变端面型材的挤压

钛合金的主要变断面型材为尾翼型材,这种型材把实体的但是较短的根部(尾部)和断面小得多的长型面部分结合在一起了。

前苏联钛合金尾翼型材的品种繁多,如图4-52所示。尾翼型材一般采用双工位法进行挤压,挤压尾翼型材的示意图如图4-53所示。采用这种方法,挤压是通过串联排列的两个模具进行的,所以需要有较高的单位压力。由于型材部分和尾翼部分的拔长率(μ)相互都受到μ 型材部分 $= n\mu$ 尾翼部分关系的制约(其中,n为尾翼部分和型材部分的断面面积之比),为了保证足以挤出型材

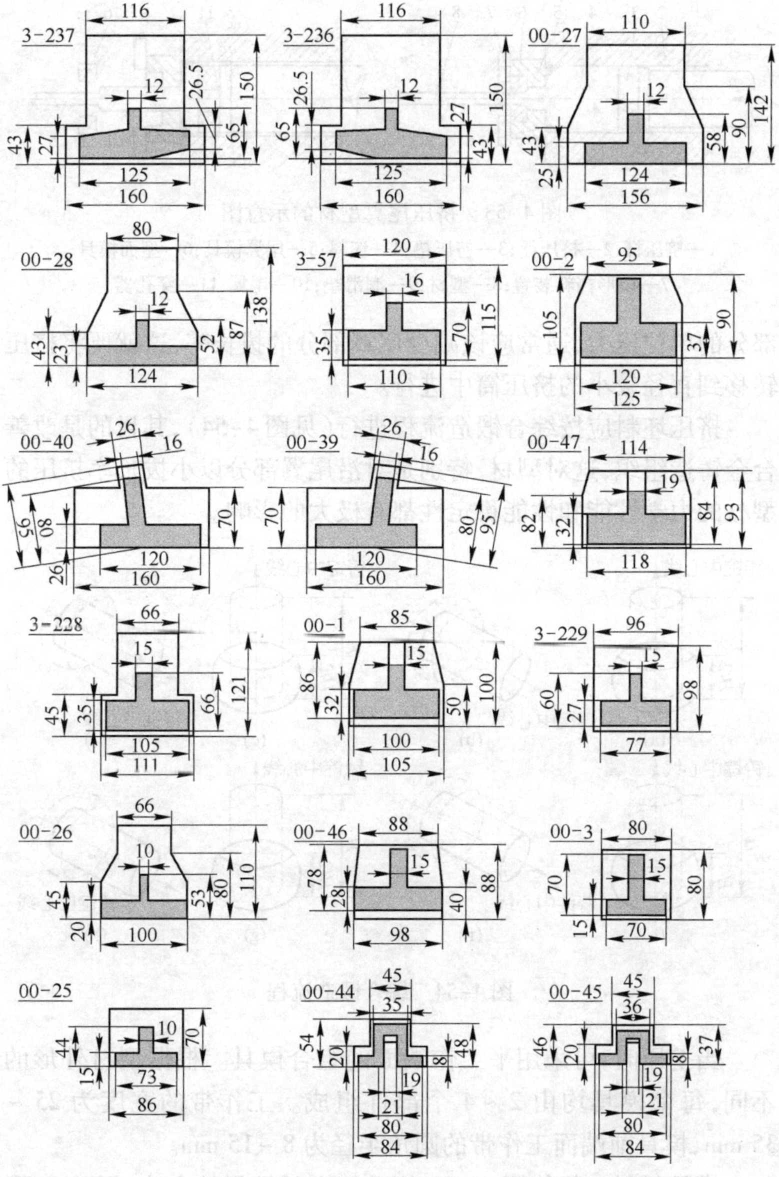

图 4-52 钛合金尾翼型材的品种

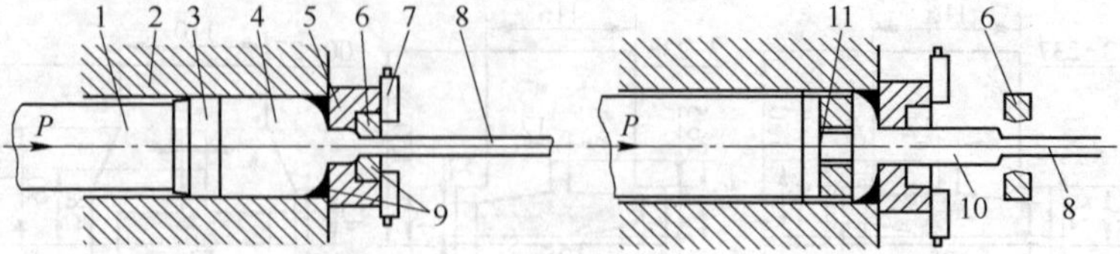

图 4-53　挤压尾翼型材的示意图

1—挤压杆;2—挤压筒;3—挤压垫;4—坯料;5—尾翼模具;6—型面模具;
7—楔形挡料装置;8—型材;9—润滑垫;10—尾翼;11—穿孔器

部分的单位压力,通常应该减少尾翼部分的拔长率,这就要将挤压转移到直径较小的挤压筒中进行。

挤压坯料应按综合锻造流程进行(见图 4-54),其目的是改善合金铸造组织,这对型材,特别是对沿尾翼部分以小拔长率挤压的型材的力学性能和性能稳定性都有极大的影响。

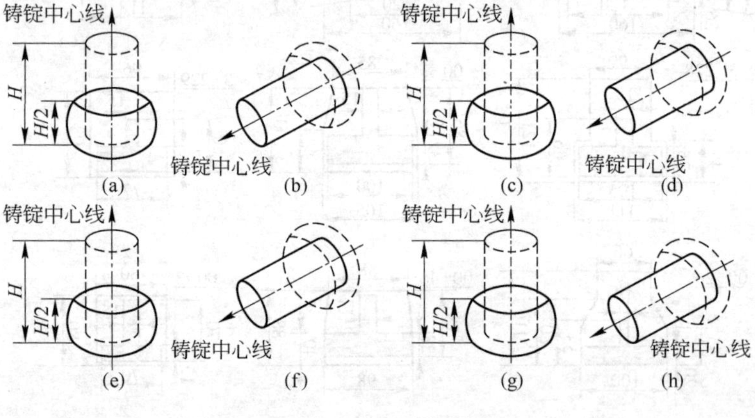

图 4-54　综合锻造流程

当挤压时,可采用平工作端面的组合模具。根据型材外形的不同,每个模具均由 2 ~ 4 个部件组成。工作带的宽度为 25 ~ 35 mm,模具前端面工作带的圆角半径为 8 ~ 15 mm。

模具材料一般使用 5XHB 钢。以电弧堆焊的方法,用 B3K 司太立特合金堆焊模具的工作表面。模具应热处理到 HRC45 ~ 48

的硬度。临挤压前，要把整个工具调整装置预热到400～450℃。

对挤压尾翼型材所用坯料的加热、润滑剂涂敷、润滑垫制备的要求，与一般型材挤压时基本相同。区别是当挤压尾翼型材时，需采用两种润滑垫：一种是圆形的，装入挤压筒中尾翼模前；另一种是异形的，与尾翼模孔的形状一致，装入型材模中。异形润滑垫为两层结构，紧贴于型材模的第一层由溶渣制备，第二层由15号玻璃制造。使用双层润滑垫的特点是，软化温度为1100～1150℃的熔渣在挤压过程中实际上不熔化，因而可造成有助于改善型材表面质量的死区。

B 空心型材的挤压

随着工业的发展，工业部门对钛合金空心型材的需求量增大。这些型材的外形是各式各样的，但其都具有下列特点：孔的断面面积与型材的断面面积相比非常小；翼缘宽度与其厚度的比例很大。

按照挤压钛管材所采用的传统工艺，即用固定于挤压杆上或者具有独立驱动装置的挤压针来成形内孔的工艺，不可能制造小尺寸孔道的空心型材，其原因是因为细长的挤压针承受不了高温、高压的作用，在挤压过程中会发生断裂。所以，目前能减短细挤压针长度并以此来提高挤压针刚度的唯一工艺过程，是采用所谓的舌形模或组合模来进行挤压和焊合。这一工艺过程的示意图如图4-55所示。

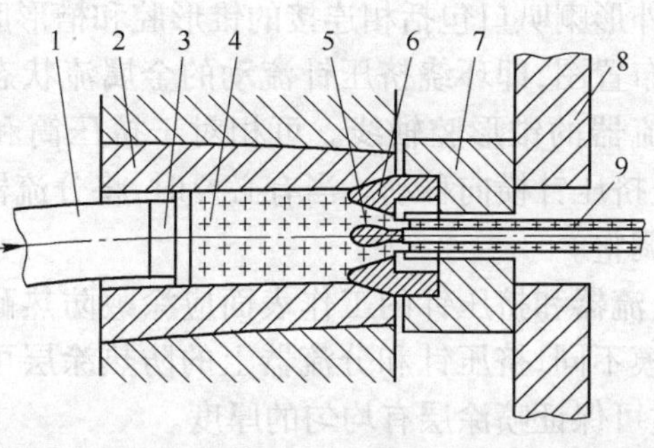

图4-55 通过带有埋头分流器的模具挤压、焊合空心型材的示意图

1—挤压杆；2—挤压筒；3—挤压垫；4—坯料；5—分流模具；6—模体；7—模座；8—垫盘；9—挤压的型材

钛合金空心型材的挤压工具应满足下列要求：能够瞬时(0.5 ~3 s)承受高压(约为1000 ~1300 MPa,即100 ~130 kg/mm^2)和高温(达1150℃);模具、分流器和挤压针的工作表面应该具有高的耐磨性;应该保证环绕挤压针流动的金属流的可靠平衡,如果不平衡,对挤压针的强烈温度影响和承力作用会使挤压针变形和断裂。带有镶配盒式分流器的工具结构(见图4-56)可最大限度地满足上述要求。

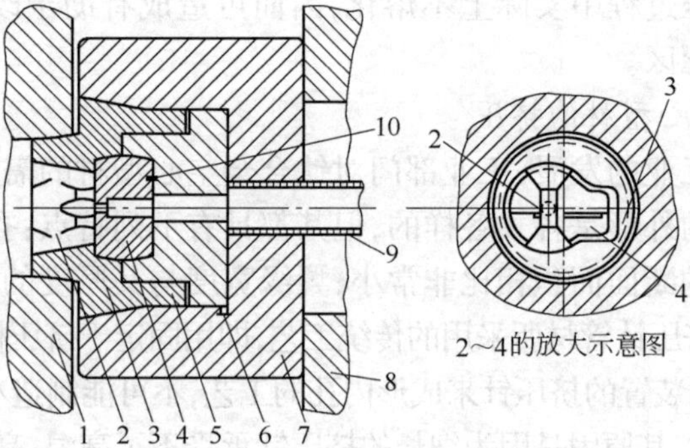

图4-56　挤压小直径孔道的空心钛型材用工具调整装置的示意图
1—挤压筒;2—分流模具;3—模体;4—模子;5—键;6—垫;
7—挤压嘴子;8—压力机楔;9—导板;10—销子

模体的外形喇叭口包括相连接的锥形腔和槽形腔。根据选用的型材外形布置图,即环绕挤压针流动的金属流状态最稳定的布置图安装分流器的锥形腔轴线。可相对于挤压筒和模套轴线错动,这可防止挤压针横向移动。当有必要时,将分流器转向锥形腔就可以进行调整。

模具、分流器和挤压针的工作表面应涂敷防热耐磨涂层。与普通的挤压模不同,挤压针和分流器上的防热涂层可在其旋转过程中涂敷,这可保证喷涂层有均匀的厚度。

空心型材的挤压工艺与实体断面薄壁型材挤压工艺相比,具有的特点是:

(1) 可采用更高的挤压速度,因为挤压实体断面型材时的挤压速度取决于改善其表面质量的条件,而挤压空心型材时则取决于细挤压针的寿命。研究结果表明,当挤压速度由 20 ~ 40 mm/s 提高到 202 ~ 250 mm/s 时,型材的表面粗糙度大约上升一个等级,但是却能稳定地符合 4 级水平。

(2) 不采用滚动坯料的方法或预先涂敷玻璃泥浆的方法来润滑坯料,这会显著降低焊缝的质量。只有采用直径比挤压筒衬套内径小 2 ~ 2.5 mm 的挤压垫片的脱皮挤压时,才能获得令人满意的焊缝质量,因为能防止冷的金属表层落入焊室。

C 壁板型材的挤压

1967 ~ 1970 年期间,曾有关于美国试制挤压钛合金壁板的几篇报道,其中包括生产了 Ti-6Al-4V 和 Ti-6Al-2Sn 合金壁板型材。科尔蒂斯-莱特公司拥有供洛克希德式超音速飞机蒙皮用平面壁板的挤压工艺,可在 120MN 挤压机上挤压宽 409 ~ 559 mm、厚 6 ~ 15 mm 的壁板。采用涂有厚 0.5 mm 二氧化锆的钢组合模具时,壁板断面各部位的成形、型材表面质量以及纵向几何形状就都能获得良好的结果。1985 年后,前苏联研发了 OT4、BT6 和 BT20 合金钛壁板,共开发了多种截断面挤压钛壁板(见图 4-40 和图 4-41)。

挤压用坯料的最佳加热温度为 1020 ~ 1050℃之间。除了用玻璃泥浆涂敷坯料外,还可用厚度为 20 ~ 50 mm 的中黏度挤压玻璃纤维垫进行润滑。推荐将挤压速度控制在 100 ~ 130 mm/s 的范围内。

采用上述工艺可挤压板面厚度为 11 ~ 18 mm、桁条厚度为 9 ~ 15 mm 的壁板。

图 4-57 所示为由 50MN 挤压机扁口挤压筒挤压的板面厚度为 3 mm、宽度为 400 mm 的 OT4-1 合金壁板。

研究无机械加工余量薄壁壁板挤压条件的结果表明,钛合金薄壁壁板可在现有设备上由扁挤压筒直接挤压成扁平形状的,或者由圆形挤压筒挤压成 U 形形状的,壁板坯料还可以挤压成筋形管子。

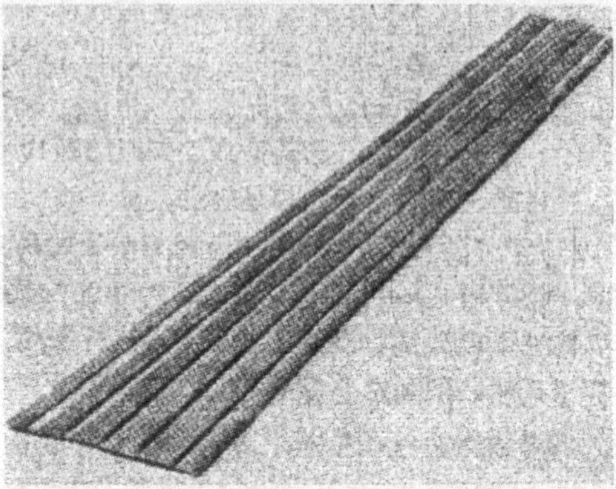

图 4-57 板面厚度为 3 mm、宽度为 400 mm 的 OT4 - 1 合金壁板

如何将壁板矫直、将其平面展平以及矫形是主要困难。对薄壁壁板的生产必须保证有专业化的精整设备。

4.4 产品质量及控制

4.4.1 钛及钛合金管棒材产品质量及控制

钛及钛合金管棒材的产品名称、尺寸公差、质量要求,按国家标准控制。

棒材产品的牌号、制造方法、状态和规格,热加工棒材的直径或边长及其允许偏差,热加工后经车(磨)及冷轧、冷拔棒材的直径及允许偏差,棒材弯曲度,棒材室温力学性能和棒材高温力学性能分别见表 4-57 ~ 表 4-62。

表 4-57 棒材产品的牌号、制造方法、状态和规格

合金牌号	制造方法	供应状态	直径或边长/mm
TA0、TA1、TA2、TA3、TA5、TA6、TA7、TA9、TA10;TB2;TC1、TC2、TC3、TC4、TC6、TC9、TC10、TC11、TC12	(1) 热挤; (2) 热挤 + 车(磨)光	(1) 热加工态(R); (2) 退火状态(M)	热挤压 15 ~ 80

表 4-58 热加工棒材的直径或边长及其允许偏差 (mm)

直径或边长	允许偏差		
	热锻棒	热挤棒	热轧棒
8~15	±1.0	+0.8 -0.7	+0.6 -0.5
15~20	±1.5	+1.5 -1.0	+0.7 -0.5
20~35	±2.0	±2.0	+1.2 -0.5
35~50	±2.5	±2.5	+1.5 -1.0
50~80	±3.0	±2.5	+2.0 -1.0

表 4-59 热加工后经车(磨)及冷轧、冷拔棒材的直径及允许偏差 (mm)

直径或边长	允许偏差
8~10	±0.3
10~20	±0.4
20~30	±0.5
30~50	±0.6
50~80	±0.8
80~100	±1.1
100~120	±1.3
120~160	±1.8
160~200	±2.0

表 4-60 棒材弯曲度

制造方法	直径或边长/mm	弯曲度/mm·m^{-1}
热加工	<35	≤6
	≥35	≤10
冷、热加工后经车(磨)光的圆棒	<35	≤4
	≥35	≤5

表 4-61　棒材室温力学性能

牌号	室温力学性能				备　注
	抗拉强度 σ_b /MPa	规定残余伸长应力 $\sigma_{r0.2}$/MPa	伸长率 δ_5/%	断面收缩率 ψ/%	
TA0	≥280	≥170	≥24	≥30	
TA1	≥370	≥250	≥20	≥30	
TA2	≥440	≥320	≥18	≥30	
TA3	≥540	≥410	≥15	≥25	
TA5	≥685	≥585	≥15	≥40	
TA6	≥685	≥585	≥10	≥27	
TA7	≥785	≥680	≥10	≥25	
TA9	≥370	≥250	≥20	≥25	
TA10	≥485	≥345	≥18	≥25	
TB2	≥980	≥820	≥18	≥40	淬火
	≥1370	≥1100	≥7	≥10	时效
TC1	≥585	≥460	≥15	≥30	
TC2	≥685	≥560	≥12	≥30	
TC3	≥800	≥700	≥10	≥25	
TC4	≥895	≥825	≥10	≥25	
TC6	≥980	≥840	≥10	≥25	
TC9	≥1060	≥910	≥9	≥25	
TC10	≥1030	≥900	≥12	≥25	锻棒
	≥1030	≥900	≥12	≥30	轧棒
TC11	≥1030	≥900	≥10	≥30	
TC12	≥1150	≥1000	≥10	≥25	

表 4-62　棒材高温力学性能

牌　号	试验温度/℃	高温力学性能		
		抗拉强度 σ_b /MPa	持久强度/MPa	
			σ_{100h}	σ_{35h}
TA6	350	≥420	≥390	
TA7	350	≥490	≥440	

续表 4-62

牌　号	试验温度/℃	高温力学性能		
		抗拉强度 σ_b /MPa	持久强度/MPa	
			σ_{100h}	σ_{35h}
TC1	350	≥345	≥325	
TC2	350	≥420	≥390	
TC4	400	≥620	≥570	
TC6	400	≥735	≥665	
TC9	500	≥785	≥590	
TC10	400	≥835	≥785	
TC11	500	≥685		≥640①
TC12	500	≥700	≥590	

① TC11 合金的持久强度满足不了本表要求时，允许再用 500℃ 的 100 h 持久强度（σ_{100h} ≥590 MPa）进行检测，合格后该批棒材的持久强度也为合格。

管材外径的允许偏差、管材的长度、管材的切斜、管材的弯曲度和挤压管材的力学性能分别见表 4-63 ~ 表 4-67。

表 4-63　管材外径的允许偏差　（mm）

外　径	允 许 偏 差	外　径	允 许 偏 差
3 ~ 10	±0.15	>50 ~ 80	±0.65
10 ~ 30	±0.30	>80 ~ 100	±0.75
30 ~ 50	±0.50	>100	±0.85

表 4-64　管材的长度　（mm）

种　类	无 缝 管	
	外　径	
	≤15	>15
不定尺长度	500 ~ 4000	500 ~ 9000

表 4-65 管材的切斜

外径/mm	切 斜
3 ~ 30	≤2
30 ~ 60	≤3
60 ~ 110	≤4

注：管材端部应平整，在长度允许的条件下，切斜应符合表中规定。

表 4-66 管材的弯曲度

外径/mm	弯曲度/$mm \cdot m^{-1}$
3 ~ 30	≤3
30 ~ 110	≤4

表 4-67 挤压管材的力学性能

牌 号	状 态	抗拉强度 σ_b /MPa	规定残余伸长应力 $\sigma_{r0.2}$/MPa	伸长率 L_0 = 50 mm /%
TA0	退火状态(M)	280 ~ 420	≥170	≥24
TA1		370 ~ 530	≥250	≥20
TA2		440 ~ 620	≥320	≥18
TA9		370 ~ 530	≥250	≥20
TA10		≥440		≥18

4.4.2 钛及钛合金管棒型材生产中的质量控制

4.4.2.1 钛及钛合金管棒材生产中的质量控制

钛及钛合金管棒材挤压生产中会出现许多制品缺陷，分析其产生的原因，找到消除或防止缺陷出现的方法，才能实现生产过程中的质量控制。常见的挤压制品缺陷产生原因及消除办法见表 4-68。

表 4-68 常见的挤压制品缺陷产生原因及消除办法

缺陷名称	产生原因	防止或消除的办法
性能不合格	（1）挤压比过大或过小； （2）加热温度不适当； （3）坯锭的化学成分不合格； （4）性能样品有缺陷	（1）调整挤压比； （2）调整加热温度； （3）采用化学成分合格的坯锭； （4）取性能样品时，不取有缺陷的部位

续表 4-68

缺陷名称	产生原因	防止或消除的办法
壁厚不均匀	(1) 工模具偏离挤压中心线； (2) 坯锭内、外圆不同心； (3) 包皮厚度不均，包套与金属配合不紧； (4) 挤压筒的锁紧力太小，挤压筒与模子间有间隙； (5) 润滑不均匀； (6) 坯锭与挤压筒的间隙过大	(1) 调整挤压中心线； (2) 坯锭设计要合理，加工要精确； (3) 涂润滑剂要均匀； (4) 挤压筒与模子的贴紧面要密封良好，防止挤压时金属从中渗漏
包皮破损	(1) 被挤压金属与包套材料的抗拉性能差别太大； (2) 加热温度太高或加热时间过长； (3) 模子入口锥角过大； (4) 包套厚度太薄； (5) 润滑条件不好； (6) 挤压筒的锁紧力太小，挤压筒与模子间有间隙	(1) 选择在挤压温度下抗拉性能与被挤压金属最相近的材料作包套 (2) 用 90°～130°的锥模挤压； (3) 防止金属在挤压时从侧边渗漏； (4) 选择厚度适当的包套； (5) 加强润滑； (6) 降低挤压温度
表面凹坑和划道	(1) 润滑剂不清洁或润滑剂质量不好； (2) 玻璃的软化点太高； (3) 挤压模或挤压针不洁净	(1) 采用软化点、黏度适当的润滑剂，使其黏度在 0.3～1 Pa·s 范围内挤压； (2) 工具要勤检查、勤修理； (3) 保持润滑剂的清洁
头尾尺寸不均匀	挤压模在挤压时变形或受热冲击而蚀损	采用耐高温的新模具材料，或模具表面喷涂氧化铝或氧化锆
裂　头	(1) 靠近模子的坯锭端部在挤压时受到的拉应力超过其抗拉强度； (2) 靠近模子的坯锭端部温降过大	(1) 采用较厚的钢前垫，使挤压初期坯锭前端受到较强的三向压缩应力； (2) 采用锥形模，并用带锥形头的坯锭
表面龟裂	(1) 润滑剂质量不好，摩擦系数大，造成表、里层金属流速差别过大，使表层金属受到很大的拉应力被拉裂； (2) 坯锭的温度表、里不均，使变形不均匀性增大； (3) 挤压速度太快	(1) 采用优质的润滑剂，加强润滑； (2) 加热时，要使坯锭表、里温度均匀； (3) 调整挤压速度

续表 4-68

缺陷名称	产 生 原 因	防止或消除的办法
包皮界面发生合金化	挤压温度(包括变形效应所引起的温升)超过被挤压金属与包套材料的低熔共晶温度	降低挤压温度
折　叠(重皮)	(1) 死区的金属流出模孔,包在制品表面上; (2) 坯锭缺陷打磨不彻底或打磨痕的深宽比太大	(1) 留足一定厚度的挤压残料,经常清理挤压筒; (2) 坯锭缺陷要打磨彻底,打磨痕的深宽比要小,过渡要圆滑

4.4.2.2　钛及钛合金型材生产中的质量控制

前苏联挤压厚壁型材标准规定牌号为 OT4、OT4 - 1、BT5、BT5 - 1、BT6、BT6Ч、BT14、BT20 和 ПТ - 3B,挤压薄壁型材标准规定牌号为 OT4、OT4 - 1、BT5、BT6Ч 和 BT20,其横断面面积尺寸见表 4-69。挤压定径型材断面尺寸的极限偏差和型材室温力学性能分别见表 4-70 和表 4-71。钛及钛合金型材的产品名称、尺寸公差、质量要求按国家标准控制。

表 4-69　产品的牌号分类及横断面面积

类型	合金牌号	横断面面积 /cm²	类型	合金牌号	横断面面积 /cm²
挤压厚壁型材	OT4、OT4 - 1、BT5、BT5-1、BT6、BT6Ч、BT14、BT20 和 ПТ-3B	<20	挤压薄壁型材	OT4、OT4-1、BT5、BT6Ч 和 BT20①	<6

① 轧制薄壁型材(批量大的产品采用)。

表 4-70　挤压定径型材断面尺寸的极限偏差

部　位	极 限 偏 差
壁　厚	壁厚极限偏差 ±0.1 mm,型材长度上壁厚偏差 < +0.3 mm
长　度	型材长度≤4 m,每批不小于 1 m 的不超过本次的 15%
型材剪切	型材长度范围内,剪斜不超过 3°/m
扭转角	相对纵向轴线的型材扭转角≤2°/m

续表 4-70

部　位	极限偏差
横断面角度	挤压型材 ±2°，轧制型材 ±1.5°
间隙大小	型材表面与直径方向任何一个平面尺寸之间形成的间隙≤股宽的1%
纵向弯曲	允许平滑纵向弯曲 ≤2 mm/m
型材倒角半径	挤压型材：半径值1.5～2.0 mm，倒角半径极限偏差为 $^{+1.5}_{-0.5}$mm； 半径值2.0～5.0 mm，倒角半径极限偏差为 $^{+2.0}_{-0.5}$mm； 轧制型材：半径值1.5～2.0 mm，倒角半径极限偏差为 $^{+1.5}_{-0.5}$mm； 半径值2.0～5.0 mm，倒角半径极限偏差为 $^{+2.0}_{-0.5}$mm

表 4-71　型材室温力学性能

合金牌号	型材供货状态	力学性能			
		抗拉强度 σ_b /MPa	伸长率 δ_5 /%	断面收缩率 ψ /%	冲击韧性 α_{KU} /J·cm^{-2}
OT4	退　火	≥686	≥10	≥27	≥30
OT4-1	退　火	≥588	≥12		
BT5	退　火	≥735	≥8		
BT5-1	退　火	≥784	≥8		
BT6	退　火	≥902	≥10		
BT6Ч	退　火	≥883	≥8		
BT14	退　火	≥883	≥6	≥30	≥35
BT20	退　火	≥932	≥7	≥20	≥30
ПТ-3В	退　火	≥686	≥10		

5 拉拔钛管棒线材

拉拔又称拉伸、拉制，是塑性加工钛材的常用方法之一。

5.1 拉拔及拉拔原理

5.1.1 拉拔的特点

拉拔的主要方法是拉伸成形，即金属坯料在拉拔力的作用下，通过截面积逐渐减小的拉伸模孔，获得与模孔尺寸、形状相同的制品的金属塑性成形方法。拉伸成形广泛应用于管棒型线材生产。拉拔过程一般在室温下进行，所以常称为冷拉。棒材和管材的拉拔过程如图 5-1 所示。

拉拔的特点有：

(1) 拉拔制品尺寸精确，表面光洁。

(2) 拉拔法适于生产细而长的制品，圆盘式拉伸机可生产数千米长的制品。

(3) 拉拔法使用的设备和工具简单、投资少、占地面积小、生产紧凑、维护方便、有利于生产多种规格的制品。

(4) 冷拉拔时，由于冷作硬化，可以大大提高制品的强度。

(5) 拉拔时速度快，但道次变形量和两次退火间的总变形量小，生产中需要多次拉拔和退火，尤其是生产钛合金和小规格制品时，效率低、周期长。

(6) 拉拔时金属受到较大的拉力和摩擦力的作用，能量消耗较大。

5.1.2 实现拉拔的条件

为了实现拉拔过程，而且不产生细颈或拉断的现象，必须使拉

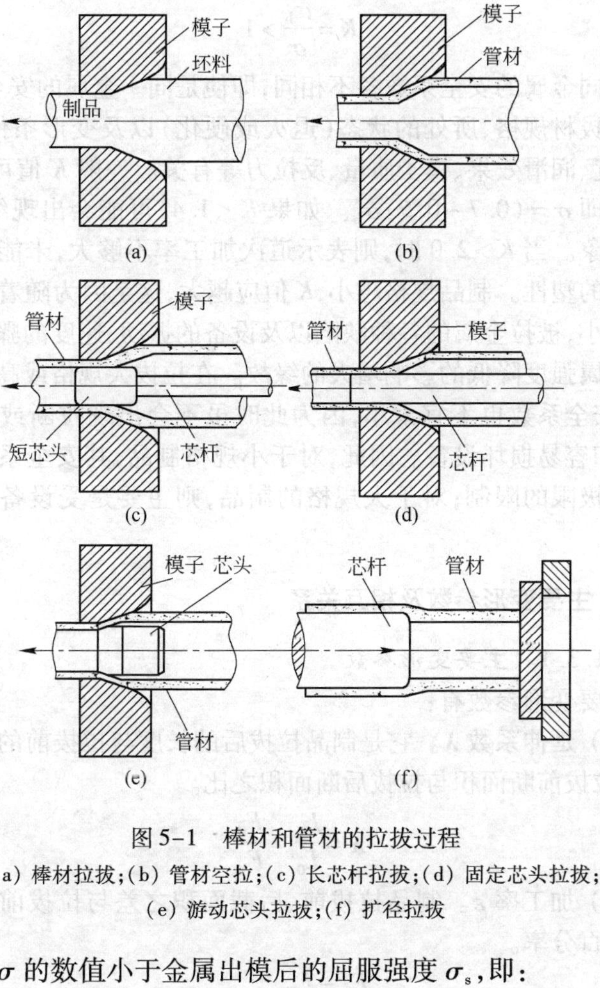

图 5-1 棒材和管材的拉拔过程

(a) 棒材拉拔;(b) 管材空拉;(c) 长芯杆拉拔;(d) 固定芯头拉拔;(e) 游动芯头拉拔;(f) 扩径拉拔

伸应力 σ 的数值小于金属出模后的屈服强度 σ_s,即:

$$\sigma < \sigma_s \tag{5-1}$$

一般合金的屈服强度很难精确地确定,而且金属拉伸加工硬化后的屈服强度十分接近于它的抗拉强度 σ_b,所以实现拉伸过程的条件为:

$$\sigma < \sigma_b \tag{5-2}$$

而满足 σ 小于 σ_b 的必要条件是安全系数 K 大于 1:

$$K = \frac{\sigma_b}{\sigma} > 1 \tag{5-3}$$

不同金属的安全系数各不相同，即使是同一金属的安全系数，也与拉拔材规格、所处的状态（退火或硬化）以及变形条件，如温度、速度、润滑效果、模子质量、反拉力等有关。一般 K 值可取 1.4 ~2.0，即 $\sigma = (0.7 \sim 0.5)\sigma_b$。如果 $K < 1.4$，可能会出现细颈、拉断等现象。当 $K > 2.0$ 时，则表示道次加工率不够大，未能充分利用金属的塑性。制品规格越小，K 值应越大，这是因为随着制品断面积变小，被拉金属的各种缺陷以及设备的振动、速度的骤变等因素对金属强度降低的影响增大的缘故。在拉拔大规格或高强度制品时，安全系数也不宜太小，因为此时虽不会出现拉断或细颈现象，但却容易损坏设备。因此，对于小规格制品，其安全系数主要受强度极限的限制；对于大规格的制品，则主要是受设备能力的限制。

5.1.3　主要变形参数及相互关系

5.1.3.1　主要变形参数

主要变形参数有：

（1）延伸系数 λ。它是制品拉拔后的长度与拉拔前的长度之比，或拉拔前断面积与拉拔后断面积之比。

$$\lambda = \frac{L_K}{L_0} = \frac{F_0}{F_K} \tag{5-4}$$

（2）加工率 ε。制品拉拔前、后截面积之差与拉拔前截面积之比的百分率。

$$\varepsilon = \frac{F_0 - F_K}{F_0} \times 100\% \tag{5-5}$$

（3）伸长率 δ。制品拉拔后与拉拔前的长度之差与拉拔前长度之比的百分率，或拉拔前后截面积之差与拉拔后截面积之比的百分率。

$$\delta = \frac{L_K - L_0}{L_0} \times 100\% = \frac{F_0 - F_K}{F_K} \times 100\% \tag{5-6}$$

（4）断面收缩系数 ψ。制品拉拔后的截面积与拉拔前的截面积之比。

$$\psi = \frac{F_K}{F_0} \tag{5-7}$$

式中 F_0, F_K——拉拔前、后截面积；

L_0, L_K——拉拔前、后的长度。

5.1.3.2 变形参数间的相互关系

根据塑性变形体积不变定律，各变形参数之间的相互关系见表 5-1。

表 5-1 各变形参数之间的相互关系

变形参数	符号	变形指标						
		直径以 D_0、D_K 表示	截面积以 F_0、F_K 表示	长度以 L_0、L_K 表示	延伸系数以 λ 表示	加工率以 ε 表示	伸长率以 δ 表示	断面收缩系数以 ψ 表示
延伸系数	λ	$\frac{D_0^2}{D_K^2}$	$\frac{F_0}{F_K}$	$\frac{L_K}{L_0}$	λ	$\frac{1}{1-\varepsilon}$	$1+\delta$	$\frac{1}{\psi}$
加工率	ε	$\frac{D_0^2-D_K^2}{D_0^2}$	$\frac{F_0-F_K}{F_0}$	$\frac{L_K-L_0}{L_K}$	$\frac{\lambda-1}{\lambda}$	ε	$\frac{\delta}{1+\delta}$	$1-\psi$
伸长率	δ	$\frac{D_0^2-D_K^2}{D_K^2}$	$\frac{F_0-F_K}{F_K}$	$\frac{L_K-L_0}{L_K}$	$\lambda-1$	$\frac{\varepsilon}{1-\varepsilon}$	δ	$\frac{1-\psi}{\psi}$
断面收缩系数	ψ	$\frac{D_K^2}{D_0^2}$	$\frac{F_K}{F_0}$	$\frac{L_0}{L_K}$	$\frac{1}{\lambda}$	$1-\varepsilon$	$\frac{1}{1+\delta}$	ψ

注：表中下角符号 0 表示变形前尺寸；K 表示变形后尺寸。

5.1.4 拉拔分类

拉拔按制品形状分为实心材拉拔和空心材拉拔两类。

5.1.4.1 实心材拉拔

实心材拉拔包括棒、型线材的拉拔，它分为：

（1）单道次拉拔。它是指拉拔时工件只通过一个模机，只经过一道次拉拔，一般用于棒型材和粗线材加工，如图 5-1 所示。单道次拉拔道次加工率较大、操作简单，但只能拉拔长度较短的制品，生产率低。

（2）多道次连续拉拔。它是指拉拔时工件同时通过两个或两个以上拉模的连续拉拔过程，即一台拉拔机上同时通过多个道次拉拔，一般用于生产线材，如图 5-2 所示。它的总加工率大，拉拔速度高，自动化程度高，生产率也高。

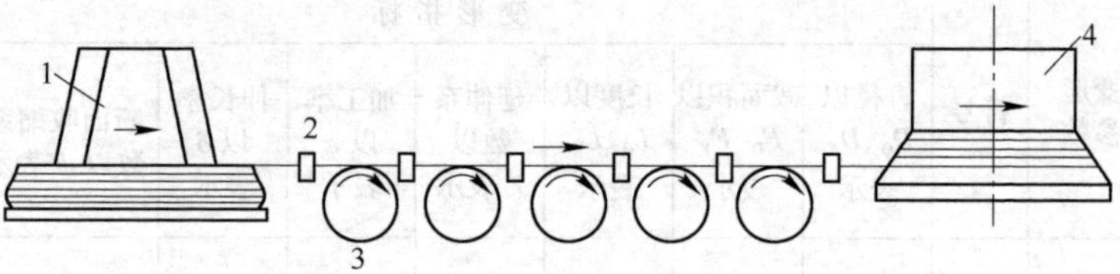

图 5-2 多道次连续拉拔过程简图

1—放线架；2—拉模；3—中间绞盘；4—拉拔卷筒

多道次拉拔又分为有滑动式、无滑动式和无滑动积蓄式三种形式。钛线材常用带滑动的多次拉拔工艺。

5.1.4.2 空心材拉拔

空心材拉拔即管材拉拔，管材常用的拉拔方法可分为带芯头拉拔和无芯头拉拔两大类。无芯头拉拔称为空拉，带芯头拉拔称为衬拉。按照芯头类型的不同，衬拉又分为短芯头拉拔、长芯头拉拔和扩径拉拔。它们都是单道次拉拔。

A 无芯头拉拔

无芯头拉拔常称为空拉，空拉包括减径拉拔、整径拉拔和成形拉拔。

（1）减径拉拔。减径的目的是减缩管材的直径，但在减径时管子的壁厚会略有变化。壁厚增减量的大小随管材规格、减径量的大小和合金不同而变化。

(2) 整径拉拔。就是最后一个拉拔道次拉拔,通过整径使管材的外径尺寸更精确,符合产品标准的要求。

(3) 成形拉拔。成形拉拔是用圆形的管坯料,通过过渡模和成形模,使其形成所需的方形、矩形、六角形、椭圆形等异形断面的管材。

当空拉大直径薄壁管材时,如果道次减径量过大,往往会出现纵向凹陷现象,即所谓失稳或不稳定。为了保证拉拔的稳定性,当$\frac{\delta}{D}\leqslant 0.04$时,空拉直径变形量不得大于允许的临界变形量。即:

$$\varepsilon_{\mathrm{d}} \leqslant \varepsilon_{\mathrm{d临}} \tag{5-8}$$

式中　ε_{d}——管材直径变形量,$\varepsilon_{\mathrm{d}}=\frac{D-d}{D}\times 100\%$。

临界变形量的计算公式为:

$$\varepsilon_{\mathrm{d临}} = 2.8\times 10^{4}\left(\frac{\delta}{D}\right)^{2} \geqslant \varepsilon_{\mathrm{d}} \tag{5-9}$$

式中　D——空拉前管材的外径;

d——变形后管材的直径;

δ——空拉前管材的壁厚。

比较简单的计算方法是,当模角为10°~15°时,应满足下式即为稳定:

$$D-d<6\delta \tag{5-10}$$

空拉时管材壁厚的变化是由于金属在变形时产生不同方向流动造成的。根据实际经验,可用$\frac{D}{\delta}$值的大小予以考虑:$\frac{D}{\delta}=5\sim 6$时,管材壁厚增加;$\frac{D}{\delta}\leqslant 5$时,管材壁厚减小。

空拉时可减小管材壁厚不均的程度,当管材壁厚不均略微超标时,可利用空拉加以纠正。这是因为壁厚较薄的部分其横向变形应力比较大,管壁增厚的趋势较大。

无芯头拉伸最主要的缺点是管材内表面随拉伸量的增加而变

得粗糙无光,严重时会产生纵向皱纹。对于晶粒粗大的合金管材,其内表面的粗糙程度尤为严重。因此,空拉多用于难以装入芯头的小直径管材的拉拔、异形管的成形拉拔及冷轧后进行小量的减径和整径。

B 短芯头拉拔

短芯头拉拔是管材生产中最普遍的工艺方法。短芯头拉拔是把固定在芯杆前端的短芯头插入管坯内孔,芯杆的后端固定在拉拔机后座上。拉拔时,芯头被固定在与拉拔模定径带相对应的位置上,管坯通过模孔和芯头所形成的环状间隙,获得与此间隙和尺寸相同的管材。这种拉拔过程是一种复合拉拔变形,刚开始时,属于空拉阶段,管材直径变小,壁厚变化不大,当管材内表面与芯头工作带接触时,变为减径和减壁阶段,此时的主应力图和主变形图都是两向压缩、一向拉拔或伸长。也就是金属沿轴向流动,管材直径减小,壁厚变薄,长度增加。

短芯头拉拔时,管材内外表面同时与模子和芯头发生滑动摩擦。因此,当润滑条件不好时,很容易导致工具粘金属,在管材外表面和内表面上产生划沟。所以,不断改善润滑条件是提高道次变形量和保证管材表面质量的重要环节。

用短芯头拉拔的管材,其表面质量比空拉生产的好。与长芯头拉拔和游动芯头拉拔相比,工具设计和制造简单,操作和更换规格也比较方便。

C 长芯杆拉拔

长芯杆拉拔是把管坯套在长芯杆上,使其与管坯一起拉过模孔,如图 5-1(c)所示。芯杆的直径等于制品的内径,芯杆的长度一定要大于成品管材的长度。工作时,整根芯杆都是工作部分,所以其尺寸和表面粗糙度必须满足质量要求。拉拔后从芯杆上取下管材要经过脱管,从拉拔的相反方向拉出芯杆,脱管时要采用脱管模。为了顺利脱管,经常要在斜辊滚轧机上滚轧一次,使管材直径扩大 1 ~2 mm,再拉出芯杆。长芯杆拉拔具有以下特点:

(1) 和短芯头拉拔一样,也具有压缩阶段,在此阶段实现管材减径。

(2) 在拉拔过程中,管子伸长并沿芯杆表面滑动,越靠近出口端滑动越小,在出口处滑动为零。

(3) 长芯杆拉拔时,变形金属向着与拉拔方向相反的方向滑动,管材内表面与长芯杆之间摩擦力的方向与芯杆运动方向一致,因此,相应地减小了拉伸应力。所以可得到较大的道次加工率和总加工率。道次延伸系数可达 2.2,而短芯头拉拔时道次延伸系数不超过 1.8。

(4) 长芯杆拉拔需增加脱管工序及必要设备。

(5) 需要的芯杆量大,芯杆制作难度较大,增加工具成本。

长芯杆拉拔仅在拉拔大直径且较薄的管材时采用。

D 扩径拉拔

管材生产中很少使用扩径拉拔的方法,但是为了解决品种问题或挽救管材尺寸超差,有时也采用扩径拉拔的方法。扩径的方法有两种类型,即拉拔扩径和压入扩径。

压入扩径法只适用于壁厚较厚和长度与直径的比值小于 10 的管材,用这种方法扩径后的管材基本上不产生几何废料。而用拉拔扩径后的管材必须要切掉夹头,但是拉拔扩径可以生产壁厚较薄和较长的管材。

5.1.5 棒材拉拔时的应力与变形

5.1.5.1 应力与变形状态

在拉拔时,变形区金属所受的外力有拉拔力 P、模壁给予金属的正压力 N 和摩擦力 T,如图 5-3 所示。

金属在拉拔力、正压力和摩擦力的作用下,变形区的金属处于两向压和一向拉的应力状态。由于被拉金属是实心圆棒,应力呈轴对称应力状态,即 $\sigma_r \approx \sigma_\theta$。变形区中金属的变形状态为两向压缩和一向延伸。

5.1.5.2 金属在变形区内的流动特点

通常用网格法研究金属在模孔内的变形与流动规律,如

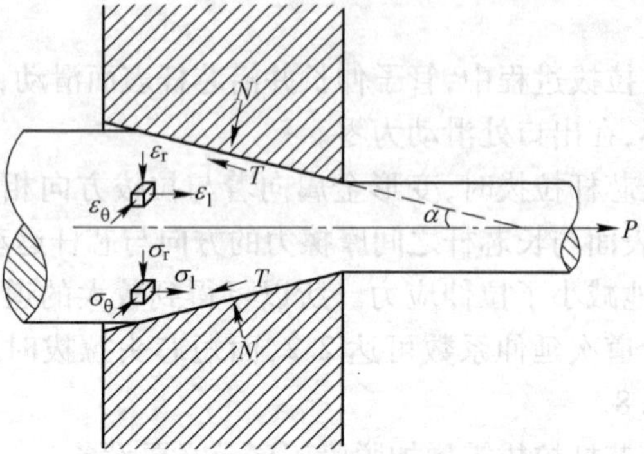

图 5-3　拉拔时的受力与变形状态

图 5-4所示。通过分析坐标网格在拉拔前后的变化，可得出以下规律：

（1）纵向上的网格变化。在轴线上，拉拔前形状为正方形格子 A，经拉拔后变成矩形，内切圆变成正椭圆，其长轴和拉拔方向一致。因此，金属在轴线上的变形是沿轴向延伸，在径向和周向上被压缩。

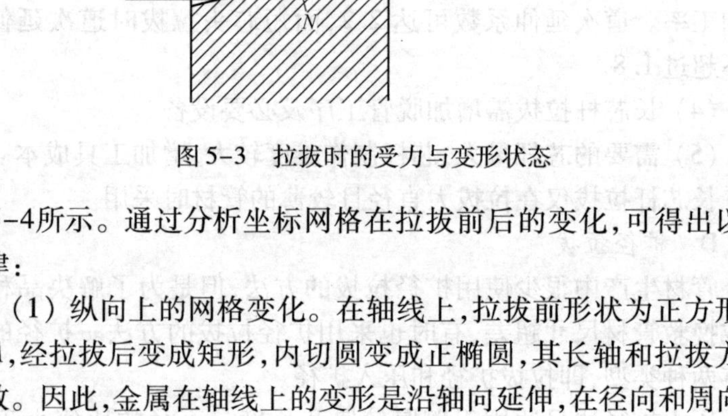

图 5-4　拉拔圆棒时断面坐标网格的变化

在周边层，拉拔前形状为正方形格子的 B，经拉拔后变成平行四边形，其内切圆变成斜椭圆，它的长轴线与拉拔轴线相交成 α 角，这个角度由入口端向出口端逐渐减小。由此可见，在周边上的格子除了受到轴向拉长、径向和周向上被压缩之外,还发生了剪切变形 γ。这是由于金属在变形区中受到正压力 N 与摩擦力 T 的作用,而在其合力的方向上产生剪切变形。

(2) 横向上的网格变化。拉拔前为直线的横线进入变形区后开始变成向拉拔方向凸出的弧形线。由图 5-4 可见,这些弧形线的曲率由入口端到出口端逐渐增大,到出口端后不再变化。这说明在拉拔过程中,周边层的金属流动速度小于中间层。随着模角和摩擦系数的增大,这种不均匀性更加明显。拉拔时往往在制品后断面出现凹坑,其原因是拉拔时金属流动速度有差别。由网格还可以看出,在同一横断面上的 α 角由中心向周边层逐渐增大。

可以证明,拉拔后中心线上延伸变形最小,表层延伸变形最大,其他部分的延伸变形介于两者之间;而拉拔后中心线上的压缩变形最小,表层的压缩变形最大,其他部分的压缩变形介于两者之间。

5.1.5.3 变形区的形状

根据棒材拉拔时的滑移线理论可知,假定模子是刚性体,通常按速度场把棒材的变形分为三个区:Ⅰ区和Ⅲ区为弹性变形区,Ⅱ区为塑性变形区,如图 5-5 所示。一般情况下,Ⅰ区与Ⅱ区的分界面 F_1 和Ⅱ区与Ⅲ区的分界面 F_2 是两个同心球面,其半径分别为 r_1 和 r_2,原点为模子锥角的顶点 O。塑性变形区的形状为模子锥面(锥角为 2α)和两个球面 F_1、F_2 所围成的部分。

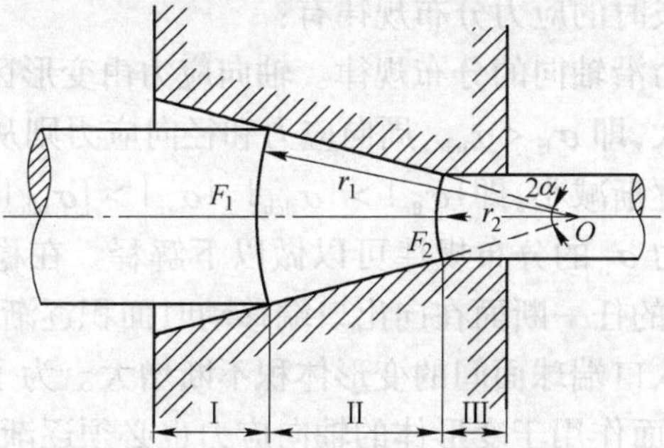

图 5-5 棒材拉拔时变形区的形状

由网格法也可证明，拉拔前的纵向直线在进、出模孔时会发生两次弯曲，把各折点连接起来，就会形成两个同心球面。一般认为两个球面与模锥面围成的部分为塑性变形区。

有研究者用赛璐珞板进行了拉拔，并做了光弹性实验，测得的变形区内的应力分布如图 5-6 所示。

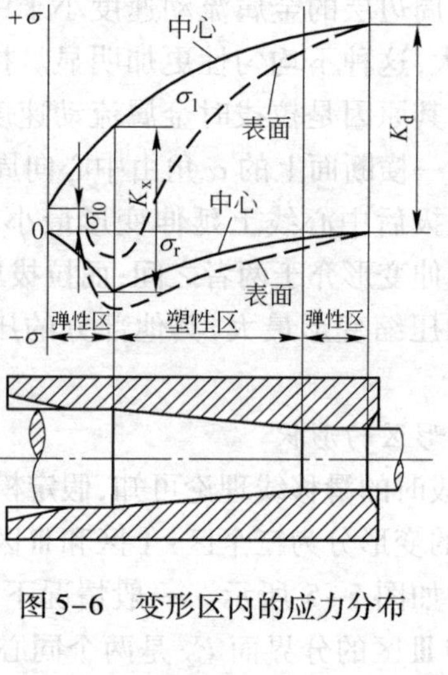

图 5-6　变形区内的应力分布

5.1.6　管材拉拔时的应力与变形

管材拉拔时的应力分布规律有：

(1) 应力沿轴向的分布规律。轴向应力由变形区入口端向出口端逐渐增大，即 $\sigma_{lr} < \sigma_{lch}$，周向应力和径向应力则从变形区入口端向出口端逐渐减小，即 $|\sigma_{\theta r}| > |\sigma_{\theta ch}|$、$|\sigma_{rr}| > |\sigma_{rch}|$。

轴向应力 σ_l 的分布规律可以做以下解释。在稳定拉拔过程中，变形区内的任一断面在向出口端移动时面积逐渐减小，而此断面与变形区入口端球面间的变形体积不断增大。为了实现塑性变形，通过此断面作用于变形体的轴向应力也必须逐渐增大。

根据塑性方程，可得：

$$\sigma_1 - (-\sigma_r) = K_{zh}$$

即 $$\sigma_1 + \sigma_r = K_{zh} \tag{5-11}$$

当整个变形区内变形程度不大时,金属变形抗力可以认为是常数,因此,由式5-11可以得出,随着轴向应力向出口端增大,径向应力 σ_r 和周向应力 σ_θ 必然逐渐减小。

在实际生产中,观察模子的磨损情况可以发现,模子的入口处一般磨损比较快,常常过早地出现沟槽,这也证明入口处的径向应力值较大。

(2) 应力沿径向和周向的分布规律。径向应力与周向应力由表面向中心逐渐减小,即 $|\sigma_{rw}| > |\sigma_{rn}|$ 和 $|\sigma_{\theta w}| > |\sigma_{\theta n}|$。而轴向应力的分布情况则相反,中心处的轴向应力大,表面的轴向应力小,即 $\sigma_{ln} > \sigma_{lw}$。这可做如下解释:在变形区,金属的每个环形的外表层上作用着径向应力,而径向应力总是力图减小其外表面。距中心愈远,表面积愈大,所需的力就愈大。轴向应力在横断面上的分布规律可由前述的塑性方程式得到解释。

拉拔管材与拉拔棒材的主要区别是前者已失去轴对称变形的条件,这使它的应力与变形状态同拉拔实心圆棒不同。空拉时,管内虽然未放置芯头,但其壁厚在变形区内实际上常常是变化的。由于不同因素的影响,管子的壁厚最终可以变薄、变厚或保持不变。了解空拉时管子壁厚的变化规律对正确制定拉拔工艺规程及选择管坯尺寸是非常必要的。

5.1.6.1 空拉时的应力分布和变形特点

空拉管材时的应力与变形如图5-7所示。主应力图仍为两向压、一向拉的应力状态,主变形图则根据壁厚增加或减小,可以是一向压缩、两向延伸或两向压缩、一向延伸的变形状态。研究空拉时的变形特点,主要是分析径向变形规律,即在拉拔过程中壁厚的变化规律。

根据金属塑性加工理论,一点的应力状态可以分解为球应力分量和偏差应力分量。将空拉管材时的应力状态分解,管壁的变化如图5-7所示。

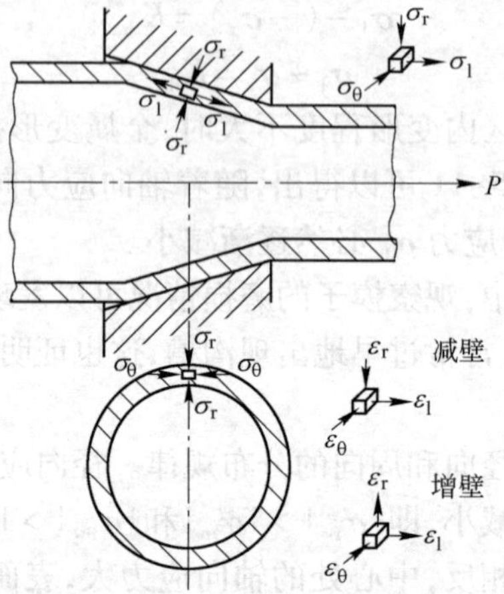

图 5-7　空拉管材时的应力与变形

5.1.6.2　影响空拉时壁厚变化的因素

影响空拉时壁厚变化的因素有：

（1）管坯的几何尺寸；

（2）管坯材质与状态；

（3）道次加工率和加工道次；

（4）润滑条件、模子几何参数及拉拔速度。

5.1.6.3　空拉对纠正管子偏心的作用

挤压或斜轧穿孔法生产的管坯壁厚一般是不均匀的，若偏心很严重时会导致最终产品管壁厚超差而报废。在这种情况下，适当地安排若干道次空拉可以纠正偏心，且空拉道次越多，纠正偏心的效果越显著。空拉可以纠正管材偏心的原因在于周向应力的分布不同，壁厚处的周向应力小于壁薄处的周向应力。因周向应力是引起壁厚增加的应力，周向应力越大，壁厚增加得越大，所以壁薄部分在周向应力的作用下逐渐增厚，使整个断面上的管壁厚趋于一致。有芯头拉拔时纠正管材偏心的效果没有空拉时显著，这是由于此时径向压力 N 使径向压应力增大，妨碍了管材壁厚的调整。

5.1.7 拉拔后金属的组织性能

5.1.7.1 金属拉拔后的组织变化

金属在拉拔过程中外形和尺寸发生了变化,其内部的晶粒尺寸也相应地发生了变化,即晶粒在拉拔方向上拉长。在变形量较大的情况下,可出现明显的纤维状组织,如图5-8所示,使得制品呈现各向异性,形成变形织构。在拉拔时形成的变形织构称为丝织构,如图5-9所示,其特征是各个晶粒的某一晶向与拉拔力方向平行或接近平行。冷拔变形还使材料内部产生大量的缺陷,使原子在晶格中偏离其平衡位置,即晶格发生畸变。

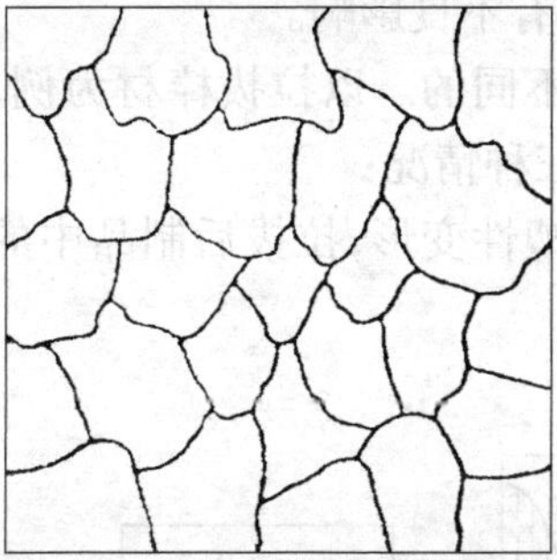
(a)

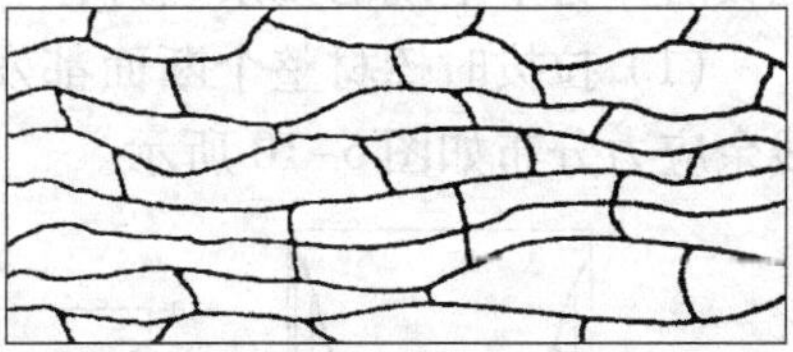
(b)

图5-8 钛材拉拔前后组织示意图

(a) 拉拔变形前的组织;(b) 拉拔变形后的纤维组织

图5-9 丝织构示意图

5.1.7.2 金属拉拔后的性能变化

金属拉拔后的性能变化有:

(1) 加工硬化。加工硬化是材料在冷变形过程中,随着变形程度的增加,变形阻力增大,强度和硬度增高,而塑性、韧性下降的现象。在拉拔过程中，加工硬化是很显著的。在生产中可利用加工硬化来提高材料的强度，从而改善其力学性能。但加工硬化会给拉拔带来困难。为能进一步进行冷拔变形，需要进行中间退火。

（2）其他性能的改变。经拉拔后，材料的物理与物理化学性质，如导电性、导热性、磁性、密度、耐腐蚀性都会发生改变。钛材在拉拔后，导电性、导热性及透磁率降低；电阻、矫顽力、化学活性、弹性模量略有增加。

5.1.7.3 拉拔后金属中的残余应力

在拉拔过程中，由于金属内的不均匀变形产生的附加应力，在拉拔后残留在制品内部形成残余应力。这种应力对产品的力学性能有显著影响，对成品的尺寸稳定性也有不良影响。

各种拉拔品中的残余应力分布是不同的。以拉拔棒材为例，拉拔后棒材中呈现的残余应力有下列三种情况：

（1）拉拔时棒材整个断面都发生塑性变形，拉拔后制品中的残余应力分布如图 5-10 所示。

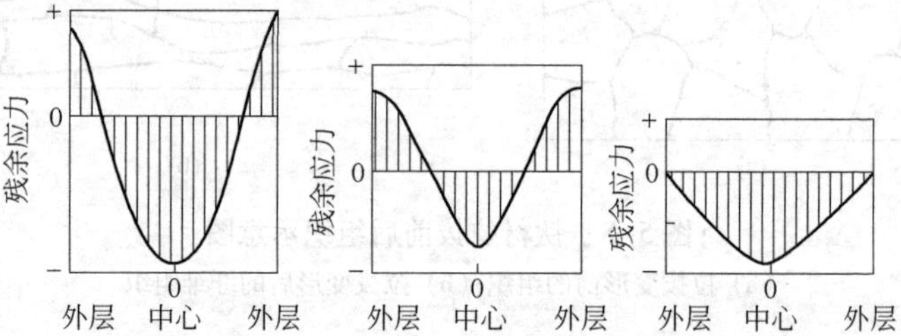

图 5-10 棒材整个断面发生塑性变形时的残余应力分布

（a）轴向残余应力；（b）周向残余应力；（c）径向残余应力

拉拔过程中，棒材外层金属受到比中心层较大的剪切变形和弯曲变形，造成沿主变形方向的延伸变形比中心层大，但是，外层金属沿轴向的延伸变形却比中心层的延伸变形小，并且，由于棒材表面受到摩擦的影响，外层金属沿轴向流速比中心层慢。因此，在变形过程中，棒材外层产生附加拉应力，中心层则出现与之平衡的附加压应力，当棒材出模孔后，仍处在弹性变形阶段，那么，拉拔后的制品有弹性后效的作用,外层较中心层缩短得较大。但是物体的整体性妨碍了这种自由变形,其结果是棒材外层产生残余拉应力,中心层则出现残余压应力。

在径向上由于弹性后效的作用,棒材断面上所有的同心环形薄层皆欲增大直径。但由于相邻层的互相阻碍作用而不能自由涨大,从而在径向上产生残余压应力。显然,中心处的圆环涨大直径时所受的阻力最大,而最外层的圆环不受任何阻力。因此中心处产生的残余压应力最大,而外层为零。

由于棒材中心部分在轴向上和径向上受到残余压应力,所以此部分在周向上有涨大变形的趋势。但是外层的金属阻碍其自由涨大,从而在中心层产生周向残余压应力,外层则产生与之平衡的周向残余拉应力。

(2) 拉拔时仅在棒材表面发生塑性变形,拉拔后制品中残余应力的分布与第一种情况不同。在轴向上棒材表面层为残余压应力,中心层为残余拉应力;在周向上残余应力的分布与轴向上基本相同;而径向上棒材表面到中心层为残余压应力。

(3) 拉拔时塑性变形未进入到棒材的中心层,拉拔后制品中残余应力的分布应该是前两种情况的中间状态。在轴向上拉拔后的棒材外层为残余拉应力,中心层也为残余拉应力,而其中间层为残余压应力;在周向上残余应力的分布与轴向上基本相同;而在径向上,从棒材外层到中心层为残余压应力。

此时是由于拉拔的材料很硬或拉拔条件不同,使材料中心部不能产生塑性变形的缘故。棒材横截面的中间层所产生的轴向残余压应力表明塑性变形只进行到此处。

5.1.7.4 残余应力的消除

拉拔制品中保留的残余应力对生产工艺和产品质量都非常有害,必须设法减少或消除残余应力。可用下列三种方法减少或消除残余应力:

(1) 减少不均匀变形;

(2) 及时矫直加工,拉拔制品常用辊式矫直;

（3）退火处理，即采用消除应力退火。

图 5-11 所示为直径为 ϕ30 mm 的镍铜棒经过退火后，原有的残余应力基本已消除。此时的金属微观组织发生了很大变化，即如图 5-8 中拉拔变形后的纤维组织由（b）恢复至（a）的状态。此时加工硬化消除，变成软态。这就是工艺中需要进行中间退火，或者成品出厂前精整时必须退火的原因。

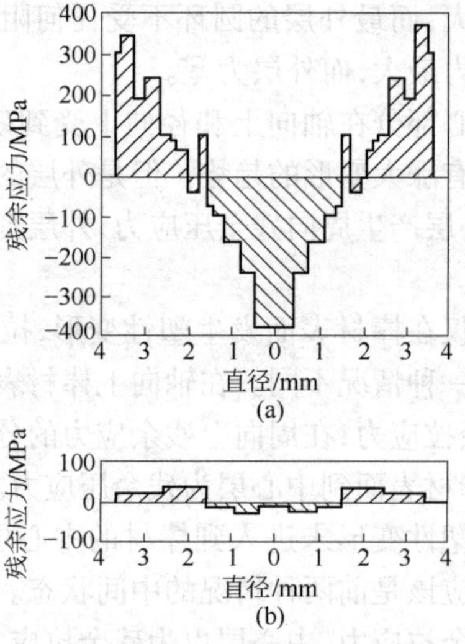

图 5-11　拉拔棒材退火前、后残余应力的变化
（a）退火前；（b）退火后

5.1.8　拉拔力的计算与测定

使制品通过拉拔模的应力称为拉拔力 P，作用在拉拔出口制品上的单位拉拔力称为拉拔应力 σ。

5.1.8.1　影响拉拔力的各种因素

影响拉拔力的主要因素有：

（1）被拉拔金属的力学性能。被拉拔金属的屈服强度与拉拔力之间成直线关系，即随着被拉拔金属的强度增加，拉拔力增大。

（2）变形程度。变形量增加，不但使变形能增加，而且摩擦力也增加，因此拉拔力随变形程度的增加而增加。

（3）模子形状。模子锥度和定径带的长度与拉拔力有直接关系。模角的增加减少了变形区长度，降低了垂直压力和所引起的摩擦力，但模角的增加也增加了水平方向的拉力。当模角较小时，前一种因素占优势，因而随模角的增大拉拔力下降；而当模角很大时，后一因素占优势，所以拉拔力随模角的增大而增大。因此，存在一个最佳模角，最佳模角拉伸时拉拔力最小。定径带长度也影响金属通过时的摩擦力，定径带增大，拉拔力也随之增大。实验表明，拉拔力的大小与模具的弧线有一定的关系，但影响不大。由于锥形模孔形状的制造和检查都比较容易，在生产中常用锥形模。

（4）润滑与摩擦。润滑条件与润滑剂的优劣直接影响拉拔力的大小。工具材质及表面粗糙度不同也会造成摩擦系数的变化，从而引起拉拔力的变化。

（5）拉拔速度。实际上拉拔速度对拉拔力没有很大影响。只是在开动设备的瞬间，由于加速度较大从而使拉拔力增大。当速度平稳后，拉拔力不随速度的变化而变化。

5.1.8.2 线材拉拔力的计算

拉拔力的计算为线材生产中合理工艺配模的制定、拉拔设备和电机的正确选择提供可靠的依据。常用的拉拔力 P_z 计算公式如下。

（1）洛夫公式：

$$P_z = \overline{\sigma}_F S_K \ln\lambda(1 + f\cot\alpha) \tag{5-12}$$

本公式比较简单，适用于单次拉拔计算。

（2）古布金公式：

$$P_z = \overline{\sigma}_F S_K \left[\frac{a+1}{a}\left(1 - \frac{1}{\lambda^a}\right) + m + n\right] \tag{5-13}$$

（3）塔尔那夫斯基公式：

$$P_z = \overline{\sigma}_F S_K [1 - C + (1 - 2f)(1 + Cf\cot\alpha)\ln\lambda + 0.77\tan\alpha + 2fC] \tag{5-14}$$

其中：

$$a = \frac{1}{\cos\frac{\alpha}{2}} + \frac{f}{\tan\alpha\cos\frac{\alpha}{2}} - 1$$

$$m=\frac{4}{3\sqrt{3}}\left(\tan\alpha+\frac{f}{2}\right)$$

$$n=\frac{f\pi d_{\mathrm{k}}l_{\mathrm{k}}}{S_{\mathrm{K}}}\cdot\frac{1}{\lambda^{\alpha}}$$

$$C=1-\frac{\sigma_{反}}{\overline{\sigma}_{\mathrm{F}}}$$

式中　$\overline{\sigma}_{\mathrm{F}}$——平均变形抗力，一般用变形前与变形后平均抗拉强度代替，MPa；

S_{K}——线材出口断面积，mm^2；

λ——延伸系数；

P_{z}——拉拔力，kN；

f——摩擦系数；

α——拉拔模锥半角；

d_{k}——定径带直径，mm；

l_{k}——定径带长度，mm；

$\sigma_{反}$——反拉拔应力。

5.1.8.3　管材拉拔力计算

拉拔力的计算就是计算拉拔应力，以下介绍各种拉拔应力的计算公式，其中各公式通用符号为：

D_0,d_0——变形前管材的外径、内径；

D_1,d_1——拉拔后管材的外径、内径；

δ_0,δ_1——管毛料和成品管的壁厚；

$D_{0\mathrm{p}},D_{1\mathrm{p}}$——管毛料和成品管的中性直径，$D_{0\mathrm{p}}=d_0+\delta_0$，$D_{1\mathrm{p}}=d_1+\delta_1$；

D_{p1}——在变形区中管材中性直径，$D_{\mathrm{p1}}=d_1+\delta_0$；

F_0,F_1——管毛料和成品管的断面积，在变形中管材的横断面积 $F_1=(d_1+\delta_0)\delta_0\pi$；

$\sigma_{弹}$——作用在弹性和塑性变形区边界上的应力（如有反拉力就等于反拉力），等于管毛料的弹性极限；

σ_{s0}——管毛料屈服强度；

$\sigma_{空拉}$——空拉段结束后金属的屈服强度；

$\sigma_{成}$——变形完了时金属的屈服强度；

σ'——在空拉段金属的平均屈服强度，$\sigma'_{拉}=\dfrac{\sigma_0+\sigma_{空}}{2}$；

σ''——从空拉段到成品的变形金属的平均屈服强度，$\sigma''_{拉}=\dfrac{\sigma_{空}+\sigma_{成}}{2}$；

σ_p——整个变形过程中金属的平均屈服强度，$\sigma_p=\dfrac{\sigma_{s0}+\sigma_{成}}{2}$；

l_1——拉拔模工作带宽，一般取 $l_1\approx1.5\delta_1$；

α——拉拔模半锥角；

$\overline{\sigma}_b$——拉拔前后金属的抗拉强度平均值，$\overline{\sigma}_b=\dfrac{1}{2}(\sigma_{b1}+\sigma_{b2})$；

f——摩擦系数；

$$\omega_1=\frac{\tan\alpha+f}{(1-f\tan\alpha)\tan\alpha}$$

A　无芯头拉拔时的应力计算

这里推荐三个公式，第一个公式为常用的理论计算式；第二个公式考虑的因素比较全面，计算结果也比较准确，但计算繁杂，可用于新设计时；第三个公式是经验公式，计算简单，它没有考虑模子工作带的影响，但对于工具形状已定形的正常生产也是适用的。

（1）计算公式一：

$$P=1.2\,\overline{\sigma}_b\omega_1\varepsilon F_1 \tag{5-15}$$

（2）计算公式二：

$$\sigma_{空拉}=1.15\sigma_p\frac{a+1}{a}\left[1-\left(\frac{D_{1p}}{D_{0p}}\right)^a\right]+\sigma_{弹}\left(\frac{D_{1p}}{D_{0p}}\right)^a \tag{5-16}$$

其中

$$a=\frac{1+f\cot\alpha'}{1-f\tan\alpha'}-1 \tag{5-17}$$

式中　α'——换算角；

$$\tan\alpha' = \frac{(D_0 - D_1)\tan\alpha}{(D_0 - D_1) + 2l_1\tan\alpha} - 1 \tag{5-18}$$

(3) 计算公式三：

$$\sigma_{空拉} = 0.105\left(1 - \sin\frac{\alpha}{2}\right)(1 + f)\sigma_p\sqrt{\varepsilon_d} \tag{5-19}$$

其中

$$\varepsilon_d = \frac{D_0 - D_1}{D_0} \times 100\%$$

B　短芯头拉拔时的应力计算

计算短芯头拉拔应力的公式很多，这里推荐两个公式。

(1) 计算公式一：

$$\sigma_{拉短} = 1.1\sigma''\left(1 + \frac{\tan\alpha'}{A_1 f}\right)\left[1 - \left(\frac{F_0}{F_1}\right)^{\frac{A_1 f}{\tan\alpha'}}\right] + \sigma_{空拉}\left(\frac{F_0}{F_1}\right)^{\frac{A_1 f}{\tan\alpha'}} \tag{5-20}$$

其中

$$A_1 = 1 + \frac{d_1\cos\alpha'}{d_1 + \delta_0 + \delta_1} \tag{5-21}$$

式中　α'——换算角，由式 5-18 确定；

$\sigma_{空拉}$——用式 5-19 计算出在空拉段末横断面上的轴向拉应力。

(2) 计算公式二：

$$\sigma_{拉短} = \sigma_p \ln\frac{F_0}{F_1}\left(1 + \frac{f}{\sin\alpha\cos\alpha} + \frac{f}{\tan\alpha}\right) \tag{5-22}$$

C　长芯头拉拔时的应力计算

这里仅推荐一种长芯头拉拔应力计算公式：

$$\sigma_{拉长} = 0.145\left(1 - \sin\frac{\alpha}{2}\right)(1 + f\sigma_p\sqrt{\varepsilon}) \tag{5-23}$$

其中

$$\varepsilon = \frac{F_0 - F_1}{F_0} \times 100\%$$

5.1.8.4　拉拔力的测定

在制定新的拉拔工艺时，除了进行拉拔力的理论计算之外，还可实测拉拔力。

拉拔力实测可直接进行，也可以通过能耗或传动功率来求得。前者为直接测定法，后者为间接测定法。

（1）直接测定法是在拉力实验机上装有专用测力机构进行测定，或用弹簧测力计测量，也有用液压计进行测量的。虽然这些方法测量准确、简便，但在工作现场的设备上却不便于测量，因此很少应用。

（2）间接测量法也称电测法。就是在现有设备上，通过电气参数的测量再进行计算。其原理是测量设备拉拔时的功率与空转时的功率的变化，按下式求出拉拔力：

$$P_z = \frac{1000(W_{负} - W_{空})\eta}{v} \tag{5-24}$$

式中 P_z——拉拔力，N；

$W_{负}$——拉拔机负载时的功率，kW；

$W_{空}$——拉拔机空载时的功率，kW；

v——拉拔机线速度，m/s；

η——设备有效系数，取 0.9。

利用现场的三相功率表可直接测量出拉拔时的功率和空运转时的功率，按照式 5-24 求出拉伸力。这种方法简便、准确，因此常用此法测量。

在 3 t 拉拔机上，空拉纯钛管时，采用 $\alpha = 10°$ 的硬质合金模拉拔实测拉伸力，并按式 5-15 计算出理论值，计算值和实测值结果见表 5-2。从表 5-2 中可见，当加工率 $\varepsilon > 15\%$ 时，两值很接近，这说明计算式和实际相符，使用时出入很小。所以在实践中，可以用理论式来校验拉伸力，也可以用实测法来实测。

5.2 拉拔设备

5.2.1 钛线材连续拉拔设备

5.2.1.1 滑动式连续拉拔过程

多次拉伸，即线坯一次连续通过多个模子后卷取。其特点是

表 5-2 实测拉拔应力与计算拉拔应力的比较

	坯料尺寸/mm×mm	$\phi20\times1$			$\phi16\times1$			$\phi12\times0.95$	
	制品尺寸/mm	$\phi19\times1$	$\phi17\times1$	$\phi14.9\times1$	$\phi15\times1$	$\phi12.9\times1$	$\phi11.5\times1$	$\phi8.5\times0.95$	$\phi8.4\times0.95$
	加工率 ε/%	4	13	25	9	19	31	35	37
实测参数及结果	I_{Σ}/A	15	23	29	14	18	20	18	19
	V_{Σ}/V	70	83	76	95	90	85	89	88
	v_{Σ}/m·min^{-1}	6.8	6.2	5.7	7.2	6.9	6.3	6.8	6.6
	I_K/V	4.8	4.8	4.8	4.8	4.8	4.8	4.8	4.8
	V_K/V	102	102	102	102	102	102	102	102
	v_K/m·min^{-1}	7.9	7.9	7.9	7.9	7.9	7.9	7.9	7.9
	σ_L/MPa	150	310	460	170	290	380	460	540
	模角/(°)	10							
	f	0.17							
计算参数及结果	σ_{b1}/MPa	600	600	600	515	515	515	525	525
	σ_{b2}/MPa	725	805	865	615	625	690	660	715
	σ'_L/MPa	65	223	450	124	264	455	505	556
	$\sigma_L-\sigma'_L$/MPa	+85	+87	+10	+46	+26	−75	−45	−16
	$\frac{\sigma_L-\sigma'_L}{\sigma_L}\times100\%$	56.5	28	1.9	27	9	−19.7	−9.8	−3

总加工率大,拉伸速度快,自动化程度高。拉伸道次可根据被拉伸金属的允许总延伸系数、产品最终尺寸,以及所要求的力学性能来确定。连续拉伸道次数通常为2~25。

A 产生滑动的基本条件

拉拔时金属丝在每个中间卷筒上绕2~4圈,除收线卷筒的速度 B_k 与金属丝的速度 v_k 相等外,其余卷筒的速度 B_n 均大于其上的金属丝的速度 v_n,如图5-12所示。在第 n 个卷筒的出丝端有拉力 Q_n,抽紧该卷筒上的金属丝,使之产生正压力 N。当卷筒转动时,由于 $B_n > v_n$,金属丝在卷筒表面向后滑动,产生与卷筒转动方向相同的摩擦力,建立第 n 个模的拉拔力 P_n。Q_n 作用在进入第 $n+1$ 个模的金属丝上,称为该模的反拉力。P_n 与 Q_n 的关系根据柔性物体绕圆柱体表面的摩擦原理(欧拉公式)得:

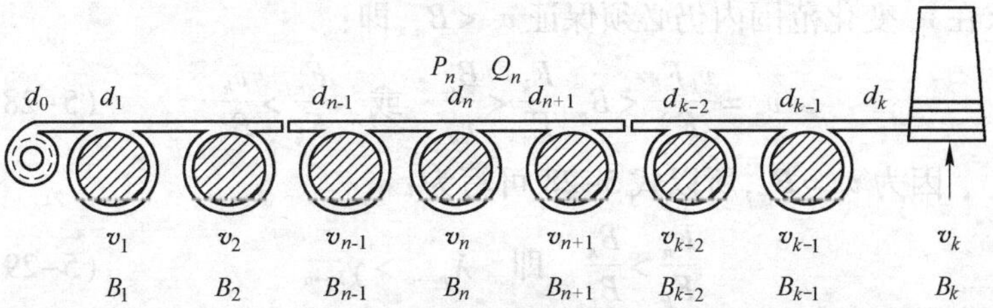

图5-12 滑动式连续拉拔示意图

$$Q_n = \frac{P_n}{e^{2\pi mf}} \quad 或 \quad P_n = Q_n e^{2\pi mf} \tag{5-25}$$

式中 m——绕丝圈数;

f——金属丝与卷筒表面的摩擦系数。

卷筒速度 B_n 与卷筒上金属丝速度 v_n 的差值 $B_n - v_n$ 为绝对滑动,它与卷筒速度比值的百分率为相对滑动或滑动率。

B 保证滑动的条件

在滑动式连续拉拔过程中必须保证卷筒速度 B_n 大于金属丝速度 v_n。每台滑动式拉丝机的各个卷筒的速度大小在其设计时已经确定,在拉拔时只能考虑用 v_n 来满足上述要求。在金属丝稳定拉拔过程中,每个卷筒上绕的丝的圈数不变,金属丝通过每个模子

的秒体积流量相等,即

$$v_0F_0 = v_1F_1 = \cdots = v_nF_n = \cdots = v_kF_k \tag{5-26}$$

式中　F——相应拉拔道次后金属丝的断面积。

由于拉丝机的收线卷筒设有调速装置,在拉拔过程中,当收线卷筒上的丝层加厚即相当于收线卷筒的直径增大时,经调速装置的调节可以保证 v_k 基本不变。由式 5-26 得:

$$v_n = \frac{v_kF_k}{F_n} \tag{5-27}$$

式 5-27 说明,在金属丝稳定拉拔过程中,任一卷筒上的金属丝速度 v_n 只与该卷筒上金属丝的断面积 F_n、k 模即收线卷筒上金属丝的断面积 F_k 及收线速度 v_k 有关,而与其他中间卷筒的速度和其上的金属丝断面积无关。所以当 k 模磨损引起 v_n 增加时,要求在 v_n 变化范围内仍必须保证 $v_n < B_n$,即:

$$v_n = \frac{v_kF_k}{F_n} < B_n, \frac{F_k}{F_n} < \frac{B_n}{v_k} \quad 或 \quad \frac{F_n}{F_k} > \frac{v_k}{B_n} \tag{5-28}$$

因为 $v_k = B_k$,所以式 5-28 可写为:

$$\frac{F_n}{F_k} > \frac{B_k}{B_n} \quad 即 \quad \lambda_{n \to k} > \gamma_{k \to n} \tag{5-29}$$

式 5-29 表明,为了保证滑动式拉拔过程正常进行,即保证 $B_n > v_n$,要求在进行滑动式拉丝配模时保证第 n 道次拉拔到最后一道次拉拔间金属丝的总延伸系数 $\lambda_{n \to k}$ 必须大于收线卷筒 k 与第 n 卷筒间的速比 $\gamma_{k \to n}$。

为了保证滑动,还必须考虑下述情况。在拉拔过程中,由于润滑剂较黏稠、金属丝或卷筒上有局部缺陷等原因,可能使金属丝与某卷筒发生短时黏结,使金属丝速度与卷筒速度接近,或在穿模时使金属丝速度与该卷筒速度接近或相等,导致金属丝与卷筒间的滑动减少或消失,从而破坏拉拔过程。因此为了保证滑动还需要满足如下的另一要求。假定第 n 卷筒上的金属丝与卷筒发生黏结即发生 $v_n = B_n$ 时,由于通过各模金属丝的秒体积流量相等,必然引起第 $n-1$ 卷筒上的金属丝速度 v_{n-1} 增加。为了保证金属丝不

被拉断,要求金属丝速度 v_{n-1} 仍应小于该卷筒速度 B_{n-1},即

$$v_{n-1}=\frac{F_n}{F_{n-1}}v_n=\frac{F_n}{F_{n-1}}B_n<B_{n-1}$$

或 $$\frac{F_{n-1}}{F_n}>\frac{B_n}{B_{n-1}} \quad 即 \quad \lambda_n>\gamma_n \tag{5-30}$$

式5-30表明,为了保证拉拔过程的必要滑动,要求在拉丝配模时必须使滑动式拉拔的任一道次的延伸系数 λ_n 大于其相邻两卷筒的速比 γ_n。滑动式连续拉丝机的卷筒速比 γ_n 可以设计成递减的,现在趋向设计成等值的。γ_n 越小,拉拔道次延伸系数 λ_n 可在较大范围内选择,该机的通用性越大。

C 滑动系数的确定

满足了式5-30 $\lambda_n>\gamma_n$ 的条件,也就保证了 $B_n>v_n$ 的滑动条件。把式5-30改写为 $\tau'_n=\frac{\lambda_n}{\gamma_n}>1.0$,$\tau'_n$ 为相对滑动系数。τ_n 值过大时,滑动过大,摩擦能耗增加,卷筒过早磨损,软金属丝表面易被划伤。在拉丝生产中,根据金属丝的尺寸偏差确定 τ_n 值。当模孔由丝的负偏差增大到正偏差时,需要更换模子,这样 τ_n 值为:

$$\tau_n=1.0+\frac{F_{n\max}-F_{n\min}}{F_{n\min}} \tag{5-31}$$

在配模设计中,各道次的 τ_n 值一般为1.015~1.05,各道次逐渐减小。

5.2.1.2 滑动式多模连续拉线机

滑动式多模连续拉线机的特点是除最后的收线盘外,线与绞盘圆周的线速度不相等,存在着滑动。用于粗拉的滑动式多模连续拉线机的模子数目一般是5、7、11、13和15个,用于中拉和细拉的模子数为9~21个。根据绞盘的结构和布置形式可将滑动式多模连续拉线机分为几种,常见的有:

(1) 立式圆柱形绞盘连续多模拉线机。立式圆柱形绞盘连续多模拉线机的结构形式如图5-13所示。在这种拉线机上,绞盘轴垂直安装,绞盘与模子全部浸在润滑剂中,被拉线材、模子和绞

盘可得到充分、连续的润滑及冷却，但由于运动着的线材和绞盘不断地搅动润滑剂，悬浮在润滑液中的金属尘屑易堵塞和磨损拉拔模孔。另外，由于绞盘垂直放置，这种拉线机的速度受到限制，一般为 2.8 ~5.5 m/s。

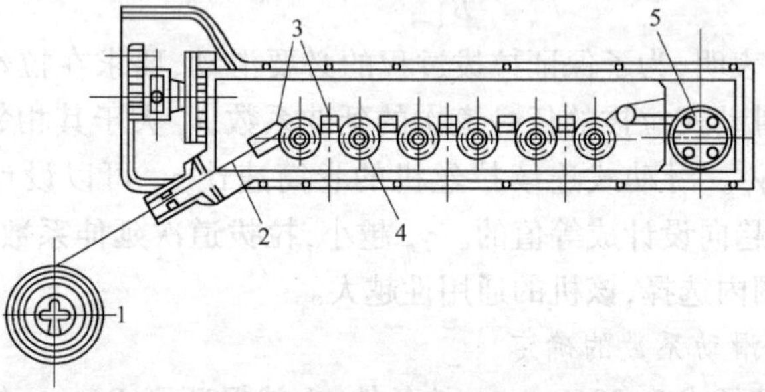

图 5-13　立式圆柱形绞盘连续多模拉线机的结构形式
1—坯料卷；2—线；3—模盒；4—绞盘；5—卷筒

（2）卧式圆柱形绞盘连续多模拉线机。卧式圆柱形绞盘连续多模拉线机的结构形式如图 5-14 所示。在这种拉线机上，绞盘轴线水平方向布置，绞盘的下部浸在润滑剂中，模子单独润滑。穿模方便，停车后可测量各道次的线材尺寸，以控制整个生产过程。

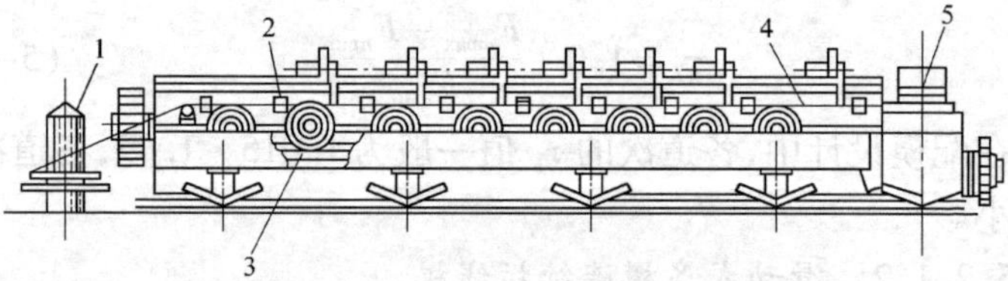

图 5-14　卧式圆柱形绞盘连续多模拉线机
1—坯料卷；2—模盒；3—绞盘；4—线；5—卷筒

圆柱形绞盘连续多模拉线机机身长，其拉拔模子数一般不宜多于 9 个。为克服此缺点，可以使用两个卧式绞盘，将数个模子装在两个绞盘之间的模座上。另外也可将绞盘排列成圆形布置。为了提高生产率，还可以在一个轴上安装同一直径的数个绞盘，将几个轴水平排列，同时拉几根线。

滑动式多模连续拉线机的技术性能见表 5-3。表中列出的是铜和铝等线材的数据，可供拉拔钛线材时参考。

表 5-3 滑动式多模连续拉线机的技术性能

拉线机									可选用的收线装置			
									双盘收线		筒式成圈收线	
最大绞盘直径/mm/道次	拉拔材料	最大进线直径/mm	出线直径范围/mm	最多拉拔道次	道次延伸系数	绞盘形式	最大绞盘直径/mm	收线盘直径/mm	500/400	315/250	800/1250	500/800
400/13	铜	8	4.0～1.2	13	1.42～1.22	等直径	400	630/400	选用		选用	
	铝	10	(1.0)	13	递减							
	铝合金	12	4.0～1.6	13	1.33							
280/17	铜	3.5	1.2～0.3	17	1.24	塔轮式	280	500/250	选用			线径在0.6 mm以上选用
	铝 铝合金	4	1.6～0.5									
200/19	铜	2	0.4～0.1	19	1.21	塔轮式	200	400/500		选用		
	铝 铝合金	2.5	0.6～0.3									
120/17	铜	0.5	0.12～0.05，0.04	17	1.18，1.16	塔轮式	120	250/160				
80/16	铜	0.08	0.04～0.02，0.015	16	1.12，1.06	塔轮式	80	80				

5.2.1.3　复绕机

钛丝复绕机型号及主要性能见表5-4。

表5-4　钛丝复绕机型号及主要性能

项目＼型号	粗丝复绕机 J8802 型	中丝复绕机 J8805 型	复绕机 M117 型	精密复绕机 ZPR03200TS 型
复绕丝直径/mm	钨:0.4～1.25; 钼:0.4～2.0	0.5～0.3	0.3～0.04	0.1～0.01
丝运动速度/m·min^{-1}	34～68	55	107～230	80～100
生产率/m·(头·h)$^{-1}$	2040～4080	3770	6430～13830	4800～6000
主电机功率/kW	0.27(或0.6)	0.25	0.25	0.1/0.08

5.2.2　管棒材拉拔设备

目前广泛使用的管棒材拉拔机是链式拉拔机。它的特点是设备结构和操作简单,适应性强,管棒制品皆可在同一台设备上拉拔。

根据链数的不同,可将链式拉拔机分为单链拉拔机和双链拉拔机。最常见的单链拉拔机的结构如图5-15所示。表5-5为常用的链式拉拔机的主要技术性能。

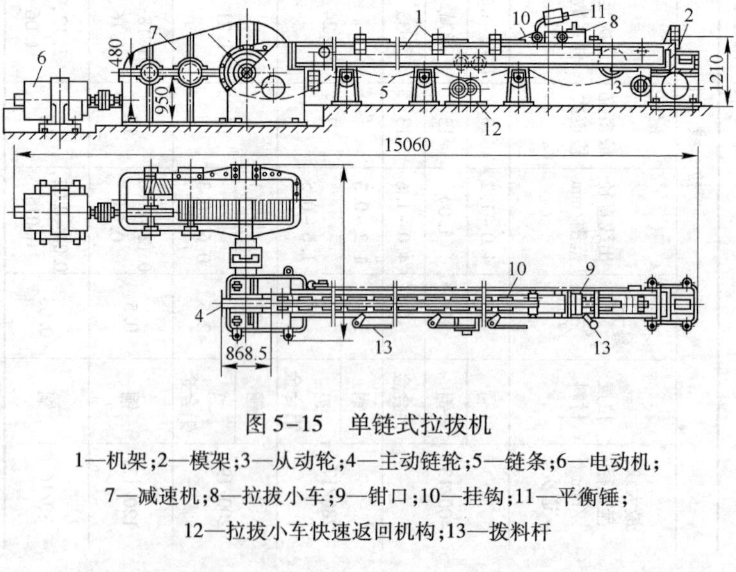

图5-15　单链式拉拔机

1—机架;2—模架;3—从动轮;4—主动链轮;5—链条;6—电动机;
7—减速机;8—拉拔小车;9—钳口;10—挂钩;11—平衡锤;
12—拉拔小车快速返回机构;13—拨料杆

表 5-5 常用的链式拉拔机的主要技术性能

型号	额定拉伸力/kN	额定拉伸速度/m·min^{-1}	传动形式	管坯外径/mm	管坯长度/m	拉伸最大管材直径/mm	拉伸管材长度/m	拉伸根数	返回速度/m·min^{-1}	总功率/kW
RSL3	30	30	单链	ϕ30	6	ϕ25	9	1	57	22.325
RSL5	50	30	单链	ϕ40	6	ϕ30	9	1	57	33.525
RSL6	60	30	单链	ϕ46	12	ϕ40	16	1	57	40.825
RSL10	100	29	单链	ϕ60	11	ϕ25	15	1	57	58.825
RSL15	150	27	单链	ϕ55	11	ϕ50	15	1	62	81.725
RSL15D	150	0~72	双链	ϕ45	18	ϕ40	25	1~3	90	114.525
RSL30	300	0~72	单链	ϕ80	18	ϕ75	25	1~3	112	232.625

双链式拉拔机的工作机架由许多 C 形架组成(见图 5-16)。在 C 形架内装有两条水平横梁,其底面支承拉链和小车,侧面装有小车导轨,两根链条从两侧连在小车上。C 形架之间的下部安装有滑料架。除拉拔机本体外,一般还包括以下机构:受料—分配机构、管子套芯杆机构和向模孔送管子与芯杆的机构。目前采用的高速双链式拉拔机的基本参数见表 5-6。

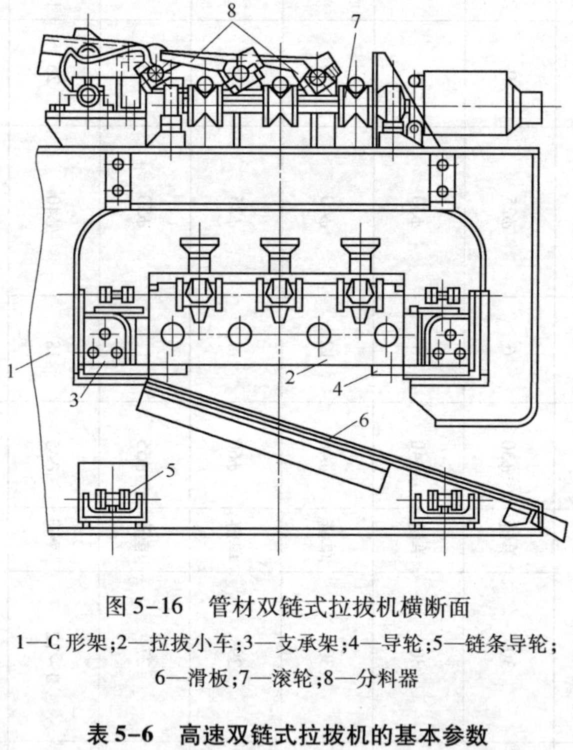

图 5-16　管材双链式拉拔机横断面

1—C 形架;2—拉拔小车;3—支承架;4—导轮;5—链条导轮;6—滑板;7—滚轮;8—分料器

表 5-6　高速双链式拉拔机的基本参数

项　目	额定拉拔机能力/MN					
	0.2	0.3	0.5	0.75	1	1.5
额定拉拔速度/$m \cdot min^{-1}$	60	60	60	60	60	60
拉拔速度范围/$m \cdot min^{-1}$	3 ~ 120	3 ~ 120	3 ~ 120	3 ~ 120	3 ~ 120	3 ~ 120

续表 5-6

项目		额定拉拔机能力/MN					
		0.2	0.3	0.5	0.75	1	1.5
小车返回速度/m·min^{-1}		120	120	120	120	120	120
最大拉拔长度/m	黑色金属	30	40	50	60	80	90
	有色金属	40	50	60	75	85	100
最大拉拔长度/m		30	30	25	25	20	20
拉拔根数		3	3	3	3	3	3
主电机功率/kW·台		125×3	200×2	400×2	400×2	400×2	630×2

链式拉拔机正向高速、多线、自动化的方向发展。拉拔速度最高可达 190 m/min,同时最多可拉拔 9 根料。有些拉拔机的全部工序采用自动化程序控制。

5.2.3 拉拔工具

拉拔工具主要包括拉拔模和芯头,它们直接和拉拔金属接触并使其发生变形。拉拔工具的材质、几何形状和表面状态对拉拔制品的质量、成品率、道次加工率、能量消耗、生产效率及成本都有很大的影响。因此,正确地设计、制造拉拔工具,合理地选择拉拔工具的材料是十分重要的。

5.2.3.1 拉拔模

根据模孔纵断面的形状,可将普通拉模分为弧线形模和锥形模,如图 5-17 所示。弧线形模一般只用于细线材的拉拔;拉拔管棒及粗线材时,普遍采用锥形模。

A 锥形模的模孔

锥形模的模孔可分为四个带,其中工作锥的半锥角 α 称为模角;2β 和 2γ 分别为润滑锥和出口锥的锥角。

(1) 润滑锥。形状近似锥形,长度不应小于工作锥的长度,作用是便于拉拔时润滑剂进入模孔,使金属丝获得充分润滑、减小摩擦力、带走产生的热量及避免金属丝轴线与模孔轴线不重合时划伤金属丝。润滑锥的锥角 2β 一般为 $40°\sim60°$。锥角过大,润滑效果不良;锥角过小,在拉拔过程中产生的沉积物、粉末等不易随润滑剂流掉,堆积在模孔中导致表面刮伤等缺陷。

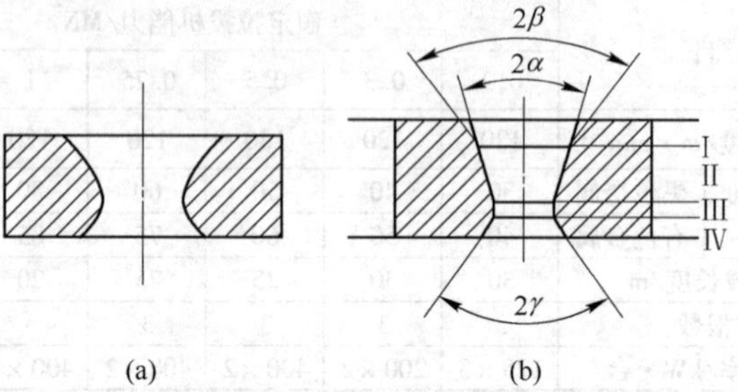

图 5-17　模孔的几何形状

(a) 弧线形模;(b) 锥形模

Ⅰ—润滑锥;Ⅱ—工作锥;Ⅲ—定径带;Ⅳ—出口锥

(2) 工作锥。它是拉丝模的关键部位,拉拔时金属在此区发生塑性变形,使金属丝的外形尺寸变形到拉拔后的指定尺寸。它的形状分弧线形和直线形。弧线形工作锥多用于拉拔直径小于 1.0 mm 的金属丝,对大、小道次变形量皆能保持金属丝与模壁有足够的接触面积,利于拉拔。对较大直径金属丝的拉拔,由于变形区长,制作弧线形工作锥困难,多采用直线形工作锥。直线形工作锥适用于道次变形量大的拉拔。若道次变形量小时,金属与模壁的接触面积小,导致模孔很快磨损,降低模子使用寿命。工作锥的长度取决于金属丝的材质和润滑方法:拉拔软质丝的比硬质丝的短;湿润滑拉拔的比干润滑拉拔的短。

模角 α 过小会使金属与模壁的接触面积增大,摩擦力及拉拔力增大;模角过大会使金属的变形流线急剧弯曲,附加剪变形增加,拉拔力增大,而且 α 角越大,模壁单位正压力越大,润滑剂越容易从模孔中挤出,恶化了润滑条件。因此,实际拉拔时存在一个拉拔力较小的合理模角区。对不同金属及合金丝的拉拔,α 角的合理区间为 5°~10°。

(3) 定径带。由它决定被拉拔金属丝的尺寸及精度,增加模孔的使用寿命。定径带使拉拔力增加。它的长短选择,主要考虑模孔的寿命及拉拔阻力的大小。拉拔粗丝的模孔的定径带比拉拔细丝的长,软质丝的比硬质丝的长,干法拉拔的比湿法拉拔的长。

定径带基本呈柱形，对细丝模，由于磨模孔时必须采用带 0.5°~2°锥形的磨针，因此定径带也带有与此相同的锥角。

（4）出口锥。它可保护定径带不崩裂，防止金属离开模孔时被划伤。中拉和粗拉模子出口锥呈锥形，细拉的呈凹球面形。它的长度一般为 1~3 mm，锥角 2γ 为 60°~70°。出口锥与定径带的连接部分应研磨得十分光滑，以免金属丝通过定径带后由于弹性恢复或拉拔力方向不正时划伤表面。

B 制模材料

拉丝模主要采用金刚石及硬质合金制作。

（1）制模用金刚石是已知物质中硬度最高、耐磨性极好、质脆而价格昂贵的制模材料。这种拉丝模很难加工，一般制作丝径 1.0 mm 以下的模子，目前最大金刚石模的孔径已达 2.5 mm。

（2）制模用硬质合金。采用钨钴类硬质合金，由碳化钨和钴组成。碳化钨坚硬耐磨是合金的“骨架”，钴是黏结金属，增加合金韧性。随着含钴量的增加，合金的密度、硬度、抗压强度、弹性模数、导热性和电阻率均降低，而韧性和抗弯强度升高。随着碳化钨含量的增加，合金的性能正好与上述含钴量增加时的相反。硬质合金具有高耐磨性、耐蚀性及抗碱性、抗乳化液及其他润滑材料作用的良好性能。硬质合金拉丝模在各种金属及合金丝的拉拔生产中广泛采用。

（3）其他制模材料。用钢制作拉丝模成本低，加工及修理方便，但它的硬度低，耐磨性差，使用寿命短，20 世纪 70 年代以后，实际上已被硬质合金及金刚石等制模材料所代替。随着拉丝生产的发展，人们在研究开发价廉及使用性能好的新型制模材料，如人造金刚石是其中之一，它的硬度、耐磨性仅次于自然金刚石，优于硬质合金，价格明显低于自然金刚石，是制作拉丝模的良好材料。人造金刚石模自 20 世纪 70 年代开始用于拉丝行业，但当时限于它的制造技术及价格还较贵，仅在有色金属丝及细钢丝的拉拔生产中部分使用。随着人造金刚石制造技术的发展及成本降低，到 20 世纪 80 年代，人造金刚石材质的聚晶拉丝模已在粗拉、中拉铜丝、钢丝生产中使用。

虽然硬质合金具有高的耐磨性和抗压强度，但它的抗张和抗冲击性能较低。在拉拔过程中，拉模要承受很大的张力，因此必须在硬质合金模的外侧镶上一个钢质外套，给它以一定的预应力，减少或抵消拉拔模在拔制时所承受的工作应力，增加它的强度。硬质合金拉模镶套装配如图 5-18 所示。

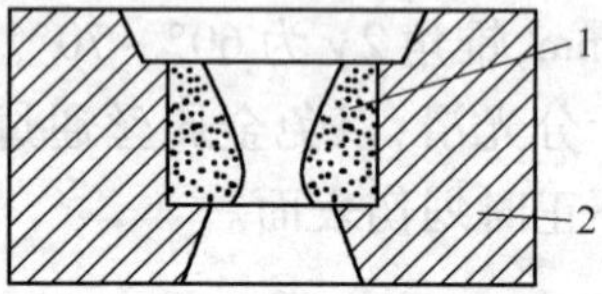

图 5-18 硬质合金拉模镶套装配

1—硬质合金模芯；2—模套

5.2.3.2 芯棒（芯头）

短芯棒分圆柱形芯棒和圆锥形芯棒两种。圆柱形芯棒又分空心的和实心的两类。空心圆柱形芯棒（见图 5-19（a））一般用来拔制内径不小于 30 mm 的管材。在拔制内径较小的管材时，由于芯棒直径已很小，要用实心芯棒。

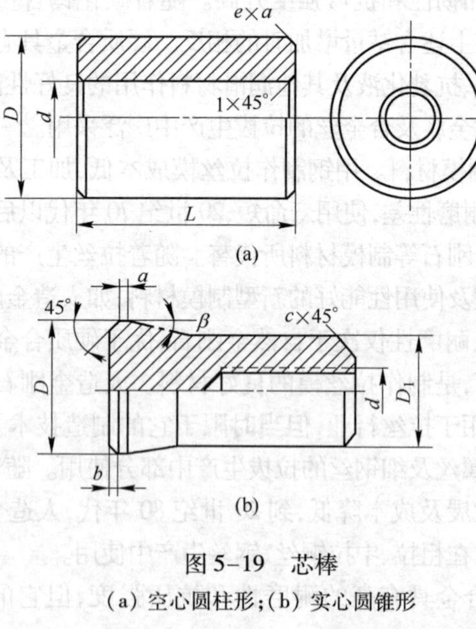

图 5-19 芯棒

（a）空心圆柱形；（b）实心圆锥形

芯棒直径 D 等于拔制后管材内径，芯棒长度 L 与直径 D 大致有如下关系：

$$\frac{L}{D}=1\sim1.5$$

为了保证开始拔制时芯棒能顺利地被管材带入变形区，芯棒端面一般倒成45°角。使用圆锥形芯棒时，管壁的变形主要在芯棒顶端进行。因此对这种芯棒，正确选择其定径带的长度 a 及圆锥部分的锥角 β 很重要。减壁量一定的情况下，β 小则减壁区长，摩擦力增加；β 大则变形集中，易加剧芯棒端部磨损且正压力的水平分量增加。选择 β 角要综合考虑各种因素的影响。一般 β 为8°～13°，常用的是8°～9°。

长芯棒直径等于拔后管子内径，芯棒长度应大于拔后管子长度。

5.2.3.3 增压模装置

在使用固体粉状润滑剂的拉伸工艺中，为了增强润滑作用，提高线材的质量和产量，采用增压模装置，其效果较为突出。同一般拉伸过程比较，此法操作简单，周期短，生产率高，钛线生产实践证明，它是一种比较有希望的加工方法。

增压模装置是指在拉伸模前安装增压喷嘴的组合模装置（见图5-20）。当线材以一定的速度通过拉伸模时，堆放在组合模前

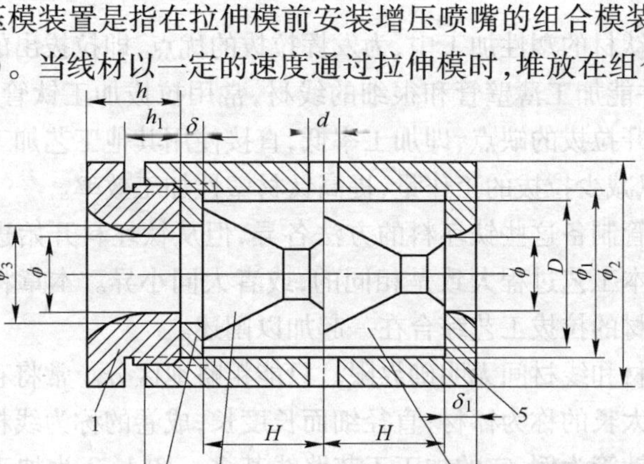

图5-20 增压模组合装置示意图

1—压紧螺母；2—垫圈；3—增压模；4—工作模；5—模套

的固体粉状润滑剂被带进增压喷嘴。由于流体动力摩擦原理，增压喷嘴以较大的压力向工作模变形区输送润滑剂，造成自动的增压强制润滑的效果。增压模的模孔直径一般为线材拉伸前直径的1.10 倍左右。不同规格组合模套尺寸见表 5-7。

表 5-7　不同规格组合模套尺寸

D	H	I	δ_1	ϕ	ϕ_1	ϕ_2	d	ϕ_3	δ	h	h_1
8	6	22	4	3	10	16	3	4	3	8	5
13	8	28	4	4	16	22	3	8	4	12	6
16	10	32	4	4	20	28	4	10	4	12	6
20	12	38	5	6	24	34	4	14	4	14	8
22	14	46	6	8	26	38	4	16	6	16	10
26	16	54	6	10	30	42	4	20	8	20	12

5.3 拉拔工艺

5.3.1 拉拔工艺流程

在钛材的塑性加工中，为发挥拉拔的优点，即拉拔出的产品质量好，并能加工薄壁管和很细的线材，常用拉拔加工钛管棒线材。为了避开拉拔的缺点，即加工率低，直接使用其他工艺加工好的坯料，可以减少拉拔的工作量，提高钛材塑性加工效率。

尽管制备这些钛坯料的方法各异，但从钛坯料开始进行的拉拔的基本工艺过程大致是相同的，或者大同小异。本章将制取钛管棒线材的拉拔工艺综合在一起加以阐述。

棒材和线材间无明确界限。只能粗略地区分。常将直径粗而长度不太长的称为棒材；直径细而长度长，成卷的称为线材。

以钛管为例，它的加工工艺路线甚多。图 1-2 为加工钛管可能的工艺路线图。由图可见，不同的管材生产方法是不同的管坯制备方法和不同的成品管生产方法的组合。但是，钛成品管的制备方法中，拉拔工艺占据重要的地位。

管坯的制备方法有挤压、斜轧穿孔、粉末冶金、板片旋压和板(带)材焊接。这几种方法的优缺点见表1-7。常用的工艺为挤压、轧制和带材焊接。

同理,钛棒也常用轧制和挤压制备棒坯,然后用拉拔等工艺制取成品钛棒。钛丝只能用轧制制取的钛棒再轧制加工成钛盘条,将它用作坯料再通过拉拔工艺拉拔获得细钛丝,即钛线材。

钛及钛合金线材拉伸的工艺流程如图5-21所示。管材和棒材的工艺流程与线材大体上相仿,大同小异,但它们的拉伸配模需要独立设计。

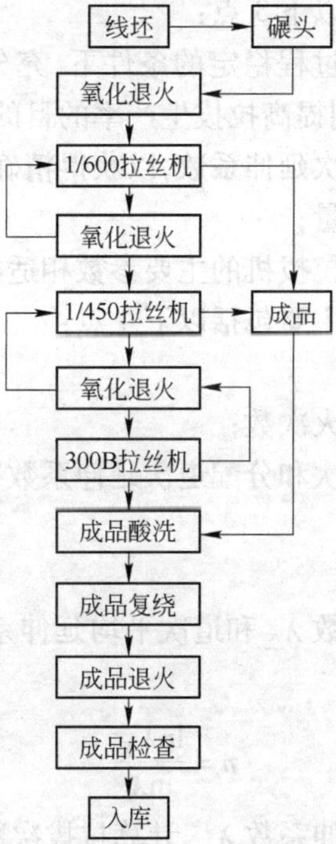

图5-21 钛及钛合金线材拉拔的工艺流程

对于钛合金拉拔,如冷拉拔有困难,也可采用温拉拔。

总之,拉拔钛管棒线材简明的原则流程为:拉拔配模→坯料准备→碾头→拉拔→热处理→精整→成品。

5.3.1.1　拉拔配模

金属材料拉拔时，根据坯料尺寸及成品材料尺寸确定拉拔道次、拉拔模孔尺寸及形状的工作，也叫做拉拔程序或拉拔路线的制定。它分为单道次拉拔配模和多道次拉拔配模。

单道次拉拔配模指在一台拉拔设备上，每次拉拔时金属材料只通过一个模子的拉拔配模。多道次拉拔配模主要是拉线配模，指在一台拉拔机上金属线同时连续通过几个或十几个模子的拉拔配模。

A　配模的要求和步骤

配模的要求包括以下 3 点：

（1）在保证拉拔过程稳定的条件下，充分利用金属的塑性和最少的拉拔道次，达到提高拉拔生产率的目的；

（2）合理分配道次延伸系数，以获得精确的尺寸、正确的断面形状及良好的表面质量；

（3）配模参数与拉拔机的主要参数相适应。

拉拔配模的步骤主要包括以下 4 点：

（1）选择坯料；

（2）确定中间退火次数；

（3）确定拉拔道次和分配道次延伸系数；

（4）配模校核。

B　道次数的确定

可根据总延伸系数 λ_{Σ} 和道次平均延伸系数 λ 确定拉拔次数 n，即有：

$$n = \frac{\ln\lambda_{\Sigma}}{\ln\lambda} \tag{5-32}$$

也可以按道次最大延伸系数 λ_{max} 计算拉拔次数 n'，即有：

$$n' = \frac{\ln\lambda_{\Sigma}}{\ln\lambda_{max}} \tag{5-33}$$

钛材，特别是钛合金材，属于塑性加工困难的材料。图 5-22 所示为工业纯钛的加工率对抗拉性能及硬度的影响。道次加工率主要取决于何种钛合金或纯钛,也取决于材质表面的氧化层或涂层质量和润滑剂的好坏。对道次延伸系数的分配时,考虑因素除上述情况外,还应考虑坯料表面状态和对拉拔制品的尺寸公差和精度。因此,对于钛及钛合金材,应在退火后第一道次尽可能采用较大的延伸系数,随后延伸系数逐渐缩小。如钛丝道次加工率的分配规范见表 5-8。并且退火后第一道次 ε 值应取下限或接近下限。钛丝在拉拔成细丝时应留酸洗余量 0.1 mm 左右。

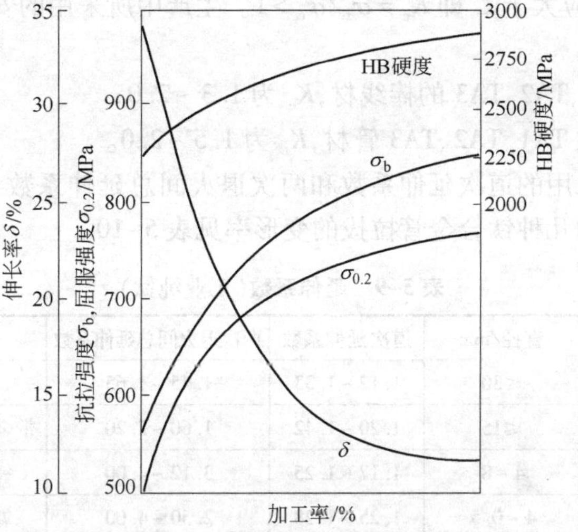

图 5-22 工业纯钛的加工率对抗拉及硬度的影响

表 5-8 钛及钛合金道次加工率 ε 分配规范

直径/mm	3.5 ~ 8.0	0.8 ~ 3.0	0.55 ~ 0.75	0.20 ~ 0.50	<0.20
加工率 ε/%	15 ~ 20	15 ~ 22	15 ~ 22	5 ~ 8	5 ~ 8

C 中间退火次数的确定

在拉拔过程中,钛及钛合金会产生加工硬化,因而塑性会降低,会出现断头及拉断现象。此时,需要中间退火以使材料的塑性得以恢复,中间退火次数 N 为:

$$N = \frac{\ln\lambda_{\Sigma}}{\ln \overline{\lambda}'} - 1 \quad (5\text{-}34)$$

式中　$\overline{\lambda}'$——两次退火间的平均延伸系数。

N 的合理选取取决于$\overline{\lambda}'$的选取。$\overline{\lambda}'$值过小，未能充分利用金属的塑性，需增加中间退火次数；$\overline{\lambda}'$值过大，虽然中间退火次数减少了，但可能造成拉断或产品出现裂纹。这两种情况都不可取。

拉伸后制品的抗拉强度 σ_b 与拉伸应力 σ_c 的比值称为安全系数，其值应大于1，即 $K_c = \sigma_b/\sigma_c > 1$。生产中所采用的安全系数如下：

TA1、TA2、TA3 的棒线材，K_c 为 1.3～2.0；

空拉 TA1、TA2、TA3 管材，K_c 为 1.5～2.0。

常采用的道次延伸系数和两次退火间总延伸系数见表 5-9，俄罗斯的几种钛合金管拉拔的变形率见表 5-10。

表 5-9　延伸系数（工业纯钛）

品　种	直径/mm	道次延伸系数	两次退火间总延伸系数	备　注
管　材	≤30	1.12～1.33	1.45～1.65	空　拉
棒　材	≤15	1.20～1.42	1.60～2.20	带金属包皮拉伸
线　材	4～8	1.17～1.25	3.12～4.00	氧化或涂层
	4～0.5	1.25～1.28	2.50～4.00	氧化或涂层
	0.5～0.20	1.05～1.09	2.50	氧化或涂层

表 5-10　俄罗斯的几种钛合金管拉拔的变形率

牌　号	BT1－100、BT1－0	OT4－0、OT4－1、OT4	BT5
道次最大变形率/%	20	15	10
退火间最大变形率/%	35	25	10

D　拉拔配模的设计

a　圆棒拉拔配模

圆棒拉拔配模可能有两种情况：

一种是给定坯料和制品的尺寸，要求确定道次数和计算各道次的模孔尺寸。此时可按上述已给出的计算式，按理论简单地计算出 n 值和 N 值，并按此确定各道次的模孔尺寸。

另一种情况是给定制品尺寸。此时，可选购接近制品尺寸的坯料，以便减少拉拔道次。当有确定的坯料尺寸后，便和前面的情况做相同的处置。

b 空拉圆管配模

对于直径小于 6～10 mm 的管子，由于放芯头较困难，为了操作方便，提高生产率，常采用空拉方式拉拔。如果内表面质量要求高毛细管，也可采用衬拉。

在空拉管材时，由于管子在变形过程中没有芯头支撑，因而可能失去纵向稳定性，出现塌陷折叠现象。管材空拉时，不引起塌陷的最大加工率（%）ε_n 为 $2.8\times10^4\left(\frac{\delta_0}{d_0}\right)^2$。

一般来说，模角为 10°～15°范围内时，减径值不超过壁厚的 6 倍时是稳定的，即 $D_0-D<6\delta$。

研究表明，最大道次变形量还和模角及管坯的 δ/D_0 值有关。当 δ/D_0 值一定时，模角 $\alpha=12°$时最有利，此时可选用较大的道次变形量。

c 长芯杆圆管配模

管坯的内孔应满足：

$$d_0-d\geqslant n\Delta n \tag{5-35}$$

式中 d_0——管坯内孔直径；

d——成品管内孔直径；

n——拉拔道次；

Δn——每道次拉拔前管材内孔直径与长芯杆直径的差值，一般 Δn 为 0.5～1.0 mm。

配模时要按下列关系进行：

$$\overline{\lambda}=\lambda_{\overline{D}}\lambda_{\overline{\delta}} \tag{5-36}$$

式中 $\overline{\lambda}$——道次平均延伸系数；

$\lambda_{\overline{D}}$ ——平均直径的延伸系数，$\lambda_{\overline{D}} = \dfrac{\overline{D_0}}{\overline{D}} = \dfrac{D_0 - \delta_0}{D - \delta}$；

$\lambda_{\bar{\delta}}$——平均壁厚延伸系数，$\lambda_{\bar{\delta}} = \dfrac{\bar{\delta}_0}{\bar{\delta}}$；

$\bar{\delta}_0$——管坯的平均壁厚，$\bar{\delta}_0 = (\delta_{0\max} + \delta_{0\min}) \times 0.5$；

$\bar{\delta}$——制品的平均壁厚，$\bar{\delta} = (\delta_{\max} + \delta_{\min}) \times 0.5$。

d　固定芯头拉管配模

固定芯头拉拔管时，由于金属和芯头接触摩擦面积比空拉时大，因此，应选取较小的延伸系数。对于钛管，在拉拔几道次后即需中间退火。

e　游动芯头拉拔管配模

游动芯头拉拔管配模除了满足普通原则外，还应注意减壁量必须与减径量相匹配，否则将导致管内壁在拉拔时与芯头大圆柱段接触，破坏力的平衡，使拉拔过程不能正常进行。

当模角 $\alpha = 12°$，芯头锥角 $\alpha_1 = 9°$时，减径量和减壁量应满足下列关系：

$$D_1 - d \geqslant 6\Delta\delta \tag{5-37}$$

式中　D_1——芯头大圆柱直径；

d——芯头小圆柱直径；

$\Delta\delta$——减壁量。

但有时，当润滑条件较好时，也可取：

$$D_1 - d \geqslant (3 \sim 4)\Delta\delta \tag{5-38}$$

f　异形管材拉拔

钛的异形管品种不多，有正方形、正六边形和矩形等。拉拔这些管材时，一般用圆管作坯料，当管材拉拔到一定程度后，进行 1 ~2 道次过渡拉拔，使形状逐渐向成品形状过渡，最后进行 1 道次成形拉拔，获得成品。过渡拉拔一般采用空拉，成形拉拔可用空拉也可用衬拉。衬拉时多用固定短芯头拉拔。它拉拔的主要目的是成形，所以一般加工率都很小，主要考虑的是成形正确与否。

在确定异形管坯尺寸时，为了使其在模内能充满，应使管坯的外形尺寸等于或稍大于异形管材的外形尺寸。

在拉拔异形管时,拉拔模口形状应保证管坯由圆形到异形是逐渐过渡的。圆管坯进入异形模口时,圆周上各点并非同时与模壁接触,图5-23所示为方管的变形过程。圆管坯外部轮廓的a、b、c、d四点首先与模口壁接触。当管坯逐渐进入变形区时,圆管经过以下的变形阶段过渡到方管。

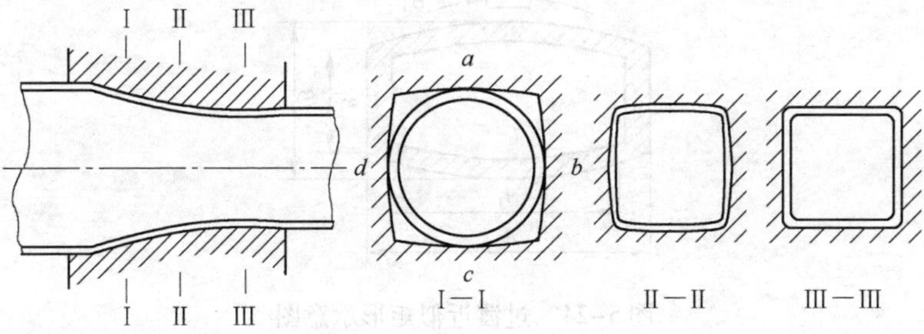

图5-23 方管的变形过程

Ⅰ—Ⅰ—变形开始平面;Ⅱ—Ⅱ—周向压缩开始平面;Ⅲ—Ⅲ—定形(定径)开始平面

(1) 压扁阶段。圆管在模壁压力作用下首先失稳,管壁产生塑性弯曲变形,圆管被压扁。此阶段的变形特点是管坯仅改变断面形状,而无周边压缩变形和轴向延伸,壁厚基本不变。

(2) 延伸阶段。随着管坯压扁变形增加,管壁与模壁的接触面积增大,模壁对管壁的支撑作用增加,压扁变形随之变得困难,切向压缩应力相应增加。伴随着压扁变形,管坯周边出现压缩变形,产生轴向延伸。

(3) 定形阶段。此阶段的主要作用是稳定异形断面,即图5-23中的Ⅲ—Ⅲ断面至出口部分,相当于圆管拉拔时的定径带。

在异形管拉拔配模时应注意以下几点:

(1) 防止在过渡拉拔时出现管壁内凹。因为过渡拉拔一般为空拉,周向压应力较大时易使管壁出现内凹,在异形管的长边,这个问题尤为突出。在生产矩形波导管时,过渡拉拔时的形状不应设计成规整的矩形，而应设计成带凸度的近似矩形，如图 5-24 所示。此时长边所受的周向应力 σ_θ 可分解成水平分力与垂直分力，垂直分力可抵消一部分径向应力 σ_r 的作用，同时使水平分力比不带凸度的小，所以可减轻管壁的失稳现象，从而防止管壁向内凹陷。

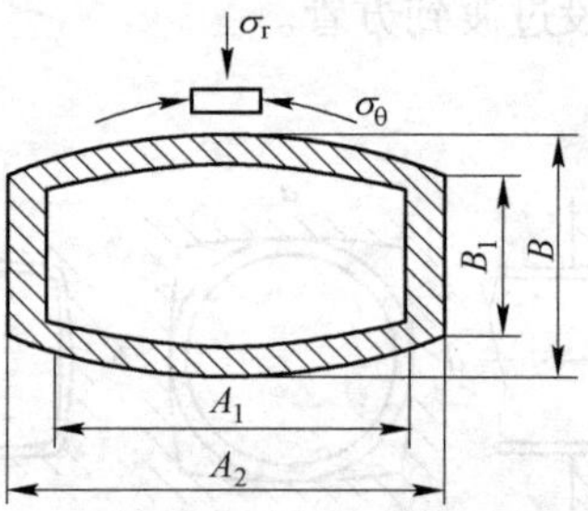

图 5-24　过渡近似矩形示意图

（2）保证成形拉拔时的良好成形。异形管有时形状带有尖角，要保证在尖角处能很好地充满，需使这些地方有足够大的延伸系数。一般对带有锐角的异形管材，所选用的过渡圆周长应比成品的管周长增加 3% ~12%，必要时可增加 15%。

（3）对于内表面粗糙度及内部尺寸精度要求很高的异形管材，如矩形波导管，过渡圆管坯的外圆周长及壁厚必须大于成品的外周长及壁厚，以便在成形拉拔时使金属获得足够量的变形。同时，最后一道次拉拔时一定要采用芯头，以保证内表面的质量。

（4）要保证成形拉拔能顺利将芯头放入管内，并应留适当的间隙。

（5）为了获得精确的成品，拉拔异形管时加工率不宜过大，一般为 15% ~20%。

异形断面金属坯料的选择应遵守下列原则：

（1）拉拔的成品型丝的外形必须包括在坯料外形中，因为拉拔变形是断面缩小的变形；

（2）要求坯料的各部分尽可能受到相等的延伸变形；

(3) 要求坯料与模孔各部分同时接触，使坯料的各部分金属均得到尽可能均匀的压缩，避免有未接触部分金属产生强迫变形，影响拉拔制品形状的精确性；

(4) 坯料的尺寸应保证成品的力学性能和表面质量的要求。

g 多模连续拉拔钛线配模

与一般单模拉拔配模不同，多模连续拉拔配模时延伸系数与拉拔机原始设计的绞盘速度比有关。对于滑动式拉拔机，应据 $x_n > y_n$ 的条件，按一定的滑动系数确定各拉模的模孔的尺寸。加工钛材的延伸系数常采用递减的方式分配，具体的配模步骤为：

(1) 按拉拔的线材和线坯选择拉拔机。

(2) 计算由线坯制成品的总的延伸系数，计算拉拔道次及延伸系数的分配。

(3) 按拉拔机说明书上各道次的绞盘速度比，计算出总速度比 $\gamma_{\Sigma} = v_k / v_1 = \gamma_2 \gamma_3 \gamma_4 \cdots \gamma_k$。

(4) 根据 λ_{Σ} 和 γ_{Σ} 值，计算出总的相对滑动系数 τ_{Σ}。

$$\tau_{\Sigma} = \frac{\lambda_{\Sigma}}{\lambda_1} / \gamma_{\Sigma}$$

(5) 确定平均相对滑动系数 $\bar{\tau}$。

$$\bar{\tau} = \sqrt[k-1]{\tau_{\Sigma}}$$

(6) 根据 $\bar{\tau}$ 值，按各道次延伸系数分配原则分配 τ_1、τ_2、τ_3、…、τ_k，并计算 λ_1、λ_2、λ_3、…、λ_k。

E 校核

拉拔配模确定后应进行校核。对单道次拉拔配模，只需要校核道次安全系数是否合理及拉拔功率是否符合拉拔机的能力。对多道次拉拔配模，除校核道次安全系数外，需要校核道次延伸系数 λ_n 大于该道次相邻两卷筒的速比 γ_n。对滑动式连续多道次拉拔，$\lambda_n > \gamma_n$ 是金属线与卷筒间产生滑动、保证一定滑动率的必要条件。

5.3.1.2 坯料的准备

坯料的尺寸和断面形状应按拉拔配模设计确定，它是根据成品的要求选择的。圆断面成品选用圆形坯料。对于异形件,必须考虑断面形状的相似性,以利于由坯料的断面形状逐步过渡到成品型材断面形状的要求。

为了保证产品的质量,拉拔坯料不仅要求表面光洁,而且需要保证一定的尺寸公差和长度要求,具体见表5-11。

表5-11　中间毛坯料尺寸偏差

直径/mm	1.0～5.0	5.1～7.5	7.5～12	>12
允许偏差/mm	±0.05	±0.08	±0.10	±0.15
长度/m	≥25	≥20	≥15	≥12

注:每批毛料中允许有30%的短尺,但其长度不小于10 m。

5.3.1.3　*碾头*

为了实现线材的拉伸变形,需将线毛料的一端制成小于模孔直径的夹头,以便顺利穿模,进行拉伸。通常,ϕ25 mm以上的管材、ϕ20 mm以上的棒材一般在热状态下制作夹头,加热温度为500～600℃。

制作夹头的方法有压力加工法,如碾压;有机械加工法,如车削、铣制;还有化学腐蚀法等。旋锻机碾头适用于小直径的管棒材;碾头机碾头一般适用于棒材和粗丝;空气锤碾头适用于较大直径的管棒材;化学腐蚀法碾头适用于毛细管及细丝。

碾头时,按照碾头机轧槽大小逐渐碾压。每碾一次,线坯要旋转60°～90°。制成的夹头为圆滑的锥形,不应有飞边、折叠、压扁等缺陷。碾头长度为100～150 mm,当直径较大时,适当加长到200 mm。夹头部分与本体部分要圆滑过渡。

5.3.1.4　*拉拔润滑*

A　润滑的目的

润滑的目的为:

(1) 减少制品与模具之间的摩擦力;

(2) 降低拉伸力和能量消耗;

(3) 带走金属变形热和模具摩擦产生的热量,改善制品表面质量,提高模子的使用寿命。

B 对润滑剂的要求

对润滑剂的要求为:

(1) 润滑剂在拉拔过程中,应迅速而全面地形成牢固的薄膜,并能承受很高的压力而不被破坏;

(2) 能防止金属屑黏附在模孔或芯头表面及制品表面;

(3) 性能稳定,与钛合金不发生化学反应,无腐蚀作用,本身不分解,不含有毒、有害物质;

(4) 退火时易于挥发,不在制品内外表面留下残迹;

(5) 来源充裕,价格便宜。

C 钛及钛合金常用的润滑剂

钛及钛合金不容易附着普通的润滑剂,在施用普通润滑剂之前,要进行表面处理,使金属表面覆盖一层特殊的物质。覆盖层、润滑剂及施用方法见表 5-12,涂层工艺制度见表 5-13。

表 5-12 覆盖层、润滑剂及施用方法

品种	覆盖层物质	润 滑 剂	施用方法
管材	氟磷酸盐①	二硫化钼水剂	涂层晾干后再涂二硫化钼水剂
	空气氧化	氧化锌+肥皂	在已氧化的表面上涂氧化锌肥皂混合物
棒材	氟磷酸盐①	二硫化钼水剂	涂层晾干后再涂二硫化钼水剂
	铜 皮	20 号~30 号机油	挤压后铜皮不去除
线材	氧化退火后进行涂层		
	1 号、2 号、3 号	二硫化钼或二硫化钼加肥皂	涂层晾干后再拉伸
	2 号、4 号	肥皂粉:硫黄粉=3:1	涂层晾干后再拉伸

① 覆盖层物质组成见表 5-13。

表5-13　涂层工艺制度

<table>
<tr><th>涂层名称</th><th>配　方</th><th>制　度</th><th>处理方法</th></tr>
<tr><td>氟磷酸盐</td><td>1000 mL 溶液 + 50 g $Na_3PO_4 \cdot H_2O$ + 20 g KF 或 NaF + 26 g HF (50.3%)</td><td rowspan="5">温度 20～35℃,浸泡时间 1～10 min</td><td>将无油污的制品放入溶液中,然后再放入冰水中浸洗</td></tr>
<tr><td>1号</td><td>石墨乳:水:水胶:洗衣粉 = 14:7:1:0.25</td><td rowspan="3">加适量的水搅均匀,然后涂在制品上</td></tr>
<tr><td>2号</td><td>生石灰:食盐 = 1:1</td></tr>
<tr><td>3号</td><td>生石灰:石墨粉:透平油 = 2:4:1</td></tr>
<tr><td>4号</td><td>12% Na_2SO_4 + 12% CaO + 0.3% Na_3PO_4 + 0.2% NaCl + 余量水</td><td>配成乳浊液煮沸</td></tr>
</table>

5.3.1.5　热处理

管棒线材热处理包括消除应力退火、再结晶退火(完全退火)、淬火和时效。按退火在工序中的作用分为坯料退火、中间退火和成品退火。

钛管棒线材的各种热处理原理及详细的热处理工艺制度参见《钛的金属学和热处理》一书。

5.3.1.6　精整

精整包括钛材拉拔过程中后处理各种工艺。

精整包括热处理、矫直、钛材表面净化处理及钛丝复绕等。

其中,唯有钛丝复绕是个特例,它仅是钛丝才有的工序。它需要用复绕机来操作完成。复绕机型号及主要性能参见表5-4,丝材复绕后不允许拧成"α"字形,表面应清洁、光亮。

5.3.2　新工艺简介

近年来出现不少拉拔新工艺,例如辊式模拉拔、超声振动拉拔、旋转模拉拔、无模拉拔、镀层—包套集束拉拔等工艺。

超声振动拉拔时,对拉伸模施以超声振动。它可有效地降低拉伸力,可使振动能转化为热能,使被拉钛丝的温度增高,并有效增加道次的加工率。同时振动时使钛丝受到频繁的打击,接触面引起弹性移动,这有利于减少阻力,有利于增大拉拔速率。日本采用用轴对称的两瓣式振动模拉拔 Ti-6Al-4V 合金圆丝和方丝的工艺。

滚珠式旋转模的结构及拉拔过程如图 5-25 所示。模子的内套中放有模子,外套与内套之间有滚动轴承,通过蜗轮机构带动内套和模子旋转。使用旋转模以滚动代替滑动接触,从而既可使模孔均匀磨损,又可使沿拉拔方向上的摩擦力减小。用旋转模拉拔还可以减少线材的椭圆度,近年来多应用于连续拉线机的成品模上。

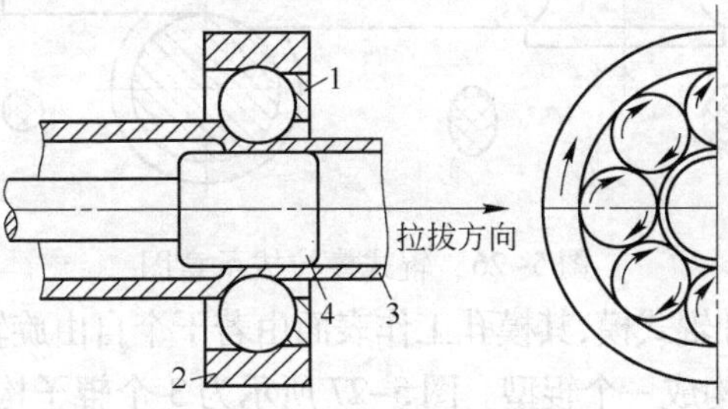

图 5-25 滚珠式旋转模的结构及拉拔过程

1—端支持环;2—安装在旋转支持器内的模套;3—管材;4—芯棒

镀层—包套集束拉拔工艺是制取钛细丝的工艺。它先将钛丝表面镀一层低碳钢,再将镀好的钛丝集束装入低碳钢钢管内,进行拉拔加工,再进行中间退火并继续拉拔,直至获得最终尺寸,最后酸洗并精整,可加工出 5 ~ 30 μm 直径的钛及钛合金细丝。

新工艺中最引人注目的是辊式模拉拔。

一般拉拔时用的模具是固定模,拉拔时摩擦力很大,从而带来一系列问题,如低的加工率、高的拉拔力、不均匀变形及较严重的模具磨损等。采用辊式模拉拔可克服这些缺点。

二辊式辊式拉模的示意图如图 5-26 所示。辊式拉模的两组辊子上都有相应的辊形,且均是被动的。在拉拔时,辊子随坯料的拔制而转动。用辊模拉拔时,其应力应变状态与用固定模拉拔基本一致,区别在于辊式模拉拔时金属材料与辊子间是相对滚动的,表面摩擦力小。因此,三向应力中拉应力下降,压应力上升,使应力状态向提高金属塑性的方向转化。用辊式模拉拔时,外部摩擦影响较小,可减小拉拔力,增加道次加工率,减少中间退火次数,实现高速拉拔。同时,可在拉拔过程中调节压下,拉拔锥形材,这是用孔模拉拔所不能做到的。辊式模拉拔的不足之处是产品的尺寸精度达不到固定模拉拔的水平。

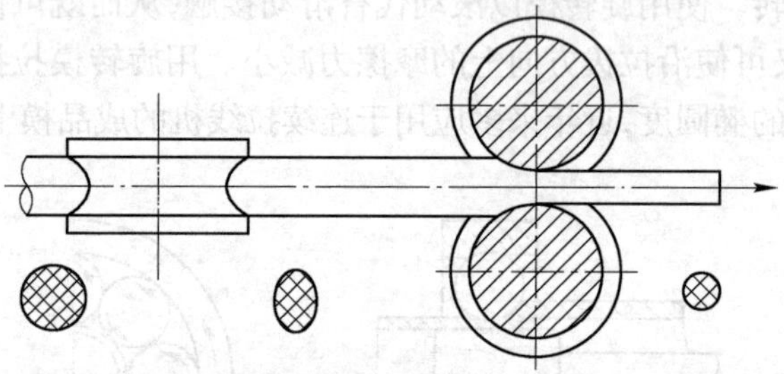

图 5-26　辊式模拉拔示意图

还有一种辊式模,其模孔工作表面由若干个自由旋转的表面所构成,几个辊子构成一个辊型。图 5-27 所示为 3 个辊子构成的辊型,也有 4 个或 5 个辊子构成的辊型。这种辊型主要用来拉拔型材。

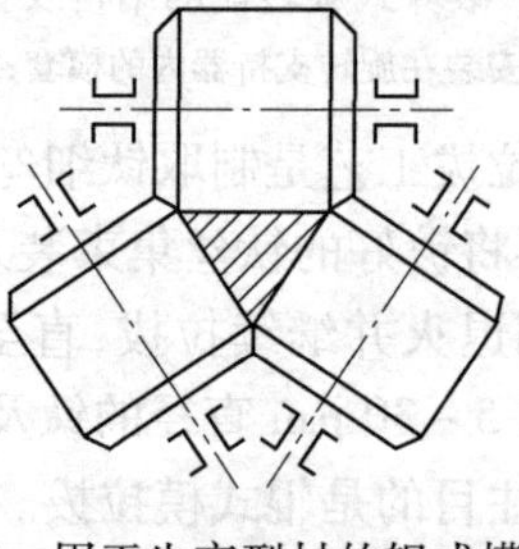

图 5-27　用于生产型材的辊式模示意图

目前,辊式模拉拔在螺纹钢筋、管和异形管、异形丝等方面均获得了成功的应用。辊式模拉拔的进一步发展是将其用于连续拉拔机组,综合发挥连续机组高速和辊模变形程度大的优势,减少冷拔道次,提高生产率。

俄罗斯早已将辊式模工艺应用于拉拔钛线材,并获得成功。其拉拔机的模孔型分别为椭圆和圆形,拉拔时,先使坯料变为椭圆,然后再变成圆形,经历了两次变形过程。我国也从俄罗斯引进了辊式模拉拔机,并成功生产出表面光滑质量好的钛及钛合金丝,可用作眼镜架用丝及特殊焊丝,产品规格有 ϕ2 ~5mm 多种。

5.4 产品质量及控制

5.4.1 产品尺寸及允许的误差

5.4.1.1 钛及钛合金棒材

钛及钛合金棒材的牌号见表 5-14,棒材尺寸及允许偏差见表 5-15。

表 5-14 钛及钛合金棒材的牌号

名称	牌号	名称	牌号
钛棒	TA0、TA1、TA2、TA3	钛合金棒	TC1、TC3、TC4、TA7、TC9

表 5-15 棒材尺寸及允许偏差 (mm)

直径范围	3.0 ~4.2	4.5 ~6.5	7.0 ~10.0	11.0 ~15.0
直径允许偏差	±0.15	±0.20	±0.3	±0.40
不定尺长度	300 ~1500	300 ~1500	300 ~1500	300 ~1500
定尺长度允许偏差	+5.0	+5.0	+5.0	+5.0

5.4.1.2 钛及钛合金线材

钛及钛合金线材的牌号见表 5-16,线材尺寸及允许偏差应符合表 5-17 的规定。线材的其他条件应符合国家标准规定。

表 5-16 钛及钛合金线材的牌号

名称	牌号	名称	牌号
钛丝	TA0、TA1、TA2、TA3	钛钼合金丝	Ti-32Mo
钛合金丝	TC1、TC3、TC4、TC5、TC7		

表 5-17 线材尺寸及允许偏差 (mm)

直径范围	0.20 ~0.50	0.60 ~1.00	1.10 ~2.00	2.10 ~4.00	4.10 ~6.00
允许偏差	±0.04	±0.06	±0.08	±0.10	±0.14

5.4.1.3 钛及钛合金管材牌号及规格

钛及钛合金拉拔管材的牌号及规格见表 5-18。

表 5–18　钛及钛合金拉拔管材的牌号及规格　（mm）

金属牌号	外径		壁厚												
	尺寸	偏差	0.3①	0.4	0.5①	0.6	0.8	1.0	1.25	1.5	2.0	2.5	3.0	3.5	4.0①
			偏差												
TA1 TA2 TA3 TC1 TC10	3～5	±0.15	±0.04	±0.05	±0.06										
	6～10	±0.20	±0.04	±0.05	±0.06	±0.08	±0.10	±0.12							
	11～15	±0.25				±0.08	±0.10	±0.12	±0.15	±0.20					
	16～25	±0.30				±0.08	±0.10	±0.12	±0.15	±0.20	±0.25				
	26～29	±0.35						±0.12	±0.15	±0.20	±0.25	±0.35			
	30～35	±0.45						±0.12	±0.15	±0.20	±0.25	±0.35	±0.40	±0.50	
	36～45	±0.50						±0.12	±0.15	±0.20	±0.25	±0.35	±0.40	±0.50	
	46～55	±0.60						±0.12	±0.15	±0.20	±0.25	±0.35	±0.40	±0.50	
	56～65	±0.70								±0.20	±0.25	±0.35	±0.40	±0.50	±0.60
	66～80	±0.75								±0.20	±0.25	±0.35	±0.40	±0.50	±0.60
	81～95	±0.80								±0.20	±0.25	±0.35	±0.40	±0.50	±0.60
	96～110	±0.85									±0.25	±0.35	±0.40	±0.50	±0.60
	111～120	±0.90									±0.25	±0.35	±0.40	±0.50	±0.60

注：1. 供应状态为 M（退火态）；2. 供应长度：500～6000 mm。

① 企业补充的规格。

5.4.2　拉拔品常见缺陷

拉拔钛线材常见缺陷有脆断、劈裂、划伤、扒皮、尺寸超差、表面氧化等。上述缺陷产生原因及防止措施见表5-19。

表5-19　钛线材常见缺陷产生原因及防止措施

缺　陷	产生原因	防止措施
扒皮(线材的整个圆面或侧面被扒掉一层皮)	(1) 涂层不牢固,出现局部脱落; (2) 氧化质量不好,氧化膜不牢固; (3) 润滑不好或线表面有污物; (4) 棒料有折叠或螺旋竹节; (5) 线坯有飞边或小起皮; (6) 模子孔壁不光或粘有金属; (7) 穿模时线头部不光或未氧化好	(1) 加强涂层,有涂层脱落者应重新涂层; (2) 提高氧化质量,增强氧化膜的连续性,更新氧化膜,去掉线表面污物; (3) 对棒料加强检查,有竹节或折叠时要修磨; (4) 对有小起皮的线坯应修磨; (5) 模孔壁不光或粘有金属者应更换新模; (6) 穿模时,对线头加强磨光,氧化好
划　伤	(1) 阳极氧化时电流密度过大使氧化膜疏松粉化,易掉末; (2) 线材局部润滑不好; (3) 模子孔内出现棱角	(1) 减少电流密度; (2) 涂层脱落者应重新涂层,加强辅助润滑; (3) 及时更换新模
断　丝	(1) 扒皮或划伤; (2) 配模不合理,加工率过大; (3) 润滑不好; (4) 坯料有毛刺或裂纹	(1) 根据扒皮或划伤原因采用上述措施; (2) 每拉一模后停车量线直径; (3) 润滑剂要涂均匀; (4) 对坯料加强检查,发现有裂纹应磨掉
头尾劈裂	挤压或粉末冶金坯料的头尾未切除	发现头尾劈裂应及时切净

续表 5-19

缺 陷	产生原因	防止措施
硬状态成品丝尺寸超差	模子尺寸不合格	成品模拉出一段后，仔细检查尺寸，符合技术条件后才能拉伸
软状态成品丝尺寸超差	酸洗时，腐蚀过度或局部过度腐蚀	酸洗时应不断地翻转料，并随时检查线材直径
软状态成品线退火时表面氧化	(1) 退火时真空度不够； (2) 出炉温度高； (3) 复绕时表面粘污	(1) 按规定保证真空度； (2) 检查退火设备，发现问题进行修理，出炉应在200℃以下； (3) 复绕时保持线料表面干净

常见拉拔钛管棒材制品的缺陷、产生原因及消除办法见表5-20。

表 5-20 常见拉拔钛管棒材制品的缺陷、产生原因及消除办法

缺陷名称	产生原因	防止或消除办法
表面划伤及擦伤	(1) 表面处理不好，覆盖层不牢固； (2) 润滑不充分； (3) 金属表面粘有砂土，拉伸时进模孔； (4) 工具表面有缺陷或已粘金属	(1) 按规程进行表面处理，发现覆盖层不好要重新处理； (2) 保证润滑充分而均匀； (3) 保持润滑剂清洁和环境卫生； (4) 工具及时检查和修理
"跳车"的环状痕	(1) 加工量太小； (2) 涂在表面的润滑剂过于干燥； (3) 润滑不均匀； (4) 模孔不清洁或已粘金属	(1) 选用适当的加工率； (2) 表面可涂一层机油； (3) 表面进行充分润滑； (4) 用工具及时检查和修理
尺寸不合	(1) 模子、芯杆配合尺寸不合适； (2) 工具选择不适当； (3) 没有经常检查制品尺寸	拉拔前，工具要准确地测量；开始拉拔的第一根或更换工具后的第一根要认真测量其尺寸

6 旋压钛材

旋压是塑性加工钛材的工艺方法之一，属辅助加工工艺。

6.1 旋压特点和分类

旋压是用于成形薄壁空心回转体工件的一种金属压力加工方法。它是借助旋轮等工具做进给运动，加压于随芯模沿同一轴线旋转的金属毛坯，使其产生连续的局部塑性变形而成为所需空心回转体工件。

旋压作为塑性成形中的一种工艺，在生产大直径薄壁零件方面具有明显优势，旋压件的强度和硬度比坯料提高 15% ~25%，并有效地减小零件的设计壁厚、减轻重量、节省材料。旋压属于整体成形技术，成形的零件没有母线焊缝，整体性能好，其疲劳寿命显著提高。旋压是少无切削加工工艺，节约材料与简易的成形模具可降低生产成本；较大的壁厚减薄率能有效地检验母材中的冶金缺陷，确保产品的综合质量。旋压零件的尺寸公差和形位公差较小，尺寸精度仅次于机械加工。基于以上的特点，该技术在钛及钛合金零件的制造中得到较广泛的应用。

钛合金变形回弹大、易失稳起皱、屈强比高、对裂纹敏感，易开裂，其塑性成形范围窄，室温旋压塑性差，因此钛合金零件多数采用加热旋压成形。

20 世纪 70 年代初，因航空航天工业的快速发展需要，钛合金耐高压气瓶、导弹、航天器用钛薄壁壳体开始大量应用，钛合金旋压技术的研究随之深入。钛合金旋压技术主要经过了初创探索期、研究开发期、计算机模拟应用研究期等三个阶段。

合金旋压根据壁厚变形分类可分为普通旋压和强力旋压两大类，简称普旋和强旋；根据零件形状分类，还有特种旋压和局部成形。

6.1.1　普通旋压

6.1.1.1　变形特征

普通旋压的变形特征是金属板坯在变形中主要产生直径上的收缩或扩张,直径收缩为缩径旋压,直径扩张为扩径旋压,由此带来的壁厚变化是从属的。由于直径上的变化容易引起失稳或局部减薄,所以普通旋压过程一般分多道次进给逐步完成。

按旋轮进给方向,普通旋压有往程旋压与回程旋压之分。旋轮进给方向顺敞口端为往程旋压;反之,为回程旋压。

普通旋压成形过程中,缩径过程的往程旋压径向受拉应力,切向受压应力;其回程旋压两向均受压应力,如图 6-1(a)和图 6-1(b)所示。

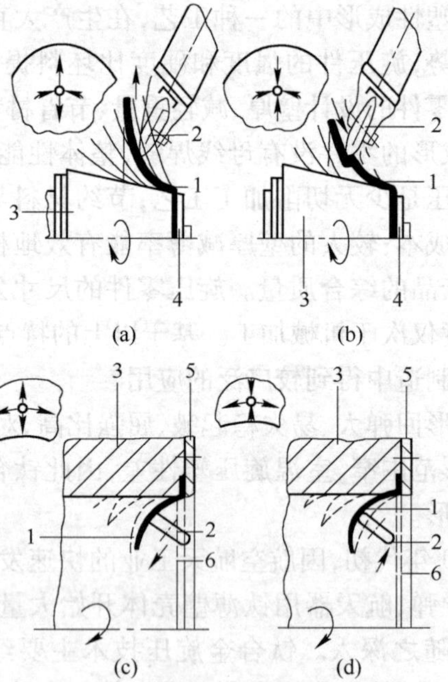

图 6-1　普通旋压不同进给方向

(a) 缩径往程旋压；(b) 缩径回程旋压；(c) 扩径往程旋压；(d) 扩径回程旋压

1—工件；2—旋轮；3—芯模；4—尾顶；5—压板；6—坯料

扩径过程的往程旋压两向均受拉应力，而回程旋压切向受拉应力和径向受压应力，如图6–1(c)和图6–1(d)所示。普通旋压成形区应力特征见表6–1。

表6–1 普通旋压成形区应力特征

旋压类别		成形区应力		主要成形限制
		径向	切向	
缩径旋压	往程旋压	拉应力	压应力	凸缘起皱，侧面局部过薄
	回程旋压	压应力	压应力	非敞口端起棱
扩径旋压	往程旋压	拉应力	拉应力	边缘过薄，径向开裂
	回程旋压	压应力	拉应力	

6.1.1.2 工艺类别

按照变形温度的不同，普通旋压可分为室温旋压(冷旋)和加热旋压。

室温旋压适用于塑性好、加工硬化指数低的材料。当材料室温塑性低、硬化指数高、机床能力不足时，可采用加热旋压。加热旋压常用的材料有铝镁系防锈铝合金，钨、钼等难熔金属，以及钛合金等。

普通旋压可以完成成形、压筋、收口、封口、翻边、卷边等各种工序，如图6–2所示。

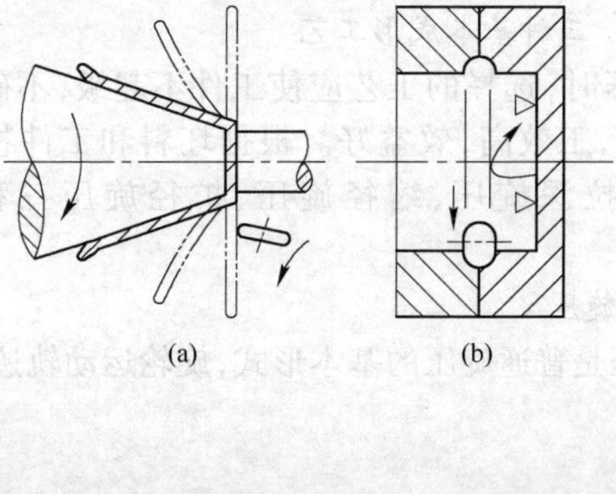

(a) (b)

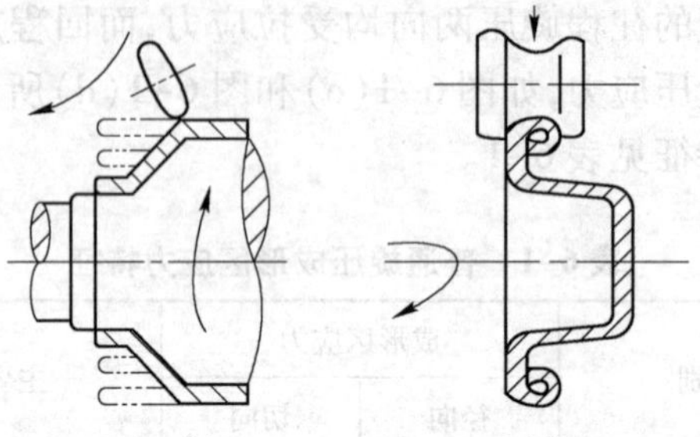

(c)　　(d)

图 6-2　普通旋压成形工艺简图

(a) 成形；(b) 压筋；(c) 收口；(d) 卷边

根据机床的可能性和工件的成形需要，普通旋压的不同工序可在一次装卡中顺序完成。如气瓶先封口后收嘴、筒体先压筋后卷边等。

按变形道次、变形范围的不同，普通旋压可分为：

- 缩旋成形：缩径、缩口、压槽、滚丝、封口、矫形
- 拉深旋压：单道拉深旋压、多道次拉深旋压
- 扩旋成形：胀形、扩口、压筋
- 制梗
  - 单件成形：卷边、制扁梗
  - 咬接：圆梗咬接、扁梗咬接

6.1.1.3　三种基本成形工艺

普通旋压时，选择的工艺应使工件不起皱，不破裂，尺寸精确，表面光洁，工效高，效益好。根据坯料和工件特点，普通旋压主要采用拉深旋压、缩径旋压、扩径旋压三种基本成形工艺。

A　拉深旋压

拉深旋压是普通旋压的基本形式，旋轮运动轨迹和旋压道次

应视工件形状而定。旋轮运动轨迹依靠模板装置或计算机编程控制,采用渐开线形是较佳选择。旋轮运动轨迹可按简单拉深旋压或多道次拉深旋压控制。简单拉深旋压是特定旋轮进行单道次或单向进给,图 6-3(a)所示为单向进给旋压;多道次拉深旋压为往程和回程相结合成形,如图 6-3(b)所示。

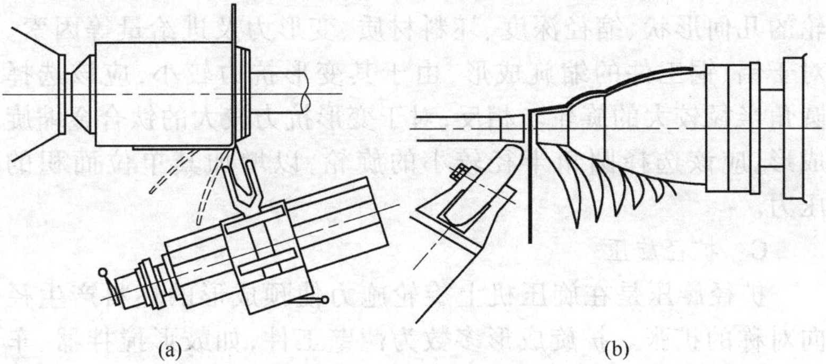

图 6-3 拉深旋压成形图示

(a)单向进给旋压;(b)多道次拉深旋压

B 缩径旋压

缩径旋压有缩口和缩径两种局部成形过程。缩口旋压如图 6-4 所示,旋轮轨迹有(a)、(b)、(c)三种形式。缩口时采用往程旋压易使坯料减薄,采用回程旋压则相反,两者的结合可减少壁厚差。

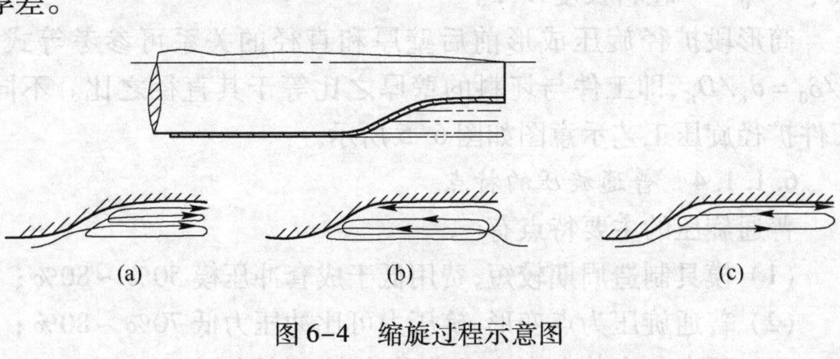

图 6-4 缩旋过程示意图

(a)往程旋压;(b)回程旋压;(c)复合旋压

缩口旋压时，旋轮往返均有压下弯曲变形，以防止壁厚拉薄现象。当薄壁筒坯变形抗力低，易变形失稳时，旋轮轴向每道次进给量不宜过大，宜采用小变形量多道次的成形工艺过程。

工件缩径与缩口均可在液压传动的自动旋压机上进行，缩径成形时工件在减径的同时沿轴向延伸，壁厚的变化取决于旋轮的几何形状、缩径深度、坯料材质、变形力及进给量等因素。对于铝、铜工件的缩旋成形，由于其变形抗力较小，应该选择圆角半径较大的旋轮。相反，对于变形抗力较大的钛合金缩旋成形，应该选择圆角半径较小的旋轮，以增加其单位面积的压力。

C 扩径旋压

扩径旋压是在旋压机上旋轮施力使预成形的坯料产生径向对称的扩张。扩旋成形多数为薄壁工件，如鼓形搅拌器、车轮等。

扩旋时，材料胀形的伸长量为：

$$\Delta L = \pi(D_K - d_K)$$

式中 d_K——扩旋前直径，mm；

D_K——扩旋后直径，mm。

单位长度的伸长率为：

$$\delta = \Delta L / L_0 \times 100\%$$

式中 L_0——坯料长度，mm。

筒形段扩径旋压成形前后壁厚和直径的关系可参考等式：$\delta_f/\delta_0 = d_K/D_K$，即工件与坯料的壁厚之比等于其直径之比。不同工件扩径旋压工艺示意图如图 6–5 所示。

6.1.1.4 普通旋压的特点

普通旋压的主要特点有：

（1）模具制造周期较短，费用低于成套冲压模 50%～80%；

（2）普通旋压为点变形，旋压力可比冲压力低 70%～80%；

（3）可在一次装卡中完成成形、切边、制梗咬接等工序；

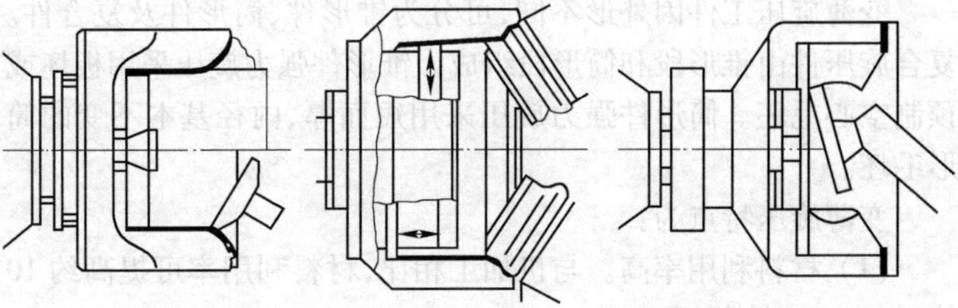

图 6-5 扩径旋压工艺示意图

（a）端部多道次扩旋翻边；（b）端部压边成形；（c）内型扩径旋压

（4）热旋成形时，旋压工件的加热比其他加工方法方便。

6.1.2 变薄旋压

6.1.2.1 成形特征

强力旋压又称变薄旋压，是在普通旋压的基础上发展起来的，其成形过程为：芯模带动坯料旋转，旋轮做进给运动，使毛坯连续地逐点变薄，并贴靠芯模而成为所需要的工件。旋轮的运动轨迹同样由靠模或计算机程序控制。

变薄旋压有剪切旋压和流动旋压两大类。剪切旋压成形异形件，流动旋压成形筒形件，如图 6-6 所示。

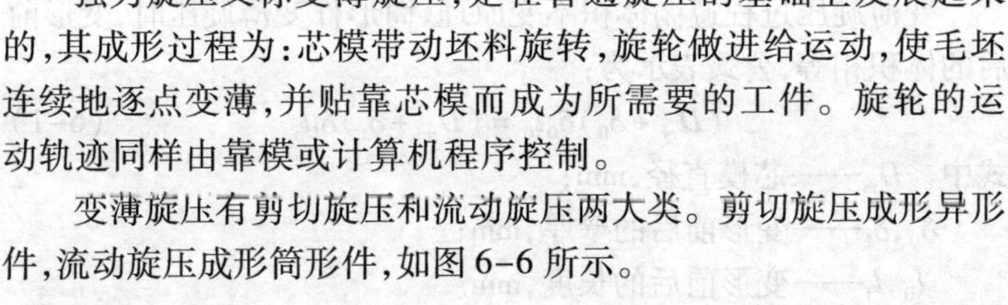

图 6-6 剪切旋压和流动旋压

（a）锥（异）形件剪切旋压；（b）筒形件流动旋压

变薄旋压工件因外形不同,可分为锥形件、筒形件及复合件。复合旋压件由锥形段和筒形段组成。锥形件强力旋压采用板坯或预制空心毛坯。筒形件强力旋压采用短而厚、内径基本不变的筒形毛坯。

变薄旋压特点为:

(1) 材料利用率高。与机加工相比,材料利用率可提高约 10 倍,加工工时降低近 40%。

(2) 产品质量好。旋压后工件组织致密、纤维连续、晶粒细化、产品综合性能高。

(3) 由于工件是经旋轮逐点连续接触旋压成形,因此金属具有更高、更好的工艺塑性,成形性好。

(4) 对设备吨位要求较小,生产成本低,适用于中小批量的生产。

(5) 模具磨损小、寿命长、费用低。与拉深成形同类制件相比,旋压的模具费仅为拉深模具费的 1/10 左右。

变薄旋压过程遵循体积不变原理,筒形件变薄旋压时,变形前后的体积相等,公式表示为:

$$(D_m + \delta_0)\delta_0 l_0 = (D_m + \delta_f)\delta_f l_f \tag{6-1}$$

式中　D_m——芯模直径,mm;

δ_0, δ_f——变形前后的壁厚,mm;

l_0, l_f——变形前后的长度,mm。

为计算简化,式 6-1 可简写为:

$$\delta_0 l_0 = \delta_f l_f$$

锥形变薄旋压即剪切旋压,如图 6-6(a)所示,变形遵循正弦规律。

在平板旋压时:

$$\delta_f = \delta_0 \sin\alpha \tag{6-2}$$

在预制坯旋压时:

$$\delta_1/\sin\alpha_1 = \delta_2/\sin\alpha_2 \tag{6-3}$$

式中　δ_0——坯料壁厚,同变形前的壁厚;

δ_f——成品壁厚或变形后的壁厚;

α——芯模半锥角;

δ_1——预制坯壁厚;

α_1——预制坯半锥角;

δ_2——工件壁厚;

α_2——工件预制坯半锥角。

6.1.2.2 工艺分类

变薄旋压可从变形性质、工件形状、旋轮与坯料相对运动方向、旋轮形状与数量和旋压温度等分类,主要类别如下。

按变形性质和工件形状,变薄旋压可分为锥形剪切旋压和筒形流动旋压。

按旋轮进给方向与坯料流动方向的异同,变薄旋压可分为正向旋压(正旋)与反向旋压(反旋)。正旋指坯料的延伸方向与旋轮进给方向相同;反旋指坯料的延伸方向与旋轮进给方向相反。

按旋压时加热与否,变薄旋压可分为冷旋和热旋。

按旋轮及芯模与毛坯的相对位置,变薄旋压可分为外旋和内旋。内旋是管坯外有模环,旋轮置于管坯之内,旋轮与管坯相对转动,相当于外旋时旋轮与坯料位置的相对调换,如图6-7所示。

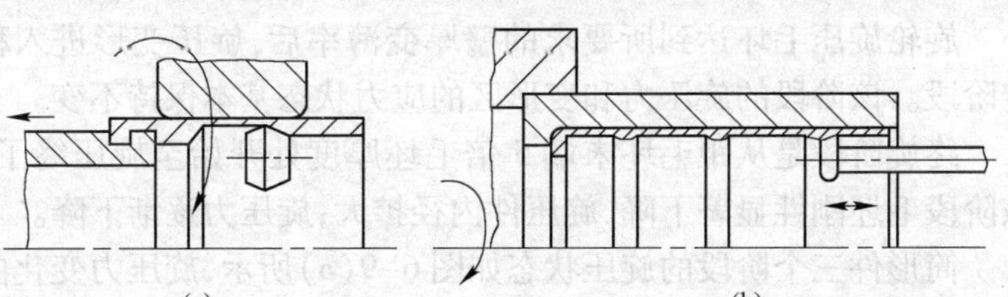

(a) (b)

图6-7 内旋示意图

(a) 局部外模内旋压; (b) 整体外模内旋压

按旋压工具不同,变薄旋压又可分为旋轮旋压和滚珠旋压。滚珠旋压如图6-8所示。

按旋轮数量不同,变薄旋压可分为单轮旋压和多轮旋压。

管材旋压时可进行张力旋压,即工件轴向的自由端施一张应

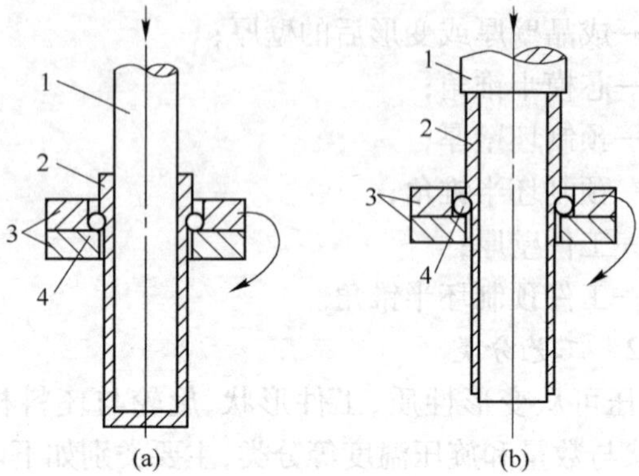

图 6-8　滚珠旋压示意图

(a) 正向旋压；(b) 反向旋压

1—芯模；2—坯料；3—滚珠盘；4—滚珠

力，张应力小于变形材料屈服强度。该工艺适宜长管旋压，可消除变形失稳，提高管材平直度。

6.1.2.3　变形过程

变薄旋压的变形过程可分为起旋、稳定旋压和终旋三个阶段。

起旋阶段是从旋轮接触毛坯旋至达到所要求的壁厚变薄率。该阶段壁厚变薄率逐渐增大，旋压力相应递增，直至达到极大值。

旋轮旋压毛坯达到所要求的壁厚变薄率后，旋压变形进入稳定阶段。该阶段的旋压力和变形区的应力状态基本保持不变。

终旋阶段是从距毛坯末端 5 倍毛坯厚度处开始至旋压终了。该阶段毛坯刚性显著下降，旋压件内径扩大，旋压力逐渐下降。

筒形件三个阶段的旋压状态如图 6-9(a) 所示，旋压力变化曲线如图 6-9(b) 所示。

锥形件起旋阶段工艺参数选择不当易产生局部弯曲，坯料凸缘产生褶皱。终旋阶段旋轮靠近坯料边缘时，凸缘易产生弯曲和倾斜，外层材料局部受拉应力易裂开。

6.1.2.4　变形区域

筒形件变薄旋压分三个区域，即未成形区、成形区和已成形区。成形区即为变形区。三个区域如图 6-10(a) 和图 6-10(b) 所示。

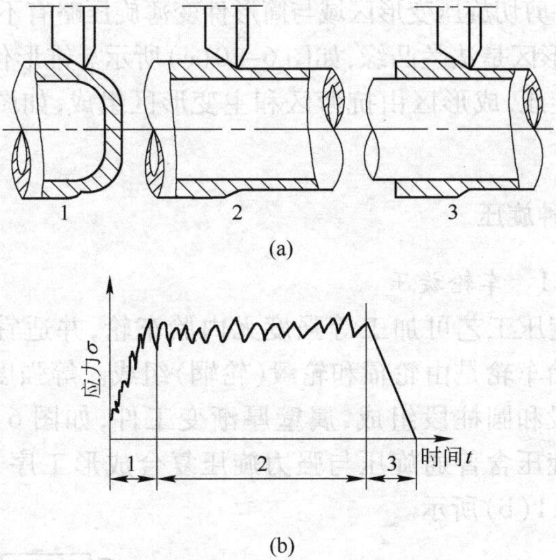

图 6-9 筒形件旋压三个阶段与旋压力变化曲线

（a）三个阶段；（b）旋压力变化曲线

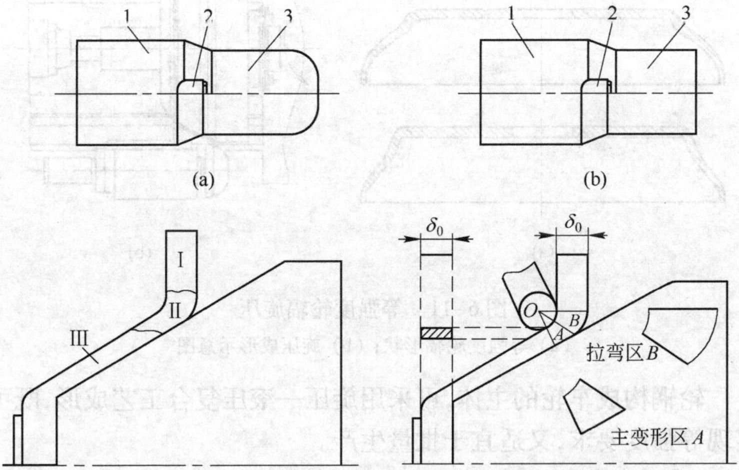

图 6-10 变薄旋压三个区域

（a）筒形件正旋；（b）筒形件反旋；（c）锥形件三个区域；（d）锥形件接触区

1—未成形区；2—成形区；3—已成形区

锥形件剪切旋压变形区域与筒形件变薄旋压略有不同,板坯旋压时,未成形区是法兰凸缘,如图 6-10(c)所示。锥形件剪切旋压多为正向旋压,成形区由抗弯区和主变形区组成,如图 6-10(d)所示。

6.1.3 特种旋压

6.1.3.1 车轮旋压

采用旋压工艺可加工等强度无内胎车轮,并适宜于批量生产。无内胎车轮是由轮辐和轮毂(轮辋)组成。等强度轮辐结构由曲母线段和圆柱段组成,属壁厚渐变工件,如图 6-11(a)所示。轮辐旋压含普通旋压与强力旋压复合成形工序,其旋压过程如图 6-11(b)所示。

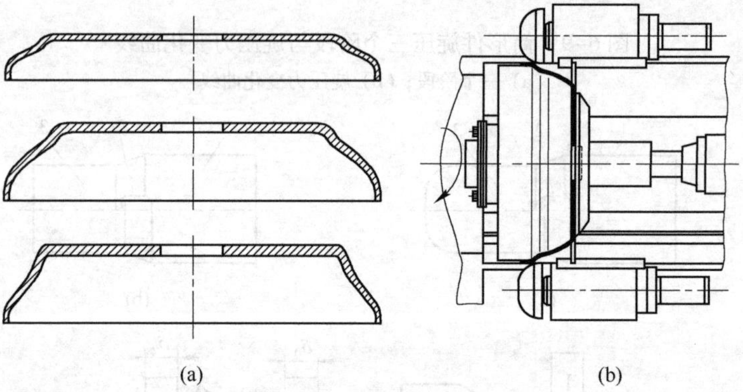

图 6-11　等强度轮辐旋压

(a) 等强度轮辐形状;(b) 旋压成形示意图

轮辋构成车轮的主体,可采用旋压—滚压复合工艺成形,既可实现等强度要求,又适宜于批量生产。

6.1.3.2 带轮旋压

带轮旋压是借旋轮进给加压使坯料体积沿径向局部转移的成形过程。

旋压带轮品种多样,基本成形方法有三种,即折叠式、劈开式、滚挤式。

折叠式带轮成形属普通旋压成形；劈开式带轮成形属普通旋压特殊形式；滚挤式带轮成形时材料产生轴向位移，属于强力旋压成形。

旋压多齿式新型带轮结构紧凑，传动效率高，在汽车发动机等传动中被大量采用。常见多齿式组合带轮如图 6-12 所示。组合式带轮需要分工序旋压，可综合强旋与普旋工序复合成形。

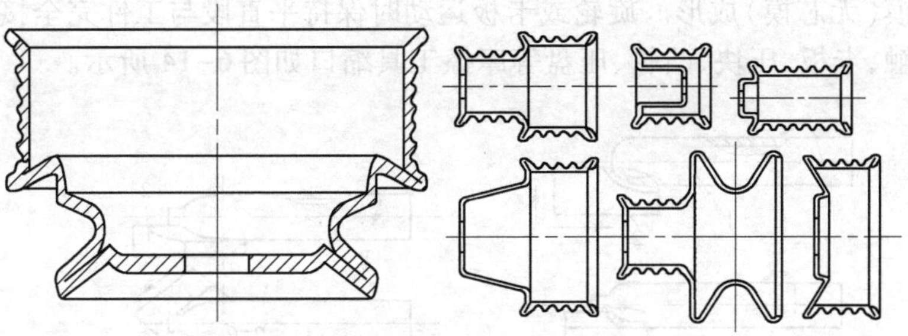

图 6-12　常见多齿式组合带轮

6.1.3.3　环形轮旋压

环形轮旋压包括单旋轮和双旋轮，并有环形旋轮与芯模轴线平行或相交不同类别，如图 6-13 所示。环形轮旋压可用于中小直

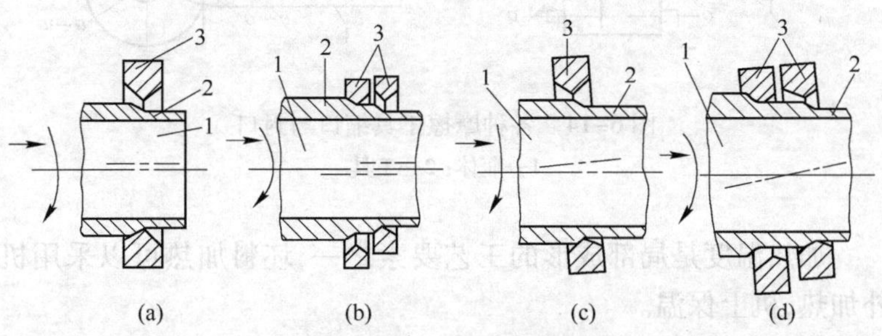

图 6-13　环形轮旋压

(a) 单轮轴平行；(b) 双轮轴平行；(c) 单轮轴相交；(d) 双轮轴相交

1—芯模；2—坯料；3—旋轮

径薄壁筒形件变薄旋压。其优点是提高功效，减少扩径，在轴线相交时产生附加轴向力，工件尺寸精度好。

6.1.4 局部成形

6.1.4.1 瓶体缩口

瓶体缩口与封合属典型局部成形工艺，该工艺可采用特殊型面的旋轮或卡板旋压。在高速转速下经多道次进给，借空气模（无芯模）成形。旋轮或卡板运动时保持平直段与工件完全接触，卡板、压块、凸轮、压盘等摩擦工具缩口如图 6-14 所示。

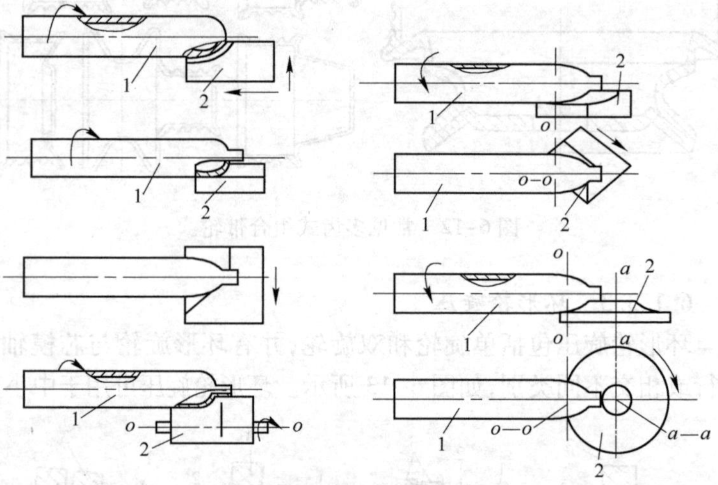

图 6-14 各种摩擦工具缩口与封口
1—瓶体；2—工具

加热温度是局部成形的工艺要素之一，坯料加热可以采用机外加热，机上保温。

采用摩擦工具可比旋轮扩大增厚效应，减少工具费用，但也减少工具有效寿命。

瓶体封合时，筒坯壁厚偏薄易出现变形失稳的起皱现象，随着瓶口逐渐成形，褶皱被卷入中心，影响封合效果。增加筒坯壁厚，适量提高旋压温度及调整纵向进给量，可消除失稳、起皱、卷曲现象。

采用钛合金筒坯成形椭球瓶端时，瓶端缩旋壁厚由 4 mm 增厚至 15 mm，可强化瓶体。缩旋收口的道次与筒坯壁厚负相关，即坯壁越薄收口道次越多，4 mm 壁厚筒坯缩口需 20 余道次，10 mm 壁厚筒坯缩口需 10 余道次。

6.1.4.2 卷边和咬接

卷边按坯料厚度选择圆梗直径。圆梗直径的取值见表 6-2。

表 6-2 圆梗直径的取值 (mm)

坯料壁厚	0.3	0.5	1.0	1.5	2.0	2.5	3.0	4.0
圆梗直径	1.5 ~2.5	2.5 ~3.5	4 ~8	5 ~14	8 ~18	14 ~22	18 ~24	20 ~30

当工件端口外卷时宜先预弯，再卷边。工件内卷边时则可直接进行。如图 6-15 所示。

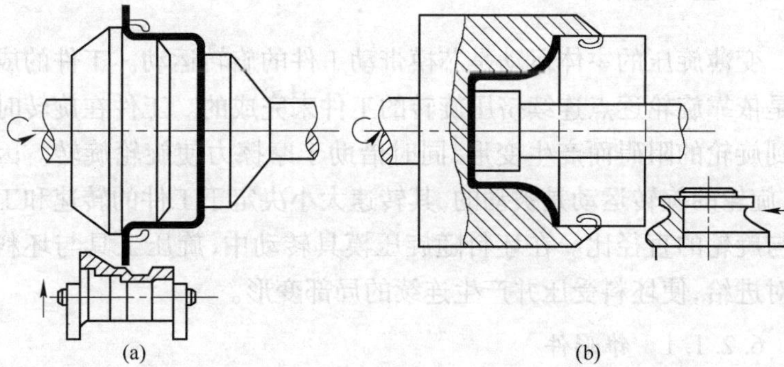

(a)　　(b)

图 6-15 外卷边与内卷边

(a) 外卷边；(b) 内卷边

扁梗咬接一般先进行预弯，三种典型扁梗咬接过程如图 6-16 所示。

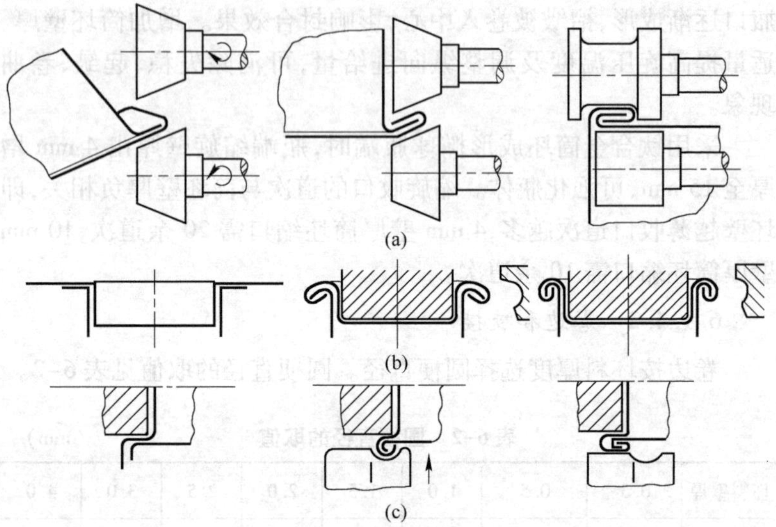

图 6-16　三种咬接形式

6.2　成形原理

6.2.1　主体运动

变薄旋压的主体运动是芯模带动工件的旋转运动。工件的成形是依靠旋轮逐点连续挤压旋转的工件来完成的。工件在旋转时受到旋轮的阻碍而产生变形,同时借助于摩擦力使旋轮旋转。因此,旋轮的旋转运动是被动的,其转速大小决定于工件的转速和工件与旋轮的直径比。在坯料随旋压模具转动中,旋压工具与坯料相对进给,使坯料受压并产生连续的局部变形。

6.2.1.1　锥形件

在锥形件剪切旋压时,随着旋压的进行,变形的直径不断增大,而旋轮的直径是不变的,因而旋轮的转速随之不断地同步变大。由于旋轮与工件接触面上各点的半径比是不同的,因此旋轮与工件间不仅有滚动摩擦,而且有滑动摩擦。

锥形件剪切旋压过程示意图如图 6-17 所示。

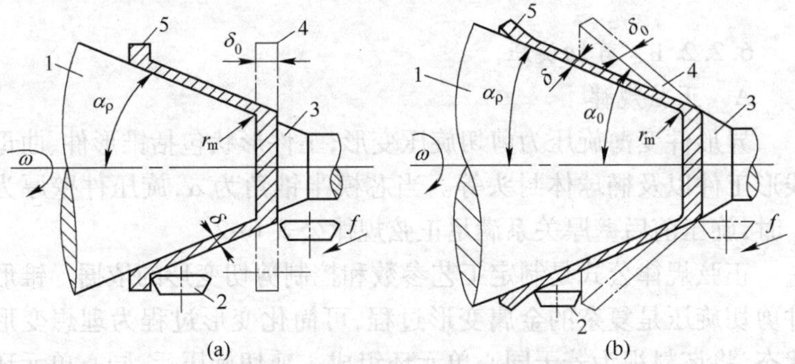

图 6-17 锥形件剪切旋压过程

（a）板坯剪切旋压；（b）预制坯剪切旋压

1—芯模；2—旋轮；3—尾顶；4—坯料；5—旋压件

6.2.1.2 筒形件

筒形件流动旋压与锥形件剪切旋压主体运动相似，均通过旋轮对工件局部施压，经工件与旋轮相对转动，并沿螺旋线逐步推进，完成整个工件的成形过程。变薄旋压时，坯料上有一个连续沿螺旋线位移的塑性变形区，其螺距等于坯料旋转一圈时旋轮的位移量。

筒形件流动旋压过程示意图如图 6-18 所示。

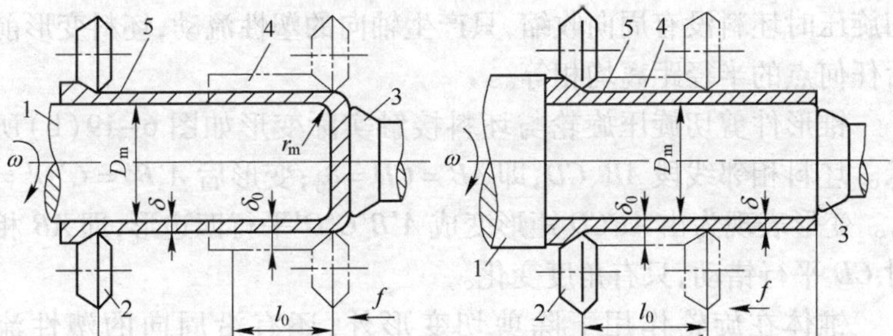

图 6-18 筒形件流动旋压过程

（a）正向旋压；（b）反向旋压

1—芯模；2—旋轮；3—尾顶；4—坯料；5—旋压件

6.2.2 变形原理

6.2.2.1 剪切旋压

A 正弦规律

异形件变薄旋压为剪切旋压变形，工件形状包括锥形件、曲母线形工件以及椭球体封头等。当芯模半锥角为 α，旋压件壁厚为 δ_f 时，旋压前后壁厚关系满足正弦规律公式 6-2。

正弦规律公式是制定工艺参数和控制剪切变形的依据。锥形件剪切旋压是复杂的金属变形过程，可简化变形过程为理想变形状态，将坯料视为若干同心单元环组成。剪切旋压后，同心单元环产生轴向滑动，形成锥体同心环，即纯剪切变形状态。按照纯剪切变形原理，由板坯旋压锥形件时，其壁厚减薄率 ψ_t 与旋压件锥角之间存在下列关系：

$$\psi_t = (\delta_0 - \delta_f)/\delta_0 = 1 - \sin\alpha \tag{6-4}$$

纯剪切应变等于单元体轴向滑动的距离除以单元体的厚度，即：$\gamma = dl/dR = \cot\alpha$。凸缘垂直轴线时，即 $\alpha = \theta/2 = 90°$。如坯料为预成形件，预成形锥角 $\theta/2$ 处于 $90° \sim 0°$ 之间，则剪切应变为 $\gamma = \cot\alpha - \cot(\theta/2)$。即在芯模锥角相同时，预成形锥角越小，则剪切应变越小。剪切旋压变形理想模型如图 6-19(a)所示。纯剪切旋压时坯料没有周向收缩，只产生轴向的塑性流动，坯料变形前后任何点的半径距离均相等。

锥形件剪切旋压旋轮与坯料接触实际变形如图 6-19(b)所示。坯料相邻线段 AB、CD，即 $AB = CD = \delta_0$；变形后 $A'B' = C'D' = \delta_0$。变形表现为由 $ABCD$ 矩形变成 $A'B'C'D'$ 平行四边形，即 AB 相对 CD 平行错动，只有角度变化。

锥体在旋轮作用下除剪切变形外，还有沿周向的塑性流动，因坯料与芯模的摩擦作用，导致工件外表面应变硬化强于内表面。

锥形件由多道次剪切旋压成形时，半锥角 α_n、半成品的壁厚 δ_n、板坯壁厚 δ_0 的正弦关系为 $\sin\alpha_n = \delta_n/\delta_0$。

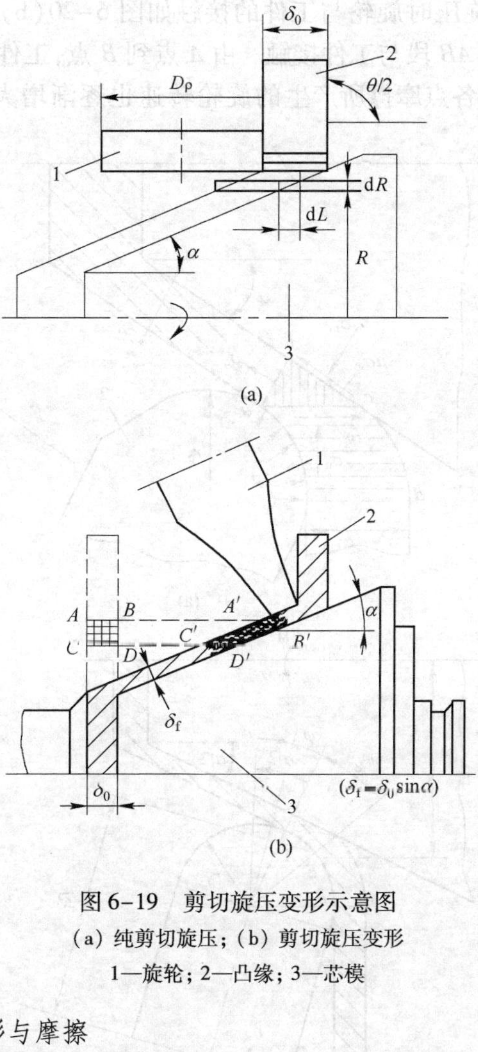

图6-19 剪切旋压变形示意图

(a) 纯剪切旋压；(b) 剪切旋压变形

1—旋轮；2—凸缘；3—芯模

B 变形与摩擦

锥形剪切旋压件纵剖面如图6-20(a)所示，*acde* 为剪切变形区。材料从 *de* 线开始变形，到 *ac* 线时结束，构成拉弯区域。拉弯区域由旋轮圆角半径对坯料施力 *p* 形成，并产生径向正应力 σ_n 和轴向剪应力 τ_0。*abc* 三角区为主变形区域，主变形区域含拉应力 σ_c、芯模对工件的正压力 σ_m 及摩擦力 $\mu\sigma_m$。

锥形件旋压时旋轮与工件的接触如图 6-20(b)所示。由图可知,旋轮的 AB 段与工件接触。由 A 点到 B 点,工件与旋轮半径比逐渐增大,各点摩擦所产生的旋轮转速也逐渐增大。在 AB 段

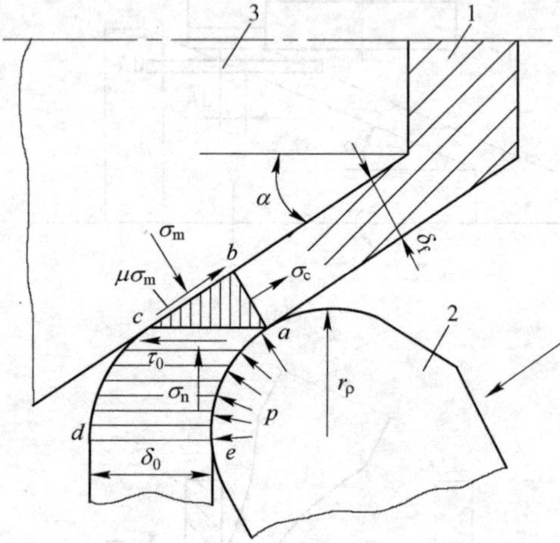

(a)

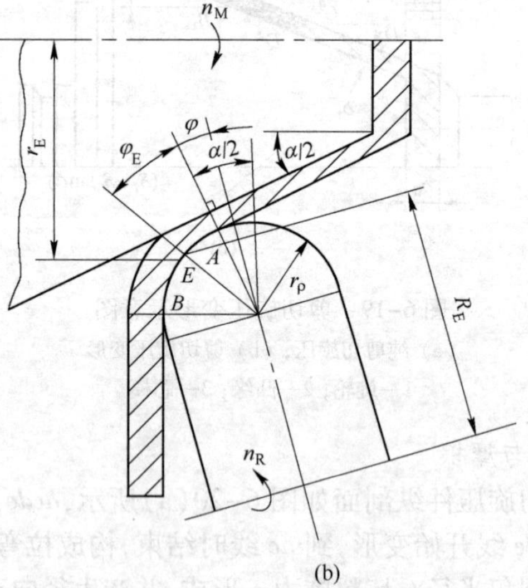

(b)

图 6-20　锥形旋压变形

(a) 变形区应力; (b) 变形与摩擦简图

只有一个同速点,即工件的圆周速度与旋轮的圆周速度相等,此点为滚动摩擦,其余点为滑动摩擦。*AB* 段中 *E* 点为同速点,即:

$$n_M r_E = n_R R_E \tag{6-5}$$

式中 n_M——工件转速;

n_R——旋轮转速;

r_E——同速点处工件半径;

R_E——同速点处旋轮半径。

据计算和实测可知,同速点 *E* 的位置角 φ_E 随旋轮所处位置的不同而变化。在 *AE* 段,工件的速度低于旋轮,工件对旋轮的摩擦力使旋轮减速;在 *EB* 段,工件的速度高于旋轮,工件对旋轮的摩擦力使旋轮加速。只有在 *E* 点的位置使两个相反的摩擦力矩平衡,旋轮的转动才能稳定。

C 三向投影面积

锥形件剪切旋压变形过程中,旋轮圆角挤压坯料使其产生塑性变形时,旋轮与坯料的接触面为一空间曲面,该曲面沿三个方向分别投影,变为三个平面图形。锥形件剪切旋压旋轮与工件三面投影如图 6-21 所示。

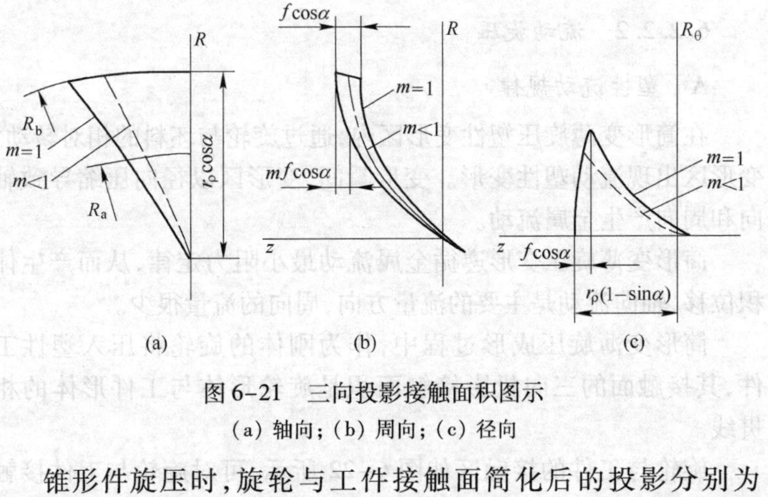

图 6-21 三向投影接触面积图示

(a) 轴向; (b) 周向; (c) 径向

锥形件旋压时,旋轮与工件接触面简化后的投影分别为 *abc*、*a′b′c′* 和 *a″b″c″*。径向 *H*、轴向 *L*、周向 *B* 三个边长计算公式分别为：

$$H = f\cos\alpha \tag{6-6}$$

$$L = r_\rho(1 - \sin\alpha) \tag{6-7}$$

$$B = r_\rho\cos\alpha \tag{6-8}$$

式中 f——旋轮进给比，mm/r；

r_ρ——旋轮圆角半径，mm。

由作图法可导出三个投影图形的轮廓数值，根据解析法近似计算，可求出三向投影接触面积。三向投影面积简化计算公式分别为：

$$A_\theta = 1/2fr_\rho\cos^2\alpha \tag{6-9}$$

$$A_R = 1/2r_\rho(1 - \sin\alpha)r_0\theta_0 \tag{6-10}$$

$$A_L = 1/2r_\rho\cos\alpha r_0\theta_0 \tag{6-11}$$

式中 A_θ——周向接触面积；

A_R——径向接触面积；

A_L——轴向接触面积；

r_0——变形区的工件半径；

θ_0——变形区在工件截面内的夹角。

6.2.2.2 流动旋压

A 塑性流动规律

在筒形变薄旋压塑性变形区内，通过旋轮与坯料的相对转动，变形区出现流动塑性变形。变形瞬间，变形区以径向压缩导致轴向和周向产生金属流动。

筒形变薄旋压变形遵循金属流动最小阻力定律，从而产生体积位移，轴向流动是主要的流量方向，周向的流量很少。

筒形变薄旋压成形过程中，作为刚体的旋轮将压入塑性工件，其接触面的三向投影接触面积是旋轮形体与工件形体的相贯线。

旋轮与工件的接触区如图 6-22 所示，可对旋轮与工件接触区的任一横断面 $N—N$ 上的摩擦力进行分析。

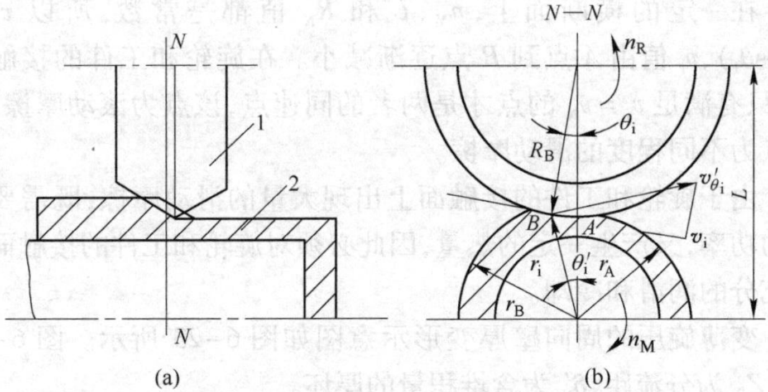

图 6-22 旋轮与工件的接触区

(a) 周向；(b) 轴向

1—旋轮；2—工件

由图 6-22 可以看出，横断面的旋轮与工件接触于 *AB* 弧。在 *AB* 弧上，旋轮上每一点的圆周速度是相等的，即：

$$v_N = 2\pi R_N n_R \tag{6-12}$$

式中 v_N——N—N 截面上旋轮的圆周速度，mm/min；

R_N——N—N 截面上旋轮的半径，mm。

在工件上，*AB* 弧上各点的圆周速度是不等的，为：

$$v'_\theta = 2\pi r_i n_M \tag{6-13}$$

式中 v'_θ——在位置角为 θ'_i 处的圆周速度，mm/min；

r_i——在位置角为 θ'_i 处的工件半径，mm；

n_M——工件的转速，r/min。

由式 6-13 可知，v'_θ 值随 r_i 值发生变化；同时，v'_θ 在旋轮切线上的投影 v_i 也随之变化。因此，$v_i = f(r_i)$。由图 6-22 上的几何关系可知：

$$v_i = 2\pi r_i n_M \cos(\theta_i + \theta'_i) = 2\pi r_i n_M (\cos\theta_i \cos\theta'_i - \sin\theta_i \sin\theta'_i) \tag{6-14}$$

根据 $R_N \sin\theta_i = r_i \sin\theta'_i$ 及 $L = R_N \cos\theta_i + r_i \cos\theta'_i$（$L$ 为旋轮与工件的中心距），式 6-14 可简化为：

$$v_i = 2\pi n_M (L\cos\theta_i - R_N) \tag{6-15}$$

在一定的横断面上，n_M、L 和 R_N 值都是常数，所以 $v_i = f(\cos\theta_i)$，v_i 值由 A 点到 B 点逐渐减小。在旋轮和工件的接触面上，只有满足 $v_i = v_N$ 的点才是两者的同速点，该点为滚动摩擦，其余点为不同程度的滑动摩擦。

由于旋轮和工件的接触面上出现大量的滑动摩擦，既需要较大的功率，又产生一定的热量，因此必须对旋轮和工件的接触面进行充分的润滑和冷却。

变薄旋压的周向壁厚变形示意图如图 6-23 所示。图 6-23 中，Z_0 为分流距，δ_0' 为含堆积量的厚坯。

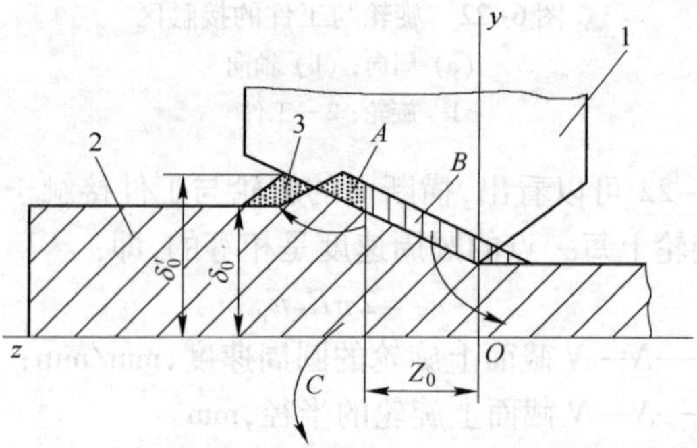

图 6-23 变薄旋压示意图
1—旋轮；2—坯料；3—堆积

从图 6-23 剖面分流图可以看出，在工件被旋轮碾压一圈的体积中，以距 y 轴为 Z_0 的分流线为界，面积 B 的金属向后流向旋压件的壁部，面积 A 的金属向前流动形成隆起与堆积。箭头 C 表示有少量金属沿周向流动。金属隆起与堆积导致 δ_0 增至 δ_0'，增大变形量与变形力。当隆起量不变时，旋压变形基本稳定。

B 变形与摩擦

在筒形件变薄旋压塑性变形过程中，无论正旋与反旋，旋轮与工件的接触面存在着强烈的滑动摩擦。变形区由已变形区向未变形区推进，稳定流动时，单位时间流入变形区的金属量等于流出变形区的金属量。

经平面变形的简化，根据变形面积不变的假设，未变形区参与变形面积等于已变形区的变形面积，可得出下列关系式：

正旋时 $$(v_s - v'_s)\delta_0 = v_s\delta_f$$

反旋时 $$v_s\delta_0 = (v_s + v''_s)\delta_f$$

旋轮与工件接触区及摩擦如图 6-24 所示。

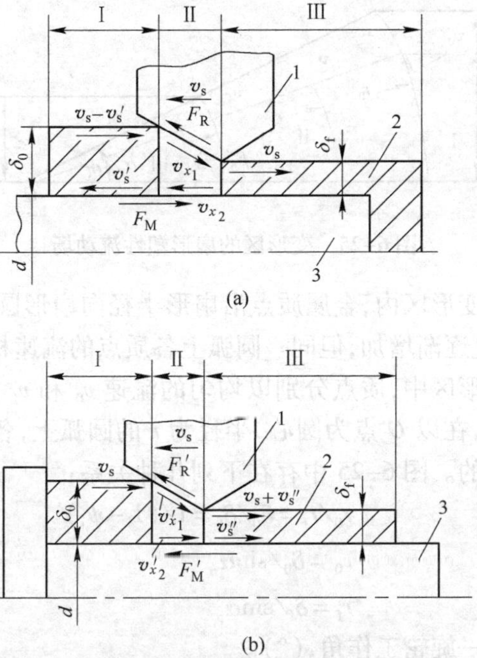

图 6-24 旋轮与工件接触区及摩擦

(a) 正旋；(b) 反旋

1—旋轮；2—工件；3—芯模

Ⅰ—未变形；Ⅱ—变形区；Ⅲ—已变形区

在变形区，金属正旋与反旋塑性流动的摩擦阻力分别为 F_R 与 F'_R，就旋轮而言，均向着床头方向。就芯模而言，金属塑性流动的摩擦阻力 F_M 与 F'_M 在正旋与反旋不同过程中方向相反。

变薄旋压时，材料综合了压缩、拉伸和剪切的复合变形。受变形量和摩擦阻力的影响，金属畸变程度靠近旋轮处变形量较大，靠近芯模处变形量较小。

C 塑性流动场

在筒形变薄旋压变形区的三个区域中，用扇形塑性流动场对材料的流动和变形表示如图 6–25 所示。

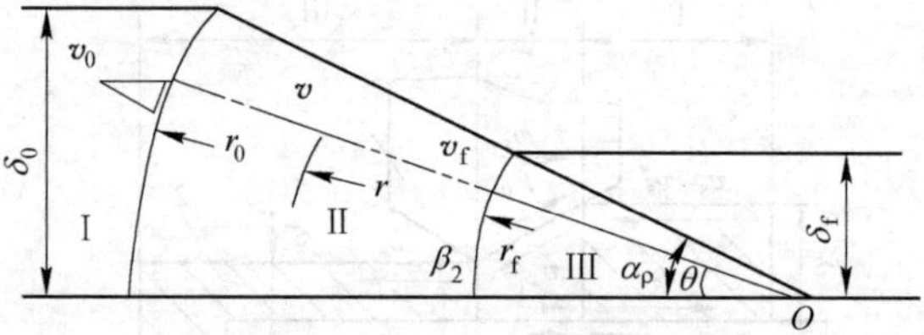

图 6–25 变形区的扇形塑性流动场

在扇形变形区内，金属质点沿扇形半径向扇形圆心 O 点方向流动，其流速逐渐增加，但同一圆弧上各质点的流速相等。在未成形区和已成形区中，质点分别以均匀的流速 v_0 和 v_f 沿轴向流动。在变形区中，在以 O 点为圆心，半径为 r 的圆弧上，各质点的流动速度是相等的。图 6–25 中存在下列几种关系：

$$r_0/r_f = \delta_0/\delta_f = 1/(1-\psi_t)$$

$$r_0 = \delta_0/\sin\alpha_\rho$$

$$r_f = \delta_f/\sin\alpha_\rho$$

式中 α_ρ——旋轮工作角，(°)。

D 三向投影面积

筒形变薄旋压时，三向投影接触面积如图 6–26 所示。

工件与旋轮接触面简化后的三面投影分别为 $abcd$、$a'b'c'd'$ 和 $a''b''c''d''$。图示径向、轴向、周向的接触边长计算公式分别为：

$$H = \delta_0 - \delta_f \tag{6-16}$$

$$L = (\delta_0 - \delta_f)\cot\alpha_\rho \tag{6-17}$$

$$B = [(D_\rho - f'\tan\alpha_\rho)f'\tan\alpha_\rho]^{1/2} \tag{6-18}$$

式中 D_ρ——旋轮直径，mm。

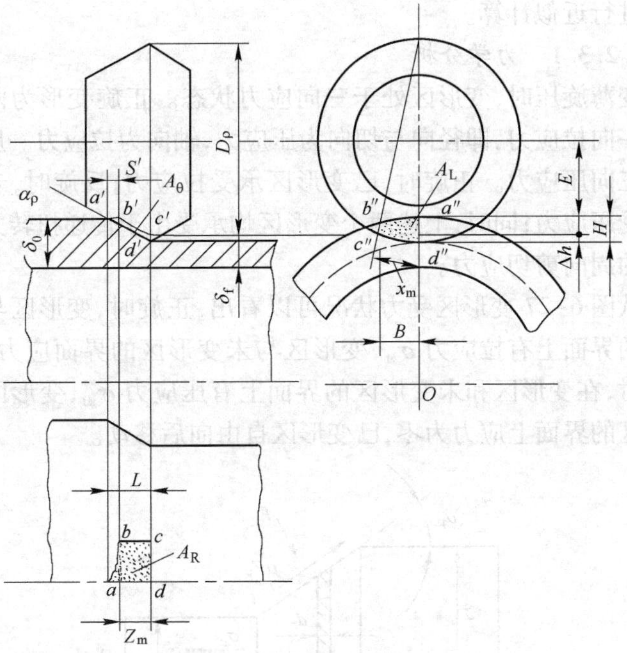

图 6-26　三向投影接触面积

在变薄旋压中，常用双锥面旋轮，设旋轮圆角半径 $r_P \approx 0$，三向投影接触面积的计算公式如下。

周向接触面积 A_θ 作为平行四边形可用下式近似计算，即：

$$A_\theta = (\delta_0 - \delta_f) f \tag{6-19}$$

径向接触面积 A_R 作为梯形可用下式近似计算，即：

$$A_R = (D_\rho f \cot\alpha_\rho)^{1/2} (\delta_0 - \delta_f) \tag{6-20}$$

轴向接触面积 A_L 作为长方形可用下式近似计算，即：

$$A_L = (\delta_0 - \delta_f)(D_\rho f \tan\alpha_\rho)^{1/2} \tag{6-21}$$

6.2.3　力学参数

旋压力是设计旋压工艺、选择旋压机和设计模具时的重要依据。旋压力与坯料尺寸、材料力学性能、变薄率、旋压方式有很大关系，很难用理论分析的方法进行准确的计算。因此，常采用经验公式进行近似计算。

6.2.3.1　力学分析

变薄旋压时,变形区处于三向应力状态。正旋变形为两向压力和一向拉应力,即径向与切向为压应力,轴向为拉应力。反旋变形为三向压应力。正旋时,已变形区承受拉应力;反旋时,未变形区承受压应力;同时,上述两个变形区均承受由于传递扭转力矩所产生的周向剪切应力。

从图 6-27 变形区受力状况可以看出,正旋时,变形区与已变形区的界面上有拉应力 σ_{zf},变形区与未变形区的界面应力为零。反旋时,在变形区和未变形区的界面上有压应力 σ_{z0},变形区与已变形区的界面上应力为零,已变形区自由向后移动。

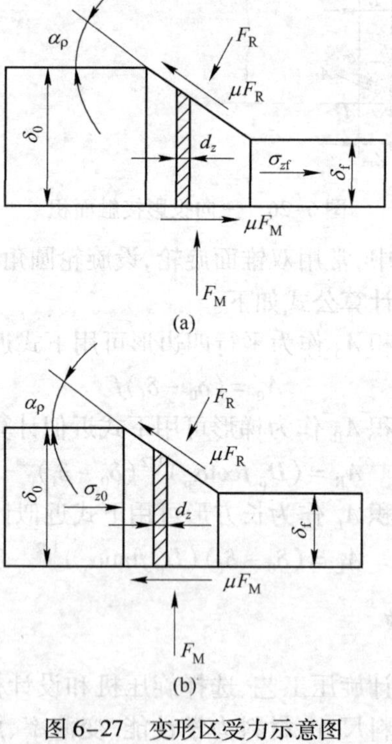

图 6-27　变形区受力示意图

(a) 正旋; (b) 反旋

筒形变薄旋压时,旋压力通过旋轮的工作面均匀地作用于工件和旋轮的接触面上。作用力的合力通过接触面的重心,其方向为接触面重心处的法向。

旋压分力可确定旋压设备所需的功率和进给机构的动力。一般将旋压合力分解为互相垂直的三个分力,即轴向分力 F_L、径向分力 F_R 和切向分力 F_T。图 6-28 所示为筒形件旋压时三个旋压分力分解示意图。

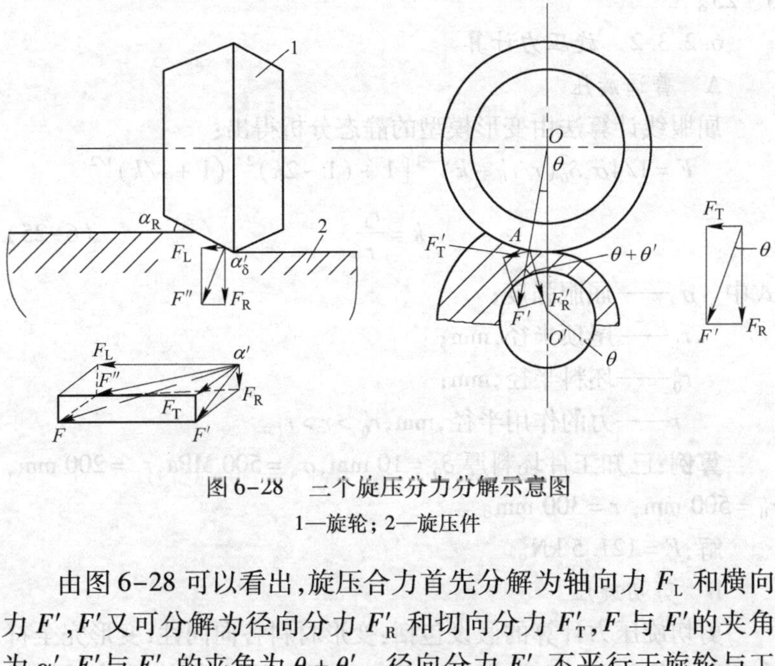

图 6-28 三个旋压分力分解示意图

1—旋轮;2—旋压件

由图 6-28 可以看出,旋压合力首先分解为轴向力 F_L 和横向力 F',F' 又可分解为径向分力 F'_R 和切向分力 F'_T,F 与 F' 的夹角为 α',F' 与 F'_R 的夹角为 $\theta+\theta'$。径向分力 F'_R 不平行于旋轮与工件的中心连线 $O'O$。考虑到 θ' 角一般很小,将 F' 分解为 F_R 和 F_T,代替 F'_R 和 F'_T 作为径向分力和切向分力。各分力与合力之间以及各分力之间的关系为:

$$F_L = F\sin\alpha' \tag{6-22}$$

$$F_R = F\cos\alpha'\cos\theta \tag{6-23}$$

$$F_T = F\cos\alpha'\sin\theta \tag{6-24}$$

根据计算公式,可求出各旋压分力之间的比值,以确定各旋压分力的大小。各旋压分力之间的比例关系为:

$$F_R/F_L = 1/\tan\alpha_\rho$$

$$F_R/F_T = [D_\rho/(f\tan\alpha_\rho)]^{1/2}$$

$$F_L/F_T = (D_\rho\tan\alpha_\rho/f)^{1/2}$$

根据合金管材旋压常用值,D_ρ 为 100 ~ 300 mm,f 为 1 ~ 3 mm/r,α_ρ 为 15° ~ 30°,可求得:F_R/F_L 为 2 ~ 4;F_R/F_T 为 20 ~ 60;F_L/F_T 为 5 ~ 25。

6.2.3.2　旋压力计算

A　普通旋压

屈服线计算法由变形模型的静态分析得出:

$$F = 1/4\sigma_s\delta_0^2(r/r_0' - k)^{-1}[1 + (1 - 2k)^2](1 + 1/k)^{1/2}$$

$$k = \frac{r_1}{r} \tag{6-25}$$

式中　σ_s——屈服强度;

r_1——尾顶半径,mm;

r_0'——坯料半径,mm;

r——力的作用半径,mm,$r_0' > r > r_1$。

算例:已知工件坯料厚 $\delta_0 = 10$ mm,$\sigma_s = 500$ MPa,$r_1 = 200$ mm,$r_0' = 500$ mm, $r = 300$ mm。

解:$F = 121.5$ kN。

B　剪切旋压

剪切旋压力计算的假设包括:变形材料各向同性,变形完全符合正弦规律,略去摩擦、温度效应。根据工程计算法,简化后切向分力与三向投影面积之间关系如下。

简化后切向分力

$$F_T = \delta_0 f\sin\alpha\int\sigma d\varepsilon \tag{6-26}$$

轴向分力 F_L 和径向分力 F_R 根据三向投影面积的比例求出,即:

$$F_L = F_T A_L / A_R ; F_R = F_T A_R / A_T$$

其中 $F_L > F_R \gg F_T$。

根据已知条件先求出切向分力,再通过三向投影面积,求出径向与轴向旋压分力。

锥形件剪切旋压变形过程中,旋轮圆角挤压坯料使其产生塑性变形的交线近似椭圆,其方程为:

$$(x/a)^2 + (y/b)^2 = 1 \tag{6-27}$$

式中 a——椭圆的长半轴,$a = \sqrt{r_\rho^2 - r_1^2}$,$r_1 = r_\rho \sin\alpha - f\cos\alpha$,mm;

b——椭圆的短半轴,$b = [(D_\rho - 2r_\rho)(\sqrt{r_\rho^2 - r_1^2 \cos^2\beta} - r_1 \sin\beta) + r_\rho^2 - r_1^2]^{1/2}$;

β——旋轮攻角,(°)。

变形区夹角为 θ_0,$\theta_0 = \arccos\{b^2/a^2 - [1 + (b/R_0)^2 (b^2/a^2 - 1)]^{1/2} / (b^2/a^2 - 1)\}$;

变形区半径为 R_0,$R_a < R_0 < R_b$。

将式 6-9~式 6-11 代入已知条件,计算出三向投影接触面积过程如下。

算例:取 $r_\rho = 20$ mm,$f = 1$ mm/r,$\alpha = 45°$,$D_\rho = 250$ mm,$\beta = 40°$,$R_0 = 200$ mm,$\sigma = 500$ MPa,$\delta_0 = 10$ mm。

则求出三向投影面积为:$A_T = 5$ mm^2;$A_R = 126$ mm^2;$A_L = 304$ mm^2。

求出三向旋压分力为:$F_T = 2.0$ kN;$F_R = 51.4$ kN;$F_L = 124.0$ kN。$F_L > F_R > F_T$。

C 流动旋压

切向旋压分力:

$$F_T = 1/m \sigma_m f \delta_0 \tag{6-28}$$

径向旋压分力:

$$F_R = 1/m^{1/2} \sigma_m \delta_0 (D_\rho f \cot\alpha_\rho)^{1/2} \tag{6-29}$$

轴向旋压分力:

$$F_L = 1/m^{1/2} \sigma_m \delta_0 (D_\rho f \tan\alpha_\rho)^{1/2} \tag{6-30}$$

算例:已知 $\delta_0=20$ mm,$f=1$ mm/r,$D_\rho=310$ mm,$\alpha_\rho=25°$,$\sigma_m=500$ MPa,$m=3$。

求解三向旋压分力为:$F_T=3.3$ kN;$F_R=148.8$ kN;$F_L=69.4$ kN。

计算结果 $F_R>F_L>F_T$。

6.3 旋压机

6.3.1 旋压机的特点

旋压机要完成旋转和进给两项主要动作,其特点为:

(1) 旋轮座具有足够的径向和轴向拖动力,以克服较大的径向和轴向旋压分力。可采用2~3个旋轮同时工作,以平衡径向旋压分力。

(2) 主轴具有足够的传动功率,采用重型滚动轴承,以承受高转速下的扭矩、旋压力和尾顶力。

(3) 床身、主轴箱、尾座、旋轮座具有足够的刚度,减少机床的弹性变形和振动。

(4) 尾座具有足够的压紧力,要防止坯料相对芯模转动,提高机床转动部分的系统刚性。

(5) 机床的电气、液压数控系统以及仿形和同步系统保证各项动作的完成。

旋压设备与旋压工艺密不可分。旋压机主要有普通旋压机和强力旋压机,并有立式和卧式之分。按旋轮数量又有单、双、三旋轮旋压机。按产品形状又分为筒形件旋压机和异形件旋压机。

普通旋压机能够进行多道次单向进给,最好是双向往复进给。设置防止失稳的反推装置,在高转速、大进给下能保持工作平稳性。

筒形件旋压机立式与卧式特点各异,立式旋压机的芯模与旋轮容易对中,芯模自重不影响挠度,工装模具吊装方便。卧式旋压机芯模与旋轮对中虽不及立式,但采取一定措施可旋压超长管材。

精密异形件剪切旋压机,要能保持恒线速度和恒进给率。在旋制高精度曲母线工件时,旋轮安装角要能随工件型面曲线的变化而自动调整,以保证变形的稳定性。

6.3.2 旋压机的结构

旋压机基本系统组成包括机械、液压、电控、数控、加热和冷却六个系统。机械结构包括床身、主轴箱、尾座、旋轮架四个基本部分。液压系统包括液压马达、液压仿形、进给机构调整及尾座的调压及泄压保险等。

6.3.2.1 机械结构

床身是旋压机重要受力部件,多采用米字形加强筋,以增加其抗拉、抗压、抗扭的能力。加强筋的尺寸和分布可采用模拟试验确定。

主轴箱的主轴变速分为有级变速与无级变速两种,多数采用有级变速,无级变速范围小于有级变速。主轴箱和变速箱多为独立,有的卧式旋压机则将两者合在一起。主轴的作用是带动工件旋转,有的也兼作轴向进给之用。主轴重心应靠近径向轴承,止推轴承要靠近主轴前端。

旋轮座由滑座、导轨、控制装置等组成。旋轮座有鞍座式、框架式、转盘式和转臂式等。

鞍座式旋轮座可调整环节多,适用于多用途旋压机,其床身和旋轮座导轨需承受很大径向旋压分力和力矩,轨面磨损加剧。鞍座式旋轮座多用于异形件旋压。

框架式结构的旋轮座可以克服上述不足,由于旋轮均布于刚性框架之中,径向旋压分力得以平衡。当三旋轮非均布分布时,采用浮动式框架可改善径向旋压分力对导轨面的影响,因为旋轮框架与旋轮座纵滑块不是刚性连接,而是通过垂直于机床轴线的滑动导轨相连。框架式旋轮座适用于筒形件变薄旋压。

转盘式结构的旋轮座与三爪卡盘相似。三个旋轮安装在三个旋轮座上,三旋轮径向进退依靠转盘控制斜角楔块的升降来实现。

转盘式旋轮座多用于立式旋压机,可旋压薄壁高精度管材。

转臂式旋轮座结构是一个沿水平轴线摆动的转臂,转臂上装有旋轮驱动油缸。转臂的摆动由两个套筒形油缸驱动。转臂式旋轮座多用于瓶体收口及异形件旋压。

尾座承受很大的轴向力和倾倒力矩,其长度应不小于中心高的1.5倍。尾座移动油缸和顶紧油缸要分开,移动油缸在下层,顶紧油缸在上层。尾座锁紧要可靠,以防工件与芯模相对转动或甩出。尾座是卧式旋压机的重要组成部分。

6.3.2.2 控制系统

控制系统包括液压、数控等。液压系统由油箱、泵站、管路和阀体组成。拖动油缸的供油路应分开,这样可避免工作的各油缸相互干扰。

调速宜采用回油路节流方式,回油腔形成背压起阻尼作用,使运动平稳。

旋轮座纵、横油缸供油可采用正弦分配器合理匹配纵、横油缸的供油量,使纵、横油泵相互补充,合理利用。

双旋轮同步液压控制包括纯液控和电液随动控制,两者均有压力同步和速度同步之分。压力同步结构简单,能自动进入位置同步。不足点为灵敏度低,受摩擦力的影响大。速度同步是依靠速度差信号调节使之同步。速度同步与摩擦阻力无关,适应性广,灵敏度高,但系统复杂。

近年运用先进的设计方法,采用先进的数控模块和液压伺服模块取代了液压仿形控制系统,选用优质元器件,实现了旋压机的升级换代。

6.3.3 旋压机的类型

国内旋压机有PX型普通旋压机和SY型卧式强力旋压机,典型旋压机技术参数见表6-3。根据旋压件尺寸规格的不同,对旋压机具有特殊功能的要求,例如PD和VPS系列皮带轮专用旋压机,300 kN带轮专用旋压机技术参数和加工范围见表6-4。

表 6-3 典型旋压机技术参数

型 号	结 构	控制方式	中心高/mm	吨位/kN	转速/r·min^{-1}	质量/t
PX-1	单轮卧式	液压仿形	350	20	200~1120	
SY-2	单轮卧式	液压仿形	600	40	16~630	8
SY-2A	单轮卧式	液压仿形	600	40	16~630	11
SY-3	双轮卧式	液压仿形	630	200	16~630	35
SY-4	双轮卧式	液压仿形	400	200	63~400	30
SY-5	三轮卧式	液压仿形		150	100~300	28
SY-6	双轮卧式	液压仿形	750	400	16~400	125
SY-7	单轮卧式	液压仿形	250	30	100~300	5
SY-8	单轮卧式	CNC	600	150	0~800	10
SY-10	双轮卧式	CNC	600	500	10~500	130
SY-11	三轮卧式	CNC	700	600	20~200	140
SY-12	三轮卧式	CNC	1030	300	80~300	50
SY-14	三轮卧式	CNC	500	160	80~700	36
PDZ-2	双轮卧式	PLC		250	140	4

注：北京航空工程研究所研制。

表 6-4 带轮旋压机技术参数和加工范围

技术参数			
参 数	数 值	参 数	数 值
垂直缸压力/kN	300	油泵站功率/kW	5.5
旋轮压力/kN	100	主轴转速/r·min^{-1}	100~500
主电机功率/kW	15	主机净重/kg	约4000
加工范围			
皮带轮形式	槽 数	直径/mm	板厚/mm
折叠式	单槽	60~250	1.0~2.5
折叠式	双槽	100~250	1.5~2.0
折叠式	三槽	120~250	1.5~2.0
滚压式	齿型带轮	100~250	2.5~3.0

注：北京航空航天大学研制。

大型封头无模普通旋压机取代冲压机，封头旋压机有一步法和两步法之分，一步法 W83K 型系列封头旋压机加工范围见表 6-5；两步法 WT 型封头旋压机加工范围见表 6-6。多用途旋压机技术参数和加工范围见表 6-7 和表 6-8。

表 6-5 封头一步法旋压机加工范围

W83K 型号	800×8	1600×14	2400×20	3200×25	5000×30	5200×30
驱动功率/kW	4/5.5	16/22	75	75/100	100/130	100/130
最大直径/mm	1000	1900	3000	4000	6000	6000
最大板厚/mm	5/8	10/14	12/20	14/25	18/30	18/30

注：黑龙江旋压技术研究所研制。

表 6-6 封头两步法旋压机加工范围

机组型号	WT4500-26	FX5200-32	WT6500-32	WT6800-32	WT7500-32	WT8000-35	WT10M-35
最大直径/mm	4500	5200	6500	6800	7500	8000	10000
最大板厚/mm	26	32	32	32	32	35	35

注：哈尔滨工业大学研制。

表 6-7 多用途旋压机技术参数

型　号	中心高 /mm	旋压力 /kN	行程 /mm	主电机功率 /kW	直径 /mm	台数
XY-150	250	约 30	400~150	11	300	3
XYS6-340	320	约 60	340~160	15	360	1
QX63-450	500	约 300	1200~250	75	500	3
PX-600	600	约 60	500~400	17	1000	6
PRX-450	450	约 30	400~250	11	600	1
QX62-90	320	约 70	500~160	15	360	2
QX62-250	600	约 200	2200~260	55	560	1
QX62-350	600	约 350	1000~370	75	700	2
XK-690	690	约 130	1100~260	30	1100	1
PNC-690	690	约 130	1100~260	30	1100	1
XK-300	600	约 300	1000~280	75	1000	1

注：长春第五研究所研制。

表 6-8 多用途旋压机技术参数与加工范围

名 称	加工范围/mm	主要技术参数	备 注
QX-1 三旋轮立式旋压机	最大外径 ϕ240,最小内径 ϕ40,壁厚 0.35~7	主机功率 40 kW,最大旋压力 150 kN	筒形件冷旋
QX-2 三旋轮立式旋压机	最大外径 ϕ1800,长度 4000,壁厚 1.0~80	主机功率 120 kW,最大旋压力 800 kN	筒形件与锥形件冷旋与热旋
QX-3 三旋轮卧式旋压机	异形件最大外径 1500,筒形件 ϕ600×500	主机功率 75 kW,最大旋压力 600 kN	筒形件与异形件普旋、冷旋、热旋
QX-20 三旋轮卧式旋压机	筒形件最大外径 ϕ300×300,壁厚 0.5~20	主机功率 75 kW,最大旋压力 200 kN	筒形件冷旋与热旋
APED-300 单轮旋压机	ϕ600 薄壁,球、锥形和筒形件		筒形件与异形件普旋、冷旋、热旋

注：北京有色金属研究总院研制。

W83K 型系列封头旋压机、三轮卧式旋压机、带轮旋压机、卧式内旋压机示意图如图 6-29 所示。

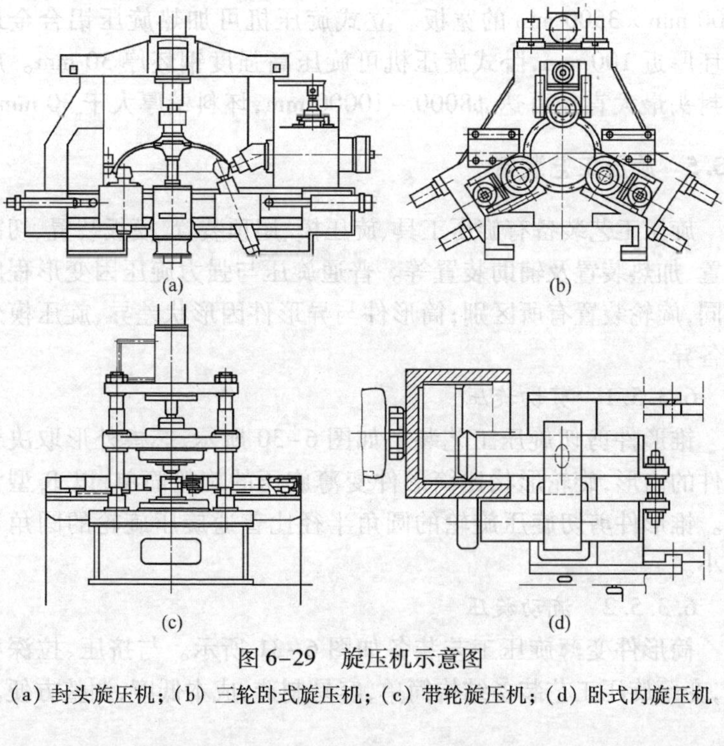

图 6-29 旋压机示意图

(a) 封头旋压机；(b) 三轮卧式旋压机；(c) 带轮旋压机；(d) 卧式内旋压机

6.3.4　旋压机设备规模

旋压机的旋压制品规模与精度是设备水平高低的标志之一。美国赫福特旋压机变薄旋压筒形件规格为 $\phi 3048$ mm × $L3600$ mm，其壁厚精度为 ±0.062 mm。HUFFORD-60 型立式旋压机旋制 $\phi 1524$ mm × $L1524$ mm 筒形件，壁厚精度为 ±0.02 mm。德国莱菲尔德 ST56-75 旋压机旋制 $\phi 500$ mm × $\delta 1$ mm × $L2000$ mm 筒形件，壁厚精度为 ±0.01 mm。

国内三梁四柱立旋机，芯模浮动绞连接，旋轮盘式进给结构，旋压薄壁高精度管材，其壁厚精度达到 0.01 mm，与日本同类产品精度相当。

国内旋压机最大旋压力可达约 800 kN，旋压最大直径 $\phi 2000$ mm，最长筒形件为 4000 mm；旋压圆筒展开可成形 3500 mm × 3500 mm 的宽板。立式旋压机可加热旋压铝合金最大坯厚近 100 mm，卧式旋压机可旋压高强度钢坯厚 30 mm。旋压封头最大直径可达 $\phi 8000$ ~ 10000 mm，坯料壁厚大于 30 mm。

6.3.5　旋压工艺装备

旋压工艺装备有旋压工具、旋压模、尾顶装置、模板装置、切割装置、加热装置及辅助装置等。普通旋压与强力旋压因变形程度不同，旋轮装置有所区别；筒形件与异形件因形状差异，旋压模外形各异。

6.3.5.1　剪切旋压

锥形件剪切旋压工艺装备如图 6-30 所示，芯模外形取决于工件的内形，旋轮形状比筒形件变薄旋压的旋轮简单，以 R 型为主。锥形件剪切旋压旋轮的圆角半径比普通旋压旋轮的圆角半径小。

6.3.5.2　流动旋压

筒形件变薄旋压工艺装备如图 6-31 所示。与挤压、拉深相比，变薄旋压工艺装备结构简单，容易制造，成本低廉，调整方便。

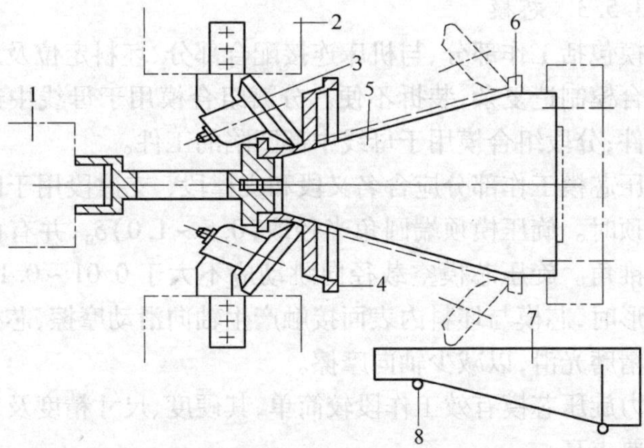

图 6-30 剪切旋压工艺装备

1—尾顶；2—旋轮座；3—旋轮；4—预制坯；5—芯模；6—旋压件；7—仿形板；8—触头

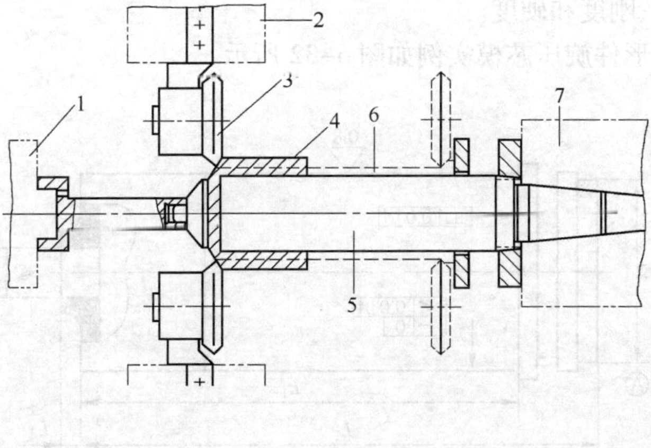

图 6-31 变薄旋压工艺装备

1—尾顶；2—旋轮座；3—旋轮；4—预制坯；5—芯模；6—旋压件；7—机床主轴箱

受设备条件限制，筒形件旋压工艺装备有立式、卧式之分。立式芯模长度受限，易对中，无需尾顶，不易正向旋压。卧式设备可安装较长芯模，正、反旋压方便，需尾顶支撑配合。

6.3.5.3　芯模

芯模包括工作部分、与机床连接配合部分、坯料定位及压紧部分。组合模制造复杂，装拆不便。分瓣组合模用于母线中部凸凹的轻型件；分段组合模用于母线中部凹陷的工件。

旋压芯模工作部分应含名义段和支撑段，支撑段用于卧式旋压无尾顶时。旋压模顶端圆角半径取(0.5～1.0)δ_0，并有便于装坯料的锥角。旋压芯模空载径向跳动应不大于0.01～0.10 mm。工件成形时，芯模与坯料内表面接触产生轴向滑动摩擦，芯模工作表面宜精磨光滑，以减少轴向摩擦。

强力旋压芯模有效工作段较简单，其硬度、尺寸精度及表面粗糙度则要求高。

普通旋压芯模硬度和尺寸精度要求不及强力旋压芯模，有些芯模形状比强力旋压芯模复杂。

芯模要承受旋压力、尾顶力以及弯矩和扭矩，因此应具有足够的强度、刚度和硬度。

筒形件旋压芯模实例如图6-32所示。

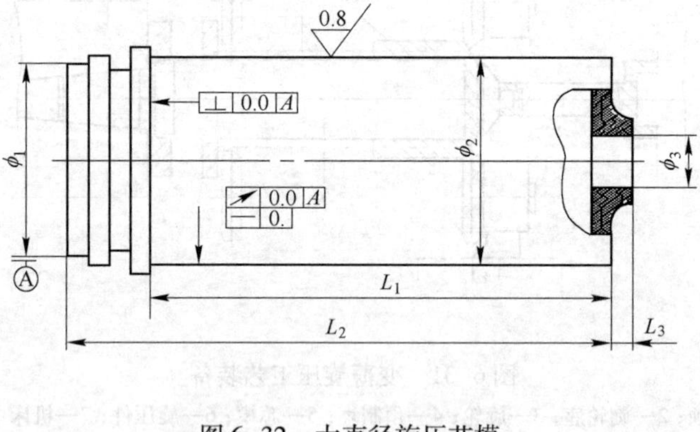

图6-32　大直径旋压芯模

旋压芯模包括整体模、偏心局部模、内旋局部模、随动局部模、分瓣旋压模及分段旋压模等。不同种类旋压芯模如图6-33所示。

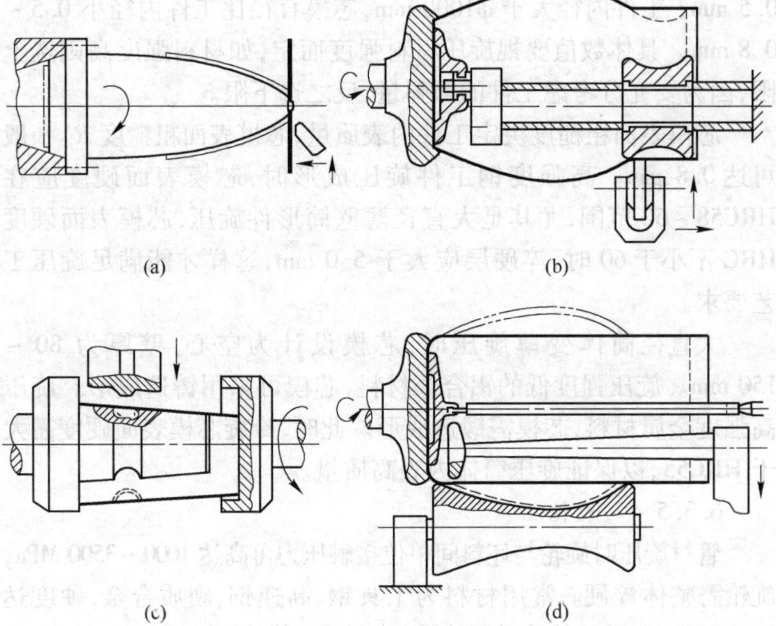

图 6-33　旋压芯模

（a）整体芯模；（b）偏心模；（c）局部模；（d）外芯模

旋压芯模分类为：

- 旋压模
  - 整体模
  - 局部模
    - 随动式
    - 定位式
      - 模具偏心
      - 坯料偏心
      - 内　旋
  - 组合模
    - 分瓣式
    - 分段式
  - 空气模

芯模外形与工件内形基本相同，考虑工件的壁厚回弹和直径胀缩，芯模直径尺寸可参考工件内径公差的中下限。变薄旋压时，

工件直径小于 ϕ1000 mm，芯模直径可比工件内径小 0.2 ~ 0.5 mm；工件内径大于 ϕ1000 mm，芯模直径比工件内径小 0.5 ~ 0.8 mm。具体数值要视旋压材料强度而定，如材料强度高则选上限，因为要充分考虑工件的回弹量，反之选下限。

芯模表面粗糙度决定工件内表质量，芯模表面粗糙度 R_a 一般可达 0.8 μm。高强度钢工件旋压成形时，芯模表面硬度应在 HRC58 ~ 62 范围，尤其是大直径薄壁筒形件旋压，芯模表面硬度 HRC 不小于 60 时，淬硬层应大于 5.0 mm，这样才能满足旋压工艺要求。

大直径筒体变薄旋压时，芯模设计为空心，壁厚为 80 ~ 150 mm。旋压强度低的铝合金材料，芯模可采用铸造成形。旋压高强度金属材料，芯模需锻造成形。此时，冷旋芯模表面硬度需大于 HRC55，以保证旋压筒体内表高质量。

6.3.5.4　旋轮

管材旋压时旋轮与坯料间单位接触压力可高达 1000 ~ 3500 MPa，旋轮需整体淬硬。常用材料为工具钢、高速钢、硬质合金，硬度达 HRC60 ~ 63。热旋旋轮采用热模具钢，硬度大于 HRC55。

根据机床不同，旋轮外径的范围 D_ρ 为 120 ~ 380 mm。旋轮外径大，有助于限制坯料横向流动及扩径，可选用较大的旋轮轴承，提高其寿命。旋轮空载径向跳动应在 0.01 ~ 0.02 mm 之间。

单轮旋压时，相当于变形区在工件圆柱面上沿螺旋线纵向推进，不平衡的径向力影响工件精度。因此，单旋轮工作适宜薄壁、粗短件。双旋轮旋压可平衡径向旋压力，但是细长件仍易出现芯模振动。

三旋轮均布受力最合理，三旋轮均布优于三旋轮非均布。三旋轮旋压增加坯料夹紧的可靠性，减少模具偏心，增加塑性区及有益于应力分布。旋轮不同排列如图 6-34 所示。三旋轮旋压时，不但径向力可互相平衡，而且变形区由点接触变为近似环形。在旋压成形时，环形变形区在工件圆柱面上沿螺旋线纵向前进，变形条件得以改善，工件的尺寸、形状及表面精度大为提高。

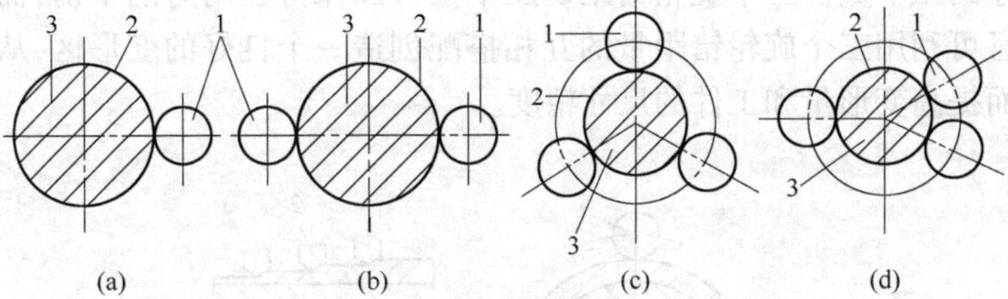

图 6-34 旋轮分布示意图

(a) 单旋轮; (b) 双旋轮; (c) 三旋轮均布; (d) 三旋轮非均布

1—旋轮; 2—工件; 3—芯模

旋轮工作部分外形如图 6-35 所示。R 型旋轮用于旋压延性好的材料以及筒形件。α 型和 h-α 型能避免旋轮前形成的隆起与堆积。成形角 α_ρ 过小易扩径,过大易失稳隆起,常选择的范围是 15°~30°。圆角半径 $r_\rho \approx (0.5 \sim 1.5)\delta_0$,硬材料取小值。

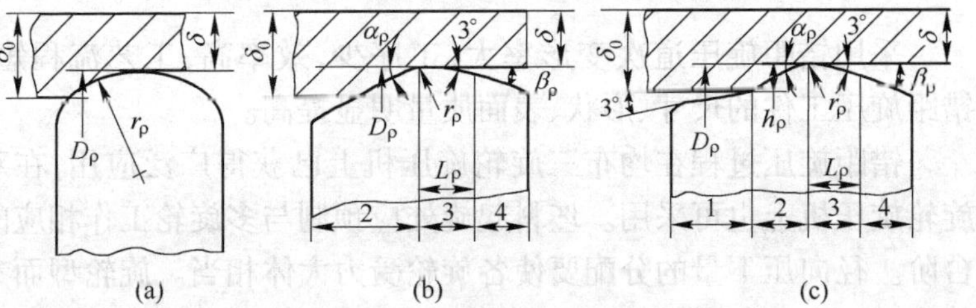

图 6-35 旋轮工作部分外形

(a) R 型旋轮; (b) α 型旋轮; (c) h-α 型旋轮

错距旋压通常是在均布三旋轮旋压时,旋轮相互间沿径向和轴向错开一定距离而成形零件的方法。错距旋压可以在一道次中完成通常几道次完成的工作,使工效成倍提高,并可提高工件直径精度,但总旋压力和主轴功率则相应增大。

错距旋压有两种形式,一是径向错距,二是轴向错距,如图 6-36 所示。多数错距旋压两种形式同时采用。120°均匀分布的三个旋轮错距旋压时,1、2、3 三个旋轮径向错开一定距离,轴向也错开一定距离,三个旋轮错距后相当于一道工序完成了三道工序的压下量。三个旋轮错距旋压不但可以保持径向力的平衡,而且可利用三个旋轮错距量的互相搭配创造一个良好的变形区,从而提高变形量和工件的尺寸精度。

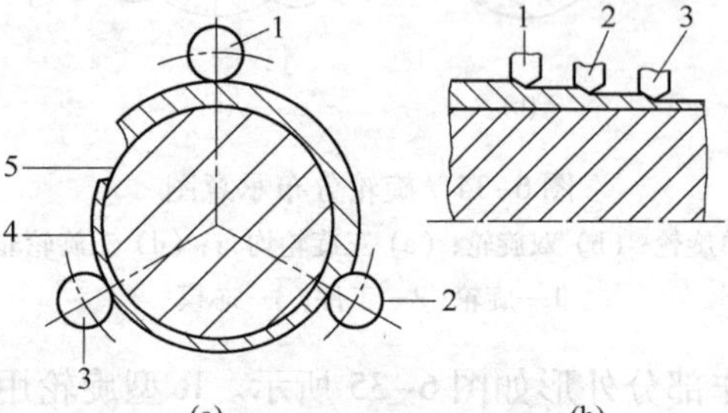

图 6-36　错距旋压

(a) 轴向; (b) 径向

1 ~3—旋轮; 4—工件; 5—芯模

采用错距旋压道次变形率大,工序少,效率高,工艺流程短。错距旋压工件的尺寸、形状、表面质量明显提高。

错距旋压过程在均布三旋轮旋压机上已获得广泛应用,在双旋轮旋压机上也可采用。坯料起旋处应预制与多旋轮工作相应的台阶。径向压下量的分配要使各旋轮受力大体相当。旋轮型面参数取:$r_{\rho1} \geqslant r_{\rho2} \geqslant r_{\rho3}$。

按 1、2、3 先后顺序排列的旋轮号错距量尽量小,但不使后轮成形面越过前轮,如图 6-37 所示。

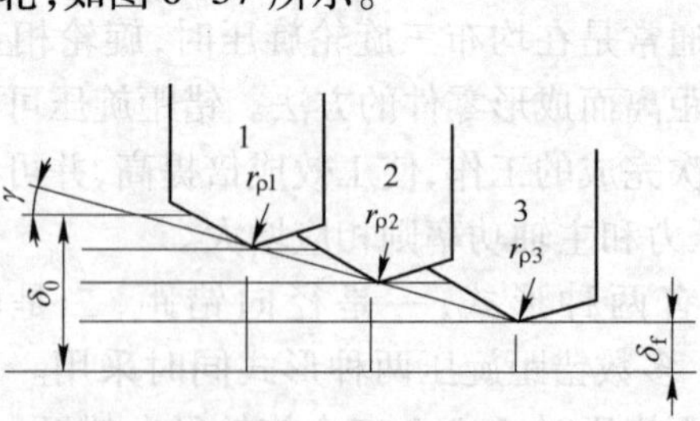

图 6-37　错距旋压变形分配示意图

旋轮装置由旋轮、旋轮架、轴承等部分组成，有些旋压机的后两部分已构成机床本体的一部分。根据不同工件的要求，可设计一些专用的旋轮装置和旋轮。

旋轮架安装在旋轮座上并将机床作用力传递到旋轮上，使工件产生塑性变形。旋轮架有单臂式和叉式之分，单臂式便于更换旋轮，叉式刚性较强。旋轮架又有整体式和组合式之分，其设计应考虑不得与工件、尾顶发生干涉，材料可选用碳素结构钢。不同结构形式的旋轮装置如图 6-38 所示。

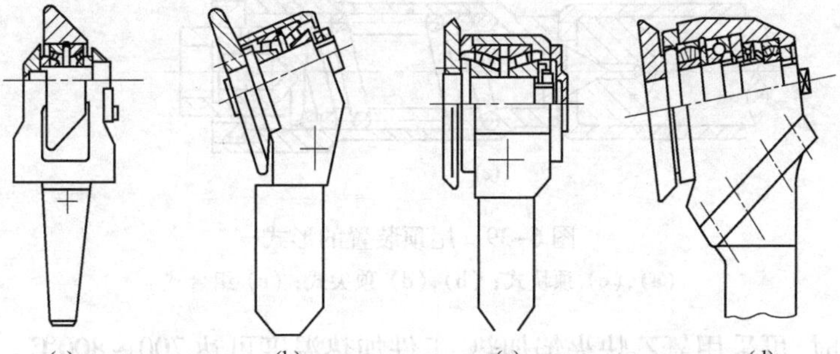

图 6-38 不同结构形式的旋轮装置

(a) 叉型臂轮；(b) 单臂斜轮；(c) 单臂直轮；(d) 组合臂斜轮

6.3.5.5 尾顶

尾顶装置使芯模多一支点，增加系统刚性，正旋时夹紧坯料防止其与芯模相对转动。尾顶装置的材料可采用铸铁或碳钢。典型尾顶如图 6-39 所示。

6.3.5.6 加热

加热旋压的主要方法有火焰加热、电阻加热、高频和中频大电流加热以及辐射加热等。加热要迅速，并能够实现局部加热或大面积均匀加热。在机床上加热坯料便于在热旋过程中有效调节和控制旋压所需的温度。

大直径厚壁铝筒用液化石油气火焰加热旋压，成形效果很好，选择高质量柴油加热，其加热温度约达 500℃。在热旋高强度合

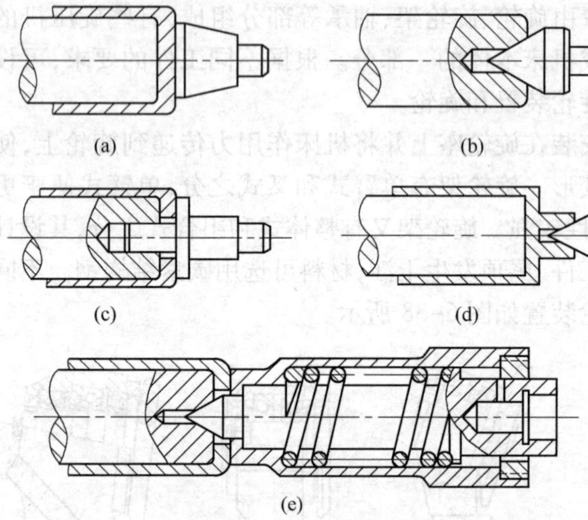

图 6-39　尾顶装置的形式
(a),(c) 顶块式;(b),(d) 顶尖式;(e) 组合式

金时,可采用氧乙炔火焰加热,工件加热温度可达 700~800℃。

热旋高强钛合金可采用液化石油气预热芯模和坯料,用氧乙炔火焰加热旋压,芯模大面积保温,坯料短时升温,适合热旋开坯。

测温可采用红外测温仪,还可设置具有测温、反馈、调节、控温功能的自动温度控制系统。

加热旋压时,对机床、旋轮和芯模的轴承要备有热防护措施以及冷却系统,轴承要用高温油润滑,保证润滑效果。

6.4　旋压工艺

6.4.1　异形旋压

6.4.1.1　坯料与锥角

锥形件剪切旋压有三种典型形式:一是等壁厚坯料旋压等壁厚工件;二是等壁厚板坯旋压变壁厚工件;三是变壁厚坯料旋压等壁厚工件。锥形件剪切旋压坯料与锥角的关系如图 6-40 所示。

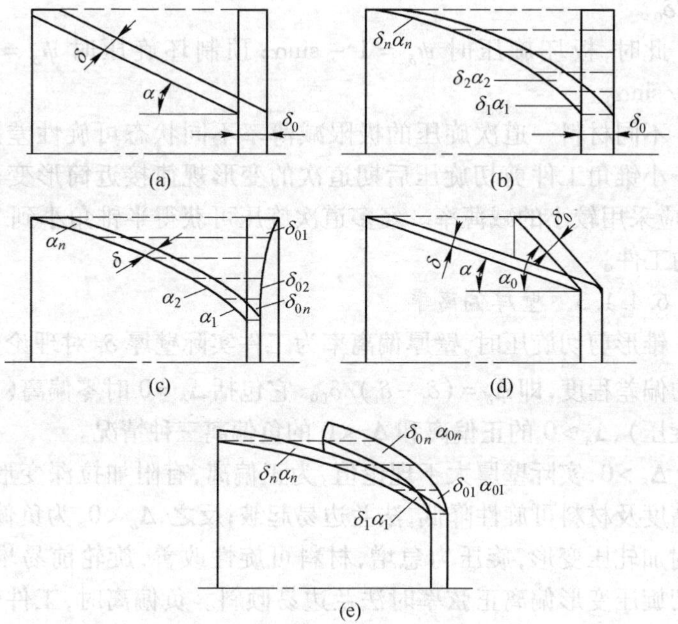

图 6-40 锥形变薄旋压坯料与工件

（a）等厚板坯与工件；（b）等厚板坯与变厚工件；

（c）变厚板坯与等厚工件；（d），（e）等厚预制坯与工件

图 6-40 中的(a)与(d)按正弦规律公式，即按式 6-2 计算坯料与锥角；其余均将坯料与工件沿径向等分，一一对应计算。分段数量要充足，计算时以工件及坯料内径为准，算出各段平均锥角与壁厚，然后叠加，见图 6-40 中的(b)、(c)、(e)。

图 6-40(b)、(c)与(e)可分段按下式计算：

(b) $\delta_1 = \delta_0 \sin\alpha_1$，$\delta_2 = \delta_0 \sin\alpha_2$，…，$\delta_n = \delta_0 \sin\alpha_n$

(c) $\delta = \delta_{01} \sin\alpha_1$，$\delta = \delta_{02} \sin\alpha_2$，…，$\delta = \delta_{0n} \sin\alpha_n$

(e) $\delta_1/\sin\alpha_1 = \delta_0/\sin\alpha_{01}$，$\delta_2/\sin\alpha_2 = \delta_0/\sin\alpha_{02}$，…，$\delta_n/\sin\alpha_n = \delta_0/\sin\alpha_{0n}$

6.4.1.2 减薄率与道次

锥形件剪切旋压减薄率的计算式为式 6-4，即 $\psi_\delta = (\delta_0 -$

$\delta_f)/\delta_0$。

此时，板坯旋压时 $\psi_\delta = 1 - \sin\alpha$；预制坯旋压时 $\psi_\delta = 1 - \sin\alpha/\sin\alpha_0$。

不同材料一道次旋压的极限减薄率不同状态可旋性差别较大。小锥角工件剪切旋压后期道次的变形规律接近筒形变薄旋压，应采用较小的减薄率。经多道次旋压可获得半锥角小到3°～4°的工件。

6.4.1.3　*壁厚偏离率*

锥形剪切旋压时，壁厚偏离率为工件实际壁厚 δ_f 对理论壁厚 δ_t 的偏差程度，即 $\Delta_\delta = (\delta_f - \delta_t)/\delta_f$。它包括 $\Delta_\delta = 0$ 时零偏离（正弦率旋压）、$\Delta_\delta > 0$ 的正偏离和 $\Delta_\delta < 0$ 的负偏离三种情况。

$\Delta_\delta > 0$，实际壁厚大于理论值，为正偏离，有附加拉深变形，工件精度及材料可旋性降低，法兰边易起皱；反之，$\Delta_\delta < 0$，为负偏离，有附加轧压变形，旋压力急增，材料可旋性改善，旋轮前易堆积。剪切旋压变形偏离正弦率时法兰边易倾斜。负偏离时，工件壁厚小于正弦率计算值，变形区出现周向拉应力、径向压应力，如图6-41所示。

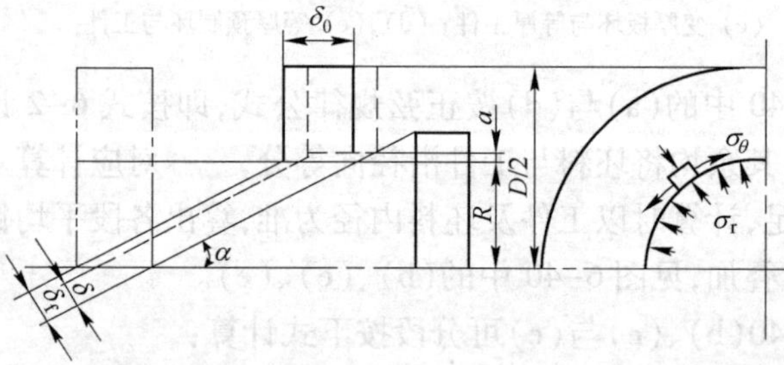

图6-41　负偏离应力简图

完全遵循正弦规律剪切旋压变形较难达到，而小量偏离也是允许的。平板锥形剪切旋压偏离率Δ为-10%～+5%。预制坯锥形剪切旋压时，薄料采用正偏离，厚料偏离率Δ可在-30%～+30%之间。

6.4.1.4 进给比

进给比又称进给率，是旋轮相对坯料的进给速度与转速之比，即单位转速旋轮的进给量，公式为：

$$f = v/N \tag{6-31}$$

式中 v——旋轮沿工件母线进给速度；

N——主轴转速（工件转速）。

f 大则工效高，应以旋压力、表面粗糙度值不过大为限。常以 $f=(0.1\sim1.5)n$ 为参考值。n 为旋轮个数，壁厚和旋轮圆角半径大时 f 取大值。

主轴转速 N 大则工效高，以不产生振动、旋压变形热量不过大为限。常用圆周速度 $v_\theta=50\sim300$ m/min 为参考。当坯料厚、硬度大、直径小时，v_θ 取小值。

采用恒线速和恒进给比可以改善工件表面粗糙度和尺寸精度。

6.4.1.5 旋轮参数

旋轮顶端圆角半径 r_ρ 小则旋压力小，工件贴模度好，以不形成黏附、表面粗糙度值不过大为限，通常可在 $r_\rho=(1\sim4)\delta_0$ 范围内选择。锥形变薄旋压时的旋轮圆角半径见表 6-9。

表 6-9 锥形变薄旋压时的旋轮圆角半径 (mm)

坯料壁厚 δ_0	减薄率		
	30%	50%	70%
1 ~ 2	2 ~ 4	3 ~ 5	3 ~ 6
2 ~ 6	3 ~ 8	4 ~ 10	4 ~ 12
6 ~ 10	6 ~ 12	8 ~ 15	10 ~ 18
10 ~ 15	10 ~ 15	15 ~ 25	18 ~ 30
15 ~ 20	15 ~ 20	20 ~ 30	25 ~ 40
20 ~ 30	20 ~ 30	25 ~ 45	40 ~ 60

将 2 ~ 3 个形状、尺寸相同的旋轮配置在同一截面内工作，可以减少芯模的弯曲与振动。采用两个圆角半径不同的旋轮，使两者保持一定的错距量，以圆角半径小的旋轮为精旋轮，减少旋轮与

坯件的接触面积，可降低旋压力，提高尺寸精度和改善综合质量。

6.4.2　筒形旋压

6.4.2.1　旋压坯料

筒形件旋压坯料要有较高的尺寸精度，坯料内径与芯模配合的间隙值应以变形时金属塑流稳定为目的。如坯料与芯模直径的间隙小，则有利于对中。为了便于装模，中小件的直径间隙为 0.10 ~0.2 mm，大件则达 0.30 ~0.60 mm。坯料筒壁壁厚差应不大于 0.1 ~0.2 mm，直线度误差应不大于 0.05 ~0.10 mm。粗糙度 R_a 一般为 3.2 ~6.4 μm。常见筒形旋压件坯料内径与芯模的直径间隙见表 6-10。

表 6-10　坯料内径与芯模的直径间隙

坯料内径/mm	<100	100 ~200	200 ~400	400 ~700	700 ~1200	>1200
间隙小于坯料内径/%	0.25	0.2	0.15	0.1	0.08	0.06

变薄旋压坯料尺寸计算原则依据体积不变规律。变薄旋压时，坯料内径与工件内径大致相同，坯料与工件尺寸应符合式 6-1。

对于壁厚变化的筒形件，坯料体积的计算应逐段求出工件的体积后，进行叠加。也可进行简化由纵向截面积叠加，求出坯料尺寸。筒形件变薄旋压的坯料为管坯，其壁厚大则长度短，机械加工方便；要以旋压力不过大，中间热处理道次不过多为宜。

管坯的质量要求包括管坯的内外表面应光滑，不得有裂纹、擦伤、起皮等缺陷存在。管坯的显微组织不得有过烧。微观组织不得有夹层、缩尾、气泡、气孔等。

厚壁坯料起旋处形状应与旋轮工作部分形状相吻合。坯料带厚底时，起旋处宜越过底部，如图 6-42 所示。在首道次旋压时，终旋点位置应距坯料尾端(1.5 ~6)δ_0 以上，随后道次则宜距前一道次终点 1 ~3 mm 以上。

带厚法兰的筒形件，在法兰与旋压段之间要设卸荷段；运动段不小于 3 ~8 mm，非运动段不小于 2 ~3 mm，如图 6-43 所示。

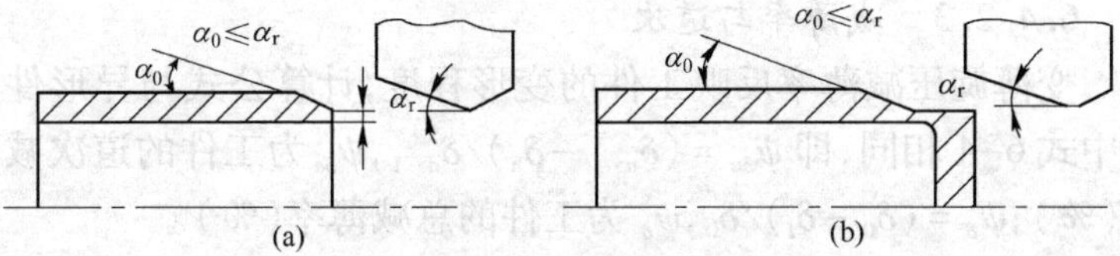

图 6-42 起旋示意图

（a）反旋；（b）正旋

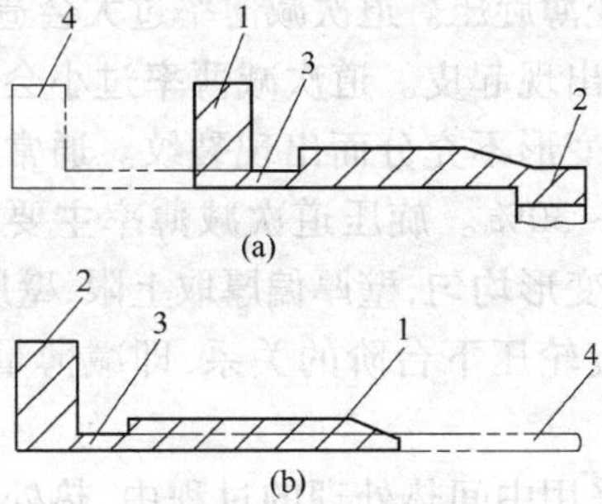

图 6-43 终旋卸荷段

（a）反旋；（b）正旋

1—坯料运动端点；2—坯料非动端点；3—卸荷槽；4—工件

6.4.2.2 正反旋压

正旋压适用面较宽，旋压力较小，直径精度优于反旋压。反旋压的芯模及行程较短，其应用限于不带底的工件。

对于不带底的筒形件也可以采用正旋压，但需增加适当工装，如图 6-44 所示。

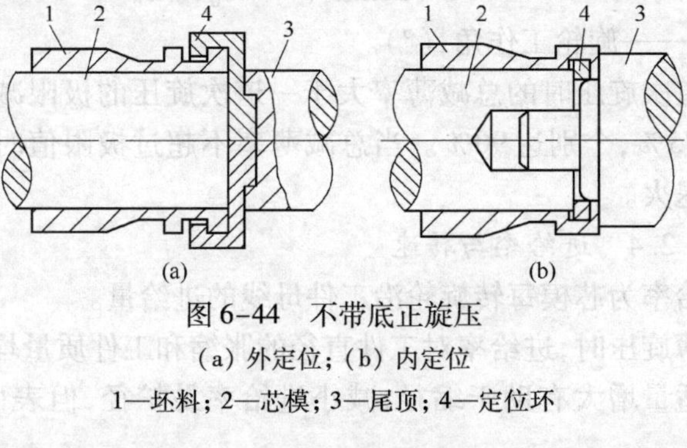

图 6-44 不带底正旋压

（a）外定位；（b）内定位

1—坯料；2—芯模；3—尾顶；4—定位环

6.4.2.3　减薄率与道次

变薄旋压减薄率反映工件的变形程度，计算公式与异形件旋压中式6-4相同，即 $\psi_{\delta n}=(\delta_{n-1}-\delta_n)/\delta_{n-1}$，$\psi_{\delta n}$ 为工件的道次减薄率(%)；$\psi_{\delta}=(\delta_0-\delta_f)/\delta_0$，$\psi_{\delta}$ 为工件的总减薄率(%)。

变薄旋压道次减薄率对工件内径的胀缩量及尺寸精度的影响较大，在总减薄率确定后，根据工艺条件和工件尺寸精度要求，分成若干道次进行变薄旋压。道次减薄率过大会造成工件塑性流动失稳堆积，表面易出现起皮。道次减薄率过小会引起工件厚度变形不均，工件内壁变形不充分而出现裂纹。通常最佳道次变薄率选择范围为20%～30%。旋压道次减薄率主要以工件壁厚为选择依据，为使壁厚变形均匀，壁厚偏厚取上限，壁厚偏薄取下限；还应考虑减薄量与旋轮压下台阶的关系，即减薄量 $\Delta\delta$ 小于压下台阶 h_ρ。

多道次旋压采用中间热处理的过程中，热处理后的旋压累计变形量决定工件的综合性能，旋压减薄率和旋压道次要根据工件性能要求确定。

同一种材料进行筒形变薄旋压的总减薄率略大于锥形剪切旋压的总减薄率，并远大于球形剪切旋压的总减薄率。筒形变薄旋压的道次减薄率太小，坯料内表面材料不流动，并产生分层。一道次减薄率的理论值计算为：

$$\psi_{\delta\mathrm{opt}}=\frac{2\sin\alpha}{1+2\sin\alpha}\left(1-\frac{f}{4\delta_0\cos\alpha}\right)\tag{6-32}$$

式中　α——旋轮工作角，(°)。

多道次旋压时的总减薄率大于一道次旋压的极限减薄率，一般可达75%，个别达90%。当总减薄率不超过极限值时，通常不加中间退火。

6.4.2.4　进给率与转速

进给率为芯模每转旋轮沿工件母线的进给量。

变薄旋压时，进给率对工件直径的胀缩和工件质量均有影响。进给率适量增大有助于缩径，减小进给率易扩径，但表面质量较好。过大的进给率易造成旋轮前材料的堆积和起皮。

筒形件变薄旋压的进给率在 0.5～3.0 mm/r 的范围选取，常用的进给率是 0.5～1.5 mm/r。在多道次变薄旋压厚壁管坯时，前期道次受设备能力限制，进给率不宜很大；进给率小易造成工件有一定的扩径量，在随后的道次，进给率增加可以减径，提高工件尺寸精度。

在有中间热处理的旋压过程中，热处理后的进给率是控制工件直径，获取高精度旋压件的重要工艺因素。成品前的旋压道次采用大的进给率，可使工件贴模。在成品旋压时，道次进给率较小可使工件略为扩径，有助于脱模和提高表面质量。

在旋轮轴向进给速度一定时，转速高则进给率下降，转速低则进给率上升。转速过高易引起机床振动，变形热量增加，需要大量冷却。转速过低，为保持一定的进给率需用低进给速度配合，机床易出现爬行。

进给率是最活跃的工艺参数，与变薄率、旋轮结构参数关系密切，是控制工件直径与壁厚的关键参数。一定范围内调整进给比可有效控制壁厚尺寸精度。例如在一定工艺条件下，进给比为 1.0 mm/r，壁厚为公差上限，进给比降低为 0.8 mm/r，其壁厚将减小 0.03～0.05 mm，进入壁厚公差中下限。

为有效控制工件直径，常以工件贴模保证尺寸精度为原则，当旋轮工作角不同时，进给比要相应变化。例如在相同变薄率时，旋轮工作角为 25°，其进给比为 2.5 mm/r，直径尺寸控制良好；旋轮工作角为 30°时，进给比选 1.5 mm/r，可以达到相同效果。

6.4.3 旋压举例

纯钛强度低，塑性好，可以在室温条件下变薄旋压成形。在选择 TA2 板材卷焊管坯变薄旋压时发现，基体累计减薄率为 60%，成形较好，纵缝变薄率为 10% 时有裂纹出现，当选择 450℃ 加热变薄旋压时，累计减薄率约为 50%，纵焊缝铸态组织显著细化，其组织和性能与基体相当，当累计减薄率为 70% 时，纵焊缝仍有很好的可旋性。

钛合金属于难加工材料,用其他方法成形钛合金零件困难,采用热旋压成形效果良好。为了保证有些合金性能达到特定要求,在旋压后,钛合金需进行固溶和时效处理。

用于旋压成形的钛合金有 TB2、Ti75、5523、TC4、Ti-15V-3Cr-3Sn-3Al、T153 等,其典型旋压零件见表 6-11。

表 6-11 钛合金旋压典型零件

序号	合金牌号	零件名称	成形工艺	尺寸规格/mm
1	TC4/T153	半圆球体	普旋+强旋	$\phi300$
2	TC4	椭球形气瓶	变薄+热收口	$\phi80\times\delta2\times L2000$/ $\phi400\times\delta2\times L1200$
3	TA2	锥形件、筒形件	剪切+变薄	$\phi124\times\delta1.2\times L1000$/ $\phi1500\times\delta16\times L1500$
4	TB2	薄壁壳体	加热剪切+变薄	$\phi228\times\delta4\times L2000$
5	TB2	带法兰封头	加热剪切旋压	$\phi520\times\delta5\times L200$
6	Ti-451	筒形件	加热变薄旋压	$\phi130\times\delta1.2\times L1000$
7	Ti3Al	筒形件	加热变薄旋压	$\phi100\times\delta1.5\times L1200$
8	TiC3	高压气瓶	加热收口	$\phi520\times\delta2.0\times L1000$
9	TA7	薄壁喷管	加热剪切旋压	$\phi150\times\delta3.0\times L500$
10	Ti-Steel	大型封头	两步法旋压	$\phi1800\times\delta12\times L500$

钛合金锻坯如果晶粒粗大,不利于旋压变形,易有裂纹出现;锻坯经充分均匀变形,晶粒适度细化是旋压成形的基础。旋压坯料的晶粒适量细化,可以控制一定减薄率的冷旋成形,旋压变形与热处理有机结合,可提高力学性能。偏高的热旋温度不易细化组织,冷旋可充分细化组织,并获得良好的综合性能。

直径 $\phi200$ mm 的 TB2 钛合金管材热旋累计减薄率 50%,三道次的扩径量约 0.50 mm;冷旋累计减薄率 50%,两道次的扩径量约 1.0 mm,冷旋扩径量明显大于热旋。扩径导致较大椭圆度,相同的旋压道次减薄率,热旋椭圆度约 0.3 mm,冷旋椭圆度约

0.6 mm。热旋工件几何尺寸精度优于冷旋。

TB2钛合金椭球封头在700～800℃之间剪切旋压时，抗拉强度是室温的1/10。TC3的热旋温度与TB2相当，由平板旋压扩散筒热旋温度在750～850℃之间。TC4热旋温度高达近1000℃。旋压加工钛合金零件规格较多，钛合金热旋温度和减薄率各异，不同钛合金热旋温度和减薄率见表6-12。

表6-12 不同钛合金热旋温度和减薄率

合金牌号	热旋温度/℃	规格/mm	减薄率/%	备注
TC3	600～750	$\phi307 \times \delta1 \times L400$	60	筒体变薄旋压
TC3	700～800	$\phi522 \times \delta1$	50	半球旋压
TA2	450～500	$\phi1020 \times \delta12 \times L1130$	50	卷焊坯旋压
TB2	700～850	$\phi280 \times \delta2.8$	72	封头剪旋
纯钛	约700	$\phi513 \times \delta5$	10	封头普旋
TC4	800～900	$\phi100 \times \delta1.3$	78	管材变薄旋压

钛合金除室温与加热旋压外，在成形工艺方面，还可以强旋与普旋结合，采用复合旋压成形零件。如曲母段旋压成形工艺可以采用强旋+普旋预成形—第一次强旋成形—最终强旋成形工艺，成形过程如图6-45所示。

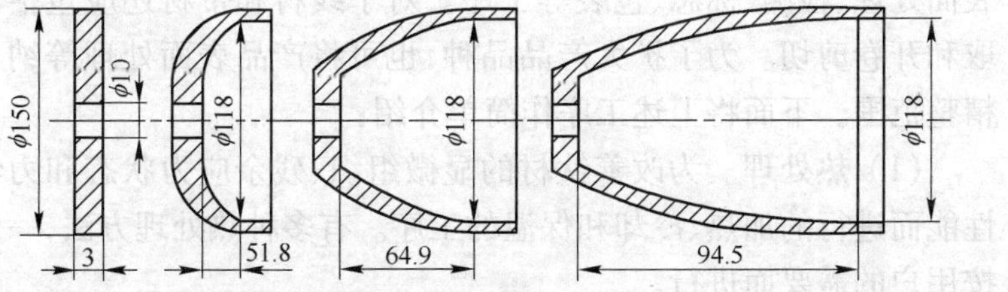

图6-45 成形过程示意图

国外旋压技术已很成熟，美国采用立式旋压机用于导弹的 ϕ1534 mm钛合金封头旋压，每个封头的旋压时间为5 min。钛合金喷管在750～850℃可一道次旋压成形，壁厚加工精度可达±0.025 mm。随着制造成本的降低，国内钛合金旋压应用范围不断扩大，特别是加热旋压工艺的不断优化与完善，使钛合金零件旋压系列化、批量化生产向深入发展。

7 钛材精整和矫直

7.1 精整和矫直

7.1.1 精整

钛塑性加工后,为满足用户对钛材在表面质量、尺寸、外形和某些性能等方面的最终要求而进行的一系列后处理作业,统称为精整。也就是说,加工后处理总过程即为精整。

从钛材加工时的工艺流程可见,不同的塑性加工工艺,钛材所需的精整工艺不完全相同;不同品种的钛材经加工后的精整工艺也不尽相同。实践中只能按照实际需要来设计工艺过程时的精整。

但是,一般情况下,精整应包括热处理、表面净化、切断、矫直、表面处理、检测、标志、包装等工序。对于线材和带材还应包括卷取和开卷剪切。为了扩大产品品种,也可将产品表面处理等纳入精整范围。下面将上述工序作简单介绍:

(1) 热处理。为改善钛材的显微组织、残余应力状态和力学性能而进行的加热、冷却和保温的工序。有多种热处理方法,一般按用户的需要而进行。

(2) 表面净化。经塑性加工后的钛材往往黏附有油,有的包裹有氧化皮,必须除油和除氧化皮。这些氧化皮黏附在钛材外表面很牢固,常需要按氧化皮不同的厚度采取不同的方法去除。有时常常需要采用碱洗加酸洗才能达到表面净化的目的。

(3) 切断。钛塑性加工后按尺寸要求将产品切开的工序。此时可去掉产品两端或两侧不规则部分,以获得所需要的尺寸。当钛材局部缺陷严重无法修补时,也应将缺陷部分切除。板带材常用剪切机剪切,管材用锯切机锯切。

(4) 矫直。对钛塑性加工后出现形状缺陷进行矫正的工序。如钛板变瓢、钛管变弯或扭曲等形状缺陷,均需要矫正,使它变成平直整齐的合格品。

(5) 表面处理。由于钛材对缺口敏感,生产过程中的表面缺陷,如裂纹和吸气层等,应及时采用打磨等方法清除干净,以防变形过程中进一步加深。同时,为了使钛材表面着色、抗氧化、耐腐蚀、耐磨和表面活性的改善,有时需要进行表面处理。

(6) 卷取。它是钛带和钛丝卷成卷的工序。为了方便储存和运输,产品成卷供应。卷取是在卷取机上进行的。

(7) 开卷剪切。将卷好卷的钛丝或钛带打开,经平整和剪切,切成用户需要的单张薄板或窄带、或小钛丝卷的工序。

(8) 检测。为保证产品符合标准或达到用户的要求,对销售前的成品进行尺寸、形状和表面缺陷的检查。检查出的缺陷再分别按情况采用补矫、修磨、切除或判废处理。同时对钛材的力学性能和组织性能取样检测、对无缝钛管要增加无损探伤检测。同时给客户打出合格报告。

(9) 标志。为了便于用户使用和运输,并对产品质量进行跟踪,所有出厂产品都应具有标志。标志可直接打印在产品上,同时将标志牌捆扎在产品上。因为钛材属贵重产品,每件钛材产品上都应有打印标志。标志内容应包括牌号、规格、批号、厂标等。

(10) 包装。为了便于产品运输,并防止运输过程中损坏产品,出厂前需要打捆和包装。捆装方法依产品而异,如小截面的型材和棒材可打捆或成盘;带材和丝材可成卷;板材、管材应用木板或薄钢板打箱包装保护等。

精整十分重要,它是在制取钛材后,为使产品质量、几何形状和组织性能符合标准要求的保证。当加工出的钛材经过这一系列后处理(即精整)的精心的整理和包装后,它的品质才能被用户认可。因此,精整也是一个"面子工程",是整形修理工艺。

精整工序比较多,但核心的工序之一是矫直。

7.1.2　矫直和矫直方法

对钛塑性加工后的产品的形状缺陷进行矫正的工序,称为矫直。

钛及钛合金工件在加热、成形、热处理等加工过程中,由于温度分布和塑性变形分布不均匀及剪切、运输和堆放等原因,往往会产生不同程度的弯曲、浪形、歪扭等缺陷,必须通过整形来矫正工件形状并消除其内部的残余应力。

因为钛及钛合金强度高,弹性模量小,回弹大,与普通金属相比,矫直整形难度大。所以对于中板和大截面工件常用热矫直工艺。有时有些工件弯曲度大,需用两种矫直方法联合处理或进行二次矫直才行。

金属的矫直方法很多,目前大多为机械矫直。常用的方法有压力矫直、辊式矫直和张力矫直。这也是钛材常用的矫直方法。表 7–1 为矫直机的基本类型和用途。

表 7–1　矫直机的基本类型和用途

名称	工作简图	用途	名称	工作简图	用途
压力矫直机	立式 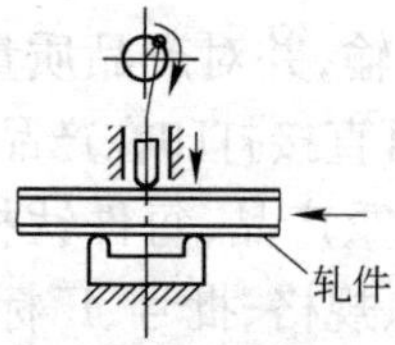	矫直大型型材和管材	辊式矫直机	上辊单独调整 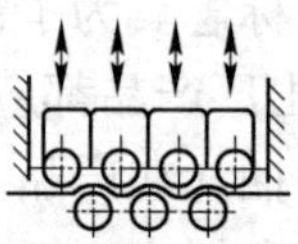	矫直型材和管材
	卧式 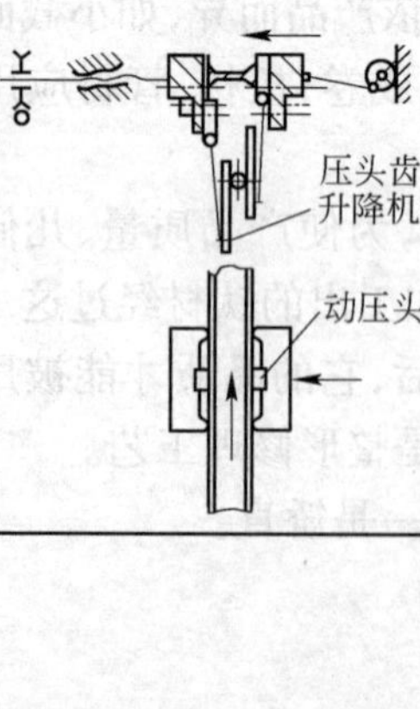	矫直大型型材和管材		上辊整体平行调整 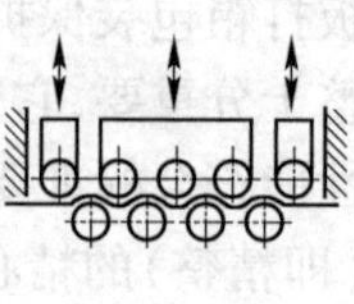	矫直中厚板

续表 7-1

名称	工作简图	用途	名称	工作简图	用途
辊式矫直机	上辊整体倾斜调整 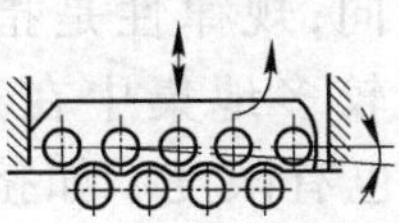	矫直薄板和厚板	管棒材用矫直机	偏心轴式 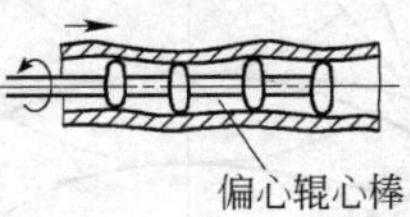	矫直薄壁管
	上辊局部倾斜调整 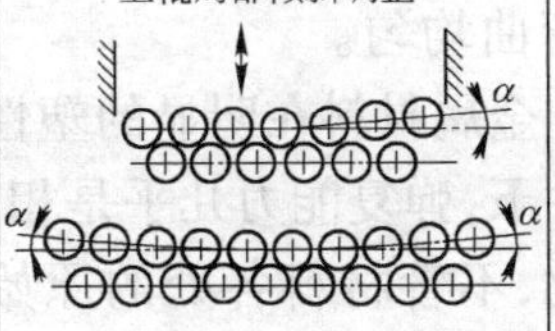	矫直薄板	张力矫直机(或机组)	夹钳式 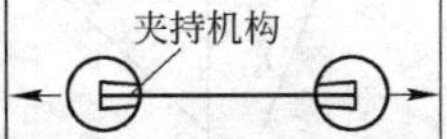	矫直薄板
管棒材用矫直机	一般斜辊式 	矫直管材和棒材		连续拉伸机组 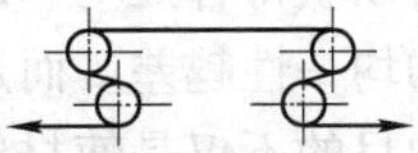	矫直有色金属带材
	313型 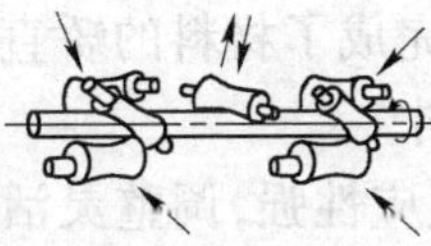	矫直管材	拉伸弯曲矫直机组	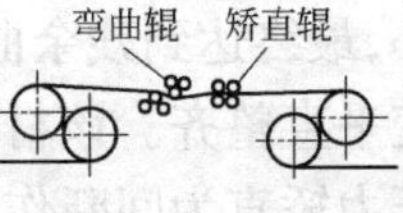	在联合机组中矫直带材

7.2 压力矫直

压力矫直又称反弯矫直，是用活动压头施加压力，使安放在两个固定支点间的钛件弯曲而实现的钛件形状缺陷的矫直。

压力矫直是利用三点弯曲原理实现的，其变形过程分为弹塑性弯曲和弹性回复两个阶段，如图 7-1 所示。压力矫直的原则是：要使原始曲率为$\frac{1}{r_0}$的工件得到矫直(即残余曲率$\frac{1}{r_s}=0$)，必须使反弯曲率$\frac{1}{\rho}$在数值上等于弹复曲率$\frac{1}{\rho_y}$。

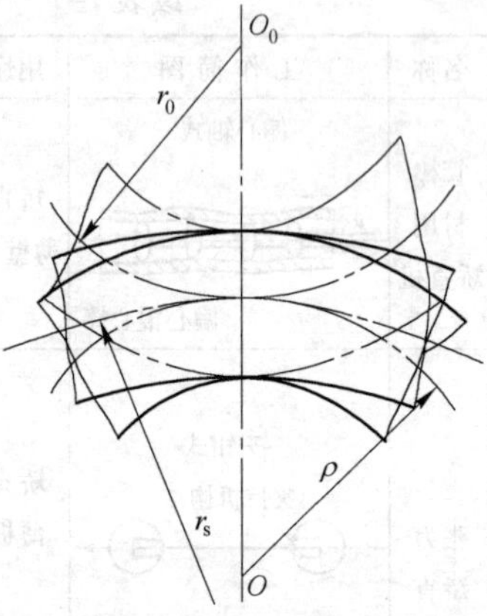

图 7-1　板材弯曲时的变形图

材料的弯曲既有随机性，也有规律性。随机性是指弯曲部位和弯曲程度在每一根材料上都有不同；规律性是指材料弯曲部位较多地集中在某处，弯曲程度也有限度。如挤压材常常头部弯曲较大；而冷板材往往弯曲均匀。

金属材料在明显的塑性弯曲条件下，弹复能力几乎是相同的。因此，不管材料各处的原始弯曲率如何不一样，在较大的弯曲后，几乎可以获得各处均一的曲率。金属的刚性越大，压弯后的残余曲率的均一性越差。而这种差值将随着反弯次数的增加而减小。矫直的目的不仅是使材料各处的残余曲率趋向一致，而且要求各处残余曲率都能趋向于零。如图 7-1 所示，原始曲率 $1/r_0$ 逐渐矫直变小，最终达到残余曲率 $1/r_i=0$，这便完成了材料的矫直，材料才能变平直整齐。该材料即为合格的材料。

压力矫直为间断作业的矫直方法，适应性强，调整灵活，但生产率较低，矫直精度较差，操作繁重，因而大多用于矫直大断面或复杂断面的型材，或作为其他矫直方法的辅助矫直。

压力矫直机的形式有立式和卧式之分，驱动方式有机械曲柄式和液压式两种。压力矫直机的压力与可矫直的材料断面尺寸的大致关系见表 7-2。

压力矫直一般用于大断面钛工件矫直。钛和钛合金工件的压力矫直要在一定温度下矫直，即热态整形。操作时，将加热的钛工件置于压力矫直机下，使工件的弯曲部分放在活动压头下面，向反向弯曲，施加压力后稍停；随后卸去载荷，工件经弹复正好达到平直。若反弯不足，应进行第二次补充矫直；若反弯过头，要向反方向反弯，直至平直为止。必须多次反复操作才能达到目的。

表 7–2 压力矫直机的压力与可矫直的材料断面尺寸的大致关系

材料形状及受力方向		压力 p(kN) × 支点距离 δ(mm)				
		500×650	1000×800	1500×900	2000×1000	3000×1000
圆	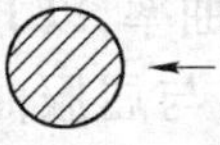	ϕ100	ϕ150	ϕ175	ϕ200	ϕ240
工字形	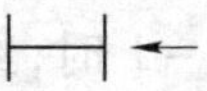	150×75 ×5.5	180×100 ×6	200×150 ×9	300×150 ×8	350×150 ×9
工字形	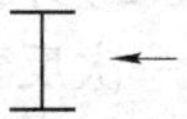	300×150 ×11.5	500×190 ×11.5	600×190 ×16		
槽形	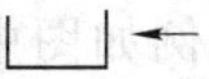	150×75 ×8	180×90 ×7.5	250×90 ×13	300×90 ×13	425×100 ×10.5
槽形		300×90 ×9	425×100 ×15.5			
等边角形		130×130 ×12	200×200 ×15	200×200 ×20	200×200 ×25	200×200 ×27
等边角形	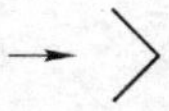	200×200 ×15	200×200 ×20	200×200 ×27		

7.3 辊式矫直

辊式矫直是使钛材从上下两排相互交错排列的辊子间通过时，因受到多次反复弯曲而获得对钛材形状缺陷的矫直方法。

7.3.1 辊式矫直原理

在矫直产品中，除一些大断面矫直件的形状缺陷表现为数值和方向都相同的初始状态曲率(原始曲率 $1/r_0$)以外,多数矫直件的形状缺陷则表现为原始曲率的数值和方向都是不定的(在 0 ~ $\pm 1/r_{0\min}$之间)。对于后一类矫直件,在经过同一曲率的弹塑性反弯后,残余曲率有趋向一致的特性,并经适量的反弯后能实现矫直。理想弹性材料矩形断面矫直件上两段方向不同的初始状态曲率经过 3 次反弯矫直的曲线如图 7-2 所示,横坐标是轧件曲率与屈服曲率(外力矩达到屈服力矩 M_w 时轧件的总变形曲率,以 $1/\rho_w$ 表示)的比值,纵坐标表示弹性弯曲时的曲率 $1/\rho_y$ 与屈服曲率 $1/\rho_w$ 的比值(称为弹复曲率 C_y)。当 m 段的相对原始曲率 $(1/r_0)/(1/\rho_w) = C_{r0} = 1$,$n$ 段的相对原始曲率 $C_{r0} = -1$ 时,经相对反弯曲率 $C_\rho = (1/\rho)/(1/\rho_w) = 3$ 的弯曲(图中位置Ⅰ)并弹复后,其残余曲率值已很接近。这两个残余曲率将是下一次反弯的原始曲率。第二次反弯时的反弯曲率 $C_\rho = 3$(图中位置Ⅱ),弹复后残余曲率已相等,再选择一个合适的反弯曲率(例如图中选 $C_\rho = 1.44$,位置Ⅲ),弹复后轧件就被矫直了。

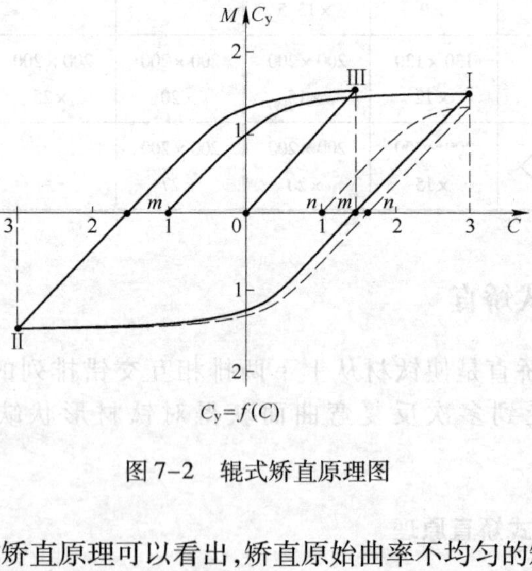

图 7-2　辊式矫直原理图

从辊式矫直原理可以看出,矫直原始曲率不均匀的矫直件时,施加的弯曲总曲率越大,其残余曲率 $1/r$ 的差值就越小,矫直效率可提高。按此原理,前面几个辊子采用大压下量,使矫直件各部位的反弯曲率均达到较大数值,残余曲率不均逐渐减小,从第四个辊子后各辊压下量依次减小,则矫直件能较快获得平直。这样可用较少辊数获得较好的矫直效果,提高矫直效率。薄板和带材的瓢曲、单双边浪形等二维、三维缺陷,可采用带有支承辊并具有工件辊挠度调整装置的矫直机矫直。斜辊矫直机与辊式矫直机工作原理相同,区别在于,斜辊矫直机的矫直辊具有类似双曲线的空间曲线形状,且上下两排矫直辊轴线互相交叉,矫直时管棒材边旋转边前进。

7.3.2 辊式矫直设备

生产中对简单断面工件广泛采用辊数大于4(通常为5~29辊)的多辊矫直。其工作原理就是通过各辊对工件连续反复的三点弯曲,从而逐步缩小工件残余曲率$\frac{1}{r_i}$的变化范围。

辊式矫直的基本原则为:

(1) 一般辊径D越小、辊数n越大,矫直精度越高;辊距δ值小则有利于工件的咬入及矫直过程的建立。

(2) 辊式矫直前几个辊的主要作用是缩小工件沿长度方向残余曲率的差值,后几个辊的主要作用则是减小趋于均匀的残余曲率。

(3) 矫直质量的优劣主要取决于合理确定各辊下工件的反弯曲率。在前几个辊(第二、第三辊)上选用很大的反弯曲率,后续辊上的反弯曲率则按恰好能完全矫直前面相邻辊处的最大残余曲率来确定。

(4) 硬化系数η(为E'/E)越大的材料矫直越困难,此时要选用较大的反弯曲率和较多的矫直辊数和较小的辊径。表7-3和表7-4分别为常用辊数和一般矫直机的矫直速度。

表 7-3　常用辊数

矫直件种类	板材厚度/mm			中小型型材	大型型材
	0.25~1.5	1.5~6	>6		
n	19~29	11~17	7~9	11~13	7~9

表 7-4　一般矫直机的矫直速度

矫直件及其规格	矫直速度/$m \cdot s^{-1}$	矫直件及其规格	矫直速度/$m \cdot s^{-1}$
厚度为 0.50~4.0 mm 的板材	0.1~6.0，最高 7.0	大型型材	0.25~2.0
厚度为 4.0~30 mm 的板材	冷矫 0.1~0.2	中型型材	1.0~3.0，最高 8.0~10.0
	热矫 0.3~0.6	小型型材（100 mm^2 以下）	5.0 左右，最高 10.0

辊式矫直又可分为平辊矫直和斜辊矫直两类。这两类工艺所使用矫直机械又分别为平辊矫直机和斜辊矫直机。钛板材应用平辊矫直机矫直，钛管材应用斜辊矫直机矫直。这两种矫直机的分类见表 7-5 和表 7-6。

有许多种类和不同辊数矫直机可供钛材矫直时选用。在平辊式矫直机中，由于钛及钛合金板材强度高、弹性模量小，中板矫直困难，选用热矫直工艺为佳。可选用 11 辊热矫直机，能矫直厚度为 8~10 mm 的板材。而薄板则选用 17 辊和 23 辊矫直机配套使用，可以冷矫直分别为 1.5~3.5 mm 和 0.5~1.5 mm 的薄板。这 3 种矫直机的主要性能见表 7-7。

斜辊式矫直机有卧式和立式两种，实践中应选用系列设备配合使用才能完成矫直。因有几台矫直机联合作业，能适应不同规格的管棒类钛材矫直。卧式 7 辊斜辊式管棒矫直机的主要性能见表 7-8，立式斜辊式管棒矫直机的主要性能见表 7-9。

表 7－5 平辊矫直机的分类

方式	分类	工作简图	特点	用途
按辊的排列分类	平行辊列	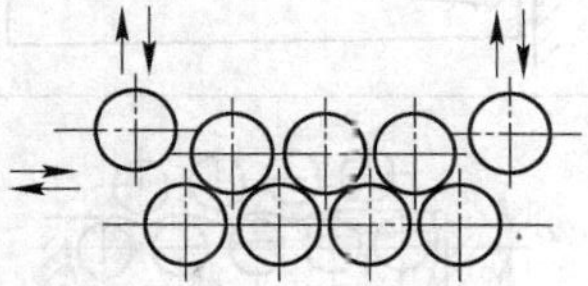	通常辊数为 5～13，5～7 辊的多用于中板或粗型材，各辊反弯曲率相同，残余曲率较大	4～40 mm 的中厚板
	单倾辊列	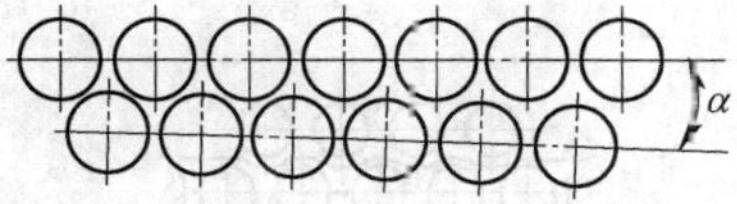	辊数为 9～29，反弯曲率由大到小，矫直质量较好	4 mm 以下的中薄板
	双倾辊列	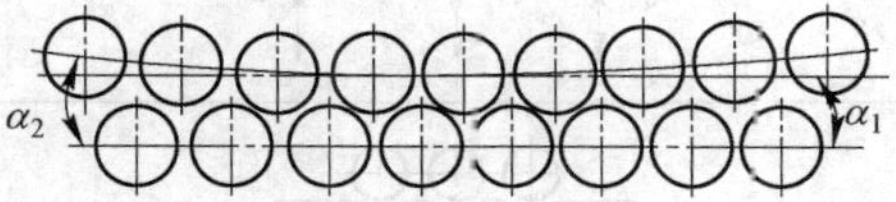	咬入条件好，结构复杂，矫直质量较高，可进行可逆矫直	0.25～2.0 mm 的板带
	不同辊距	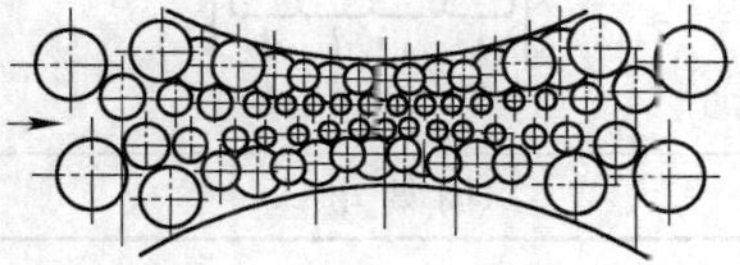	可承受较大的矫直力，矫直质量高；结构复杂，备件多，维修麻烦	较薄的高强度板带

续表 7－5

方　式	分　类	工作简图	特　点	用　途
按上辊调整方式分类	单独调整	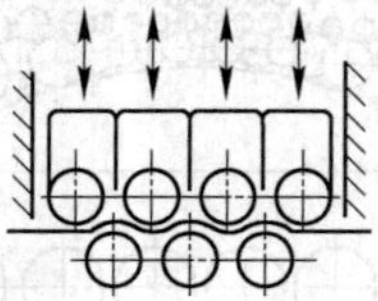	辊数较少，可矫直范围广，适应性强，精度较高，结构复杂	型　材
	整体平行调整	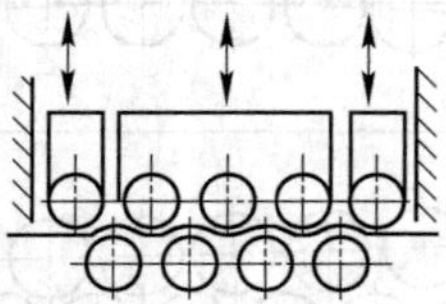	结构简单，残余曲率较大，矫直质量较差	中厚板
	整体倾斜调整	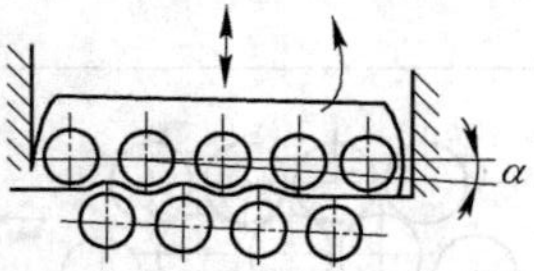	可采取各种矫直方案，调整方便，精度较高，应用广泛	中薄板
	局部倾斜调整	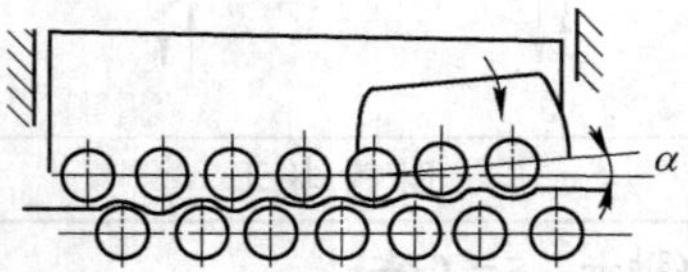	变形量大，矫直质量好	薄　板

表 7-6 斜辊矫直机的分类

分类		工作简图	特点	用途
多辊式	辊身长度相同	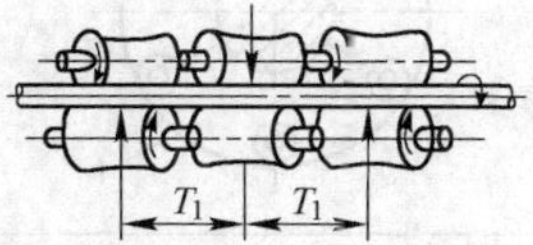 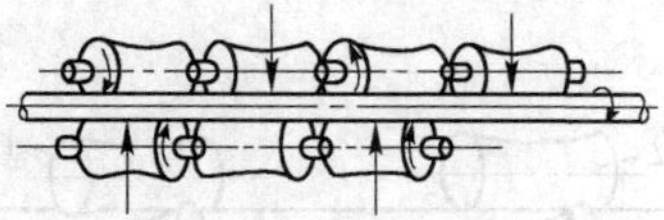	全为立式，制造简单，维修方便，无需导板定位； 工作机座刚度较差，观察和换辊较困难	表面质量要求高，无氧化皮的薄壁管
	辊身长度不同	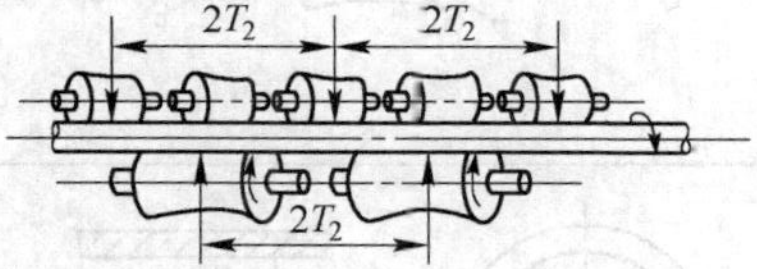	多为卧式，机架刚度大，换辊简单，易于观察和调整，易去氧化皮； 短辊磨损快，要导板，质量差	大直径，高强度、表面有氧化皮的厚壁管
二辊式		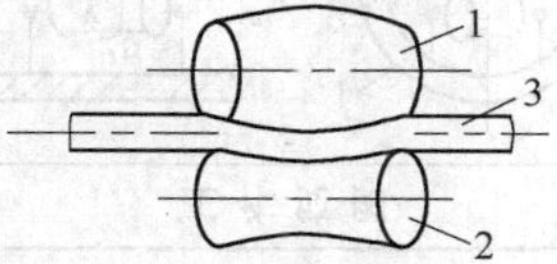	矫直精度高，换辊方便，易于维护，易去氧化皮； 易于压裂、振动，占场地，辊子磨损快	精度要求较高的管材

续表 7－6

分　类		工作简图	特　点	用　途
滚筒式		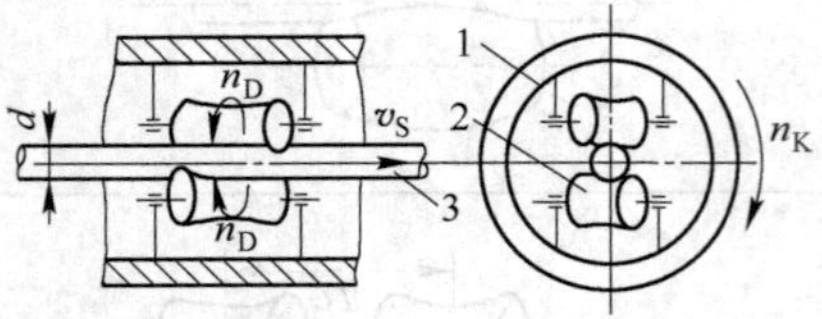	细工件运动平稳，不易产生擦伤或扭曲； 矫直粗件时，滚筒旋转速度受限	直径 $d<150$ mm 的细圆棒管材
3—1—3 式		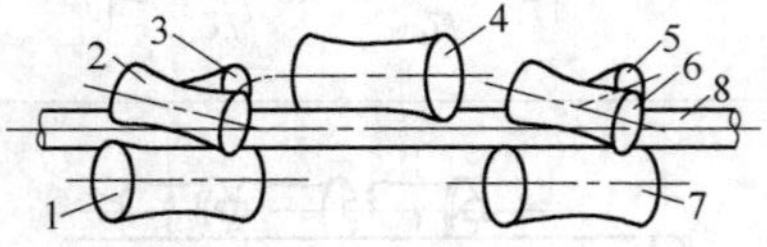	夹持稳固，工作平稳，矫直质量高，调整灵活，结构紧凑，体积小，质量轻； 在一台矫直机上可矫直的尺寸范围不大$\left(\frac{d_{max}}{d_{min}}=3.0\sim7.5\right)$	精整线矫直薄壁管
芯棒式	偏心式		原理类似线材矫直	小口径管
	无偏心式	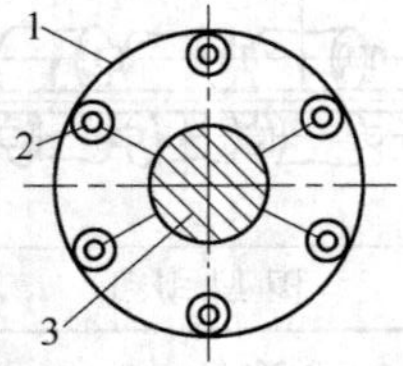	可避免$\frac{d}{h}>100$的管材在矫直过程产生局部失稳、折皱或压扁	大口径薄壁管

表 7-7 板材辊式矫直机的主要性能

型 号		11 辊热矫直机	17 辊矫直机	23 辊矫直机
矫直板材尺寸/mm×mm×mm		(8~10)×(400~1100)×l	(1.5~3.5)×(400~1100)×l	(0.5~1.5)×(400~1100)×l
板材性能/MPa		热态 $\sigma_b=1100, \sigma_{0.2}=800$; 冷态 $\sigma_b=1500, \sigma_{0.2}=1350$	$\sigma_b=1500, \sigma_{0.2}=1350$	$\sigma_b=1500, \sigma_{a0.5}=1350$
矫直速度/m·min^{-1}		30~60	0~8,6~30	0~18,6~30
工作辊尺寸/mm×mm		ϕ200×1200	ϕ100×1200	ϕ60×1200
工作辊节距/mm		220	105	60
工作辊材质		合金锻钢	高碳铬钢	高碳铬钢
工作辊肖氏硬度		65~70	≥95	≥95
电动机	驱动用	直流 200 kW·h,1 台	直流 80 kW·h,1 台	
	压下用	直流 5.5 kW·h,2 台	交流 3.7 kW·h,4 极 2 台	交流 2.2 kW·h,4 极 2 台

表 7-8　卧式 7 辊斜辊式管棒矫直机的主要性能

主要性能	型号、规格		
	ϕ60 ~ 160 mm 矫直机	ϕ25 ~ 75 mm 矫直机	ϕ6 ~ 40 mm 矫直机
矫直管棒外径/mm	60 ~ 160 (60 ~ 100)	25 ~ 75 (25 ~ 55)	6 ~ 40 (6 ~ 30)
工件最小长度/mm	2000	2000	2000
主动轮最小直径/mm	250	175	117
主动轮转速	40,80,5	57,114,8	150,300
矫直速度/m · min^{-1}	14.7 ~ 16.6 29.6 ~ 33.4	14.6 ~ 16.3 29.6 ~ 32.8	30.4 ~ 60.4
矫直轮回转角度/(°)	28 ~ 31	28 ~ 31	25 ~ 35
矫直件弯曲度/mm · m^{-1}	<0.5	<0.5	<0.5

表 7-9　立式斜辊式管棒矫直机的主要性能

型　号	GJ20 - 1	GJ20 - 1	GJ120 - 1	GJ250 - 1
矫直管外径/mm	5 ~ 20	10 ~ 40	30 ~ 120	80 ~ 250
矫直辊数/个	7	7	7	6
矫直速度/m · min^{-1}	20 ~ 60	20 ~ 60	40 ~ 160	20 ~ 80
主电机功率/kW · h	4 × 2	7 × 2		55 × 2
矫直管材屈服极限/MPa	≤392			
外径与壁厚比值 D/δ	≤50			

应说明的是,斜辊式矫直机结构是固定的,而平辊式矫直机结构是可调整的。后者调整的方法是将上排工作辊设计成可移动的。对于 11 辊矫直机,将上排工作辊整体平行移动,对于 17 辊和 23 辊矫直机,上排工作辊整体倾斜调整。因此,在矫直机启动前,首先应将平辊矫直机调整到适宜的位置,以适应矫直不同规格的钛板。

7.3.3 辊式矫直工艺

7.3.3.1 平辊矫直工艺操作要点

A 准备

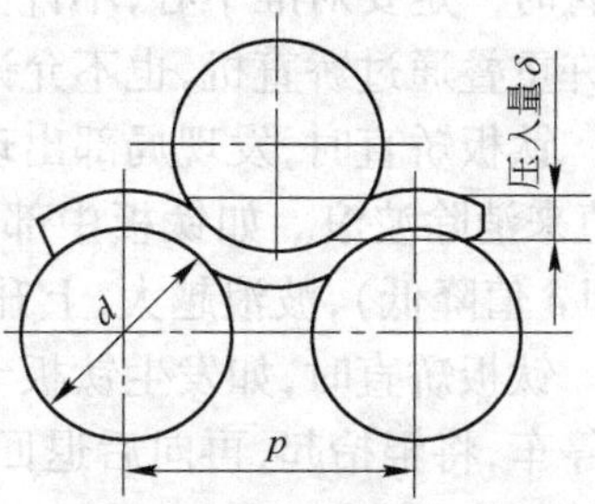

图 7-3 辊式板材矫直机变形示意图

检查矫直机运转是否正常，并检查和清除机上一切脏物、油污、金属屑。随后，调整好矫直机上下辊间的间隙。该机的间隙常用压入量 δ（如图 7-3 所示）来表征。压入量 δ 值的大小应据板片厚度来调整。由于该机是整体的，只要调整该机的进口处 δ 值和出口处 δ 值就能达到整机的调整。实践中，钛板平辊矫直机的压入量值采用表 7-10 的值和表 7-11 的值就可以达到矫直的目的。

表 7-10 17 辊矫直机矫直板材的压入量

钛及钛合金	板材规格 /mm×mm×mm	进口压入量 /mm	出口压入量 /mm	矫直后板形
纯 钛	4.0×宽×长	7.15~7.40	0.35~0.85	合 格
纯 钛	3.0×宽×长	7.45~7.65	1.5~2.0	合 格
纯 钛	2.5×600×1200	8.9	2.15	合 格
TC4	3.0×800×2800	8.56	3.15	合 格

表 7-11 23 辊矫直机矫直板材的压入量

合金牌号	板材规格 /mm×mm×mm	进口压入量 /mm	出口压入量 /mm	矫后板形
TA3	0.8×600×l	4.0	0.5	合 格
TC3	1.0×800×1800	5.4	1.9	合 格
TA7	1.0×800×2000	4.9	1.4	合 格
TA7	1.5×1000×1500	5.65	1.4	合 格

B 作业

在矫直作业中，要求钛板不能有折角、卷边，否则必须用木槌打平；钛板上不允许有脏物、钛屑，否则必须及时清理和清洁；钛板矫直时一定要对准中心，不许歪斜，如发现有歪斜必须调整；钛板不许重叠通过矫直机，也不允许同时矫直两张重叠的板。

钛板矫直时，发现局部出现波浪时，要及时调整机器的压入量 δ 值来消除波浪。如钛板中部有波浪时，应使中部的支撑辊上升（即 δ 值降低），波浪越大，上升值也越大，依此类推。

钛板矫直时，如发生钛板卡在机器中，不允许强行通过，应立即停车，将辊抬起，再向后退回钛板。如果需要后退钛板，也应将辊抬起作业。

C 停机

停机时不允许给工作辊加压。同时，应给矫直过的钛板复检，如有矫直不合格的应重复矫直。实在无法矫直应送张力矫直机矫直。

7.3.3.2 管棒材矫直

管棒材矫直是在斜辊式矫直机上进行的。通常与压力矫直配合使用，首先将弯曲度较大的工件通过压力矫直机矫直，然后再进行斜辊式矫直。斜辊式矫直机的主要性能详见表 7-8 和表 7-9。将需要矫直的工件送往相对应的矫直机，开机后也相应依顺序矫直，也是一根接一根矫直。矫直质量主要取决于矫直机压力和辊倾角大小。压力的大小取决于合金种类和弯曲度。若为强度高的钛合金，弯曲度也大时矫直压力应大些，反之亦然。辊倾角的大小取决于工件直径，直径大的工件应比小的矫直倾角大。矫直完也应将不合格的工件返回重新矫直。实在无法矫直的钛管应送张力矫直机矫直。

7.4 张力矫直

7.4.1 张力矫直原理

张力矫直是对工件施加超过材料屈服极限（σ_s）的纵向拉力，

使之产生塑性延伸而实现形状缺陷矫正,又称为拉拔矫直。主要用于矫直厚度小于 0.6 mm 的薄板、薄壁管材及浪形或瓢曲严重的薄板、异形件。

薄板带的纵向和横向弯曲可由辊式矫直机矫直。但辊式矫直对中间及边缘浪形一类缺陷(即三维缺陷)的矫直效果不理想。这类缺陷与轧制时因沿板带材宽度方向的延伸不均匀而产生的残余应力有关。当残余应力值超过材料的屈服极限时会产生二次变形,形成浪形。若中间延伸大而两边延伸小,就形成了中间浪形。若残余应力未超过材料的屈服极限,虽不产生宏观缺陷,但潜在的残余应力会影响板带材的使用性能。矫直时,在张力矫直机上对常有波浪形状缺陷的板带材,前后施以超过材料屈服极限的张应力。该张应力与板带材原有的残余应力叠加,在残余应力处(即原延伸较大的波浪处),一部分张应力被抵消,使实际变形应力减小,矫直时塑性延伸小。在残余拉应力处(即延伸较小处),由于张应力的叠加,实际变形应力增大,矫直时塑性延伸大。结果经过张力矫直后的工件,各部分延伸均匀了,波浪形缺陷因此就得到了消除。

7.4.2 张力矫直设备

张力矫直分钳式和辊式两种:

(1) 钳式张力矫直。钳式张力矫直如图 7-4 所示。这种方法不仅可用于矫直板材和型材的纵向弯曲,而且可以通过夹钳旋转一定角度以矫直工件的扭曲。但由于是间隙作业,单件矫直,生产率低,且两端夹钳处会造成很大一段废料头。

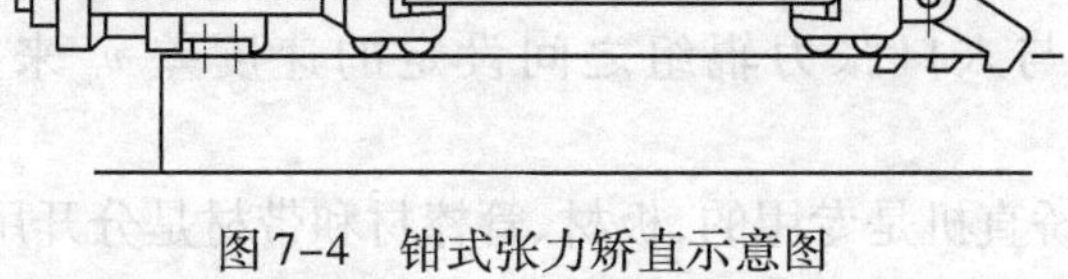

图 7-4 钳式张力矫直示意图

1—液压缸; 2—板材; 3—钳口

对于宽度为 b、高度为 h 的板材，矫直张力 T 可由下式确定：

$$T = bhE[\varepsilon_s + \eta(\varepsilon_1 - \varepsilon_s)] \tag{7-1}$$

式中　E——板材的弹性模量；

η——硬化系数；

ε_s——屈服伸长率；

ε_1——拉拔变形率，一般取 0.5% ~3%。

用于钛及钛合金加工材矫直的几种钳式张力矫直机的主要性能见表 7-12。

表 7-12　钳式张力矫直机的主要性能

类　型	100 t 管棒矫直机(液压)	250 t 管棒张力矫直机(液压)	500 t 板材张力矫直机(液压)
被矫料尺寸/mm	长 1500 ~ 13500	长 3000 ~ 13500	(0.4 ~ 0.5) × 400 1050 × (1000 ~ 7000)
最大拉伸力/kN	980.6	2451.5	4903.0
拉伸速度/mm			0 ~ 330
液体压力/kPa	19600	19600	13720
主油缸行程/mm	1500	1500	800
钳口开口度/mm	160 ~ 200	170 ~ 240	27
扭转力矩/N · m	7350	49000	
扭转速度/r · min^{-1}	6	0.4	

(2) 辊式张力矫直。辊式张力矫直(如图 7-5 所示)用于连续矫直带材，具有较高的生产率。矫直张力是通过出口张力辊组与入口张力辊组之间设定的速度差 v_c 来产生并调节的。

张力矫直机是专用的，板材、管棒材和带材是分开用的。辊式张力矫直带材是连续作业。

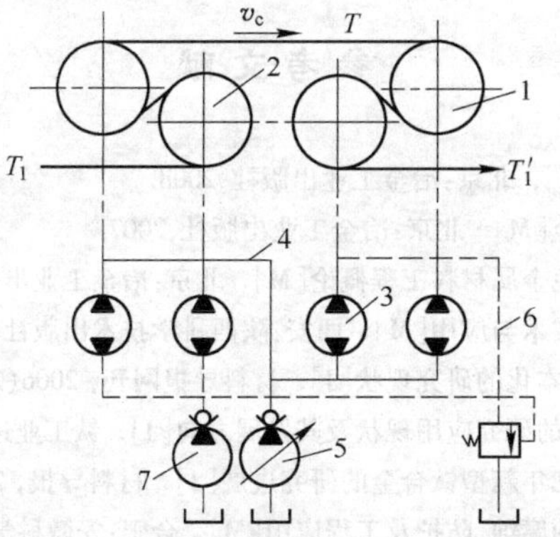

图 7–5 封闭回路的液压传动系统简图

1—出口张力辊组；2—入口张力辊组；3—液压马达；4—高压管路；
5—变量泵；6—低压管路；7—补给泵

7.4.3 张力矫直工艺

以钛板材为例,它是在板材钳式矫直机上作业的。它的操作要点是:

(1) 准备。它先应将需要矫直的钛板在辊式矫直机上矫直,也可以在轧机上给以小压下量轻微轧制,使钛板较为平整。特别是对消除板材横向瓢曲是有利的。将矫直机整理并清洁干净。将钛板组装在该机的夹钳上,并保持钳口夹持一定的余量。

(2) 操作。作业时钛板在矫直机前两端要平行,其 4 个角要成 90°。夹持钛板时,要对准中心线,不允许歪斜。运转后如产生纵向波浪时,必须调整矫直机的夹持器的结构,以避免产生波浪。钳式矫直是间隙作业,它是一张钛板矫直完毕后才可矫直第二张。操作时是边矫直边检查,每一张钛板合格后方才停机卸料。

(3) 停机。停机后必须清理整洁,应保持夹持器无钛屑、无污垢。并对每块矫直后的钛块复检和进行有针对性的处置,使之变成合格的产品。

参考文献

[1] 莫畏,等. 钛 [M]. 北京:冶金工业出版社,2008.
[2] 莫畏,等. 钛冶金[M]. 北京:冶金工业出版社,2007.
[3] 黎文献,等. 有色金属材料工程概论[M]. 北京:冶金工业出版社,2007.
[4] 石玉峰,等. 钛技术与应用[M]. 西安:陕西科学技术出版社,1990.
[5] 李梁. 钛材低成本化的研究现状[J]. 材料导报网刊, 2006(2):12 ~ 14.
[6] 娄贯涛. 钛合金的研究应用现状及其发展方向[J]. 钛工业进展,2003(2):9 ~ 13.
[7] 曲恒磊,等. 近几年新型钛合金的研究进展[J]. 材料导报, 2005,19(2):94 ~ 97.
[8] 辛湘杰,等. 钛的腐蚀、防护及工程应用[M]. 合肥:安徽科学技术出版社,1988.
[9]《轻合金材料加工手册》编写组. 轻合金材料加工手册[M]. 北京:冶金工业出版社,1980.
[10] 肖亚庆,谢水生,刘静安. 铝加工技术实用手册[M]. 北京:冶金工业出版社,2005.
[11] 孙建林,等. 轧制工艺润滑原理技术与应用[M]. 北京:冶金工业出版社,2004.
[12] 王廷溥. 金属塑性加工学——轧制理论与工艺[M]. 北京:冶金工业出版社,1988.
[13] 傅祖铸. 有色金属板带材生产[M]. 长沙:中南工业大学出版社,1990.
[14] 郑璇. 民用铝板、带、箔材料生产[M]. 北京:冶金工业出版社,1992.
[15] 丁修方. 轧制过程自动化[M]. 北京:冶金工业出版社,1986.
[16]《冶金百科全书》编辑部. 冶金百科全书(金属塑性加工卷)[M]. 北京:冶金工业出版社,1999.
[17]《稀有金属手册》编辑委员会. 稀有金属手册(下册) [M]. 北京:冶金工业出版社,1995.
[18]《稀有金属材料加工手册》编写组. 稀有金属材料加工手册[M]. 北京:冶金工业出版社,1984.
[19] B. K. 亚历山德罗夫,等. 钛合金半成品加工[J]. 宁兴龙等译.《稀有金属材料与工程》杂志社,1996.
[20]《中国材料工程大典》编委会. 中国材料工程大典(第4卷)[M]. 北京:化学工业出版社,2006.
[21] 谢建新,刘静安. 金属挤压理论与技术[M]. 北京:冶金工业出版社,2002.
[22] 马怀宪. 金属塑性加工学——挤压、拉拔与管材冷轧[M]. 北京:冶金工业出版社,2008.
[23] 陈适先,等. 强力旋压工艺与设备[M]. 北京:国防工业出版社,1986.
[24] 徐洪烈. 强力旋压技术[M]. 北京: 国防工业出版社,1984.
[25] 王成和,等. 旋压技术. [M]北京:机械工业出版社,1986.

[26] 段小勇.金属压力加工理论基础[M].北京:冶金工业出版社,2004.
[27] 王占学.塑性加工金属学[M].北京:冶金工业出版社,2008.
[28] 齐克敏,等.材料成形工艺学[M].北京:冶金工业出版社,2006.
[29] 王桂生.钛的应用技术[M].长沙:中南大学出版社,2007.
[30] 温景林,等.有色金属挤压与拉拔技术[M].北京:化学工业出版社,2007.
[31] 姚若浩.金属压力加工中的摩擦与润滑[M].北京:冶金工业出版社,1990.
[32] 宋禹田.游动芯头冷拉特细铝管工艺[J].铝加工技术,1996(1):2~3.
[33] 孔昭文,杨海云.金属压力加工算图集[M].北京:冶金工业出版社,1985.

冶金工业出版社部分图书推荐

书　名	定价(元)
钛	168.00
海绵钛生产技术丛书　镁热法海绵钛生产	45.00
海绵钛生产技术丛书　海绵钛冶金过程工艺及设备计算	49.00
海绵钛生产技术丛书　热力学计算在海绵钛冶金中的应用	46.00
钛系列丛书　钛选矿	32.00
钛系列丛书　钛的金属学和热处理	35.00
钛系列丛书　钛近净成形工艺	36.00
钛冶金(第2版)	33.00
钒钛材料	35.00
钛电极工学(第2版)	39.00
钛铁矿熔炼钛渣与生铁技术	138.00
钛提取冶金物理化学	20.00
铝合金熔铸生产技术问答	49.00
原铝及其合金的熔炼与铸造	59.00
有色金属提取冶金手册·铜镍	65.00
重有色金属冶炼设计手册(铜镍卷)	165.00
有色金属提取冶金手册·锡锑汞	59.00
有色金属资源循环利用	65.00
常用有色金属资源开发与加工	88.00
铜及铜合金熔炼与铸造技术	28.00
铟冶金	56.00
锡	65.00
钨钼冶金	79.00
现代锗冶金	48.00
现代金银分析	118.00
金银冶金(第2版)	49.00
湿法冶金原理	160.00
湿法冶金	55.00
湿法冶金手册	298.00
贵金属合金相图及化合物结构参数	198.00
铜加工技术实用手册	268.00
铜及铜合金挤压生产技术	35.00
泡沫浮选	30.00
矿用药剂	249.00